高等院校数学精品教材

# 线性代数（第2版）

主　编　袁明生
副主编　刘　海　唐国平

U0230300

清华大学出版社
北京

## 内 容 简 介

作者以基于理论联系实际的课程开发设计模式，编写了这本应用型、应用研究型大学数学教材. 本书内容包括：行列式、矩阵、线性方程组、特征值与特征向量、二次型.

本书基础理论完整，理论讲解浅显易懂，易教易学；书中实际问题具体，有充足翔实的应用实例可供参考，有相当数量的应用问题可供实践. 本书另有微课同步辅导视频可供参考.

本书可作为应用型、应用研究型大学经管类学生“线性代数”课程教材(适合 32～50 课时) 或参考书.



**图书在版编目（CIP）数据**

线性代数/袁明生主编. —2 版.— 北京：清华大学出版社，2020.7（2024.7重印）
高等院校数学精品教材
ISBN 978-7-302-54698-6

I. ① 线… II. ① 袁… III. ① 线性代数 – 高等学校 – 教材 IV. ① O151.2

中国版本图书馆 CIP 数据核字(2019)第 296693 号

**责任编辑：** 佟丽霞
**封面设计：** 何凤霞
**责任校对：** 王淑云
**责任印制：** 宋 林

**出版发行：** 清华大学出版社
**网 址：** https://www.tup.com.cn，https://www.wqxuetang.com
**地 址：** 北京清华大学学研大厦 A 座 **邮 编：** 100084
**社 总 机：** 010-83470000 **邮 购：** 010-62786544
**投稿与读者服务：** 010-62776969，c-service@tup.tsinghua.edu.cn
**质量反馈：** 010-62772015，zhiliang@tup.tsinghua.edu.cn
**印 装 者：** 三河市龙大印装有限公司
**经 销：** 全国新华书店
**开 本：** 185mm × 260mm **印 张：** 15.25 **字 数：** 396 千字
**版 次：** 2017 年 8 月第 1 版 2020 年 8 月第 2 版 **印 次：** 2024 年 7 月第 4 次印刷
**定 价：** 56.00 元

产品编号： 085341-01

# 前言

本书在第 1 版的基础上进行了增删与提炼, 使得教材具有更广泛的适用面, 适合于更多层面要求的读者学习和参考. 由于本书编排是先讲理论, 再讲应用实例, 所以应用部分的取舍可以非常灵活.

本书在保持了第 1 版内容原貌的基础上, 主要进行了以下修订:

1. 考虑到大多数院校的实际情况, 将第 1 版的第 5 章“MATLAB 软件在线性代数中的简单应用”作为第 6 章, 但只提供电子版放在清华大学出版社网站供免费下载.

2. 保持应用特色, 保留第 1 版的应用部分(例题与习题), 将第 1 版的第 1 ~ 3 章典型例题中的应用例题和习题放在附录中, 只提供电子版放在清华大学出版社网站免费下载, 增加了 5.4 节“二次型理论在极值问题中的几个应用”.

3. 第 4 章“特征值与特征向量”增加了“向量的内积”和“实对称矩阵的相似对角化”两节内容, 使得这一章的内容完整, 同时增加了“复习题 4”.

4. 增加了第 5 章“二次型”.

5. 考虑到不同层面读者的不同需求, 前 4 章每章的“典型例题”一节都增加了至少一道典型例题.

6. 除每章的复习题外, 删除了所有填空题.

7. 第 1, 2, 3 章的复习题删掉了比较简单的习题, 增加了有适当难度的习题, 增加的习题包括有近 8 年的考研真题(量很少). 这些稍有难度的习题在本书知识范围内就能得以解答, 所涉及的知识点一般也在“典型例题”的内容范围. 第 4, 5 章复习题相应情况类似(本教材中的考研真题将根据情况适时更新).

8. 本书习题答案放在附录后“部分习题答案”中, 可通过扫描二维码查阅.

本书由上海对外经贸大学课程思政教育教学改革建设项目资助建设.

书中不妥之处, 敬请读者指正.

袁明生

2020 年 05 月

# 第 1 版前言

为了适应应用型和应用研究型大学“线性代数”教学改革的需要, 作者经过艰苦的研究和探索, 在参考了大量的国内外优秀的线性代数教材、经济数学教材和应用实例的基础上编写了这本《线性代数》教材.

本书突出“应用”特色, 注重培养学生的实际应用能力, 基础理论内容完整, 难易适中. 基本应用技能贯穿始终, 理论联系实际, 以典型应用实例解说理论应用. 文字叙述简明准确, 通俗易懂. 书中内容覆盖面广, 取材广泛, 满足了专业大类对基础理论、应用技能的要求, 同时可满足学生深入学习的需要.

本书在编写的过程中, 考虑了以下几个方面.

1. 考虑到线性代数课程的逻辑性, 以及教与学的连贯性和承接性, 本书采用了传统章节的编排顺序.

2. 为了减少对基础理论理解上的困难和有效利用课时, 对一些结论采用“以例释理”. 对稍有难度的定理证明, 使用“$*$”标识或略去, 教学中可根据情况做取舍.

3. 书中例题极具代表性, 例题讲解浅显易懂, 例题后归纳总结, 具有启发性, 可使学生能举一反三, 触类旁通, 进而提高学习效率.

4. 为了利于集中课时完成基础知识的教学内容并为应用部分腾出课时, 基础知识部分的例题尽量基础且易懂, 稍有提高的例题和部分内容单列在每章(第 5 章除外)的最后一节“典型例题”中(其难度总体低于考研难度), 教师和学生可以根据具体情况选用.

5. 书中所选应用题尽量符合时代要求, 应用例题紧随基础内容之后, 更好地体现线性代数的应用. 作者原创了若干个应用例题和习题, 希望能在本书的使用中碰撞出新的火花.

6. 为适应数学的应用发展趋势和培养学生的数学建模意识, 部分应用例题采用了数学建模的模式编排, 这有利于学生了解数学建模的过程.

7. 第 4 章的应用例题选择主成分分析法和层次分析法在经济中的应用, 以便让学生了解线性代数的应用是广泛而深入的, 这可以开阔学生的数学视野, 有益于增强学生的应用意识.

8. 将通用软件 MATLAB 在线性代数中的简单应用放在第 5 章, 并用列表查询的方式编排, 这有利于集中学习, 可以大大缩短学习时间, 提高学习效率.

9. 本书习题采用填空题、选择题、计算题 (包括少量证明题, 适合不同情况的教学需求来选用)和应用题, 且习题紧随每节之后, 便于教学和自学. 填空、选择题注重基本概念和结论的理解. 前 3 章每章之后有复习题, 难度比各节之后的习题略有提高.

10. 紧随现代教学的发展前沿, 精心录制了同步微课辅导视频, 能使学生更深入和更好地学习本课程. 微课视频同时可作为翻转课堂的准备视频.

参加本教材编写的有袁明生、刘海和唐国平, 由袁明生任主编并统稿. 教材中的微课视频由刘海录制(刘海老师在 2015 年“首届全国高校数学微课程教学设计竞赛”中荣获华东赛区一等奖).

本书配有电子教案, 可到清华大学出版社网站下载或向作者发电子邮件索取.

本书可作为应用型和应用研究型大学经管类相关专业“线性代数”课程的教材或参考书.

在此感谢很多老师提供的丰富素材, 如果没有这些素材的支撑, 本书很难有如此充实丰富的内容.

本书是“线性代数”课程教学改革的一个尝试, 效果如何还有待实践的检验. 希望广大师生和同仁在使用过程中能给作者以指教.

袁明生

2016 年 06 月

# 目　录

# 第 1 章　行　列　式

**学习目标与要求**

1. 了解行列式的定义.
2. 掌握行列式的性质和行列式按行 (列)展开的方法.
3. 会计算简单的 $n$ 阶行列式.
4. 掌握克莱姆 (Cramer)法则.

行列式虽然产生于解线性方程组, 但它的应用却非常广泛.

## 1.1　二阶、三阶行列式

这一节我们介绍二阶和三阶行列式, 为引入一般的 $n$ 阶行列式做准备.

### 1.1.1　二阶行列式

行列式的概念是在解线性方程组时产生的, 这一点在本章第 5 节中可以看到.

**定义 1.1　二阶行列式**

记号 $\begin{vmatrix} a_{11} & a_{12} \\ a_{21} & a_{22} \end{vmatrix}$ 称为二阶行列式, 它表示数 $a_{11}a_{22}-a_{12}a_{21}$, 即

$$\begin{vmatrix} a_{11} & a_{12} \\ a_{21} & a_{22} \end{vmatrix} = a_{11}a_{22}-a_{12}a_{21}. \tag{1.1}$$

在二阶行列式 $\begin{vmatrix} a_{11} & a_{12} \\ a_{21} & a_{22} \end{vmatrix}$ 中, 数 $a_{ij}$ 称为第 $i$ 行第 $j$ 列**元素**, $i$ 称为**行标**, $j$ 称为**列标**. 从左上角到右下角的连线称为**主对角线**, 从右上角到左下角的连线称为**次对角线**(如图 1.1). 由此可见, 二阶行列式的值等于主对角线两元素的乘积减去次对角线两元素的乘积, 也可用图 1.1 的方式来表示.

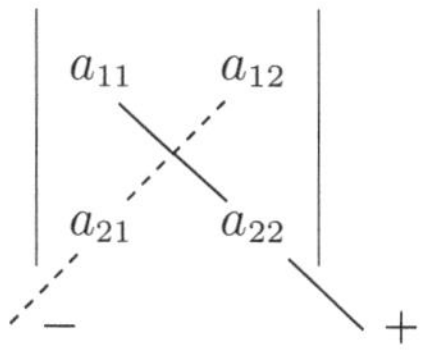

图 1.1　二阶行列式对角线法则

对于三阶和 $n$ 阶行列式, 以及矩阵, 以上这些记号(行标, 列标, 主、次对角线等)也都这样称呼.

例 1.1　计算二阶行列式 $\begin{vmatrix} 3 & 5 \\ 2 & 6 \end{vmatrix}$.

解　由定义知

$$D=3\times 6-2\times 5=8.$$

例 1.2　已知 $\lambda = a$ 是方程 $\begin{vmatrix} 2\lambda-3 & \lambda+5 \\ \lambda+2 & \lambda+a \end{vmatrix} = 0$ 的根, 求常数 $a$ 的值.

解　将 $\lambda = a$ 代入方程得 $\begin{vmatrix} 2a-3 & a+5 \\ a+2 & 2a \end{vmatrix} = 0$, 由二阶行列式的定义有

$$D = (2a-3)2a - (a+2)(a+5) = 3a^2 - 13a - 10 = 0,$$

解得 $a = 5$ 或 $a = -\dfrac{2}{3}$.

### 1.1.2　三阶行列式

**定义 1.2　三阶行列式**

记号 $\begin{vmatrix} a_{11} & a_{12} & a_{13} \\ a_{21} & a_{22} & a_{23} \\ a_{31} & a_{32} & a_{33} \end{vmatrix}$ 称为三阶行列式, 它表示数

$$a_{11}a_{22}a_{33} + a_{12}a_{23}a_{31} + a_{13}a_{21}a_{32} - a_{13}a_{22}a_{31} - a_{12}a_{21}a_{33} - a_{11}a_{23}a_{32},$$

即

$$\begin{vmatrix} a_{11} & a_{12} & a_{13} \\ a_{21} & a_{22} & a_{23} \\ a_{31} & a_{32} & a_{33} \end{vmatrix} = a_{11}a_{22}a_{33} + a_{12}a_{23}a_{31} + a_{13}a_{21}a_{32} - a_{13}a_{22}a_{31} - a_{12}a_{21}a_{33} - a_{11}a_{23}a_{32}. \quad (1.2)$$

我们看到, 三阶行列式是 $3! = 6$ 个乘积项的代数和, 而每个乘积项都是行列式的不同行、不同列的 3 个元素的乘积.

事实上, 三阶行列式可用对角线法则来记忆(如图 1.2), 即：实线上的三个数的乘积取“+”号, 虚线上的三个数的乘积取“−”号, 三阶行列式的值等于它们的代数和.

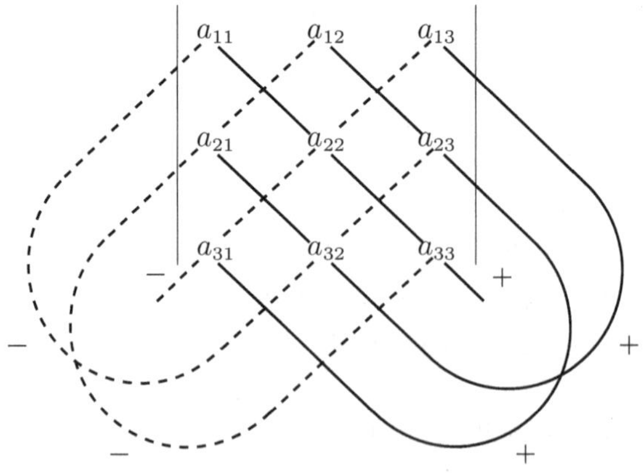


图 1.2　三阶行列式对角线法则

例 1.3　求行列式的值: $D = \begin{vmatrix} 3 & 2 & 1 \\ 5 & -1 & -3 \\ 6 & 0 & 4 \end{vmatrix}$.

解　按对角线法则有

$$D=3\times(-1)\times4+2\times(-3)\times6+5\times0\times1-1\times(-1)\times6-2\times5\times4-(-3)\times0\times3$$
$$=-12-36+6-40=-82.$$

例 1.4　计算行列式 $D=\begin{vmatrix} a & b & 0 \\ 0 & a_1 & b_1 \\ a_2 & 0 & b_2 \end{vmatrix}$.

解　按对角线法则有

$$D=a\cdot a_1\cdot b_2+b\cdot b_1\cdot a_2+0\cdot0\cdot0-0\cdot a_1\cdot a_2-b\cdot0\cdot b_2-a\cdot b_1\cdot0$$
$$=aa_1b_2+bb_1a_2.$$

**实际问题 1.1　平面上三点共线的条件**

已知平面上的互异三点 $A(x_1,y_1)$, $B(x_2,y_2)$, $C(x_3,y_3)$ 共线, 推导其应满足的条件.

解　过 $A,B$ 两点的直线方程用两点式表示为

$$\frac{y-y_1}{y_2-y_1}=\frac{x-x_1}{x_2-x_1},$$

因 $C$ 点在该直线上, 所以 $C$ 点坐标满足此方程, 代入 $(x_3,y_3)$ 得

$$\frac{y_3-y_1}{y_2-y_1}=\frac{x_3-x_1}{x_2-x_1},$$

化简得
$$x_1y_2+x_2y_3+x_3y_1-x_1y_3-x_2y_1-x_3y_2=0,$$

写成行列式即为
$$\begin{vmatrix} x_1 & y_1 & 1 \\ x_2 & y_2 & 1 \\ x_3 & y_3 & 1 \end{vmatrix}=0.$$

## 习　题　1.1

一、计算题

1. 计算下列行列式:

(1) $\begin{vmatrix} 2 & 3 \\ 5 & 4 \end{vmatrix}$;　(2) $\begin{vmatrix} 64 & 16 \\ 27 & 9 \end{vmatrix}$;　(3) $\begin{vmatrix} 1 & \log_a b \\ \log_b a & 1 \end{vmatrix}$;

(4) $\begin{vmatrix} \dfrac{t^2}{t^2+t+1} & 1 \\ 1 & \dfrac{t}{t-1} \end{vmatrix}$;　(5) $\begin{vmatrix} \sin\theta & -\cos\theta \\ \cos\theta & \sin\theta \end{vmatrix}$;　(6) $\begin{vmatrix} x-1 & -1 \\ 1 & x^2+x+1 \end{vmatrix}$.

2. 计算下列三阶行列式:

(1) $\begin{vmatrix} 2 & 3 & 4 \\ 5 & -1 & 2 \\ 3 & 1 & 5 \end{vmatrix}$;　(2) $\begin{vmatrix} 1 & 1 & 1 \\ 2 & 3 & 4 \\ 4 & 8 & 16 \end{vmatrix}$;　(3) $\begin{vmatrix} 1 & 0 & 0 \\ 2 & x & y \\ 3 & x_1 & y_1 \end{vmatrix}$;

$$(4)\begin{vmatrix} \cos\theta & 0 & \sin\theta \\ 0 & 1 & 1 \\ -\sin\theta & 0 & \cos\theta \end{vmatrix};\qquad (5)\begin{vmatrix} 1 & 2 & a \\ 0 & 1 & b \\ c & 0 & 3 \end{vmatrix}.$$

3. 验证以下等式成立：

$$\begin{vmatrix} a_{11} & a_{12} & a_{13} \\ a_{21} & a_{22} & a_{23} \\ a_{31} & a_{32} & a_{33} \end{vmatrix} = a_{11}\begin{vmatrix} a_{22} & a_{23} \\ a_{32} & a_{33} \end{vmatrix} - a_{12}\begin{vmatrix} a_{21} & a_{23} \\ a_{31} & a_{33} \end{vmatrix} + a_{13}\begin{vmatrix} a_{21} & a_{22} \\ a_{31} & a_{32} \end{vmatrix}.$$

二、应用题

1. 若直线 $l$ 经过平面上两个不同的点 $A(x_1, y_1)$, $B(x_2, y_2)$, 用行列式表示直线 $l$ 的方程.

2. 设平面直线 $l_1 : a_1x + b_1y + c_1 = 0$ 与 $l_2 : a_2x + b_2y + c_2 = 0$ 相互垂直, 用行列式表示系数应满足的条件.

## 1.2 $n$ 阶行列式的定义

和二阶、三阶行列式一样, $n$ 阶行列式也是在解线性方程组时引入的, 所以它的定义应该和二阶、三阶行列式的定义相一致.

在二、三阶行列式的展开式中, 为什么有些项前面取“+”号, 有些项前面取“−”号？这要在引入排列与逆序的概念后才能了解清楚, 这也是引入 $n$ 阶行列式所必需的概念.

### 1.2.1 排列与逆序

**定义 1.3 排列**

$n$ 个自然数 $1, 2, \cdots, n$ 的任何一个不重复的排列 $i_1i_2\cdots i_n$ 称为一个 $n$ 级**排列**.

例如, 23541 是一个 5 级排列, 4132 是一个 4 级排列.

为方便起见, 我们称 $123\cdots n$ 为**自然排列**.

**定义 1.4 逆序和逆序数**

在 $n$ 级排列 $i_1\cdots i_s\cdots i_t\cdots i_n$ 中, 如果 $i_s > i_t$, 则称数 $i_s$ 与 $i_t$ 构成一个**逆序**.
排列 $i_1i_2\cdots i_n$ 中的逆序总数, 称为这个排列的**逆序数**, 记为 $\tau(i_1i_2\cdots i_n)$.

例如 5 级排列 45312 中, 3 前的 4 比它大, 则 4 与 3 构成一个逆序, 5 与 1 也构成一个逆序, 等等.

从这个定义出发, 如果排列 $i_1i_2\cdots i_n$ 的第 $j$ 个数(元素) $i_j$ 前有 $t_j$ 个数比它大 $(1 \leqslant j \leqslant n)$, 则称 $t_j$ 为数 $i_j$ 的逆序数, 从而有

$$\tau(i_1i_2\cdots i_n) = t_1 + t_2 + \cdots + t_n = \sum_{j=1}^{n} t_j. \tag{1.3}$$

例 1.5 求排列 51324 的逆序数.

解 容易得到, $t_1=0, t_2=1, t_3=1, t_4=2, t_5=1$, 所以

$$\tau(51324)=0+1+1+2+1=5.$$

我们也可以通过如下算式简单计算逆序数:

$$\begin{array}{cccccc} \text{排列} & 5 & 1 & 3 & 2 & 4 \\ & \downarrow & \downarrow & \downarrow & \downarrow & \downarrow \\ t_j & 0 & 1 & 1 & 2 & 1 \end{array}$$

所以 $\tau(51324)=0+1+1+2+1=5$.

显然, 自然排列 $12\cdots n$ 的逆序数为 0.

**定义 1.5 奇排列与偶排列**

逆序数为奇数的排列称为**奇排列**, 逆序数为偶数的排列称为**偶排列**.

显然例 1.5 中的排列为奇排列, 又如, 因为 $\tau(4132)=4$, 所以排列 4132 为偶排列.

例 1.6 求排列 $n(n-1)(n-2)\cdots 21$ 的逆序数, 并讨论其奇偶性.

解 列算式求解如下:

$$\begin{array}{ccccccc} \text{排列} & n & n-1 & n-2 & \cdots & 2 & 1 \\ & \downarrow & \downarrow & \downarrow & \cdots & \downarrow & \downarrow \\ t_j & 0 & 1 & 2 & \cdots & n-2 & n-1 \end{array}$$

所以 $\tau(n(n-1)(n-2)\cdots 21)=0+1+2+\cdots+(n-1)=\dfrac{n(n-1)}{2}$.

容易得到, 当 $n=4k, n=4k+1$ 时, 为偶排列; 当 $n=4k+2, n=4k+3$ 时, 为奇排列.

例 1.7 求 $i, j$ 的值, 使 $645i1j$ 为偶排列, 若要使它为奇排列, $i, j$ 又为多少?

解 因为是 6 级排列, 所以 $i, j$ 只能从 2, 3 两数中各取一个.

若 $i=2, j=3$, 则 $\tau(645i1j)=\tau(645213)=12$, 此时为偶排列;

若 $i=3, j=2$, 则 $\tau(645i1j)=\tau(645312)=13$, 此时为奇排列.

### 1.2.2 排列的对换

为了研究行列式的性质, 常常需用到对换的概念.

**定义 1.6 排列的对换**

在一个排列中, 将任何两个数对调, 而其他数位置不变, 这一过程称为**对换**. 将相邻两数对调, 称为**相邻对换**.

例如, 在排列 45231 中, 对换 1 与 2, 得到排列 45132.

**定理 1.1** 任何排列经一次对换后, 其奇偶性改变.

*证明 **先证明相邻对换情形.**

设 $n$ 级排列 $\cdots ij\cdots$ 对换 $i$ 与 $j$ 后得到排列 $\cdots ji\cdots$. 注意到在对换前后, 虚点处各元素的逆序数并不改变, 所以只需考虑对换前后元素 $i$ 与 $j$ 的逆序数的变化.

当 $i<j$ 时, 对换后, $i$ 的逆序数增大 1, $j$ 的逆序数不会改变, 所以对换后排列的逆序数增大 1;

当 $i>j$ 时, 对换后, $i$ 的逆序数不变, $j$ 的逆序数减小 1, 所以对换后排列的逆序数减小 1.

由此, 无论 $i<j$ 还是 $i>j$, 经相邻对换后排列的奇偶性改变.

**再证一般情形.**

设 $n$ 级排列 $\cdots ia_1\cdots a_mj\cdots$ 经过对换 $i$ 与 $j$ 后变为排列 $\cdots ja_1\cdots a_mi\cdots$, 我们将这一对换看成是经过若干次相邻对换来实现的. 首先, $i$ 依次与 $a_1,\cdots,a_m,j$ 经 $m+1$ 次相邻对换变为排列 $\cdots a_1\cdots a_mji\cdots$, 然后将 $j$ 依次与 $a_m,\cdots,a_1$ 经过 $m$ 次相邻对换变为所需要的排列 $\cdots ja_1\cdots a_mi\cdots$ , 一共经过了 $(m+1)+m=2m+1$ 次相邻对换. 于是排列的奇偶性改变了奇数次, 从而排列 $\cdots ia_1\cdots a_mj\cdots$ 与排列 $\cdots ja_1\cdots a_mi\cdots$ 的奇偶性相反. □

### 1.2.3 $n$ 阶行列式的定义

为了得到 $n$ 阶行列式的定义, 需要将二阶、三阶行列式的定义统一起来. 我们先引入下列重要定理.

**定理 1.2** $n$ 级排列共有 $n!$ 个 $(n>1)$, 其中奇、偶排列各占一半, 各为 $\dfrac{n!}{2}$ 个.

*证明 定理的前半部分由排列组合中的排列数即可得到证明. 下面证明后半部分.

设 $n!$ 个 $n$ 级排列中有 $p$ 个奇排列, $q$ 个偶排列. 将 $p$ 个奇排列中的每个排列的第一、二个数都进行一次对换, 则得 $p$ 个不同的偶排列, 于是知 $p\leqslant q$. 同样, 将 $q$ 个偶排列中的每个排列的第一、二个数都进行一次对换, 得到 $q$ 个不同的奇排列, 于是有 $q\leqslant p$ , 从而 $p=q$. □

例如, 2 级排列共有 $2!=2$ 个, 其中偶排列是 12, 奇排列是 21.

又如, 3 级排列共有 $3!=6$ 个, 其中偶排列为 123, 231, 312, 奇排列为 132, 213, 321.

现在我们来考查二阶、三阶行列式的共同特征. 注意到 $(-1)^{2k}=1$, $(-1)^{2k+1}=-1(k\in\mathbb{N})$, 所以符号取决于指数的奇偶性. 我们得到二阶、三阶行列式的展开式有以下几个特点:

(1) 二阶行列式有 $2!=2$ 项, 三阶行列式有 $3!=6$ 项;

(2) 行列式的每一项都是不同行、不同列的元素的乘积, 再加上一个正、负号. 当行标按自然顺序排列时, 如果列标排列是偶排列, 则这一项前取“+”号, 如果列标排列是奇排列, 则这一项前取“−”号(参考以下等式);

(3) 行列式展开式中有一半项前面取“+”号, 另一半项前面取“−”号.

所以我们可以将二阶、三阶行列式统一用求和符号“$\sum$”表示如下(其中每项上面括号内标出列标排列的逆序数, 这是为了便于理解):

$$\begin{vmatrix} a_{11} & a_{12} \\ a_{21} & a_{22} \end{vmatrix} = a_{11}\overset{(0)}{a_{22}} - a_{12}\overset{(1)}{a_{21}} = \sum_{j_1j_2}(-1)^{\tau(j_1j_2)}a_{1j_1}a_{2j_2},$$

$$\begin{vmatrix} a_{11} & a_{12} & a_{13} \\ a_{21} & a_{22} & a_{23} \\ a_{31} & a_{32} & a_{33} \end{vmatrix} = a_{11}\overset{(0)}{a_{22}}a_{33} + a_{12}\overset{(2)}{a_{23}}a_{31} + a_{13}\overset{(2)}{a_{21}}a_{32} - a_{13}\overset{(3)}{a_{22}}a_{31} - a_{12}\overset{(1)}{a_{21}}a_{33} - a_{11}\overset{(1)}{a_{23}}a_{32}$$

$$= \sum_{j_1j_2j_3}(-1)^{\tau(j_1j_2j_3)}a_{1j_1}a_{2j_2}a_{3j_3}.$$

其中 $\sum$ 是分别对列标排列 $j_1j_2$ 和 $j_1j_2j_3$ 求和.

这样, 二阶、三阶行列式的定义就统一起来了. 其实 $n$ 阶行列式也是这样定义的.

**定义 1.7 n 阶行列式**

$n^2$ 个元素 $a_{ij}(i,j=1,2,\cdots,n)$ 组成的 $n$ 阶行列式定义为

$$D=\begin{vmatrix} a_{11} & a_{12} & \cdots & a_{1n} \\ a_{21} & a_{22} & \cdots & a_{2n} \\ \vdots & \vdots & & \vdots \\ a_{n1} & a_{n2} & \cdots & a_{nn} \end{vmatrix}=\sum_{j_1j_2\cdots j_n}(-1)^{\tau(j_1j_2\cdots j_n)}a_{1j_1}a_{2j_2}\cdots a_{nj_n}, \tag{1.4}$$

其中 $\sum\limits_{j_1j_2\cdots j_n}$ 表示对所有的列标排列 $j_1j_2\cdots j_n$ 求和.

$n$ 阶行列式简记为 $D=|a_{ij}|$ 或 $\det(a_{ij})$.

当 $n=1$ 时, 一阶行列式 $|a|=a$. 注意它和绝对值记号是有区别的.

关于 $n$ 阶行列式的定义, 需要注意以下几点:

(1) $n$ 阶行列式的展开式中共有 $n!$ 项;

(2) 每一项都是不同行、不同列的 $n$ 个元素的乘积, 再加上一个正、负号. 当行标按自然顺序排列时, 如果列标构成的排列是偶排列, 则这一项前取“+”号; 如果列标构成的排列是奇排列, 则这一项前取“−”号 (参考以上二、三阶行列式的等式);

(3) $n$ 阶行列式的展开式中有一半项前面取“+”号, 另一半项前面取“−”号.

注意, 这里说的“+”、“−”号, 不包括各元素本身的符号.

因为行列式的任何一项 $(-1)^{\tau(j_1j_2\cdots j_n)}a_{1j_1}a_{2j_2}\cdots a_{nj_n}$ 都必须在每一行和每一列中各取一个元素, 所以得到:

> 如果行列式有一行 (列)为零, 则行列式的值为零.

如

$$\begin{vmatrix} 3 & 2 & 0 \\ 2 & 1 & 0 \\ 1 & 3 & 0 \end{vmatrix}=0, \qquad \begin{vmatrix} a_{11} & a_{12} & a_{13} & a_{14} \\ 0 & 0 & 0 & 0 \\ a_{31} & a_{32} & a_{33} & a_{34} \\ a_{41} & a_{42} & a_{43} & a_{44} \end{vmatrix}=0.$$

以下介绍几类特殊行列式的计算, 其结果可作为公式使用.

**例 1.8** 求上三角行列式 $D=\begin{vmatrix} a_{11} & a_{12} & a_{13} & a_{14} \\ 0 & a_{22} & a_{23} & a_{24} \\ 0 & 0 & a_{33} & a_{34} \\ 0 & 0 & 0 & a_{44} \end{vmatrix}$ 的值.

**解** 按行列式的定义有

$$D=\sum_{j_1j_2j_3j_4}(-1)^{\tau(j_1j_2j_3j_4)}a_{1j_1}a_{2j_2}a_{3j_3}a_{4j_4}.$$

我们知道, 如果 $a_{1j_1}$, $a_{2j_2}$, $a_{3j_3}$, $a_{4j_4}$ 中有一个元素为 0, 则这一项 $(-1)^{\tau(j_1j_2j_3j_4)}a_{1j_1}a_{2j_2}a_{3j_3}a_{4j_4}$ 即为 0, 这种项不需要计算, 所以我们只需寻找 $a_{1j_1}$, $a_{2j_2}$, $a_{3j_3}$, $a_{4j_4}$ 都是字母的项.

根据该行列式的特点, 从第 4 行起考虑. 易知, 必须 $j_4 = 4$, 即乘积项中必须有 $a_{4j_4} = a_{44}$ 这个元素, 划去 $a_{44}$ 所在的第 4 行与第 4 列, 在剩下部分考虑, 考查第 3 行知, 乘积项中必须有 $a_{3j_3} = a_{33}$ 这个元素, 再划去 $a_{33}$ 所在的行与列知, 乘积项中必须有 $a_{2j_2} = a_{22}$ 这个元素, 划去 $a_{22}$ 所在的第 2 行与第 2 列知, 必须有 $a_{1j_1} = a_{11}$ 这个元素. 所以有 $j_4 = 4, j_3 = 3, j_2 = 2, j_1 = 1$, 即

$$D = (-1)^{\tau(1234)} a_{11}a_{22}a_{33}a_{44} = a_{11}a_{22}a_{33}a_{44}.$$

以上结果可推广到 $n$ 阶上三角行列式的情形, 即

$n$ 阶**上三角行列式**

$$D = \begin{vmatrix} a_{11} & a_{12} & \cdots & a_{1n} \\ 0 & a_{22} & \cdots & a_{2n} \\ \vdots & \vdots & & \vdots \\ 0 & 0 & \cdots & a_{nn} \end{vmatrix} = a_{11}a_{22}\cdots a_{nn}. \tag{1.5}$$

类似地, 可得

$n$ 阶**下三角行列式**

$$D = \begin{vmatrix} a_{11} & 0 & \cdots & 0 \\ a_{21} & a_{22} & \cdots & 0 \\ \vdots & \vdots & & \vdots \\ a_{n1} & a_{n2} & \cdots & a_{nn} \end{vmatrix} = a_{11}a_{22}\cdots a_{nn}. \tag{1.6}$$

$n$ 阶**对角行列式**

$$D = \begin{vmatrix} a_{11} & 0 & \cdots & 0 \\ 0 & a_{22} & \cdots & 0 \\ \vdots & \vdots & & \vdots \\ 0 & 0 & \cdots & a_{nn} \end{vmatrix} = a_{11}a_{22}\cdots a_{nn}. \tag{1.7}$$

由上面的三个公式得到结论:

**(上、下)三角行列式及对角行列式的值等于其主对角线元素的乘积.**

例 1.9 用定义计算 $n$ 阶**反对角行列式**

$$D = \begin{vmatrix} 0 & 0 & \cdots & 0 & \lambda_1 \\ 0 & 0 & \cdots & \lambda_2 & 0 \\ \vdots & \vdots & & \vdots & \vdots \\ 0 & \lambda_{n-1} & \cdots & 0 & 0 \\ \lambda_n & 0 & \cdots & 0 & 0 \end{vmatrix}.$$

解 按定义

$$D = \sum_{j_1j_2\cdots j_n} (-1)^{\tau(j_1j_2\cdots j_n)} a_{1j_1}a_{2j_2}\cdots a_{nj_n},$$

类似于例 1.8 的说明, 只需寻找 $a_{1j_1}, a_{2j_2}, \cdots, a_{nj_n}$ 都是字母的项.

从第 1 行起考虑, 类似例 1.8, 通过划去所选的数所在的行与列的方法可得

$$j_1 = n, j_2 = n-1, \cdots, j_{n-1} = 2, j_n = 1,$$

所以, $D$ 的展开式中仅剩一项, 即得

$$D = (-1)^{\tau(n(n-1)\cdots 21)} a_{1n} a_{2(n-1)} \cdots a_{n1}.$$

由例 1.6 的结果有

$$D = (-1)^{\frac{n(n-1)}{2}} \lambda_1 \lambda_2 \cdots \lambda_n.$$

我们可以证明, 行列式的一般项也可以用以下两个定理中的式子表示.

**定理 1.3** $n$ 阶行列式 $D = |a_{ij}|$ 的一般项可以表示为

$$(-1)^{\tau(i_1 i_2 \cdots i_n) + \tau(j_1 j_2 \cdots j_n)} a_{i_1 j_1} a_{i_2 j_2} \cdots a_{i_n j_n}, \tag{1.8}$$

其中 $i_1 i_2 \cdots i_n$ 及 $j_1 j_2 \cdots j_n$ 都是 $n$ 级排列.

**定理 1.4** $n$ 阶行列式 $D = |a_{ij}|$ 的一般项也可表示为

$$(-1)^{\tau(i_1 i_2 \cdots i_n)} a_{i_1 1} a_{i_2 2} \cdots a_{i_n n}, \tag{1.9}$$

其中 $i_1 i_2 \cdots i_n$ 为 $n$ 级排列.

至此, 我们得到了 $n$ 阶行列式的一般项可以用三种形式表示, 这为我们理解行列式提供了很大方便.

**例 1.10** 试问在 5 阶行列式 $|a_{ij}|$ 中, 乘积项 $a_{23}a_{34}a_{52}a_{45}a_{11}$ 前应取什么符号.

**解** 按定理 1.3, 因为

$$(-1)^{\tau(23541)+\tau(34251)} = (-1)^{5+6} = -1,$$

所以前面取 "$-$" 号.

按行列式的定义 1.7, 将乘积项行标排成自然顺序, 符号由列标排列的奇偶性确定. 因为

$$a_{23}a_{34}a_{52}a_{45}a_{11} = a_{11}a_{23}a_{34}a_{45}a_{52},$$

得右边乘积项列标排列的逆序数 $\tau(13452) = 3$, 所以前面取 "$-$" 号.

按定理 1.4, 将乘积项的列标排成自然排列, 前面的符号由行标排列的奇偶性决定. 因为

$$a_{23}a_{34}a_{52}a_{45}a_{11} = a_{11}a_{52}a_{23}a_{34}a_{45},$$

得右边乘积项行标排列的逆序数 $\tau(15234) = 3$, 所以前面取 "$-$" 号.

这个例子也验证了定理 1.3、定理 1.4 的正确性.

## 习　题　1.2

一、选择题 (单选题)

1. 已知 $6i541j$ 为奇排列, 则 $i, j$ 的值为 (　　).

(A) $i = 3, j = 2$　　(B) $i = 2, j = 3$　　(C) $i = 7, j = 3$　　(D) $i = 2, j = 7$

2. 下面几个构成 6 阶行列式的展开式的各项中, 前面取 "+" 号的是 (　　).

(A) $a_{15}a_{23}a_{34}a_{42}a_{51}a_{66}$　　(B) $a_{11}a_{26}a_{32}a_{44}a_{53}a_{65}$

(C) $a_{21}a_{53}a_{16}a_{42}a_{64}a_{35}$　　(D) $a_{51}a_{32}a_{13}a_{44}a_{25}a_{66}$

3. 设 $a_{62}a_{k5}a_{33}a_{l4}a_{46}a_{21}$ 是 6 阶行列式 $|a_{ij}|$ 的一个乘积项, 则 (　　).

(A) $k=5, l=1$, 取正号　　(B) $k=3, l=1$, 取负号

(C) $k=1, l=5$, 取负号　　(D) $k=1, l=5$, 取正号

4. 已知行列式

$$D_1=\begin{vmatrix} 3 & 2 & 1 \\ 5 & 0 & 0 \\ 2 & a & 0 \end{vmatrix}, \quad D_2=\begin{vmatrix} 1 & 0 & 0 & 0 \\ 1 & 2 & 0 & 0 \\ 1 & 2 & b & 0 \\ 1 & 2 & 3 & 5 \end{vmatrix}.$$

如果 $D_1$ 与 $D_2$ 的值相等, 则其中的 $a, b$ 应满足 (　　).

(A) $a=2b$　　(B) $5a=b$　　(C) $a+b=0$　　(D) $a=-2b$

5. 已知行列式

$$D_1=\begin{vmatrix} 0 & \lambda_1 & 1 & 0 \\ 0 & 0 & \lambda_2 & 1 \\ 0 & 0 & 0 & \lambda_3 \\ \lambda_4 & 0 & 0 & 0 \end{vmatrix}, \quad D_2=\begin{vmatrix} 0 & 0 & 0 & \lambda_1 \\ 0 & 0 & \lambda_2 & 0 \\ 0 & \lambda_3 & 0 & 0 \\ \lambda_4 & 0 & 0 & 0 \end{vmatrix},$$

其中 $\lambda_1\lambda_2\lambda_3\lambda_4 \neq 0$, 则 $D_1$ 与 $D_2$ 应满足关系 (　　).

(A) $D_1=D_2$　　(B) $D_1=-D_2$　　(C) $D_1=2D_2$　　(D) $2D_1=D_2$

6. $n$ 阶行列式

$$D_1=\begin{vmatrix} 0 & 0 & \cdots & 0 & 1 \\ 0 & 0 & \cdots & 2 & 0 \\ \vdots & \vdots & & \vdots & \vdots \\ 0 & n-1 & \cdots & 0 & 0 \\ n & 0 & \cdots & 0 & 0 \end{vmatrix}$$

的值为 (　　).

(A) $n!$　　(B) $(-1)^n n!$　　(C) $(-1)^{n+1} n!$　　(D) $(-1)^{\frac{n(n-1)}{2}} n!$

二、计算题

1. 用定义求下列行列式的值:

(1) $\begin{vmatrix} 1 & 0 & 0 & 0 \\ 0 & 2 & 1 & 0 \\ 0 & 0 & 3 & 1 \\ 1 & 0 & 0 & 4 \end{vmatrix}$;　　(2) $\begin{vmatrix} 1 & 0 & 0 & 0 \\ 0 & 2 & 0 & 0 \\ 0 & 1 & 3 & 1 \\ 1 & 0 & 0 & 5 \end{vmatrix}$;

(3) $\begin{vmatrix} 1 & 1 & 0 & 0 \\ 0 & 1 & 1 & 1 \\ 0 & 1 & 1 & 0 \\ 0 & 0 & 0 & 1 \end{vmatrix}$;　　(4) $D_n = \begin{vmatrix} 0 & 1 & 0 & 0 & \cdots & 0 \\ 0 & 0 & 2 & 0 & \cdots & 0 \\ 0 & 0 & 0 & 3 & \cdots & 0 \\ \vdots & \vdots & \vdots & \vdots & & \vdots \\ 0 & 0 & 0 & 0 & \cdots & n-1 \\ n & 0 & 0 & 0 & \cdots & 0 \end{vmatrix}$.

2. 用定义求下列反三角行列式的值:

(1) $D = \begin{vmatrix} 0 & 0 & 0 & \lambda_1 \\ 0 & 0 & \lambda_2 & a_1 \\ 0 & \lambda_3 & b_1 & b_2 \\ \lambda_4 & c_1 & c_2 & c_3 \end{vmatrix}$;　　(2) $\begin{vmatrix} a_1 & a_2 & \cdots & a_{n-1} & \lambda_1 \\ b_1 & b_2 & \cdots & \lambda_2 & 0 \\ \vdots & \vdots & & \vdots & \vdots \\ c_1 & \lambda_{n-1} & \cdots & 0 & 0 \\ \lambda_n & 0 & \cdots & 0 & 0 \end{vmatrix}$.

3. 已知 6 阶行列式 $|a_{ij}|$ 的乘积项 $a_{31}a_{4l}a_{23}a_{1k}a_{64}a_{56}$ 前面取正号, 求 $l, k$ 的值.

## 1.3 行列式的性质

二阶和三阶行列式可按对角线法则计算, 而四阶及以上阶的行列式即使有对角线法则, 计算也很不方便. 如果按定义来计算, 运算量会相当大, 所以有必要了解行列式的性质, 以便简化行列式的计算.

**定义 1.8 转置行列式**

将行列式 $D = |a_{ij}|$ 的行与列互换得到的行列式称为行列式 $D$ 的转置行列式, 记为 $D^{\mathrm{T}}$ 或 $D'$, 即如果

$$D = \begin{vmatrix} a_{11} & a_{12} & \cdots & a_{1n} \\ a_{21} & a_{22} & \cdots & a_{2n} \\ \vdots & \vdots & & \vdots \\ a_{n1} & a_{n2} & \cdots & a_{nn} \end{vmatrix}, \quad 则\ D^{\mathrm{T}} = \begin{vmatrix} a_{11} & a_{21} & \cdots & a_{n1} \\ a_{12} & a_{22} & \cdots & a_{n2} \\ \vdots & \vdots & & \vdots \\ a_{1n} & a_{2n} & \cdots & a_{nn} \end{vmatrix}.$$

例如, 行列式 $D = \begin{vmatrix} 1 & 2 & 3 \\ 4 & 5 & 6 \\ 7 & 8 & 9 \end{vmatrix}$ 的转置行列式 $D^{\mathrm{T}} = \begin{vmatrix} 1 & 4 & 7 \\ 2 & 5 & 8 \\ 3 & 6 & 9 \end{vmatrix}$.

**性质 1.1** 行列式与其转置行列式相等, 即 $D = D^{\mathrm{T}}$.

**证明** 记

$$D^{\mathrm{T}} = |b_{ij}| = \begin{vmatrix} b_{11} & b_{12} & \cdots & b_{1n} \\ b_{21} & b_{22} & \cdots & b_{2n} \\ \vdots & \vdots & & \vdots \\ b_{n1} & b_{n2} & \cdots & b_{nn} \end{vmatrix},$$

则由转置行列式的定义知, $b_{ij} = a_{ji}(i, j = 1, 2, \cdots, n)$, 这样, 由行列式的定义 1.7 及定理 1.4 得

$$D^{\mathrm{T}} = \sum_{j_1 j_2 \cdots j_n} (-1)^{\tau(j_1 j_2 \cdots j_n)} b_{1j_1} b_{2j_2} \cdots b_{nj_n} = \sum_{j_1 j_2 \cdots j_n} (-1)^{\tau(j_1 j_2 \cdots j_n)} a_{j_1 1} a_{j_2 2} \cdots a_{j_n n} = D. \qquad \square$$

**性质 1.2** 交换行列式的两行 (列), 行列式的值变号.

**证明** 略(需要用到排列的对换概念).

例如, 行列式 $\begin{vmatrix} a & b & c \\ a_1 & b_1 & c_1 \\ a_2 & b_2 & c_2 \end{vmatrix} = -\begin{vmatrix} a & b & c \\ a_2 & b_2 & c_2 \\ a_1 & b_1 & c_1 \end{vmatrix}$.

**推论 1.1** 如果行列式有两行 (列) 对应元素相等, 则行列式的值为零.

**证明** 设这个行列式为 $D$, 则交换相等的两行 (列), 所得行列式仍为 $D$, 但由性质 1.2 知, 交换后行列式变号, 即 $D = -D$, 所以 $D = 0$. □

例如, 行列式 $\begin{vmatrix} a & b & c \\ a & b & c \\ x & y & z \end{vmatrix} = 0$.

**性质 1.3** 用数 $k$ 乘以行列式 $D$ 的某一行 (列) 各元素, 等于用数 $k$ 乘以此行列式, 即

$$D_1 = \begin{vmatrix} a_{11} & a_{12} & \cdots & a_{1n} \\ \vdots & \vdots & & \vdots \\ ka_{i1} & ka_{i2} & \cdots & ka_{in} \\ \vdots & \vdots & & \vdots \\ a_{n1} & a_{n2} & \cdots & a_{nn} \end{vmatrix} = k \begin{vmatrix} a_{11} & a_{12} & \cdots & a_{1n} \\ \vdots & \vdots & & \vdots \\ a_{i1} & a_{i2} & \cdots & a_{in} \\ \vdots & \vdots & & \vdots \\ a_{n1} & a_{n2} & \cdots & a_{nn} \end{vmatrix} = kD.$$

**证明** 按行列式的定义 1.7 有

$$\begin{aligned} D_1 &= \sum_{j_1 j_2 \cdots j_n} (-1)^{\tau(j_1 j_2 \cdots j_n)} a_{1j_1} a_{2j_2} \cdots (ka_{ij_i}) \cdots a_{nj_n} \\ &= k \sum_{j_1 j_2 \cdots j_n} (-1)^{\tau(j_1 j_2 \cdots j_n)} a_{1j_1} a_{2j_2} \cdots a_{ij_i} \cdots a_{nj_n} = kD. \end{aligned} \qquad \square$$

**推论 1.2** 行列式 $D$ 的某一行 (列) 所有元素的公因子可以提到行列式的前面.

**推论 1.3** 如果行列式有两行 (列) 对应元素成比例, 则行列式的值为零.

例如

$$\begin{vmatrix} a & b & c \\ ka & kb & kc \\ a_1 & b_1 & c_1 \end{vmatrix} = k\begin{vmatrix} a & b & c \\ a & b & c \\ a_1 & b_1 & c_1 \end{vmatrix} = 0.$$

性质 1.4 如果行列式 $D$ 的某一行 (列) 各元素都是两数之和, 则行列式 $D$ 等于两个行列式的和, 即

$$D = \begin{vmatrix} a_{11} & a_{12} & \cdots & a_{1n} \\ \vdots & \vdots & & \vdots \\ a_{i1}+a'_{i1} & a_{i2}+a'_{i2} & \cdots & a_{in}+a'_{in} \\ \vdots & \vdots & & \vdots \\ a_{n1} & a_{n2} & \cdots & a_{nn} \end{vmatrix}$$

$$= \begin{vmatrix} a_{11} & a_{12} & \cdots & a_{1n} \\ \vdots & \vdots & & \vdots \\ a_{i1} & a_{i2} & \cdots & a_{in} \\ \vdots & \vdots & & \vdots \\ a_{n1} & a_{n2} & \cdots & a_{nn} \end{vmatrix} + \begin{vmatrix} a_{11} & a_{12} & \cdots & a_{1n} \\ \vdots & \vdots & & \vdots \\ a'_{i1} & a'_{i2} & \cdots & a'_{in} \\ \vdots & \vdots & & \vdots \\ a_{n1} & a_{n2} & \cdots & a_{nn} \end{vmatrix} = D_1 + D_2.$$

证明 由行列式的定义 1.7 有

$$\begin{aligned} D &= \sum_{j_1 j_2 \cdots j_n} (-1)^{\tau(j_1 j_2 \cdots j_n)} a_{1j_1} a_{2j_2} \cdots (a_{ij_i} + a'_{ij_i}) \cdots a_{nj_n} \\ &= \sum_{j_1 j_2 \cdots j_n} (-1)^{\tau(j_1 j_2 \cdots j_n)} a_{1j_1} a_{2j_2} \cdots a_{ij_i} \cdots a_{nj_n} + \sum_{j_1 j_2 \cdots j_n} (-1)^{\tau(j_1 j_2 \cdots j_n)} a_{1j_1} a_{2j_2} \cdots a'_{ij_i} \cdots a_{nj_n} \\ &= D_1 + D_2. \end{aligned}$$

□

这个性质可推广到行列式某一行 (列) 都是 $m$ 个数的和的情形.

性质 1.5 将行列式的某一行 (列) 各元素的 $k$ 倍加到另一行 (列) 的对应元素上, 行列式的值不变, 即

$$D = \begin{vmatrix} a_{11} & a_{12} & \cdots & a_{1n} \\ \vdots & \vdots & & \vdots \\ a_{i1} & a_{i2} & \cdots & a_{in} \\ \vdots & \vdots & & \vdots \\ a_{j1} & a_{j2} & \cdots & a_{jn} \\ \vdots & \vdots & & \vdots \\ a_{n1} & a_{n2} & \cdots & a_{nn} \end{vmatrix} = \begin{vmatrix} a_{11} & a_{12} & \cdots & a_{1n} \\ \vdots & \vdots & & \vdots \\ a_{i1}+ka_{j1} & a_{i2}+ka_{j2} & \cdots & a_{in}+ka_{jn} \\ \vdots & \vdots & & \vdots \\ a_{j1} & a_{j2} & \cdots & a_{jn} \\ \vdots & \vdots & & \vdots \\ a_{n1} & a_{n2} & \cdots & a_{nn} \end{vmatrix} = D_1.$$

**证明** 利用性质 1.4, 将行列式 $D_1$ 拆成两个行列式的和, 容易看到, 第一个行列式就是 $D$, 而第二个行列式的第 $i$ 行是第 $j$ 行的 $k$ 倍, 所以等于零, 则有 $D_1 = D$. □

行列式的性质为计算行列式提供了很大的方便, 所以需要熟练掌握.

利用性质 1.2 和性质 1.5 可以将任何一个行列式化成上三角或下三角行列式, 然后利用上(下)三角行列式的值等于主对角线元素乘积这一公式, 即可得到行列式的值.

为了叙述上的方便, 我们引入以下记号:

(1) 交换第 $i$ 行(列)与第 $j$ 行(列), 记为 $r_i \leftrightarrow r_j(c_i \leftrightarrow c_j)$;

(2) 提出第 $i$ 行(列)的公因子 $k$, 记为 $r_i \div k(c_i \div k)$;

(3) 第 $j$ 行(列)的 $k$ 倍加到第 $i$ 行(列), 记为 $r_i + kr_j(c_i + kc_j)$.

**例 1.11** 计算三阶行列式 $D = \begin{vmatrix} 1 & 2 & 3 \\ 6 & 1 & -1 \\ 2 & 3 & 1 \end{vmatrix}$.

**解**

$$D \xlongequal[r_3-2r_1]{r_2-6r_1} \begin{vmatrix} 1 & 2 & 3 \\ 0 & -11 & -19 \\ 0 & -1 & -5 \end{vmatrix} \xlongequal{r_2\leftrightarrow r_3} -\begin{vmatrix} 1 & 2 & 3 \\ 0 & -1 & -5 \\ 0 & -11 & -19 \end{vmatrix} \xlongequal{r_3-11r_2} -\begin{vmatrix} 1 & 2 & 3 \\ 0 & -1 & -5 \\ 0 & 0 & 36 \end{vmatrix}$$

$$= -1 \times (-1) \times 36 = 36.$$

**例 1.12** 已知 $\begin{vmatrix} a_{11} & a_{12} & a_{13} \\ a_{21} & a_{22} & a_{23} \\ a_{31} & a_{32} & a_{33} \end{vmatrix} = 1$, 求 $D = \begin{vmatrix} 2a_{11} & 4a_{12} & 2a_{13} \\ 3a_{21}+a_{11} & 6a_{22}+2a_{12} & 3a_{23}+a_{13} \\ -5a_{31} & -10a_{32} & -5a_{33} \end{vmatrix}$.

**解** 先用推论 1.2 提出公因子, 然后用性质 1.5 将其化为已知行列式的形式.

$$D \xlongequal[r_3\div(-5)]{r_1\div 2} 2\times(-5)\begin{vmatrix} a_{11} & 2a_{12} & a_{13} \\ 3a_{21}+a_{11} & 6a_{22}+2a_{12} & 3a_{23}+a_{13} \\ a_{31} & 2a_{32} & a_{33} \end{vmatrix}$$

$$\xlongequal[r_2\div 3]{r_2-r_1} 2\times(-5)\times 3\begin{vmatrix} a_{11} & 2a_{12} & a_{13} \\ a_{21} & 2a_{22} & a_{23} \\ a_{31} & 2a_{32} & a_{33} \end{vmatrix} \xlongequal{c_2\div 2} 2\times(-5)\times 3\times 2\begin{vmatrix} a_{11} & a_{12} & a_{13} \\ a_{21} & a_{22} & a_{23} \\ a_{31} & a_{32} & a_{33} \end{vmatrix}$$

$$= 2\times(-5)\times 3\times 2\times 1 = -60.$$

在利用性质 1.5 等性质化行列式为三角行列式的过程中, 常将左上角的元素化为 $\pm 1$, 或者尽可能小的数, 以便使运算量尽可能地小.

另外, 如果行列式的元素都为整数, 则在计算时, 可以避免用分数运算.

例 1.13 计算下列行列式:

$$D=\begin{vmatrix}3&2&1&5\\2&4&5&-2\\6&3&6&2\\5&6&8&-7\end{vmatrix}.$$

解 可以交换 $c_1$ 与 $c_3$, 使第 1 行的 1 交换到左上角来化为上三角行列式, 但下面我们可以直接将左上角的 3 化为 1.

$$D\xlongequal{r_1-r_2}\begin{vmatrix}1&-2&-4&7\\2&4&5&-2\\6&3&6&2\\5&6&8&-7\end{vmatrix}\xlongequal[\substack{r_3-6r_1\\r_4-5r_1}]{r_2-2r_1}\begin{vmatrix}1&-2&-4&7\\0&8&13&-16\\0&15&30&-40\\0&16&28&-42\end{vmatrix}$$

$$\xlongequal[r_4-2r_2]{r_3-2r_2}\begin{vmatrix}1&-2&-4&7\\0&8&13&-16\\0&-1&4&-8\\0&0&2&-10\end{vmatrix}\xlongequal[r_4\div 2]{r_2\leftrightarrow r_3}-2\begin{vmatrix}1&-2&-4&7\\0&-1&4&-8\\0&8&13&-16\\0&0&1&-5\end{vmatrix}$$

$$\xlongequal{r_3+8r_2}-2\begin{vmatrix}1&-2&-4&7\\0&-1&4&-8\\0&0&45&-80\\0&0&1&-5\end{vmatrix}\xlongequal{r_3\leftrightarrow r_4}2\begin{vmatrix}1&-2&-4&7\\0&-1&4&-8\\0&0&1&-5\\0&0&45&-80\end{vmatrix}$$

$$\xlongequal{r_4-45r_3}2\begin{vmatrix}1&-2&-4&7\\0&-1&4&-8\\0&0&1&-5\\0&0&0&145\end{vmatrix}=2\times 1\times(-1)\times 1\times 145=-290.$$

在将行列式化为三角行列式时, 常常用各行(列)减第 1 行(列)的倍数使第 1 列(行)仅剩一个非零数(左上角), 然后在除去第 1 行、第 1 列后剩下的部分继续使用这一方法, 直到化为三角行列式. 也经常使用上(下)一行减下(上)一行的倍数化为三角行列式来求解.

以下这个例子就分别用这两种方法来求解.

例 1.14 计算行列式 $D=\begin{vmatrix}x&x+1&x+2&x+3\\x&2x+1&3x+3&4x+6\\x&3x+1&6x+4&10x+10\\x&4x+1&10x+5&20x+15\end{vmatrix}.$

**解** **方法 1**

$$D \xlongequal[\substack{r_3-r_1\\ r_4-r_1}]{r_2-r_1} \begin{vmatrix} x & x+1 & x+2 & x+3 \\ 0 & x & 2x+1 & 3x+3 \\ 0 & 2x & 5x+2 & 9x+7 \\ 0 & 3x & 9x+3 & 19x+12 \end{vmatrix} \xlongequal[r_4-3r_2]{r_3-2r_2} \begin{vmatrix} x & x+1 & x+2 & x+3 \\ 0 & x & 2x+1 & 3x+3 \\ 0 & 0 & x & 3x+1 \\ 0 & 0 & 3x & 10x+3 \end{vmatrix}$$

$$\xlongequal{r_4-3r_3} \begin{vmatrix} x & x+1 & x+2 & x+3 \\ 0 & x & 2x+1 & 3x+3 \\ 0 & 0 & x & 3x+1 \\ 0 & 0 & 0 & x \end{vmatrix} = x^4.$$

**方法 2** 从第 4 行起, 依次减上面一行得

$$D \xlongequal[\substack{r_3-r_2\\ r_2-r_1}]{r_4-r_3} \begin{vmatrix} x & x+1 & x+2 & x+3 \\ 0 & x & 2x+1 & 3x+3 \\ 0 & x & 3x+1 & 6x+4 \\ 0 & x & 4x+1 & 10x+5 \end{vmatrix} \xlongequal[r_3-r_2]{r_4-r_3} \begin{vmatrix} x & x+1 & x+2 & x+3 \\ 0 & x & 2x+1 & 3x+3 \\ 0 & 0 & x & 3x+1 \\ 0 & 0 & x & 4x+1 \end{vmatrix}$$

$$\xlongequal{r_4-r_3} \begin{vmatrix} x & x+1 & x+2 & x+3 \\ 0 & x & 2x+1 & 3x+3 \\ 0 & 0 & x & 3x+1 \\ 0 & 0 & 0 & x \end{vmatrix} = x^4.$$

有时, 行列式的每一行 (列) 元素之和相等, 这时可以把各列 (行) 加到第 1 列 (行), 然后提出公因子, 再将行列式化成三角行列式.

例 1.15 计算 $n$ 阶行列式 $D_n = \begin{vmatrix} 1+a_1 & a_2 & \cdots & a_n \\ a_1 & 1+a_2 & \cdots & a_n \\ \vdots & \vdots & & \vdots \\ a_1 & a_2 & \cdots & 1+a_n \end{vmatrix}$.

**解** 我们发现各行元素之和都相等, 所以把各列都加到第 1 列, 然后化成下三角行列式.

$$D \xlongequal{c_1+c_2+\cdots+c_n} \begin{vmatrix} 1+a_1+a_2+\cdots+a_n & a_2 & \cdots & a_n \\ 1+a_1+a_2+\cdots+a_n & 1+a_2 & \cdots & a_n \\ \vdots & \vdots & & \vdots \\ 1+a_1+a_2+\cdots+a_n & a_2 & \cdots & 1+a_n \end{vmatrix}$$

$$\xlongequal{c_1\div(1+a_1+a_2+\cdots+a_n)} (1+a_1+a_2+\cdots+a_n) \begin{vmatrix} 1 & a_2 & \cdots & a_n \\ 1 & 1+a_2 & \cdots & a_n \\ \vdots & \vdots & & \vdots \\ 1 & a_2 & \cdots & 1+a_n \end{vmatrix}$$

$$\xlongequal[i=2,\cdots,n]{c_i-a_ic_1}(1+a_1+a_2+\cdots+a_n)\begin{vmatrix} 1 & 0 & \cdots & 0 \\ 1 & 1 & \cdots & 0 \\ \vdots & \vdots & & \vdots \\ 1 & 0 & \cdots & 1 \end{vmatrix}=1+a_1+a_2+\cdots+a_n.$$

例 1.16 求下列 $n$ 阶行列式的值:

$$D_n=\begin{vmatrix} x_1 & a_2 & a_3 & \cdots & a_n \\ b_2 & x_2 & 0 & \cdots & 0 \\ b_3 & 0 & x_3 & \cdots & 0 \\ \vdots & & \vdots & & \vdots \\ b_n & 0 & 0 & \cdots & x_n \end{vmatrix}, \text{ 其中} x_1x_2\cdots x_n\neq 0.$$

这种形式的行列式称为**箭(爪)形行列式**.

解 用列变换 $c_1+kc_j$ 可以将 $x_1$ 下方的所有元素 $b_j$ 都化成 0, 则行列式化成上三角行列式. 这是因为在计算过程中, 对角线元素 $x_i$ 上方和下方的 0 不会改变与它同行的 $b_j$ 的值及已化成的0.

$$D_n\xlongequal[j=2,\cdots,n]{c_1-\frac{b_j}{x_j}c_j}\begin{vmatrix} A & a_2 & a_3 & \cdots & a_n \\ 0 & x_2 & 0 & \cdots & 0 \\ 0 & 0 & x_3 & \cdots & 0 \\ \vdots & & \vdots & & \vdots \\ 0 & 0 & 0 & \cdots & x_n \end{vmatrix}=Ax_2x_3\cdots x_n=\left(x_1-\sum_{i=2}^{n}\frac{a_ib_i}{x_i}\right)x_2x_3\cdots x_n,$$

其中 $A=x_1-\dfrac{a_2b_2}{x_2}-\cdots-\dfrac{a_nb_n}{x_n}=x_1-\displaystyle\sum_{i=2}^{n}\frac{a_ib_i}{x_i}$.

**实际问题 1.2** 代数式的证明

已知 $ax+by=1, bx+cy=1, cx+ay=1$, 求证: $ab+bc+ca=a^2+b^2+c^2$.

证明 由三阶行列式的定义有

$$\begin{aligned} & ab+bc+ca-(a^2+b^2+c^2) \\ = & \begin{vmatrix} a & c & -1 \\ b & a & -1 \\ c & b & -1 \end{vmatrix}\xlongequal{c_3+xc_2+yc_1}\begin{vmatrix} a & c & cx+ay-1 \\ b & a & ax+by-1 \\ c & b & bx+cy-1 \end{vmatrix}=\begin{vmatrix} a & c & 0 \\ b & a & 0 \\ c & b & 0 \end{vmatrix}=0. \end{aligned}$$ □

**实际问题 1.3** 三角形的面积

证明: 平面内以三点 $A(x_1,y_1), B(x_2,y_2), C(x_3,y_3)$ 为顶点的三角形的面积 $S$ 为

$$\frac{1}{2}\begin{vmatrix} x_1 & y_1 & 1 \\ x_2 & y_2 & 1 \\ x_3 & y_3 & 1 \end{vmatrix}$$

的绝对值.

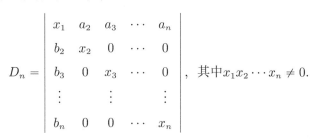

**证明** 过点 $B(x_2,y_2)$, $C(x_3,y_3)$ 的直线方程为

$$(y_2-y_3)x-(x_2-x_3)y+x_2y_3-x_3y_2=0,$$

得 $BC$ 边的高为

$$|AD|=\frac{|(y_2-y_3)x_1-(x_2-x_3)y_1+x_2y_3-x_3y_2|}{\sqrt{(x_2-x_3)^2+(y_2-y_3)^2}},$$

而

$$|BC|=\sqrt{(x_2-x_3)^2+(y_2-y_3)^2},$$

所以

$$S=\frac{1}{2}|AD||BC|=\frac{1}{2}|(y_2-y_3)x_1-(x_2-x_3)y_1+x_2y_3-x_3y_2|=\frac{1}{2}\begin{vmatrix} x_1 & y_1 & 1 \\ x_2 & y_2 & 1 \\ x_3 & y_3 & 1 \end{vmatrix}$$

的绝对值. □

**实际问题 1.4** 分解因式

将 $x^4+6x^3+x^2-24x-20$ 分解因式.

**解** 原式 $=x^2(x^2+6x+1)-4(6x+5)=\begin{vmatrix} x^2+6x+1 & 4 \\ 6x+5 & x^2 \end{vmatrix}\xlongequal{r_2-r_1}\begin{vmatrix} x^2+6x+1 & 4 \\ 4-x^2 & x^2-4 \end{vmatrix}$

$$\xlongequal{r_2\div(x^2-4)}(x^2-4)\begin{vmatrix} x^2+6x+1 & 4 \\ -1 & 1 \end{vmatrix}=(x^2-4)(x^2+6x+5)$$

$$=(x-2)(x+2)(x+1)(x+5).$$

这个方法具有一定的普遍性.

**实际问题 1.5** 分解因式

将 $(cd-ab)^2-4bc(a-c)(b-d)$ 分解因式.

**解** 原式 $=\begin{vmatrix} cd-ab & 2b(a-c) \\ 2c(b-d) & cd-ab \end{vmatrix}\xlongequal{r_1+r_2}\begin{vmatrix} 2bc-ab-cd & -2bc+ab+cd \\ 2c(b-d) & cd-ab \end{vmatrix}$

$$\xlongequal{r_1\div(2bc-ab-cd)}(2bc-ab-cd)\begin{vmatrix} 1 & -1 \\ 2c(b-d) & cd-ab \end{vmatrix}=(2bc-ab-cd)^2.$$

这里介绍的分解因式方法对解行列式方程和求矩阵的特征值很有帮助(见例 1.18 及例 4.3).

我们不加证明地引入下列常用公式.

**例 1.17** 行列式

$$\begin{vmatrix} a_{11} & \cdots & a_{1m} & 0 & \cdots & 0 \\ \vdots & & \vdots & \vdots & & \vdots \\ a_{m1} & \cdots & a_{mm} & 0 & \cdots & 0 \\ c_{11} & \cdots & c_{1m} & b_{11} & \cdots & b_{1n} \\ \vdots & & \vdots & \vdots & & \vdots \\ c_{n1} & \cdots & c_{nm} & b_{n1} & \cdots & b_{nn} \end{vmatrix}=\begin{vmatrix} a_{11} & \cdots & a_{1m} \\ \vdots & & \vdots \\ a_{m1} & \cdots & a_{mm} \end{vmatrix}\begin{vmatrix} b_{11} & \cdots & b_{1n} \\ \vdots & & \vdots \\ b_{n1} & \cdots & b_{nn} \end{vmatrix}. \tag{1.10}$$

为便于理解, 将左上角的 $m\times m$ 数表(矩阵)记为 $\boldsymbol{A}$, 右下角的 $n\times n$ 数表记为 $\boldsymbol{B}$, 右上角全为 0 的 $m\times n$ 数表记为 $\boldsymbol{O}$, 左下角的 $n\times m$ 数表记为 $\boldsymbol{C}$, 则上式可直观地表示为

$$\begin{vmatrix} \boldsymbol{A} & \boldsymbol{O} \\ \boldsymbol{C} & \boldsymbol{B} \end{vmatrix} = |\boldsymbol{A}||\boldsymbol{B}|. \tag{1.11}$$

类似地有

$$\begin{vmatrix} \boldsymbol{A} & \boldsymbol{C} \\ \boldsymbol{O} & \boldsymbol{B} \end{vmatrix} = |\boldsymbol{A}||\boldsymbol{B}|, \qquad \begin{vmatrix} \boldsymbol{A} & \boldsymbol{O} \\ \boldsymbol{O} & \boldsymbol{B} \end{vmatrix} = |\boldsymbol{A}||\boldsymbol{B}|. \tag{1.12}$$

这里, 行列式中左右两字母所含元素的行数相等, 上下两个字母所含元素的列数相等 (参见式 (1.10)).

**实际问题 1.6 分解因式**

将 $x^3+y^3-9xy+27$ 分解因式.

解 记 $A=x+y+3$, 则

$$x^3+y^3-9xy+27=\begin{vmatrix} x & y & 3 \\ 3 & x & y \\ y & 3 & x \end{vmatrix} \xlongequal{c_1+c_2+c_3} \begin{vmatrix} A & y & 3 \\ A & x & y \\ A & 3 & x \end{vmatrix} \xlongequal{c_1\div A} A\begin{vmatrix} 1 & y & 3 \\ 1 & x & y \\ 1 & 3 & x \end{vmatrix}$$

$$\xlongequal[r_3-r_1]{r_2-r_1} A\begin{vmatrix} 1 & y & 3 \\ 0 & x-y & y-3 \\ 0 & 3-y & x-3 \end{vmatrix} = A\begin{vmatrix} x-y & y-3 \\ 3-y & x-3 \end{vmatrix} = A[(x-y)(x-3)+(y-3)^2]$$

$$=(x+y+3)(x^2-xy+y^2-3x-3y+9).$$

注：当多项式 $F$ 具有 $A^3+B^3+C^3-3ABC$ 的形式时, $F$ 可用循环行列式(见本例第一个行列式)表示.

**例 1.18** 求 $\lambda$ 的值, 使 $D=\begin{vmatrix} \lambda-1 & 1 & 1 \\ \lambda & \lambda+1 & 2\lambda+1 \\ 2 & 5\lambda-9 & \lambda-3 \end{vmatrix}=0.$

解 本题用行列式分解因式的方法较好.

$$D\xlongequal{c_1\leftrightarrow c_3} -\begin{vmatrix} 1 & 1 & \lambda-1 \\ 2\lambda+1 & \lambda+1 & \lambda \\ \lambda-3 & 5\lambda-9 & 2 \end{vmatrix} \xlongequal[c_3-(\lambda-1)c_1]{c_2-c_1} -\begin{vmatrix} 1 & 0 & 0 \\ 2\lambda+1 & -\lambda & -2\lambda^2+2\lambda+1 \\ \lambda-3 & 4\lambda-6 & -\lambda^2+4\lambda-1 \end{vmatrix}$$

$$=-\begin{vmatrix} -\lambda & -2\lambda^2+2\lambda+1 \\ 4\lambda-6 & -\lambda^2+4\lambda-1 \end{vmatrix} \xlongequal{r_1+r_2} -\begin{vmatrix} 3\lambda-6 & -3\lambda^2+6\lambda \\ 4\lambda-6 & -\lambda^2+4\lambda-1 \end{vmatrix}$$

$$\xlongequal{r_1\div(3\lambda-6)} -(3\lambda-6)\begin{vmatrix} 1 & -\lambda \\ 4\lambda-6 & -\lambda^2+4\lambda-1 \end{vmatrix} = -3(\lambda-2)(\lambda-1)(3\lambda+1)=0,$$

所以 $\lambda=1,\ 2$ 或 $\lambda=-\dfrac{1}{3}$.

## 习　题　1.3

一、选择题 (单选题)

1. $\begin{vmatrix} 0 & 1 & 1 & 1 \\ 1 & 0 & 1 & 1 \\ 1 & 1 & 0 & 1 \\ 1 & 1 & 1 & 0 \end{vmatrix} = (\quad)$.

(A) 1　　(B) 2　　(C) $-3$　　(D) 0

2. 行列式 $\begin{vmatrix} a_1 & 2a_2 & a_3 \\ b_1 & 2b_2 & b_3 \\ c_1 & 2c_2 & c_3 \end{vmatrix} = k$, 则行列式 $\begin{vmatrix} a_1 & \frac{1}{2}(a_2+a_3) & 5a_3 \\ b_1 & \frac{1}{2}(b_2+b_3) & 5b_3 \\ c_1 & \frac{1}{2}(c_2+c_3) & 5c_3 \end{vmatrix} = (\quad)$.

(A) $\frac{5}{2}k$　　(B) $-\frac{5}{4}k$　　(C) $-\frac{5}{2}k$　　(D) $\frac{5}{4}k$

3. 行列式 $\begin{vmatrix} 1 & 2 & 3 \\ 4 & 5 & 6 \\ 2 & 3 & a \end{vmatrix} = 0$, 则 $a = (\quad)$.

(A) 1　　(B) 2　　(C) 3　　(D) 4

4. 设 $f(x) = \begin{vmatrix} 1 & 5 & 2 & x \\ 2 & 1 & -1 & 1-x \\ 3 & 2x-1 & 0 & 1 \\ 1 & 1 & x & 2 \end{vmatrix}$, 则多项式 $f(x)$ 中 $x^3$ 的系数为 $(\quad)$.

(A) 6　　(B) $-6$　　(C) 4　　(D) $-4$

5. 行列式 $\begin{vmatrix} 1 & 1 & 1 & 1 \\ 0 & 2 & 1 & 0 \\ 0 & 1 & 2 & 0 \\ 1 & -1 & -1 & -2 \end{vmatrix} = (\quad)$.

(A) $-9$　　(B) 9　　(C) $-8$　　(D) 8

二、计算题

1. 利用行列式的性质求下列行列式的值:

(1) $\begin{vmatrix} 100 & 103 & 204 \\ 200 & 199 & 395 \\ 300 & 301 & 600 \end{vmatrix}$;　　(2) $\begin{vmatrix} -ab & a & ad \\ bc & -c & cd \\ b & 1 & -d \end{vmatrix}$;　　(3) $\begin{vmatrix} 1 & 2 & 2 & 3 \\ 2 & 1 & 3 & 2 \\ 2 & 3 & 1 & 2 \\ 3 & 2 & 2 & 1 \end{vmatrix}$;

(4) $\begin{vmatrix} 5 & 3 & 6 & -1 \\ -2 & -3 & 1 & -5 \\ 3 & 2 & 4 & 0 \\ 1 & 2 & -3 & 3 \end{vmatrix}$; (5) $\begin{vmatrix} a & b & c & d \\ a & a+b & a+b+c & a+b+c+d \\ a & 2a+b & 3a+2b+c & 4a+3b+2c+d \\ a & 3a+b & 6a+3b+c & 10a+6b+3c+d \end{vmatrix}$;

(6) $\begin{vmatrix} 1 & 1 & 1 & 1 \\ -1 & 1 & 1 & 1 \\ -2 & -1 & 1 & 1 \\ -3 & -2 & -1 & 1 \end{vmatrix}$; (7) $\begin{vmatrix} 2 & 3 & 0 & 0 \\ 1 & 2 & x & 0 \\ -1 & -3 & 2 & 1 \\ -2 & -1 & 3 & 6 \end{vmatrix}$;

(8) $\begin{vmatrix} 1 & 2 & 3 & -2 & -6 \\ 1 & 3 & 3 & -2 & -6 \\ 2 & 3 & 5 & 0 & -12 \\ 3 & 2 & 1 & 3 & 1 \\ 5 & 2 & 6 & 7 & 3 \end{vmatrix}$ (提示: 化成 $\begin{vmatrix} \boldsymbol{A} & \boldsymbol{O} \\ \boldsymbol{C} & \boldsymbol{B} \end{vmatrix}$ 的形式); (9) $D_n = \begin{vmatrix} x & a & \cdots & a \\ a & x & \cdots & a \\ \vdots & \vdots & & \vdots \\ a & a & \cdots & x \end{vmatrix}$;

(10) $D_{n+1} = \begin{vmatrix} a_0 & b_1 & b_2 & \cdots & b_{n-1} & b_n \\ 1 & a_1 & 0 & \cdots & 0 & 0 \\ 2 & 0 & a_2 & \cdots & 0 & 0 \\ \vdots & \vdots & \vdots & & \vdots & \vdots \\ n & 0 & 0 & \cdots & 0 & a_n \end{vmatrix}$, 其中 $a_1, a_2, \cdots, a_n$ 都不为零;

(11) $D_n = \begin{vmatrix} 1+a_1 & a_2 & a_3 & \cdots & a_n \\ a_1 & 2+a_2 & a_3 & \cdots & a_n \\ a_1 & a_2 & 3+a_3 & \cdots & a_n \\ \vdots & \vdots & \vdots & & \vdots \\ a_1 & a_2 & a_3 & \cdots & n+a_n \end{vmatrix}$.

2. 解下列行列式方程:

(1) $\begin{vmatrix} x+1 & 2 & 3 & 4 \\ 1 & x+2 & 3 & 4 \\ 1 & 2 & x+3 & 4 \\ 1 & 2 & 3 & x+4 \end{vmatrix} = 0$; (2) $\begin{vmatrix} x & 1 & -2 & 0 \\ 0 & x & 1 & -2 \\ -2 & 0 & x & 1 \\ 1 & -2 & 0 & x \end{vmatrix} = 0$;

(3) $\begin{vmatrix} \lambda-1 & 1 & -1 \\ \lambda & \lambda+1 & \lambda-1 \\ \lambda+1 & \lambda-1 & -7-\lambda \end{vmatrix} = 0$.

3. 求方程 $\begin{vmatrix} 2\lambda-1 & \lambda & -1 \\ 2 & \lambda^2+2 & \lambda \\ \lambda+2 & 16-15\lambda & -5-4\lambda \end{vmatrix}=0$ 的所有有理根.

4. 证明下列结论:

(1) $\begin{vmatrix} ax+by & ay+bz & az+bx \\ ay+bz & az+bx & ax+by \\ az+bx & ax+by & ay+bz \end{vmatrix}=(a^3+b^3)\begin{vmatrix} x & y & z \\ y & z & x \\ z & x & y \end{vmatrix}$;

(2) $\begin{vmatrix} a_1-b_1 & a_1-b_2 & \cdots & a_1-b_n \\ a_2-b_1 & a_2-b_2 & \cdots & a_2-b_n \\ \vdots & \vdots & & \vdots \\ a_n-b_1 & a_n-b_2 & \cdots & a_n-b_n \end{vmatrix}=0 \quad (n \geqslant 3)$.

5. 已知 1995, 3268, 6118, 7619 都能被 19 整除, 证明：4 阶行列式

$$\begin{vmatrix} 1 & 9 & 9 & 5 \\ 3 & 2 & 6 & 8 \\ 6 & 1 & 1 & 8 \\ 7 & 6 & 1 & 9 \end{vmatrix}$$

也能被 19 整除.

三、应用题

1. 利用行列式分解因式:

(1) $a^2c+ab^2+bc^2-ac^2-b^2c-a^2b$;　(2) $a^3+b^3+c^3-3abc$;　(3) $2\lambda^3-9\lambda^2+13\lambda-6$.

2. 利用行列式的性质解方程　$\lambda^4-\lambda^3-\lambda^2-5\lambda+6=0$.

## 1.4 行列式按行 (列) 展开

较低阶的行列式总比较高阶的行列式要容易计算, 这使我们想到用降低阶数的方法计算行列式. 我们通过三阶行列式来说明这种降阶方法. 容易验证

$$\begin{vmatrix} a_{11} & a_{12} & a_{13} \\ a_{21} & a_{22} & a_{23} \\ a_{31} & a_{32} & a_{33} \end{vmatrix} = a_{11}\begin{vmatrix} a_{22} & a_{23} \\ a_{32} & a_{33} \end{vmatrix} - a_{12}\begin{vmatrix} a_{21} & a_{23} \\ a_{31} & a_{33} \end{vmatrix} + a_{13}\begin{vmatrix} a_{21} & a_{22} \\ a_{31} & a_{32} \end{vmatrix}. \tag{1.13}$$

此式称为三阶行列式按第 1 行展开. 这说明三阶行列式可化为二阶行列式来计算.

先引入余子式和代数余子式的概念.

**定义 1.9 余子式和代数余子式**

$n$ 阶行列式 $D=|a_{ij}|$ 中, 划去元素 $a_{ij}$ 所在的第 $i$ 行和第 $j$ 列元素后, 剩下的元素不改变相对位置而构成的 $n-1$ 阶行列式, 称为元素 $a_{ij}$ 的**余子式**, 记为 $M_{ij}$. 记

$$A_{ij}=(-1)^{i+j}M_{ij}, \tag{1.14}$$

称它为元素 $a_{ij}$ 的**代数余子式**.

例如, 三阶行列式 $\begin{vmatrix} a_{11} & a_{12} & a_{13} \\ a_{21} & a_{22} & a_{23} \\ a_{31} & a_{32} & a_{33} \end{vmatrix}$ 中, 元素 $a_{23}$ 的余子式和代数余子式分别为

$$M_{23}=\begin{vmatrix} a_{11} & a_{12} \\ a_{31} & a_{32} \end{vmatrix}, A_{23}=(-1)^{2+3}M_{23}=-\begin{vmatrix} a_{11} & a_{12} \\ a_{31} & a_{32} \end{vmatrix}.$$

**注意**, 元素 $a_{ij}$ 的余子式 $M_{ij}$ 中不包含元素 $a_{ij}$, 所以, $a_{ij}$ 的余子式和代数余子式是由 $a_{ij}$ 所在位置 $(i,j)$ 决定的, 而与 $a_{ij}$ 取什么值无关.

**引理 1.1** 若 $n$ 阶行列式 $D=|a_{ij}|$ 的第 $i$ 行(第 $j$ 列)除 $a_{ij}$ 外都为 0, 则 $D=a_{ij}A_{ij}$.

证明 以行为例.

(1) **特殊情形** 如果第 1 行仅 $a_{11}\neq 0$, 而其他 $a_{1j}=0\ (j=2,3,\cdots,n)$.

此时,

$$D=\begin{vmatrix} a_{11} & 0 & 0 & \cdots & 0 \\ a_{21} & a_{22} & a_{23} & \cdots & a_{2n} \\ \vdots & \vdots & \vdots & & \vdots \\ a_{n1} & a_{n2} & a_{n3} & \cdots & a_{nn} \end{vmatrix}, \tag{1.15}$$

由式 (1.10)有

$$D=a_{11}\cdot M_{11}=a_{11}(-1)^{1+1}M_{11}=a_{11}A_{11}.$$

(2) **一般情形** 假设第 $i$ 行仅 $a_{ij}\neq 0$, 而其他元素 $a_{ij}=0$(即 $a_{ik}=0, k\neq j, k=1,2,\cdots,n$).

此时

$$D=\begin{vmatrix} a_{11} & a_{12} & \cdots & a_{1j} & \cdots & a_{1n} \\ \vdots & \vdots & & \vdots & & \vdots \\ 0 & 0 & \cdots & a_{ij} & \cdots & 0 \\ \vdots & \vdots & & \vdots & & \vdots \\ a_{n1} & a_{n2} & \cdots & a_{nj} & \cdots & a_{nn} \end{vmatrix}. \tag{1.16}$$

先做行变化, 将第 $i$ 行依次与它的上一行交换, 直到将它交换到第 1 行(共进行了 $i-1$ 次行的交换), 然后将第 $j$ 列依次与它左边的列进行交换, 直到将它交换到第 1 列 (共进行了 $j-1$ 次列的交换). 这时 $D$ 化为式 (1.15)的形式, 即 $a_{ij}$ 在左上角. 注意到在整个变换过程中, 划去 $a_{ij}$ 所在的行与列之后, 其余元素的相对位置始终不变, 这样, 左上角 $a_{ij}$ 的右下方即为 $a_{ij}$ 的余子式, 由上面的特殊情况 (结合行列式交换行 (列)变号的性质 1.2)有

$$D=(-1)^{i-1+j-1}a_{ij}M_{ij}=a_{ij}(-1)^{i+j}M_{ij}=a_{ij}A_{ij}.$$ □

这个引理对简化行列式的计算有着十分重要的意义.

**定理 1.5　行列式按行 (列) 展开定理**

$n$ 阶行列式 $D=|a_{ij}|$ 的值等于它任一行 (列) 的各元素与其代数余子式乘积之和, 即

$$D=a_{i1}A_{i1}+a_{i2}A_{i2}+\cdots+a_{in}A_{in},\ i=1,2,\cdots,n \qquad (\text{按第 } i \text{ 行展开}) \tag{1.17}$$

或

$$D=a_{1j}A_{1j}+a_{2j}A_{2j}+\cdots+a_{nj}A_{nj},\ j=1,2,\cdots,n. \qquad (\text{按第 } j \text{ 列展开}) \tag{1.18}$$

**证明**　为证明式(1.17), 将行列式 $D$ 的第 $i$ 行各元素都写成 $n$ 个数的和, 然后用行列式的性质 1.4 及引理 1.1 来证明.

将 $D$ 写为

$$D=\begin{vmatrix} a_{11} & a_{12} & \cdots & a_{1n} \\ \vdots & \vdots & & \vdots \\ a_{i1}+0+\cdots+0 & 0+a_{i2}+\cdots+0 & \cdots & 0+\cdots+0+a_{in} \\ \vdots & \vdots & & \vdots \\ a_{n1} & a_{n2} & \cdots & a_{nn} \end{vmatrix},$$

由行列式的性质 1.4 及引理 1.1 有

$$D=\begin{vmatrix} a_{11} & a_{12} & \cdots & a_{1n} \\ \vdots & \vdots & & \vdots \\ a_{i1} & 0 & \cdots & 0 \\ \vdots & \vdots & & \vdots \\ a_{n1} & a_{n2} & \cdots & a_{nn} \end{vmatrix}+\begin{vmatrix} a_{11} & a_{12} & \cdots & a_{1n} \\ \vdots & \vdots & & \vdots \\ 0 & a_{i2} & \cdots & 0 \\ \vdots & \vdots & & \vdots \\ a_{n1} & a_{n2} & \cdots & a_{nn} \end{vmatrix}+\cdots+\begin{vmatrix} a_{11} & a_{12} & \cdots & a_{1n} \\ \vdots & \vdots & & \vdots \\ 0 & 0 & \cdots & a_{in} \\ \vdots & \vdots & & \vdots \\ a_{n1} & a_{n2} & \cdots & a_{nn} \end{vmatrix}$$

$$=a_{i1}A_{i1}+a_{i2}A_{i2}+\cdots+a_{in}A_{in}.$$

对列进行类似证明可以得到式(1.18)成立. □

例如, 关于三阶行列式 $D=|a_{ij}|$ 的式 (1.13)可以写为 $D=a_{11}A_{11}+a_{12}A_{12}+a_{13}A_{13}$.

**例 1.19**　按第 1 行展开计算三阶行列式 $D=\begin{vmatrix} 1 & 2 & 5 \\ 3 & 2 & 1 \\ 2 & 1 & 6 \end{vmatrix}$.

**解**　由定理 1.5, 按第 1 行展开有

$$D=1\times(-1)^{1+1}\begin{vmatrix} 2 & 1 \\ 1 & 6 \end{vmatrix}+2\times(-1)^{1+2}\begin{vmatrix} 3 & 1 \\ 2 & 6 \end{vmatrix}+5\times(-1)^{1+3}\begin{vmatrix} 3 & 2 \\ 2 & 1 \end{vmatrix}$$

$$=1\times 11+2\times(-16)+5\times(-1)=-26.$$

我们发现在计算过程中, 代数余子式 $A_{ij}$ 的符号 $(-1)^{i+j}$ 每次都写出来比较麻烦. 其实从 $A_{ij}=(-1)^{i+j}M_{ij}$ 可以知道, 主对角线元素的代数余子式都取 “+” 号, 其他元素的代数余子式的符号可以从主对角线元素出发向上、下、左、右以 “+”、“−” 相间来确定. 元素 $a_{ij}$ 的代数

余子式的符号可以写在 $a_{ij}$ 的右上角.

例如, 上例中的三阶行列式, 我们可按第 2 行展开计算如下:

$$D=\begin{vmatrix}1&2&5\\3^-&2^+&1^-\\2&1&6\end{vmatrix}=3\times\left(-\begin{vmatrix}2&5\\1&6\end{vmatrix}\right)+2\times\begin{vmatrix}1&5\\2&6\end{vmatrix}+1\times\left(-\begin{vmatrix}1&2\\2&1\end{vmatrix}\right)$$

$$=3\times(-7)+2\times(-4)+1\times 3=-26.$$

另外, 如果利用按行(列)展开定理计算 $n$ 阶行列式, 通常需要计算 $n$ 个 $n-1$ 阶行列式, 运算量较大, 所以我们可以利用行列式的性质 1.5, 将行列式化为某一行(列)仅剩一个非零元素, 然后用引理 1.1 的结论来简化计算.

**例 1.20** 计算四阶行列式 $D=\begin{vmatrix}3&2&2&-1\\2&0&1&-1\\-5&1&3&4\\1&2&5&0\end{vmatrix}$.

**解** 为了使运算量尽可能小, 尽量选择 0 较多的行或列, 其次选中的行或列的元素总体上尽可能小. 这里我们选择第 2 行, 将除 1 外的其余元素都化为 0.

$$D\xlongequal[c_4+c_3]{c_1-2c_3}\begin{vmatrix}-1&2&2&1\\0&0&1^-&0\\-11&1&3&7\\-9&2&5&5\end{vmatrix}\xlongequal{\text{按第 2 行展开}}1\times\left(-\begin{vmatrix}-1&2&1\\-11&1&7\\-9&2&5\end{vmatrix}\right)$$

$$\xlongequal[c_3+c_1]{c_2+2c_1}-\begin{vmatrix}-1&0&0\\-11&-21&-4\\-9&-16&-4\end{vmatrix}\xlongequal{\text{按第 1 行展开}}-(-1)\begin{vmatrix}-21&-4\\-16&-4\end{vmatrix}=84-64=20.$$

以下是一个重要推论.

**推论 1.4 串行(列)展开定理**

$n$ 阶行列式 $D=|a_{ij}|$ 的任一行(列)各元素与另一行(列)对应元素的代数余子式乘积之和为零, 即

$$a_{i1}A_{j1}+a_{i2}A_{j2}+\cdots+a_{in}A_{jn}=0,\quad i\neq j,\quad i,j=1,2,\cdots,n,$$

或

$$a_{1i}A_{1j}+a_{2i}A_{2j}+\cdots+a_{ni}A_{nj}=0,\quad i\neq j,\quad i,j=1,2,\cdots,n.$$

**证明** 以行为例.

将行列式 $D$ 的第 $j$ 行换为第 $i$ 行得行列式 $D_1$, 由于 $D_1$ 的第 $i$ 行与第 $j$ 行相等, 则 $D_1=0$. 将 $D_1$ 按第 $j$ 行展开, 由于第 $j$ 行替换后各元素的代数余子式不变, 所以有

$$0=D_1=a_{i1}A_{j1}+a_{i2}A_{j2}+\cdots+a_{in}A_{jn}.$$

□

将本节的重要结论归纳在一起得

$$a_{i1}A_{j1}+a_{i2}A_{j2}+\cdots+a_{in}A_{jn}=\begin{cases}D, & i=j,\\ 0, & i\neq j,\end{cases} \tag{1.19}$$

$$a_{1i}A_{1j}+a_{2i}A_{2j}+\cdots+a_{ni}A_{nj}=\begin{cases}D, & i=j,\\ 0, & i\neq j.\end{cases} \tag{1.20}$$

即**行列式按行(列)展开等于行列式本身, 串行(列)展开等于零**.

例 1.21 已知行列式 $D=\begin{vmatrix}3 & -1 & 1 & 1\\ 2 & 0 & 6 & 3\\ -5 & 1 & 3 & 9\\ 1 & 2 & 5 & 6\end{vmatrix}$, 求 $3A_{21}+A_{22}+A_{23}-2A_{24}$ 的值.

解 这是求第 2 行元素的代数余子式的代数和. 如果我们将 $D$ 的第 2 行元素换成所求式子前面的系数 3, 1, 1, $-2$ 后, 则这几个数的代数余子式仍是原来的数 2, 0, 6, 3 的代数余子式 $A_{21}$, $A_{22}$, $A_{23}$, $A_{24}$. 所以, 所求的式子就是将第 2 行换成系数 3, 1, 1, $-2$ 后的行列式的值, 即

$$3A_{21}+A_{22}+A_{23}-2A_{24}=\begin{vmatrix}3 & -1 & 1 & 1\\ 3 & 1 & 1 & -2\\ -5 & 1 & 3 & 9\\ 1 & 2 & 5 & 6\end{vmatrix}\xlongequal[\substack{r_3+r_1\\ r_4+2r_1}]{r_2+r_1}\begin{vmatrix}3 & -1 & 1 & 1\\ 6 & 0 & 2 & -1\\ -2 & 0 & 4 & 10\\ 7 & 0 & 7 & 8\end{vmatrix}$$

$$\xlongequal{\text{按第 2 列展开}}-1\times\left(-\begin{vmatrix}6 & 2 & -1\\ -2 & 4 & 10\\ 7 & 7 & 8\end{vmatrix}\right)\xlongequal[c_3+5c_1]{c_2+2c_1}\begin{vmatrix}6 & 14 & 29\\ -2 & 0 & 0\\ 7 & 21 & 43\end{vmatrix}$$

$$\xlongequal{\text{按第 2 行展开}}2\begin{vmatrix}14 & 29\\ 21 & 43\end{vmatrix}=-14.$$

下面介绍著名的范德蒙德行列式.

例 1.22 $n$ 阶**范德蒙德行列式**

$$D_n=\begin{vmatrix}1 & 1 & 1 & \cdots & 1\\ x_1 & x_2 & x_3 & \cdots & x_n\\ x_1^2 & x_2^2 & x_3^2 & \cdots & x_n^2\\ \vdots & \vdots & \vdots & & \vdots\\ x_1^{n-1} & x_2^{n-1} & x_3^{n-1} & \cdots & x_n^{n-1}\end{vmatrix}=\prod_{1\leqslant i<j\leqslant n}(x_j-x_i). \tag{1.21}$$

其中记号 $\prod$ 表示连乘积, 例如 $\prod\limits_{i=1}^{n}a_i=a_1a_2\cdots a_n$.

证明 用数学归纳法, 每一行减上一行的 $x_1$ 倍, 按列展开.

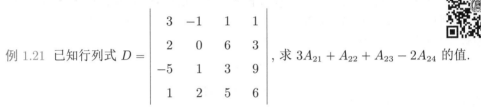

(1) 当 $n=2$ 时,

$$D_2=\begin{vmatrix}1 & 1\\ x_1 & x_2\end{vmatrix}=x_2-x_1=\prod_{1\leqslant i<j\leqslant 2}(x_j-x_i),$$

此时等式成立.

(2) 假设 $n-1$ 阶范德蒙德行列式等式成立, 则对 $n$ 阶范德蒙德行列式, 从第 $n$ 行起用 $r_i-x_1x_{i-1}$ (即每一行减上一行的 $x_1$ 倍)运算, 然后按第 1 列展开, 即

$$D_n \xlongequal[i=n,n-1,\cdots,2]{r_i-x_1r_{i-1}} \begin{vmatrix}1 & 1 & 1 & \cdots & 1\\ 0 & x_2-x_1 & x_3-x_1 & \cdots & x_n-x_1\\ 0 & x_2(x_2-x_1) & x_3(x_3-x_1) & \cdots & x_n(x_n-x_1)\\ \vdots & \vdots & \vdots & & \vdots\\ 0 & x_2^{n-2}(x_2-x_1) & x_3^{n-2}(x_3-x_1) & \cdots & x_n^{n-2}(x_n-x_1)\end{vmatrix}$$

$$\xlongequal[\text{提出括号内因子}]{\text{按第 1 列展开}} (x_2-x_1)(x_3-x_1)\cdots(x_n-x_1)\begin{vmatrix}1 & 1 & \cdots & 1\\ x_2 & x_3 & \cdots & x_n\\ x_2^2 & x_3^2 & \cdots & x_n^2\\ \vdots & \vdots & & \vdots\\ x_2^{n-2} & x_3^{n-2} & \cdots & x_n^{n-2}\end{vmatrix}$$

$$\xlongequal{\text{由归纳假设}} (x_2-x_1)(x_3-x_1)\cdots(x_n-x_1)\prod_{2\leqslant i<j\leqslant n}(x_j-x_i)=\prod_{1\leqslant i<j\leqslant n}(x_j-x_i).$$

这就证明了对 $n$ 阶范德蒙德行列式公式也成立. □

例如, 三阶范德蒙德行列式 $\begin{vmatrix}1 & 1 & 1\\ a & b & c\\ a^2 & b^2 & c^2\end{vmatrix}=(b-a)(c-a)(c-b).$

**实际问题 1.7** $f'(x)=0$ 的实根个数

已知多项式 $f(x)=\begin{vmatrix}1 & 1 & 1 & 1\\ x & 2 & 3 & 4\\ x^2 & 2^2 & 3^2 & 4^2\\ x^3 & 2^3 & 3^3 & 4^3\end{vmatrix}$, 证明：$f'(x)=0$ 有且仅有两个实根.

证明 易知, $x^3$ 的系数为

$$A=-\begin{vmatrix}1 & 1 & 1\\ 2 & 3 & 4\\ 2^2 & 3^2 & 4^2\end{vmatrix}=-(3-2)(4-2)(4-3)=-2\neq 0,$$

所以 $f(x)$ 为 3 次多项式.

分别令 $x=2,3,4$, 知 $f(2)=f(3)=f(4)=0$ (因这几个数代入行列式后都有两列相等), 则

$f(x)$ 在 $[2, 3]$, $[3, 4]$上满足罗尔定理条件, 所以存在 $x_1 \in (2,3)$, $x_2 \in (3,4)$, 使

$$f'(x_1) = f'(x_2) = 0, \qquad 即x_1,\ x_2为f'(x) = 0的两个实根.$$

因 $f(x)$ 为三次多项式, 则 $f'(x)$ 为二次多项式, 所以 $f'(x) = 0$ 有且仅有两个实根. □

**实际问题 1.8** 行列式的求导问题

设 $f_1(x), f_2(x), f_3(x)$ 都为可导函数, 令

$$g(x) = \begin{vmatrix} f_1(x) & a_1 & b_1 \\ f_2(x) & a_2 & b_2 \\ f_3(x) & a_3 & b_3 \end{vmatrix},$$

其中 $a_i, b_i (i = 1, 2, 3)$ 都为常数, 求 $g'(x)$.

解　按第 1 列展开有

$$g(x) = f_1(x)A_{11} + f_2(x)A_{21} + f_3(x)A_{31},$$

易知 $A_{11}, A_{21}, A_{31}$ 都为常数, 所以,

$$g'(x) = f_1'(x)A_{11} + f_2'(x)A_{21} + f_3'(x)A_{31} = \begin{vmatrix} f_1'(x) & a_1 & b_1 \\ f_2'(x) & a_2 & b_2 \\ f_3'(x) & a_3 & b_3 \end{vmatrix}.$$

所以我们得到：若行列式只有一行 (列) 为 $x$ 的函数而其余元素都为常数, 则行列式的导数只需对这一行 (列) 的函数求导而其他元素不变.

**这一结论对 $n$ 阶行列式也成立.**

**实际问题 1.9** 在中值定理上的应用

设 $a < b$, 证明存在 $\xi \in (a, b)$, 使 $\begin{vmatrix} a & e^a & a^3 \\ b & e^b & b^3 \\ 1 & e^\xi & 3\xi^2 \end{vmatrix} = 0.$

证明　注意到

$$\begin{vmatrix} a & e^a & a^3 \\ b & e^b & b^3 \\ 1 & e^\xi & 3\xi^2 \end{vmatrix} = \left.\begin{vmatrix} a & e^a & a^3 \\ b & e^b & b^3 \\ x' & (e^x)' & (x^3)' \end{vmatrix}\right|_{x=\xi},$$

由上一个例子后边的说明, 可令

$$f(x) = \begin{vmatrix} a & e^a & a^3 \\ b & e^b & b^3 \\ x & e^x & x^3 \end{vmatrix}.$$

因 $f(a) = f(b) = 0$, 容易验证 $f(x)$ 在 $[a, b]$ 上满足罗尔定理的条件, 所以存在 $\xi \in (a, b)$, 使 $f'(\xi) = 0$. □

## 习 题 1.4

一、选择题 (单选题)

1. 等式 $\begin{vmatrix} a_{11} & a_{12} & a_{13} \\ a_{21} & a_{22} & a_{23} \\ a_{31} & a_{32} & a_{33} \end{vmatrix} = x\begin{vmatrix} a_{12} & a_{13} \\ a_{32} & a_{33} \end{vmatrix} + y\begin{vmatrix} a_{11} & a_{13} \\ a_{31} & a_{33} \end{vmatrix} + z\begin{vmatrix} a_{11} & a_{12} \\ a_{31} & a_{32} \end{vmatrix}$ 中, $x, y, z$ 的值为 (　　).

(A) $x = a_{21}, y = a_{22}, z = a_{23}$　　(B) $x = -a_{21}, y = a_{22}, z = a_{23}$

(C) $x = -a_{21}, y = a_{22}, z = -a_{23}$　　(D) $x = a_{21}, y = -a_{22}, z = -a_{23}$

2. 对于 4 阶行列式 $D = |a_{ij}|$, 下列正确的是 (　　).

(A) $D = a_{11}A_{21} + a_{12}A_{22} + a_{13}A_{23} + a_{14}A_{24}$

(B) $0 = a_{21}A_{41} + a_{22}A_{42} + a_{23}A_{43} + a_{24}A_{44}$

(C) $D = a_{11}A_{13} + a_{21}A_{23} + a_{31}A_{33} + a_{41}A_{43}$

(D) 以上都不对

3. 行列式 $\begin{vmatrix} 4x & 2x & 1 & x \\ 2x+1 & x & 1 & 3 \\ 0 & 2 & 2x & 1 \\ 1 & 3 & 1 & x \end{vmatrix}$ 是 (　　)次多项式.

(A) 1　　(B) 2　　(C) 3　　(D) 4

4. 设多项式 $f(x) = \begin{vmatrix} x & x-1 & x-2 & x-3 \\ 2x & 2x-1 & 2x-2 & 2x-3 \\ 3x & 3x-1 & 3x-2 & 4x-5 \\ 1 & 2 & 4 & x \end{vmatrix}$, 则 $f(x) = 0$ 的两个实根为 (　　).

(A) 1, 5　　(B) 0, 5　　(C) 2, 3　　(D) 0, 2

5. 行列式 $\begin{vmatrix} 1 & 1 & 1 & 1 \\ 1 & 1 & -1 & -1 \\ 1 & -1 & 1 & -1 \\ x & -1 & -1 & 1 \end{vmatrix}$ =(　　).

(A) $-4(x+3)$　　(B) $4(x+3)$　　(C) $2(x+3)$　　(D) $(x+1)(x+3)$

二、计算题

1. 按第 2 行展开计算下列行列式:

(1) $\begin{vmatrix} 2 & 3 & 5 \\ 1 & 2 & 5 \\ -1 & -3 & 2 \end{vmatrix}$; (2) $\begin{vmatrix} 1 & 2 & 5 \\ a & b & c \\ 6 & -3 & 2 \end{vmatrix}$; (3) $\begin{vmatrix} 3 & 2 & -1 & 0 \\ 2 & -1 & 0 & 3 \\ -1 & 0 & 3 & 2 \\ 0 & 3 & 2 & -1 \end{vmatrix}$.

2. 用按行 (列) 展开的方法计算下列行列式:

(1) $\begin{vmatrix} 2 & 5 & 1 & 3 \\ 1 & 2 & 0 & 2 \\ 3 & 5 & 1 & 1 \\ 5 & 0 & 3 & 4 \end{vmatrix}$; (2) $\begin{vmatrix} 2 & 0 & 2 & 1 \\ 3 & -1 & 2 & 5 \\ 0 & 1 & 0 & 3 \\ 4 & -2 & 3 & 3 \end{vmatrix}$;

(3) $\begin{vmatrix} 0 & a & b & a \\ a & 0 & a & b \\ b & a & 0 & a \\ a & b & a & 0 \end{vmatrix}$; (4) $\begin{vmatrix} 1+x & 1 & 1 & 1 \\ 1 & 1-x & 1 & 1 \\ 1 & 1 & 1+y & 1 \\ 1 & 1 & 1 & 1-y \end{vmatrix}$.

3. 已知行列式 $D = \begin{vmatrix} 3 & 2 & 9 & 12 \\ 2 & 4 & 8 & 16 \\ 1 & 0 & 1 & 1 \\ 3 & 5 & 2 & 1 \end{vmatrix}$, 试求 $A_{41} + 2A_{42} + A_{43}$ 及 $M_{21} + M_{31}$.

4. 计算下列 $n$ 阶行列式:

(1) $D_n = \begin{vmatrix} 1 & 2 & 3 & \cdots & n-1 & n \\ 1 & -1 & 0 & \cdots & 0 & 0 \\ 0 & 2 & -2 & \cdots & 0 & 0 \\ \vdots & \vdots & \vdots & & \vdots & \vdots \\ 0 & 0 & 0 & \cdots & -(n-2) & 0 \\ 0 & 0 & 0 & \cdots & n-1 & -(n-1) \end{vmatrix}$; (2) $D_n = \begin{vmatrix} x & y & 0 & \cdots & 0 & 0 \\ 0 & x & y & \cdots & 0 & 0 \\ \vdots & \vdots & \vdots & & \vdots & \vdots \\ 0 & 0 & 0 & \cdots & x & y \\ y & 0 & 0 & \cdots & 0 & x \end{vmatrix}$.

三、应用题

1. 设 $f(x) = \begin{vmatrix} 1 & 1 & 1 & 1 & 1 \\ x & 2 & 3 & 4 & 5 \\ x^2 & 2^2 & 3^2 & 4^2 & 5^2 \\ x^3 & 2^3 & 3^3 & 4^3 & 5^3 \\ x^4 & 2^4 & 3^4 & 4^4 & 5^4 \end{vmatrix}$, 讨论方程 $f'(x) = 0$ 有几个实根.

2. 利用行列式分解因式：$ab^2c^2 + a^3bc + a^2b^3 - a^3b^2 - a^2bc^2 - ab^3c$.

3. 设 $f(x)=\begin{vmatrix} 1 & 1 & 1 & 1 \\ x & -1 & 1 & -1 \\ x^2 & 1 & -1 & -1 \\ x^3 & -1 & -1 & 1 \end{vmatrix}$, 求: (1) $f'(x)$; (2) $f(x)$ 的常数项.

4. 设 $a<b$, 证明: 存在 $\xi\in(a,b)$, 使 $\begin{vmatrix} 1 & \mathrm{e}^{\xi} & 2\xi \\ a & \mathrm{e}^{a} & a^2 \\ b & \mathrm{e}^{b} & b^2 \end{vmatrix}=0.$

5. 求证：$\cos^2\alpha+\cos^2\beta+\cos^2(\alpha+\beta)-2\cos\alpha\cos\beta\cos(\alpha+\beta)=1.$

## 1.5 克莱姆法则

我们现在讲解 $n$ 个方程 $n$ 个未知数的线性方程组的解的存在唯一性定理——**克莱姆(Cramer)法则**.

先考查具有两个未知数的线性方程组

$$\begin{cases} a_{11}x_1+a_{12}x_2=b_1, & (1.22\text{a}) \\ a_{21}x_1+a_{22}x_2=b_2, & (1.22\text{b}) \end{cases}$$

式 (1.22a)$\times a_{22}-$ 式 (1.22b)$\times a_{12}$ 消去 $x_2$ 有

$$(a_{11}a_{22}-a_{12}a_{21})x_1=b_1a_{22}-b_2a_{12}, \quad ①$$

式 (1.22b)$\times a_{11}-$ 式 (1.22a)$\times a_{21}$ 消去 $x_1$ 有

$$(a_{11}a_{22}-a_{12}a_{21})x_2=b_2a_{11}-b_1a_{21}. \quad ②$$

我们用二阶行列式表示系数及常数项, 记

$D=\begin{vmatrix} a_{11} & a_{12} \\ a_{21} & a_{22} \end{vmatrix}$, 称为系数行列式,

$D_1=\begin{vmatrix} b_1 & a_{12} \\ b_2 & a_{22} \end{vmatrix}$(注意, $D_1$ 是将 $D$ 中的第 1 列换成常数项),

$D_2=\begin{vmatrix} a_{11} & b_1 \\ a_{21} & b_2 \end{vmatrix}$(注意, $D_2$ 是将 $D$ 中的第 2 列换成常数项),

则方程 ①、②可写为 $Dx_1=D_1$, $Dx_2=D_2$, 于是得：当 $D\neq 0$ 时, 线性方程组(1.22)有唯一解

$$x_1=\frac{D_1}{D},\quad x_2=\frac{D_2}{D}.$$

以下将此结果推广到 $n$ 个方程, $n$ 个未知数的情形.

考虑 $n$ 元线性方程组

$$\begin{cases} a_{11}x_1 + a_{12}x_2 + \cdots + a_{1n}x_n = b_1, \\ a_{21}x_1 + a_{22}x_2 + \cdots + a_{2n}x_n = b_2, \\ \qquad\qquad \vdots \\ a_{n1}x_1 + a_{n2}x_2 + \cdots + a_{nn}x_n = b_n, \end{cases} \tag{1.23}$$

其中 $x_1, x_2, \cdots, x_n$ 为未知量, 而 $a_{ij}(i, j = 1, 2, \cdots, n)$, $b_i(i = 1, 2, \cdots, n)$ 都是常数.

称 $n$ 阶行列式

$$D = \begin{vmatrix} a_{11} & a_{12} & \cdots & a_{1n} \\ a_{21} & a_{22} & \cdots & a_{2n} \\ \vdots & \vdots & & \vdots \\ a_{n1} & a_{n2} & \cdots & a_{nn} \end{vmatrix} \tag{1.24}$$

为线性方程组 (1.23) 的**系数行列式**. 将系数行列式 $D$ 的第 $j$ 列换为常数项 $b_1, b_2, \cdots, b_n$, 得行列式

$$D_j = \begin{vmatrix} a_{11} & a_{12} & \cdots & b_1 & \cdots & a_{1n} \\ a_{21} & a_{22} & \cdots & b_2 & \cdots & a_{2n} \\ \vdots & \vdots & & \vdots & & \vdots \\ a_{n1} & a_{n2} & \cdots & b_n & \cdots & a_{nn} \end{vmatrix}, \ j = 1, 2, \cdots, n. \tag{1.24$'$}$$

$\uparrow$ 第 $j$ 列

我们有以下克莱姆法则.

**定理 1.6　克莱姆法则**

如果 $n$ 元线性方程组 (1.23) 的系数行列式 $D \neq 0$, 则线性方程组 (1.23) 有唯一解

$$x_j = \frac{D_j}{D} \ (j = 1, 2, \cdots, n). \tag{1.25}$$

其中 $D, D_j(j = 1, 2, \cdots, n)$ 如上所述.

**证明** (略).

在第 3 章我们将看到, $D \neq 0$ 是线性方程组 (1.23) 有唯一解的充要条件.

**例 1.23**　解线性方程组 $\begin{cases} 2x_1 + x_2 - 3x_3 + x_4 = -5, \\ x_1 - 2x_2 - 6x_4 = -2, \\ 3x_2 - 2x_3 + x_4 = -8, \\ x_1 + 2x_2 + x_3 - 3x_4 = 0. \end{cases}$

解 因

$$D=\begin{vmatrix}2&1&-3&1\\1&-2&0&-6\\0&3&-2&1\\1&2&1&-3\end{vmatrix}\xlongequal[r_2-r_4]{r_1-2r_4}\begin{vmatrix}0&-3&-5&7\\0&-4&-1&-3\\0&3&-2&1\\1&2&1&-3\end{vmatrix}\xlongequal{\text{按第 1 列展开}}-\begin{vmatrix}-3&-5&7\\-4&-1&-3\\3&-2&1\end{vmatrix}$$

$$\xlongequal[c_2+2c_3]{c_1-3c_3}-\begin{vmatrix}-24&9&7\\5&-7&-3\\0&0&1\end{vmatrix}\xlongequal{\text{按第 3 行展开}}-\begin{vmatrix}-24&9\\5&-7\end{vmatrix}=-123\neq 0,$$

所以有唯一解. 解得

$$D_1=\begin{vmatrix}-5&1&-3&1\\-2&-2&0&-6\\-8&3&-2&1\\0&2&1&-3\end{vmatrix}=-246,\ D_2=\begin{vmatrix}2&-5&-3&1\\1&-2&0&-6\\0&-8&-2&1\\1&0&1&-3\end{vmatrix}=123,$$

$$D_3=\begin{vmatrix}2&1&-5&1\\1&-2&-2&-6\\0&3&-8&1\\1&2&0&-3\end{vmatrix}=-369,\quad D_4=\begin{vmatrix}2&1&-3&-5\\1&-2&0&-2\\0&3&-2&-8\\1&2&1&0\end{vmatrix}=-123.$$

所以

$$x_1=\frac{D_1}{D}=2,\ x_2=\frac{D_2}{D}=-1,\ x_3=\frac{D_3}{D}=3,\ x_4=\frac{D_4}{D}=1.$$

在线性方程组(1.23)中, 当常数项 $b_1,b_2,\cdots,b_n$ 不全为零时, 称线性方程组(1.23) 为**非齐次线性方程组**. 而当 $b_1=b_2=\cdots=b_n=0$ 时, 称此线性方程组为**齐次线性方程组**.

现在考虑克莱姆法则在齐次线性方程组下的相关结论.

对于 $n$ 元齐次线性方程组

$$\begin{cases}a_{11}x_1+a_{12}x_2+\cdots+a_{1n}x_n=0,\\a_{21}x_1+a_{22}x_2+\cdots+a_{2n}x_n=0,\\\qquad\qquad\vdots\\a_{n1}x_1+a_{n2}x_2+\cdots+a_{nn}x_n=0,\end{cases}\tag{1.26}$$

因为 $x_1=x_2=\cdots=x_n=0$ 是它的解(称为**零解**), 所以由克莱姆法则有下面定理.

**定理 1.7** 如果齐次线性方程组 (1.26) 的系数行列式 $D\neq 0$, 则它仅有零解.

这个定理相当于以下定理.

**定理 1.8** 如果齐次线性方程组 (1.26) 有非零解, 则系数行列式 $D=0$.

实际上, 通过第 3 章的学习我们可以得到下面定理.

**定理 1.9** 齐次线性方程组 (1.26) 有非零解的充要条件是系数行列式 $D=0$.

例 1.24 判定齐次线性方程组

$$\begin{cases} x_1+2x_2+x_3-\ \ x_4=0, \\ x_1-\ \ x_2+\ \ x_3+2x_4=0, \\ 2x_1+\ \ x_2-3x_3+\ \ x_4=0, \\ x_1-2x_2+2x_3+\ \ x_4=0 \end{cases}$$

是否有非零解.

解 因为 $D=\begin{vmatrix} 1 & 2 & 1 & -1 \\ 1 & -1 & 1 & 2 \\ 2 & 1 & -3 & 1 \\ 1 & -2 & 2 & 1 \end{vmatrix}=-30\neq 0$, 所以方程组仅有零解.

例 1.25 问 $\lambda$ 为何值时, 齐次线性方程组

$$\begin{cases} \lambda x_1+\ \ \ \ 2x_2+x_3=0, \\ x_1+(\lambda+1)x_2+x_3=0, \\ x_1+3x_2+(\lambda-1)x_3=0 \end{cases}$$

有非零解?

解 因

$$D=\begin{vmatrix} \lambda & 2 & 1 \\ 1 & \lambda+1 & 1 \\ 1 & 3 & \lambda-1 \end{vmatrix} \xlongequal{c_1+c_2+c_3} \begin{vmatrix} \lambda+3 & 2 & 1 \\ \lambda+3 & \lambda+1 & 1 \\ \lambda+3 & 3 & \lambda-1 \end{vmatrix}$$

$$\xlongequal{c_1\div(\lambda+3)} (\lambda+3)\begin{vmatrix} 1 & 2 & 1 \\ 1 & \lambda+1 & 1 \\ 1 & 3 & \lambda-1 \end{vmatrix} \xlongequal[r_3-r_1]{r_2-r_1} (\lambda+3)\begin{vmatrix} 1 & 2 & 1 \\ 0 & \lambda-1 & 0 \\ 0 & 1 & \lambda-2 \end{vmatrix}$$

$$=(\lambda+3)(\lambda-1)(\lambda-2),$$

所以当 $\lambda=-3,1$ 或 2 时方程组有非零解.

计算这种含有 $\lambda$ 的行列式, 首先观察各行 (列) 之和是否相等, 其次观察某两行 (列) 之和 (差) 是否相等, 以便找到公因子. 如果都不相等, 则可化某行 (列) 仅剩一个数非零, 然后按这行 (列) 展开. 化成二阶行列式后, 应设法化出公因子; 也可以将行列式化为 $\lambda$ 的多项式, 再根据需要确定是否要分解因式.

**实际问题 1.10** 互付工资问题

互付工资问题是在多方合作和相互提供劳务过程中产生的.

现有一个木工、一个电工和一个油漆工组成互助组, 互相装修他们的房子, 他们达成以下协议:

(1) 每人工作 10 天 (包括在自己家干活的日子);
(2) 每人的日工资同市场价, 在 $100 \sim 150$ 元之间;
(3) 每人的日工资数应使每人的总收入和总支出相等.
他们的工作天数如表 1.1.

表 1.1 每个人工作时间分配 天

| 在谁家 | 工人 | | |
|---|---|---|---|
| | 木工 | 电工 | 油漆工 |
| 木工家 | 3 | 2 | 4 |
| 电工家 | 4 | 4 | 3 |
| 油漆工家 | 3 | 4 | 3 |

求每人的日工资.

**【模型假设】**假设每人每天的工作时间相同, 无论在谁家工作都按正常情况工作, 既不偷懒, 也不加班.

**【模型建立】**设木工、电工、油漆工的日工资分别为 $x, y, z$ 元, 则各家应付工资和各人应得收入如表 1.2.

表 1.2 各家应付工资和各人应得收入 元

| 在谁家 | 工人 | | | 各家应付工资 |
|---|---|---|---|---|
| | 木工 | 电工 | 油漆工 | |
| 木工家 | $3x$ | $2y$ | $4z$ | $3x+2y+4z$ |
| 电工家 | $4x$ | $4y$ | $3x$ | $4x+4y+3z$ |
| 油漆工家 | $3x$ | $4y$ | $3z$ | $3x+4y+3z$ |

可得 $\begin{cases} 3x+2y+4z=10x, \\ 4x+4y+3z=10y, \\ 3x+4y+3z=10z, \end{cases}$ 即 $\begin{cases} 7x-2y-4z=0, \\ 4x-6y+3z=0, \\ 3x+4y-7z=0. \end{cases}$

由于系数行列式 $D=0$, 所以有非零解, 解得 $x=\dfrac{15}{17}z, y=\dfrac{37}{34}z$.

因为 $x, y, z$ 在 100 与 150 之间, 所以解得

$$113 \leqslant z \leqslant 137,$$

取 $z$ 是 34 的倍数, 即 $z=136$, 则 $x=120$, $y=148$. 所以木工日工资为 120 元, 电工日工资为 148 元, 油漆工日工资为 136 元.

**实际问题 1.11** 联合收入问题

有三个股份制公司 X,Y, Z 相互关联, X 公司持有 X 公司 70% 股份, 持有 Y 公司 20% 股份, 持有 Z 公司 30% 股份; Y 公司持有 Y 公司 60% 股份, 持有 Z 公司 20% 股份; Z 公司持有 X 公司 30% 股份, 持有 Y 公司 20% 股份, 持有 Z 公司 50% 股份. 现设 X,Y 和 Z 公司各自的净收入分别为 22 万元、6 万元、9 万元, 每家公司的联合收入是净收入加上其他公司的股份按比例的提成收入, 试求各公司的联合收入及实际收入.

解 设公司 X, Y, Z 的联合收入分别为 $x, y, z$(万元), 则易得

$$\begin{cases} x=22+0.2y+0.3z, \\ y=6+0.2z, \\ z=9+0.3x+0.2y, \end{cases} \quad 即 \quad \begin{cases} x-0.2y-0.3z=22, \\ y-0.2z=6, \\ 0.3x+0.2y-z=-9. \end{cases}$$

这是关于 $x, y, z$ 的线性方程组, 其系数行列式

$$D = \begin{vmatrix} 1 & -0.2 & -0.3 \\ 0 & 1 & -0.2 \\ 0.3 & 0.2 & -1 \end{vmatrix} = -0.858 \neq 0,$$

所以由克莱姆法则知, 方程组有唯一解.

因为 $D_1 = \begin{vmatrix} 22 & -0.2 & -0.3 \\ 6 & 1 & -0.2 \\ -9 & 0.2 & -1 \end{vmatrix} = -25.74,\quad D_2 = \begin{vmatrix} 1 & 22 & -0.3 \\ 0 & 6 & -0.2 \\ 0.3 & -9 & -1 \end{vmatrix} = -8.58,$

$$D_3 = \begin{vmatrix} 1 & -0.2 & 22 \\ 0 & 1 & 6 \\ 0.3 & 0.2 & -9 \end{vmatrix} = -17.16,$$

所以

$$x = \frac{D_1}{D} = 30,\quad y = \frac{D_2}{D} = 10,\quad z = \frac{D_3}{D} = 20.$$

因此 X 公司的实际收入为 $0.7x = 21$ 万元, Y 公司的实际收入为 $0.6y = 6$ 万元, Z 公司的实际收入为 $0.5z = 10$ 万元.

## 习 题 1.5

一、选择题 (单选题)

1. 若 $a, b, c$ 为互不相等的正数, 则齐次线性方程组 $\begin{cases} ax_1 + bx_2 + cx_3 = 0, \\ bx_1 + cx_2 + ax_3 = 0, \\ cx_1 + ax_2 + bx_3 = 0 \end{cases}$ ( ).

(A) 只有零解　(B) 有非零解　(C) 可能没有非零解　(D) 没有解

2. 设线性方程组 $\begin{cases} ax_1 + 2x_2 + 3x_3 = 8, \\ 2ax_1 + 2x_2 + 3x_3 = 10, \\ x_1 + x_2 + bx_3 = 5 \end{cases}$ 有唯一解, 则 $a, b, c$ 满足的条件是 ( ).

(A) $a \neq 0, b \neq 0$　(B) $a \neq \frac{3}{2}, b \neq 0$　(C) $a \neq \frac{3}{2}, b \neq \frac{3}{2}$　(D) $a \neq 0, b \neq \frac{3}{2}$

3. 若齐次线性方程组 $\begin{cases} \lambda x_1 - x_2 - x_3 = 0, \\ x_1 + \lambda x_2 - x_3 = 0, \\ -x_1 + x_2 + \lambda x_3 = 0 \end{cases}$ 仅有零解, 则 $\lambda$ 的值应为 ( ).

(A) 0　(B) $-1$　(C) 1　(D) 异于 1 的实数

4. 若线性方程组 $\begin{cases} x_1+x_2+x_3=0, \\ ax_1+bx_2+cx_3=1, \\ a^2x_1+b^2x_2+c^2x_3=2 \end{cases}$ 有唯一解, 则 $a,b,c$ 应满足 ( ).

(A) $a+b+c=0$　　(B) $a,b,c$ 互不相等　　(C) $abc<0$　　(D) $a+b+c\neq 0$

二、计算题

1. 用克莱姆法则解下列线性方程组:

(1) $\begin{cases} 2x+3y=-1, \\ 5x+2y=3; \end{cases}$　(2) $\begin{cases} 2x_1-x_2-x_3=2, \\ 3x_1+4x_2-x_3=-1, \\ 2x_1-3x_2+4x_3=19; \end{cases}$　(3) $\begin{cases} x+2y+3z=14, \\ 2x-3y+z=-1, \\ 5x-2y+z=4; \end{cases}$

(4) $\begin{cases} 2x_1+x_2-5x_3+x_4=8, \\ x_1-2x_2-6x_4=5, \\ 2x_2-3x_3+x_4=-4, \\ x_1+3x_2-6x_3+5x_4=2; \end{cases}$　(5) $\begin{cases} 2x_1+x_2-x_3+x_4=1, \\ x_1-x_2+2x_3-x_4=2, \\ x_1+x_2-x_3+x_4=1, \\ 3x_1+x_2-x_3+2x_4=0. \end{cases}$

2. 如果齐次线性方程组 $\begin{cases} \lambda x_1+x_2+x_3=0, \\ x_1+\lambda x_2+2x_3=0, \\ x_1+x_2+x_3=0 \end{cases}$ 仅有零解, $\lambda$ 应满足什么条件?

3. 求 $\lambda$ 为何值时, 下列齐次线性方程组有非零解:

(1) $\begin{cases} (1-\lambda)x_1-3x_2+x_3=0, \\ 3x_1-(5+\lambda)x_2+3x_3=0, \\ 6x_1-6x_2+(5-\lambda)x_3=0; \end{cases}$　(2) $\begin{cases} (1+\lambda)x_1+2x_2+x_3=0, \\ 2x_1+(1+\lambda)x_2+x_3=0, \\ x_1+2x_2+(1+\lambda)x_3=0. \end{cases}$

三、应用题

1. 设多项式 $f(x)=a_0+a_1x+a_2x^2+a_3x^3$ 有 4 个互异零点, 证明 $f(x)\equiv 0$.
(可推广为: 若 $n$ 次多项式有 $n+1$ 个互异零点, 则多项式为零).

2. 某电器公司销售三种电器, 其销售原则是, 每种电器 10 台以下不打折, 10 台及 10 台以上打 9.5 折, 20 台及 20 台以上打 9 折, 有三家公司来采购电器, 其数量与总价见表 1.3. 各电器原价是多少?

表 1.3　三家公司电器采购表

| 公司 | 电器 | | | 总价/元 |
|---|---|---|---|---|
| | 甲 | 乙 | 丙 | |
| 1 | 10 | 20 | 15 | 21350 |
| 2 | 20 | 10 | 10 | 17650 |
| 3 | 20 | 30 | 20 | 31500 |

3. 有甲、乙、丙三种化肥, 甲种化肥每千克含氮 70g, 磷 8g, 钾 2g; 乙种化肥每千克含氮 64g, 磷 10g, 钾 0.6g; 丙种化肥每千克含氮 70g, 磷 5g, 钾 1.4g. 若把这三种化肥混合起来, 并要求总重量为 23kg, 含磷 149g, 钾 30g, 问三种化肥各需要多少千克?

## 1.6 典型例题

例 1.26 求多项式 $f(x)=\begin{vmatrix} 1 & -1 & 0 & 2x+1 \\ 2 & x & 1 & -1 \\ 3 & 1 & x & 5 \\ 6 & 2 & 1 & x \end{vmatrix}$ 的 $x^3$ 的系数.

解 **方法 1** 由行列式定义, 含 $x^3$ 的项为

$$\begin{aligned}&(-1)^{\tau(4231)}a_{14}a_{22}a_{33}a_{41}+(-1)^{\tau(1234)}a_{11}a_{22}a_{33}a_{44}\\&=-(2x+1)\cdot x\cdot x\cdot 6+1\cdot x\cdot x\cdot x=-11x^3-6x^2,\end{aligned}$$

所以, $x^3$ 的系数为 $-11$.

**方法 2** 将含 $x$ 的元素尽量化在不同行不同列的位置上, 以便观察 $x^3$ 出现在展开式中哪一项.

因 $f(x)\xlongequal{r_1-2r_4}\begin{vmatrix} -11 & -5 & -2 & 1 \\ 2 & x & 1 & -1 \\ 3 & 1 & x & 5 \\ 6 & 2 & 1 & x \end{vmatrix}$, 由行列式定义知, 含 $x^3$ 的项为

$$(-1)^{\tau(1234)}a_{11}a_{22}a_{33}a_{44}=-11x^3,$$

所以, $x^3$ 的系数为 $-11$.

例 1.27 计算行列式 $f(x)=\begin{vmatrix} 1 & 1 & 2 & 3 \\ 1 & 2-x^2 & 2 & 3 \\ 4 & 5 & 4 & 6 \\ 4 & 5 & x+2 & 10-x^2 \end{vmatrix}$.

解 **方法 1**

$$f(x)\xlongequal[r_4-r_3]{r_2-r_1}\begin{vmatrix} 1 & 1 & 2 & 3 \\ 0 & 1-x^2 & 0 & 0 \\ 4 & 5 & 4 & 6 \\ 0 & 0 & x-2 & 4-x^2 \end{vmatrix}\xlongequal{\text{按第 2 行展开}}(1-x^2)\begin{vmatrix} 1 & 2 & 3 \\ 4 & 4 & 6 \\ 0 & x-2 & 4-x^2 \end{vmatrix}$$

$$\xlongequal{c_3+(x+2)c_2}(1-x^2)\begin{vmatrix} 1 & 2 & 2x+7 \\ 4 & 4 & 4x+14 \\ 0 & x-2 & 0 \end{vmatrix}\xlongequal{\text{按第 3 行展开}}-(1-x^2)(x-2)\begin{vmatrix} 1 & 2x+7 \\ 4 & 4x+14 \end{vmatrix}$$

$$=2(1-x^2)(x-2)(2x+7).$$

**方法 2** 通过观察, 当 $2-x^2=1$ 时, 第 1 行与第 2 行相等, 此时行列式为零, 即当 $x=\pm1$ 时, $f(x)=0$; 又当 $x+2=4$ 即 $x=2$ 时, 第 3, 4 行相等, 此时 $f(x)=0$. 又注意到, 当

$\dfrac{10-x^2}{x+2}=\dfrac{6}{4}$ 即 $x=-\dfrac{7}{2}$ 时, 第 3, 4 列成比例, 此时 $f(x)=0$. 所以, $x=\pm1,2,-\dfrac{7}{2}$ 为 $f(x)=0$ 的 4 个根, 又注意到 $f(x)$ 为 4 次多项式, 所以可令

$$f(x)=A(x-1)(x+1)(x-2)(x+\frac{7}{2}).$$

则 $f(0)=7A$. 又将 $x=0$ 代入行列式得 $f(0)=-28$, 可得 $A=-4$, 所以

$$f(x)=-4(x-1)(x+1)(x-2)(x+\frac{7}{2})=2(1-x^2)(x-2)(2x+7).$$

例 1.28 证明

$$\begin{vmatrix} 1 & 2 & 3 & 4 & \cdots & n \\ 1 & 1 & 2 & 3 & \cdots & n-1 \\ 1 & x & 1 & 2 & \cdots & n-2 \\ 1 & x & x & 1 & \cdots & n-3 \\ \vdots & \vdots & \vdots & \vdots & & \vdots \\ 1 & x & x & x & \cdots & 1 \end{vmatrix} = (-1)^{n+1}x^{n-2} \quad (n \geqslant 3).$$

证明 首先从第 1 行起, 每行减去下一行, 然后按第 1 列展开, 之后又从第 1 行起每行减去下一行, 化为下三角行列式即得结果, 详推如下:

$$D_n \xlongequal[i=2,3,\cdots,n]{r_{i-1}-r_i} \begin{vmatrix} 0 & 1 & 1 & 1 & \cdots & 1 & 1 \\ 0 & 1-x & 1 & 1 & \cdots & 1 & 1 \\ 0 & 0 & 1-x & 1 & \cdots & 1 & 1 \\ 0 & 0 & 0 & 1-x & \cdots & 1 & 1 \\ \vdots & \vdots & \vdots & \vdots & & \vdots & \vdots \\ 0 & 0 & 0 & 0 & \cdots & x-1 & 1 \\ 1 & x & x & x & \cdots & 1 & 1 \end{vmatrix}$$

$$\xlongequal{\text{按第 1 列展开}} (-1)^{n+1} \begin{vmatrix} 1 & 1 & 1 & 1 & \cdots & 1 & 1 \\ 1-x & 1 & 1 & 1 & \cdots & 1 & 1 \\ 0 & 1-x & 1 & 1 & \cdots & 1 & 1 \\ 0 & 0 & 1-x & 1 & \cdots & 1 & 1 \\ \vdots & \vdots & \vdots & \vdots & & \vdots & \vdots \\ 0 & 0 & 0 & 0 & \cdots & 1 & 1 \\ 0 & 0 & 0 & 0 & \cdots & 1-x & 1 \end{vmatrix}$$

$$\xlongequal[i=2,3,\cdots,n-1]{r_{i-1}-r_i}(-1)^{n+1}\begin{vmatrix} x & 0 & 0 & 0 & \cdots & 0 & 0 \\ 1-x & x & 0 & 0 & \cdots & 0 & 0 \\ 0 & 1-x & x & 0 & \cdots & 0 & 0 \\ 0 & 0 & 1-x & x & \cdots & 0 & 0 \\ \vdots & \vdots & \vdots & \vdots & & \vdots & \vdots \\ 0 & 0 & 0 & 0 & \cdots & x & 0 \\ 0 & 0 & 0 & 0 & \cdots & 1-x & 1 \end{vmatrix} = (-1)^{n+1}x^{n-2}.$$

□

例 1.29　计算 $n$ 阶行列式

$$D_n = \begin{vmatrix} 1+a_1 & 1 & \cdots & 1 \\ 1 & 1+a_2 & \cdots & 1 \\ \vdots & \vdots & & \vdots \\ 1 & 1 & \cdots & 1+a_n \end{vmatrix}, \text{其中} a_1a_2\cdots a_n \neq 0.$$

本题有很多种解法, 这里只给出两种解法.

解　**方法 1**　化为爪形行列式求解.

$$D_n \xlongequal[i=2,3,\cdots,n]{r_i-r_1} \begin{vmatrix} 1+a_1 & 1 & 1 & \cdots & 1 \\ -a_1 & a_2 & 0 & \cdots & 0 \\ -a_1 & 0 & a_3 & \cdots & 0 \\ \vdots & \vdots & \vdots & & \vdots \\ -a_1 & 0 & 0 & \cdots & a_n \end{vmatrix} \xlongequal[i=2,3,\cdots,n]{c_1+\frac{a_1}{a_i}c_i} \begin{vmatrix} A & 1 & 1 & \cdots & 1 \\ 0 & a_2 & 0 & \cdots & 0 \\ 0 & 0 & a_3 & \cdots & 0 \\ \vdots & \vdots & \vdots & & \vdots \\ 0 & 0 & 0 & \cdots & a_n \end{vmatrix}$$

$$= Aa_2a_3\cdots a_n = \left(1+a_1+\frac{a_1}{a_2}+\cdots+\frac{a_1}{a_n}\right)a_2\cdots a_n = \left(1+\sum_{i=1}^{n}\frac{1}{a_i}\right)\prod_{i=1}^{n}a_i,$$

其中 $A = 1+a_1+\dfrac{a_1}{a_2}+\cdots+\dfrac{a_1}{a_n}$.

**方法 2**　先使每行之和相等, 再化为上三角行列式. 技巧是第 $i$ 列提出因子 $a_i$, 使第 $i$ 列除对角线元素外, 其余均为 $\dfrac{1}{a_i}$ $(i=1,2,\cdots,n)$.

$$D_n \xlongequal[i=1,2,\cdots,n]{c_i\div a_i} a_1a_2\cdots a_n \begin{vmatrix} \frac{1}{a_1}+1 & \frac{1}{a_2} & \frac{1}{a_3} & \cdots & \frac{1}{a_n} \\ \frac{1}{a_1} & \frac{1}{a_2}+1 & \frac{1}{a_3} & \cdots & \frac{1}{a_n} \\ \frac{1}{a_1} & \frac{1}{a_2} & \frac{1}{a_3}+1 & \cdots & \frac{1}{a_n} \\ \vdots & \vdots & \vdots & & \vdots \\ \frac{1}{a_1} & \frac{1}{a_2} & \frac{1}{a_3} & \cdots & \frac{1}{a_n}+1 \end{vmatrix}$$

$$\xlongequal{c_1+c_2+\cdots+c_n} a_1a_2\cdots a_n \begin{vmatrix} B & \dfrac{1}{a_2} & \dfrac{1}{a_3} & \cdots & \dfrac{1}{a_n} \\ B & \dfrac{1}{a_2}+1 & \dfrac{1}{a_3} & \cdots & \dfrac{1}{a_n} \\ B & \dfrac{1}{a_2} & \dfrac{1}{a_3}+1 & \cdots & \dfrac{1}{a_n} \\ \vdots & \vdots & \vdots & & \vdots \\ B & \dfrac{1}{a_2} & \dfrac{1}{a_3} & \cdots & \dfrac{1}{a_n}+1 \end{vmatrix}$$

(其中 $B=1+\dfrac{1}{a_1}+\dfrac{1}{a_2}+\cdots+\dfrac{1}{a_n}$)

$$\xlongequal[i=2,3,\cdots,n]{r_i-r_1} a_1a_2\cdots a_n \begin{vmatrix} B & \dfrac{1}{a_2} & \dfrac{1}{a_3} & \cdots & \dfrac{1}{a_n} \\ 0 & 1 & 0 & \cdots & 0 \\ 0 & 0 & 1 & \cdots & 0 \\ \vdots & \vdots & \vdots & & \vdots \\ 0 & 0 & 0 & \cdots & 1 \end{vmatrix} = Ba_1a_2\cdots a_n = \left(1+\sum_{i=1}^{n}\frac{1}{a_i}\right)\prod_{i=1}^{n}a_i.$$

例 1.30 计算 $n$ 阶行列式 $D_n=\begin{vmatrix} 2 & 1 & 0 & \cdots & 0 & 0 \\ 1 & 2 & 1 & \cdots & 0 & 0 \\ 0 & 1 & 2 & \cdots & 0 & 0 \\ \vdots & \vdots & \vdots & & \vdots & \vdots \\ 0 & 0 & 0 & \cdots & 1 & 2 \end{vmatrix}$.

解 最简单的方法是依次以 $r_i-\dfrac{i-1}{i}r_{i-1}$ $(i=2,3,\cdots,n)$ 化 $D_n$ 为上三角行列式, 但以下我们重点介绍递推法.

**方法 1** 按第 1 行(列)展开, 经简单计算很容易得到

$$D_n=2D_{n-1}-D_{n-2},$$

所以有 $D_n-D_{n-1}=D_{n-1}-D_{n-2}=D_{n-2}-D_{n-3}=\ldots=D_2-D_1=1$, 所以 $D_n$ 是公差为 1, 首项为 2 的等差数列, 所以 $D_n=n+1$.

**方法 2** 将 $D_n$ 的第 1 列前两个数拆成 $2=1+1, 1=0+1$, 则用行列式性质 (4)有

$$D_n=\begin{vmatrix} 1 & 1 & 0 & \cdots & 0 & 0 \\ 0 & 2 & 1 & \cdots & 0 & 0 \\ 0 & 1 & 2 & \cdots & 0 & 0 \\ \vdots & \vdots & \vdots & & \vdots & \vdots \\ 0 & 0 & 0 & \cdots & 1 & 2 \end{vmatrix}+\begin{vmatrix} 1 & 1 & 0 & \cdots & 0 & 0 \\ 1 & 2 & 1 & \cdots & 0 & 0 \\ 0 & 1 & 2 & \cdots & 0 & 0 \\ \vdots & \vdots & \vdots & & \vdots & \vdots \\ 0 & 0 & 0 & \cdots & 1 & 2 \end{vmatrix}=D'+D'',$$

对 $D'$ 按第 1 列展开有 $D'=D_{n-1}$, 对 $D''$ 依次以运算 $r_i-r_{i-1}$ $(i=2,3,\cdots,n)$ 化为上三角行列式得 $D''=1$, 所以得 $D_n=D_{n-1}+1$. 易得 $D_1=2$, 所以 $D_n$ 是公差为 1, 首项为 2 的等差数列, 可得 $D_n=n+1$.

**实际问题 1.12** 行列式在多元函数极值中的应用

我们可以将二元函数的极值条件用行列式来表示. 首先, 二元函数的极值条件是：

> 设函数 $z=f(x,y)$ 在点 $(x_0,y_0)$ 的某邻域内连续, 且有一阶及二阶连续偏导数, 又
> $$f_x(x_0,y_0)=0,\ f_y(x_0,y_0)=0,$$
> 令
> $$A=f_{xx}(x_0,y_0),\ B=f_{xy}(x_0,y_0),\ C=f_{yy}(x_0,y_0),$$
> 则
> (1) 当 $AC-B^2>0$ 时有极值, $A>0$ 时有极小值, $A<0$ 时有极大值；
> (2) 当 $AC-B^2<0$ 时无极值;
> (3) 当 $AC-B^2=0$ 时是否有极值需另行讨论.

我们以下用**黑塞**矩阵来描述这个极值条件.

对二元可导函数 $z=f(x,y)$, $\boldsymbol{H}=\begin{pmatrix} f_{xx} & f_{xy} \\ f_{yx} & f_{yy} \end{pmatrix}$ 称为函数 $f(x,y)$ 的二阶**黑塞矩阵**, $|\boldsymbol{H}_1|=f_{xx}$ 称为**第一主子式**, $|\boldsymbol{H}_2|=|\boldsymbol{H}|=\begin{vmatrix} f_{xx} & f_{xy} \\ f_{yx} & f_{yy} \end{vmatrix}$ 称为**第二主子式**.

当 $|\boldsymbol{H}_1|>0$, $|\boldsymbol{H}_2|>0$ 时, 称**黑塞**矩阵 $\boldsymbol{H}$ 是**正定的**；而当 $|\boldsymbol{H}_1|<0$, $|\boldsymbol{H}_2|>0$ 时, 称 $\boldsymbol{H}$ 为**负定的**. 所以二元函数的极值条件可表示为:

**如果二元函数 $z=f(x,y)$ 在驻点 $(x_0,y_0)$ 处的黑塞矩阵 $\boldsymbol{H}$ 为正定的, 则 $f(x_0,y_0)$ 为极小值；如果黑塞矩阵 $\boldsymbol{H}$ 为负定的, 则 $f(x_0,y_0)$ 为极大值; 当第二主子式 $|\boldsymbol{H}_2|<0$ 时无极值; 当第二主子式 $|\boldsymbol{H}_2|=0$ 时需另行讨论.**

# 复　习　题　1

一、填空题

1. 当 $i=$ ________, $j=$ ________时, 排列 $32i45j987$ 为奇排列.

2. 排列 $(n-1)(n-2)\cdots 21n(n>2)$ 的逆序数为________, 当 $n$ 为________时, 该排列为偶排列.

3. 若 $a_{ij}=j-i\ (i,j=1,2,\cdots,n)$, 则 $n(n>2)$ 阶行列式 $|a_{ij}|=$ ________.

4. 已知 $f(x)=\begin{vmatrix} 2x-3 & 2 & 3 & 3x \\ 2 & x+1 & 2 & 3 \\ 1 & 1 & 3x-1 & 2 \\ x & -5 & 3 & x \end{vmatrix}$, 则 $x^4$ 的系数为________, 常数项为________.

5. 如果 $\begin{vmatrix} a & b & c \\ b & c & a \\ c & a & b \end{vmatrix}=-3$, 则 $\begin{vmatrix} a+b & b+c & c+a \\ b+c & c+a & a+b \\ c+a & a+b & b+c \end{vmatrix}=$ ________.

6. 设 $\alpha,\beta,\gamma$ 是方程 $x^3+px+q=0$ 的三个根, 则行列式 $\begin{vmatrix} 1 & 1 & 1 \\ \alpha & \beta & \gamma \\ \alpha^3 & \beta^3 & \gamma^3 \end{vmatrix}=$ ________.

7. 已知 $D=\begin{vmatrix} 2 & 3 & 1 & 0 \\ 0 & 0 & 3 & 5 \\ 1 & 1 & -1 & 2 \\ -1 & -1 & -1 & 1 \end{vmatrix}$, 且 $A_{21}+A_{22}+kA_{23}+3A_{24}=-1$, 则 $k=$ ________.

8. $\begin{vmatrix} x & 1 & 0 & 0 \\ 0 & x & 1 & 0 \\ 0 & 0 & x & 1 \\ 1 & 1 & 1 & x \end{vmatrix}=$ ________. 9. $\begin{vmatrix} 1-a & a & 0 & 0 \\ -1 & 1-a & a & 0 \\ 0 & -1 & 1-a & a \\ 0 & 0 & -1 & 1-a \end{vmatrix}=$ ________.

10. 方程 $\begin{vmatrix} 1 & 1 & 1 & 1 \\ x & a_1 & a_2 & a_3 \\ x^2 & a_1^2 & a_2^2 & a_3^2 \\ x^3 & a_1^3 & a_2^3 & a_3^3 \end{vmatrix}=0\,(a_1,a_2,a_3$ 互不相同)的所有根为________.

11. 方程 $\begin{vmatrix} x & 1 & 2 & 3 \\ 1 & x & 1 & 2 \\ 1 & 1 & x & 1 \\ 1 & 1 & 1 & x \end{vmatrix}=0$ 的根为 $x=$ ________.

二、选择题 (单选题)

1. $\begin{vmatrix} a_1 & 0 & 0 & b_1 \\ 0 & a_2 & b_2 & 0 \\ 0 & b_3 & a_3 & 0 \\ b_4 & 0 & 0 & a_4 \end{vmatrix}=($ $)$.

(A) $a_1a_2a_3a_4-b_1b_2b_3b_4$ (B) $a_1a_2a_3a_4+b_1b_2b_3b_4$

(C) $(a_1a_2-b_1b_2)(a_3a_4-b_3b_4)$ (D) $(a_2a_3-b_2b_3)(a_1a_4-b_1b_4)$

2. 行列式 $\begin{vmatrix} 2x & x & 1 & 2 \\ 1 & x & 1 & -1 \\ 3 & 2 & x & 1 \\ 1 & 1 & 1 & x \end{vmatrix}$ 中, $x^3$ 的系数为 ( ).

(A) 2 (B) $-2$ (C) 1 (D) $-1$

3. $\begin{vmatrix} 1 & -1 & 1 & x-1 \\ 1 & -1 & x+1 & -1 \\ 1 & x-1 & 1 & -1 \\ x+1 & -1 & 1 & -1 \end{vmatrix}$ =(　　).

(A) $-x^4$　　(B) $x^3$　　(C) $2x^4$　　(D) $x^4$

4. 设 $f(x)=\begin{vmatrix} x & x^2 & 1 & 0 \\ x^3 & x & 2 & 1 \\ -x^4 & 0 & x & 2 \\ 4 & 3 & 4 & x \end{vmatrix}$, 则多项式 $f(x)$ 的次数是 (　　).

(A) 4　　(B) 3　　(C) 7　　(D) 10

5. 如果 $n$ 级排列 $j_1j_2\cdots j_n$ 的逆序数为 $k$, 则 $n$ 级排列 $j_n\cdots j_2j_1$ 的逆序数为 (　　).

(A) $k$　　(B) $n-k$　　(C) $\dfrac{n!}{2}-k$　　(D) $\dfrac{n(n-1)}{2}-k$

6. 设 $\begin{vmatrix} a & b & 1 \\ -b & a & 0 \\ 8 & 4 & 2 \end{vmatrix}=-10$, 则 (　　).

(A) $a=2,b=1$　　(B) $a=4,b=3$　　(C) $a=b=1$　　(D) 以上都不对

7. 方程 $\begin{vmatrix} 1 & x & 0 & 0 \\ 2 & 1 & x & 0 \\ 0 & 2 & 1 & x \\ 0 & 0 & 2 & 1 \end{vmatrix}=0$ (　　).

(A) 无实根　　(B) 有 1 个实根　　(C) 有 2 个实根　　(D) 有 3 个实根

8. $\begin{vmatrix} 1 & 2 & 3 & 4 \\ 2 & 3 & 4 & 0 \\ 3 & 4 & 0 & 2 \\ 4 & 0 & 2 & 1 \end{vmatrix}$ =(　　).

(A) 57　　(B) 254　　(C) 281　　(D) 209

9. 设 $f(x)=\begin{vmatrix} x^3 & 1 & 2 & 3 \\ x^2 & 2 & 5 & 4 \\ 2x & -1 & -3 & -9 \\ 3 & 6 & 2 & -1 \end{vmatrix}$, 则 $f'(0)$ =(　　).

(A) 78　　(B) −78　　(C) −2　　(D) 2

10. 设 $f(x,\lambda)=\begin{vmatrix}(\lambda-2)x & -3 & -2\\ -x & \lambda-8 & -2\\ x^2 & 14 & \lambda+3\end{vmatrix}$, 若 $g(\lambda)=f_x(1,\lambda)$, 则 (　　)是 $g(\lambda)=0$ 的重根.

(A) 0　　(B) 1　　(C) 2　　(D) 3

11. 多项式 $f(x)=\begin{vmatrix}1 & 1 & 1 & 1\\ x & a & b & c\\ x^2 & a^2 & b^2 & c^2\\ x^3 & a^3 & b^3 & c^3\end{vmatrix}$ 不恒为常数, 则以下不正确的是 (　　).

(A) $f(x)=0$ 有三个互异实根　　(B) $f(x)$ 是三次多项式

(C) $a,\ b,\ c$ 两两互不相等　　(D) $f(x)$ 必有一次项或二次项

12. 设 $f(x)=\begin{vmatrix}1 & 1 & 1 & x\\ x & 2 & 3 & 4\\ x^2 & 2^2 & 3^2 & 4^2\\ x^3 & 2^3 & 3^3 & 4^3\end{vmatrix}$, 则 $f(x)$ (　　).

(A) 是范德蒙德行列式　　(B) 是 3 次多项式　　(C) 是 4 次多项式　　(D) 没有实的零点

13. 设 $f(x)=\begin{vmatrix}0 & 1 & 1 & 1\\ 1 & a & b & c\\ 2x & a^2 & b^2 & c^2\\ 3x^2 & a^3 & b^3 & c^3\end{vmatrix}$, 且 $a>b>c$, 则必有 (　　).

(A) $f(a)\neq 0$ 且 $f(b)\neq 0$　　(B) $f(a)=0$

(C) $f(b)=0$　　(D) 以上都不对

14. 已知行列式 $D=\begin{vmatrix}1 & 1 & 1 & 1\\ 1 & 2 & 3 & 4\\ 1 & 2^2 & 3^2 & 4^2\\ 1 & 2^3 & 3^3 & 4^3\end{vmatrix}$, 则 $A_{34}+A_{44}=$(　　).

(A) $-10$　　(B) 10　　(C) 12　　(D) 6

15. 四阶行列式的第 1 行元素是 $1,2,3,4$, 第 3 行元素的余子式是 $2,-5,8,x$, 则 $x$ 的值为 (　　).

(A) $-4$　　(B) 9　　(C) 4　　(D) $-9$

16. 齐次线性方程组 $\begin{cases}(1-\lambda)x_1-2x_2+4x_3=0,\\ 2x_1+(3-\lambda)x_2+x_3=0,\\ x_1+x_2+(1-\lambda)x_3=0\end{cases}$ 有非零解, 则 $\lambda$ 的取值为 (　　).

(A) $\lambda \neq 0,2,3$　　(B) $\lambda \neq 3$　　(C) $\lambda = 1$　　(D) $\lambda = 0,2$ 或 $3$

17. 线性方程组 $\begin{cases} ax_1 + x_2 = b, \\ x_2 + (a+1)x_3 = 0, \\ 2x_3 + (a+2)x_4 = 0, \\ x_1 + 3x_4 = 1 \end{cases}$ 有唯一解, 且 $x_1 = 1$, 则常数 $a, b$ 满足的关系为 (　　).

(A) $a = b$　　(B) $a = b = 1$

(C) $a = b$ 但 $a \neq 1$ 且 $a \neq 2$　　(D) $a = b$ 但 $a \neq 1$ 或 $a \neq 2$

18. $n$ 阶行列式 $D_n = \begin{vmatrix} 1 & 1 & 1 & \cdots & 1 \\ 2 & 2 & 1 & \cdots & 1 \\ 3 & 1 & 2 & \cdots & 1 \\ \vdots & \vdots & \vdots & & \vdots \\ n & 1 & 1 & \cdots & 2 \end{vmatrix}$ 的第 1 行元素的代数余子式之和为 (　　).

(A) $-\dfrac{(n+1)(n-2)}{2}$　　(B) $-\dfrac{(n+1)n}{2}$　　(C) $-\dfrac{n(n-2)}{2}$　　(D) $-2n$

19. 设多项式 $f(x) = \begin{vmatrix} x-2 & x-1 & x-2 & x-3 \\ 2x-2 & 2x-1 & 2x-2 & 2x-3 \\ 3x-3 & 3x-2 & 4x-5 & 3x-5 \\ 4x & 4x-3 & 5x-7 & 4x-3 \end{vmatrix}$, 则方程 $f(x) = 0$ 的根的个数为 (　　).

(A) 1　　(B) 2　　(C) 3　　(D) 4

20. 多项式 $f(x) = \begin{vmatrix} x-1 & 2 & 3 & 4 \\ 2 & x-3 & 5 & 6 \\ 0 & 1 & x+1 & 3 \\ 1 & 2 & 2 & x-2 \end{vmatrix}$ 的 $x^3$ 项 (　　).

(A) 只包含在主对角线元素的乘积里

(B) 包含在主对角线 3 个元素和一个非主对角线元素的乘积里

(C) 包含在一个含有次对角线元素的乘积项中

(D) 以上都不对

三、计算题

1. 计算下列行列式:

(1) $\begin{vmatrix} 1 & a & 0 & 0 \\ -1 & 1-a & b & 0 \\ 0 & -1 & 1-b & c \\ 0 & 0 & -1 & 1-c \end{vmatrix}$;　　(2) $\begin{vmatrix} a^2 & (a+1)^2 & (a+2)^2 & (a+3)^2 \\ b^2 & (b+1)^2 & (b+2)^2 & (b+3)^2 \\ c^2 & (c+1)^2 & (c+2)^2 & (c+3)^2 \\ d^2 & (d+1)^2 & (d+2)^2 & (d+3)^2 \end{vmatrix}$;

(3) $\begin{vmatrix} 1 & 2 & 3 & 4+x \\ 2 & 3 & 4 & 1 \\ 3 & 4 & 1 & 2 \\ 4-x & 1 & 2 & 3 \end{vmatrix}$; (4) $\begin{vmatrix} 1-a & a & 0 & 0 \\ -1 & 1-2a & 2a & 0 \\ 0 & -1 & 1-3a & 3a \\ 4a & 0 & -1 & 1-4a \end{vmatrix}$;

(5) $\begin{vmatrix} a^2+1 & ab & ac \\ ab & b^2+1 & bc \\ ac & bc & c^2+1 \end{vmatrix}$; (6) $\begin{vmatrix} 1 & 1+a & 1+2a & 1+3a \\ 1 & 1+b & 1+2b & 1+3b \\ 1 & r & r^2 & r^3 \\ 1 & s & s^2 & s^3 \end{vmatrix}$.

2. 解方程: (1) $\begin{vmatrix} a & b & c & d+x \\ a & b & c+x & d \\ a & b+x & c & d \\ a+x & b & c & d \end{vmatrix}=0$; (2) $\begin{vmatrix} \lambda-1 & 1 & 1 \\ \lambda & \lambda^2 & 2\lambda+1 \\ \lambda-2 & 2 & 7-2\lambda \end{vmatrix}=0$.

3. 计算下列 $n$ 阶行列式:

(1) $D_n=\begin{vmatrix} a_1+b_1 & a_1+b_2 & \cdots & a_1+b_n \\ a_2+b_1 & a_2+b_2 & \cdots & a_2+b_n \\ \vdots & \vdots & & \vdots \\ a_n+b_1 & a_n+b_2 & \cdots & a_n+b_n \end{vmatrix}$;

(2) $D_n=\begin{vmatrix} a_1+b_1 & a_2 & \cdots & a_n \\ a_1 & a_2+b_2 & \cdots & a_n \\ \vdots & \vdots & & \vdots \\ a_1 & a_2 & \cdots & a_n+b_n \end{vmatrix}$, 其中 $b_1b_2\cdots b_n\neq 0$;

(3) $D_n=\begin{vmatrix} x & -1 & 0 & \cdots & 0 & 0 \\ 0 & x & -1 & \cdots & 0 & 0 \\ \vdots & \vdots & \vdots & & \vdots & \vdots \\ 0 & 0 & 0 & \cdots & x & -1 \\ a_n & a_{n-1} & a_{n-2} & \cdots & a_2 & x+a_1 \end{vmatrix}$;

(4) $D_n=\begin{vmatrix} 1 & 2 & 3 & \cdots & n \\ 2 & 1 & 2 & \cdots & n-1 \\ 3 & 2 & 1 & \cdots & n-2 \\ \vdots & \vdots & \vdots & & \vdots \\ n & n-1 & n-2 & \cdots & 1 \end{vmatrix}$; (5) $D_n=\begin{vmatrix} x & 4 & 4 & 4 & \cdots & 4 \\ 1 & x & 2 & 2 & \cdots & 2 \\ 1 & 2 & x & 2 & \cdots & 2 \\ 1 & 2 & 2 & x & \cdots & 2 \\ \vdots & \vdots & \vdots & \vdots & & \vdots \\ 1 & 2 & 2 & 2 & \cdots & x \end{vmatrix}$.

4. 计算下列 $n$ 阶行列式:

(1) $D_n=\begin{vmatrix} x & a & a & \cdots & a \\ -a & x & a & \cdots & a \\ -a & -a & x & \cdots & a \\ \vdots & \vdots & \vdots & & \vdots \\ -a & -a & -a & \cdots & x \end{vmatrix}$; (2) $D_n=\begin{vmatrix} a+b & ab & 0 & \cdots & 0 & 0 \\ 1 & a+b & ab & \cdots & 0 & 0 \\ 0 & 1 & a+b & \cdots & 0 & 0 \\ \vdots & \vdots & \vdots & & \vdots & \vdots \\ 0 & 0 & 0 & \cdots & 1 & a+b \end{vmatrix}$.

5. 求下列多项式的具体表达式:

(1) $f(x)=\begin{vmatrix} 1 & 1 & 1 & x \\ x & 2 & 3 & 4 \\ x^2 & 2^2 & 3^2 & 4^2 \\ x^3 & 2^3 & 3^3 & 4^3 \end{vmatrix}$; (2) $g(x)=\begin{vmatrix} 1 & 1 & 1 & 1 \\ x & 2 & 3 & 4 \\ x^2 & 2^2 & 3^2 & 4^2 \\ x^5 & 2^5 & 3^5 & 4^5 \end{vmatrix}$.

6. 解线性方程组 $\begin{cases} x_1+ax_2+a^2x_3=a^3, \\ x_1+bx_2+b^2x_3=b^3, \\ x_1+cx_2+c^2x_3=c^3, \end{cases}$ 其中 $a,b,c$ 为互不相等的常数.

7. 求当 $a,b$ 满足什么条件时, 齐次线性方程组 $\begin{cases} x_1+x_2+x_3+ax_4=0, \\ x_1+2x_2+x_3+x_4=0, \\ x_1+x_2-3x_3+x_4=0, \\ x_1+x_2+ax_3+bx_4=0 \end{cases}$ 有非零解.

8. 证明: 当 $a<b<c<0$ 时, $\begin{vmatrix} a & a^2 & bc \\ b & b^2 & ac \\ c & c^2 & ab \end{vmatrix}>0$.

9. 证明: 当 $abcd=1$ 时, $\begin{vmatrix} a^2+\dfrac{1}{a^2} & a & \dfrac{1}{a} & 1 \\ b^2+\dfrac{1}{b^2} & b & \dfrac{1}{b} & 1 \\ c^2+\dfrac{1}{c^2} & c & \dfrac{1}{c} & 1 \\ d^2+\dfrac{1}{d^2} & d & \dfrac{1}{d} & 1 \end{vmatrix}=0$.

10. 证明:

$$D_n=\begin{vmatrix} 1 & 2 & 3 & 4 & \cdots & n \\ x & 1 & 2 & 3 & \cdots & n-1 \\ x & x & 1 & 2 & \cdots & n-2 \\ \vdots & \vdots & \vdots & \vdots & & \vdots \\ x & x & x & x & \cdots & 1 \end{vmatrix}=(-1)^n\left[(x-1)^n-x^n\right].$$

# 第 2 章 矩　　阵

**学习目标与要求**

1. 理解矩阵的概念.
2. 了解单位矩阵、数量矩阵、对角矩阵、三角矩阵、对称矩阵以及它们的基本性质.
3. 掌握矩阵的线性运算、乘法、转置及其运算规则.
4. 理解逆矩阵的概念, 掌握矩阵可逆的充要条件, 掌握可逆矩阵的性质.
5. 掌握矩阵的初等变换及用初等变换求逆矩阵的方法.
6. 了解矩阵等价的概念.
7. 理解矩阵秩的概念并掌握其求法.

## 2.1 矩阵的概念

### 2.1.1 矩阵概念的引入

虽然矩阵的概念最初产生于解线性方程组, 但它的应用范围非常广泛. 只要用到线性代数的地方, 几乎都会出现矩阵的身影.

**实际问题 2.1** 商品的销售价格

四种商品 A, B, C, D 在四个网上商店 1, 2, 3, 4 销售, 销售情况如表 2.1 所示.

表 2.1 四种商品在四个网店的销售价格　　元

| 价格 商品名 / 网店名 | A | B | C | D |
|---|---|---|---|---|
| 1 | 90 | 80 | 75 | 52 |
| 2 | 88 | 75 | 60 | 48 |
| 3 | 100 | 92 | 68 | 59 |
| 4 | 85 | 81 | 71 | 56 |

取出价格排成一个 4 行 4 列的矩形数表:

$$\begin{pmatrix} 90 & 80 & 75 & 52 \\ 88 & 75 & 60 & 48 \\ 100 & 92 & 68 & 59 \\ 85 & 81 & 71 & 56 \end{pmatrix},$$

它清晰地反映出各商品在各网店的销售情况. 这个矩形数表就是矩阵.

**定义 2.1 矩阵**

$m\times n$ 个数 $a_{ij}(i=1,2,\cdots,m;j=1,2,\cdots,n)$ 组成的一个 $m$ 行 $n$ 列的矩形数表

$$\boldsymbol{A}=\begin{pmatrix} a_{11} & a_{12} & \cdots & a_{1n} \\ a_{21} & a_{22} & \cdots & a_{2n} \\ \vdots & \vdots & & \vdots \\ a_{m1} & a_{m2} & \cdots & a_{mn} \end{pmatrix} \tag{2.1}$$

称为 $m$ 行 $n$ 列**矩阵**, 简称为 $m\times n$ 矩阵, 记为 $\boldsymbol{A}=(a_{ij})$ 或 $\boldsymbol{A}=(a_{ij})_{m\times n}$. 其中 $a_{ij}$ 称为矩阵 $\boldsymbol{A}$ 的第 $i$ 行第 $j$ 列元素. $m\times n$ 矩阵 $\boldsymbol{A}$ 有时也记为矩阵 $\boldsymbol{A}_{m\times n}$.

矩阵一般用大写字母 $\boldsymbol{A}, \boldsymbol{B}, \boldsymbol{C},\cdots$ 表示.

元素 $a_{ij}$ 都为实数的矩阵称为**实矩阵**, 元素中有复数的矩阵称为**复矩阵**. 本书只讨论实矩阵.

行数和列数都为 $n$ 的矩阵称为 $n$ **阶方阵**或 $n$ **阶矩阵**. 在 $n$ 阶方阵中, 从左上角到右下角的连线称为**主对角线**, 右上角到左下角的连线称为**次对角线**.

一阶方阵 $(a)=a$, 它是一个数.

只有一行的矩阵 $\boldsymbol{A}=(a_1,a_2,\cdots,a_n)$ 称为**行矩阵**, 它是 $1\times n$ 矩阵. 只有一列的矩阵

$$\boldsymbol{B}=\begin{pmatrix} b_1 \\ \vdots \\ b_n \end{pmatrix}$$

称为**列矩阵**, 它是 $n\times 1$ 矩阵.

**实际问题 2.2** 城市间的航线问题

图 2.1 表示 4 个城市间的单向航线, 如果记

$$a_{ij}=\begin{cases} 1, & \text{从第 } i \text{ 市到第 } j \text{ 市有 1 条单向航线}, \\ 0, & \text{从第 } i \text{ 市到第 } j \text{ 市没有单向航线}, \end{cases}$$

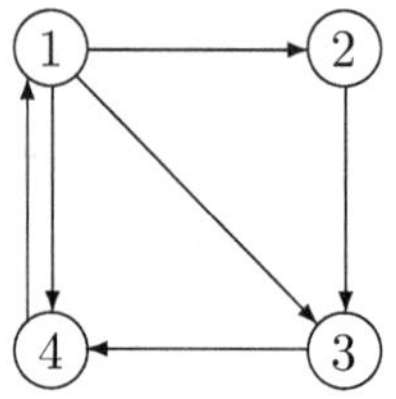

图 2.1 城市间单向航线图

则 4 个城市间的航线情况可用如下矩阵表示

$$\boldsymbol{A}=\begin{pmatrix} 0 & 1 & 1 & 1 \\ 0 & 0 & 1 & 0 \\ 0 & 0 & 0 & 1 \\ 1 & 0 & 0 & 0 \end{pmatrix}.$$

### 2.1.2 几种特殊的矩阵

**1. 零矩阵**. 元素都为 0 的矩阵称为零矩阵, 记为 $\boldsymbol{O}_{m\times n}$ 或简记为 $\boldsymbol{O}$(大写字母).

**2. 三角矩阵**. 主对角线以上的元素都为 0 的 $n$ 阶方阵

$$\begin{pmatrix} a_{11} & 0 & \cdots & 0 \\ a_{21} & a_{22} & \cdots & 0 \\ \vdots & \vdots & & \vdots \\ a_{n1} & a_{n2} & \cdots & a_{nn} \end{pmatrix} \tag{2.2}$$

称为 $n$ 阶**下三角矩阵**. 主对角线以下元素都为 0 的 $n$ 阶方阵

$$\begin{pmatrix} a_{11} & a_{12} & \cdots & a_{1n} \\ 0 & a_{22} & \cdots & a_{2n} \\ \vdots & \vdots & & \vdots \\ 0 & 0 & \cdots & a_{nn} \end{pmatrix} \tag{2.3}$$

称为 $n$ 阶**上三角矩阵**. 上三角矩阵与下三角矩阵统称为**三角矩阵**.

**3. 对角矩阵**. 主对角线之外的元素都为 0 而主对角线元素不全为 0 的 $n$ 阶方阵

$$\begin{pmatrix} \lambda_1 & 0 & \cdots & 0 \\ 0 & \lambda_2 & \cdots & 0 \\ \vdots & \vdots & & \vdots \\ 0 & 0 & \cdots & \lambda_n \end{pmatrix} \tag{2.4}$$

称为 $n$ 阶对角矩阵. $n$ 阶对角矩阵也可记为 $\boldsymbol{\Lambda} = \mathrm{diag}(\lambda_1, \lambda_2, \cdots, \lambda_n)$.

**4. 单位矩阵**. 主对角线元素全为 1 的 $n$ 阶对角矩阵

$$\begin{pmatrix} 1 & 0 & \cdots & 0 \\ 0 & 1 & \cdots & 0 \\ \vdots & \vdots & & \vdots \\ 0 & 0 & \cdots & 1 \end{pmatrix} \tag{2.5}$$

称为 $n$ 阶单位矩阵, 记为 $\boldsymbol{E}_n$ 或 $\boldsymbol{I}_n$, 简记为 $\boldsymbol{E}$ 或 $\boldsymbol{I}$.

**5. 数量矩阵**. $n$ 阶对角矩阵

$$\begin{pmatrix} a & 0 & \cdots & 0 \\ 0 & a & \cdots & 0 \\ \vdots & \vdots & & \vdots \\ 0 & 0 & \cdots & a \end{pmatrix} \tag{2.6}$$

称为 $n$ 阶数量矩阵, 简记为 $a\boldsymbol{E}$ 或 $a\boldsymbol{I}$($a$ 与单位矩阵的乘积).

**6. 对称矩阵**. 如果 $n$ 阶方阵 $\boldsymbol{A} = (a_{ij})$ 满足 $a_{ij} = a_{ji}(i, j = 1, 2, \cdots, n)$, 则称 $\boldsymbol{A}$ 为 $n$ 阶对称矩阵.

例如:

$$\boldsymbol{A} = \begin{pmatrix} 1 & 2 & -3 \\ 2 & 7 & 5 \\ -3 & 5 & 6 \end{pmatrix}$$

是三阶对称矩阵. 对称矩阵的特点是: 关于主对角线对称的元素相等.

**7. 反对称矩阵**. 如果 $n$ 阶方阵 $\boldsymbol{A} = (a_{ij})$ 满足 $a_{ij} = -a_{ji}(i, j = 1, 2, \cdots, n)$, 则称 $\boldsymbol{A}$ 为 $n$ 阶反对称矩阵.

例如：

$$A=\begin{pmatrix}0 & 2 & 3\\ -2 & 0 & 5\\ -3 & -5 & 0\end{pmatrix}$$

是三阶反对称矩阵. 反对称矩阵的特点是: 主对角线元素全为 0, 而关于主对角线对称的元素互为相反数.

## 习　题　2.1

一、选择题 (单选题)

以下对矩阵的描述中, 不正确的是 (　　).

(A) $n$ 阶方阵可以取行列式　　(B) 三角矩阵都是方阵

(C) 对称矩阵与反对称矩阵都是方阵　　(D) 任何矩阵都可取行列式

二、计算题

已知三阶矩阵 $A$ 是反对称矩阵, 如果将 $A$ 的主对角线以上的每个元素都加 2 后, 所得矩阵为对称矩阵, 求矩阵 $A$.

三、应用题

1. 在实际问题 2.2 中, 如果城市 1、城市 2 来回都有单向航线(即图 2.1 中城市 1、2 之间双向都有箭头), 试用矩阵表示 4 个城市之间的航线情况.

2. 甲、乙两人之间进行三种比赛, 前两种为智力比赛(只分输赢两种结果), 规定第一种比赛赢者得 3 分, 输者得 $-2$ 分; 第二种比赛赢者得 2 分, 输者得 $-2$ 分; 第三种比赛为耐力比赛, 计分方法如下: 先完成者得 5 分, 后完成者得 3 分, 中途放弃者得 0 分. 现已知甲在三种比赛中的得分为: $3,-2,0$, 试用矩阵表示甲、乙两人的得分情况.

# 2.2　矩阵的运算

矩阵虽然表现为一个矩形列表, 但无论是在理论研究方面还是在解决实际问题方面, 矩阵一直都扮演着重要的角色.

**定义 2.2　同型矩阵, 矩阵的相等**

如果两个矩阵的行数相等, 列数也相等, 则称这两个矩阵是**同型矩阵**.

如果两个 $m\times n$ 矩阵 $A=(a_{ij})_{m\times n}$, $B=(b_{ij})_{m\times n}$ 满足

$$a_{ij}=b_{ij},\quad i=1,2,\cdots,m,\ j=1,2,\cdots,n,$$

则称矩阵 $A$ 与 $B$ **相等**, 记为 $A=B$.

例如, 矩阵$A=\begin{pmatrix}1 & 2 & 3\\ 3 & 2 & 5\end{pmatrix}$与矩阵$B=\begin{pmatrix}a & b & c\\ x & y & z\end{pmatrix}$是同型矩阵. 易见, 两个相等的矩阵是同型矩阵.

### 2.2.1 矩阵的加法与数乘

**1. 矩阵的加法**

**定义 2.3 矩阵的加法**

设有两个 $m \times n$ 矩阵 $\boldsymbol{A} = (a_{ij})_{m\times n}$, $\boldsymbol{B} = (b_{ij})_{m\times n}$, 对应元素 $a_{ij}$ 与 $b_{ij}$ 相加得到的矩阵称为矩阵 $\boldsymbol{A}$ 与 $\boldsymbol{B}$ 的**和**, 记为 $\boldsymbol{A}+\boldsymbol{B}$, 即

$$\boldsymbol{A}+\boldsymbol{B} = (a_{ij}+b_{ij})_{m\times n}. \tag{2.7}$$

容易知道, 两个同型矩阵才能进行加法运算.

由此定义知, 矩阵 $\boldsymbol{A} = \begin{pmatrix} a_{11} & a_{12} & \cdots & a_{1n} \\ a_{21} & a_{22} & \cdots & a_{2n} \\ \vdots & \vdots & & \vdots \\ a_{m1} & a_{m2} & \cdots & a_{mn} \end{pmatrix}$ 与 $\boldsymbol{B} = \begin{pmatrix} b_{11} & b_{12} & \cdots & b_{1n} \\ b_{21} & b_{22} & \cdots & b_{2n} \\ \vdots & \vdots & & \vdots \\ b_{m1} & b_{m2} & \cdots & b_{mn} \end{pmatrix}$ 的和为

$$\boldsymbol{A}+\boldsymbol{B} = (a_{ij}+b_{ij}) = \begin{pmatrix} a_{11}+b_{11} & a_{12}+b_{12} & \cdots & a_{1n}+b_{1n} \\ a_{21}+b_{21} & a_{22}+b_{22} & \cdots & a_{2n}+b_{2n} \\ \vdots & \vdots & & \vdots \\ a_{m1}+b_{m1} & a_{m2}+b_{m2} & \cdots & a_{mn}+b_{mn} \end{pmatrix}.$$

**定义 2.4 负矩阵**

将矩阵 $\boldsymbol{A} = (a_{ij})_{m\times n}$ 的各元素取相反数后得到的矩阵, 称为矩阵 $\boldsymbol{A}$ 的**负矩阵**, 记为 $-\boldsymbol{A}$, 即

$$-\boldsymbol{A} = (-a_{ij})_{m\times n}. \tag{2.8}$$

我们定义矩阵 $\boldsymbol{A}$ 与 $\boldsymbol{B}$ 的**减法**运算如下:

$$\boldsymbol{A}-\boldsymbol{B} = \boldsymbol{A}+(-\boldsymbol{B}) = (a_{ij}-b_{ij})_{m\times n}. \tag{2.9}$$

容易得到:

$$\boldsymbol{A}-\boldsymbol{A} = \boldsymbol{O},\ \boldsymbol{A}+\boldsymbol{O} = \boldsymbol{A}.$$

矩阵的**加法**运算满足如下**运算规律** (设 $\boldsymbol{A}$, $\boldsymbol{B}$, $\boldsymbol{C}$ 都是 $m \times n$ 矩阵):

(1) 交换律: $\boldsymbol{A}+\boldsymbol{B} = \boldsymbol{B}+\boldsymbol{A}$,

(2) 结合律: $(\boldsymbol{A}+\boldsymbol{B})+\boldsymbol{C} = \boldsymbol{A}+(\boldsymbol{B}+\boldsymbol{C})$.

**2. 数与矩阵的乘法**

**定义 2.5 数与矩阵的乘法**

以数 $k$ 乘以矩阵 $\boldsymbol{A} = (a_{ij})_{m\times n}$ 的每一个元素得到的矩阵, 称为**数 $k$ 与矩阵 $\boldsymbol{A}$ 的乘积**, 记为 $k\boldsymbol{A}$ 或 $\boldsymbol{A}k$, 即

$$k\boldsymbol{A} = \boldsymbol{A}k = (ka_{ij})_{m\times n}.$$

此定义说明

$$k\boldsymbol{A} = \boldsymbol{A}k = \begin{pmatrix} ka_{11} & ka_{12} & \cdots & ka_{1n} \\ ka_{21} & ka_{22} & \cdots & ka_{2n} \\ \vdots & \vdots & & \vdots \\ ka_{m1} & ka_{m2} & \cdots & ka_{mn} \end{pmatrix}.$$

数与矩阵的乘法简称为矩阵的**数乘运算**.

由此定义易知

$$-\boldsymbol{A}=(-a_{ij})=(-1)\boldsymbol{A}.$$

矩阵的**数乘**运算满足如下**运算规律** (设 $\boldsymbol{A},\boldsymbol{B}$ 都是 $m\times n$ 矩阵, $\lambda$, $\mu$ 为数):

(1) 结合律: $(\lambda\mu)\boldsymbol{A}=\lambda(\mu\boldsymbol{A})=\mu(\lambda\boldsymbol{A})$,

(2) 分配律: $(\lambda+\mu)\boldsymbol{A}=\lambda\boldsymbol{A}+\mu\boldsymbol{A}$, $\lambda(\boldsymbol{A}+\boldsymbol{B})=\lambda\boldsymbol{A}+\lambda\boldsymbol{B}$.

例 2.1 已知

$$\boldsymbol{A}=\begin{pmatrix}3&2&-1&0\\2&5&1&3\\-1&-2&3&1\end{pmatrix},\quad \boldsymbol{B}=\begin{pmatrix}1&-2&1&-1\\-2&1&2&1\\1&0&1&2\end{pmatrix},$$

(1) 求 $3\boldsymbol{A}-2\boldsymbol{B}$; (2) 若 $\boldsymbol{A}+2\boldsymbol{X}=\boldsymbol{B}$, 求矩阵 $\boldsymbol{X}$.

解 (1) $3\boldsymbol{A}-2\boldsymbol{B}$

$$=\begin{pmatrix}3\times3&3\times2&3\times(-1)&3\times0\\3\times2&3\times5&3\times1&3\times3\\3\times(-1)&3\times(-2)&3\times3&3\times1\end{pmatrix}-\begin{pmatrix}2\times1&2\times(-2)&2\times1&2\times(-1)\\2\times(-2)&2\times1&2\times2&2\times1\\2\times1&2\times0&2\times1&2\times2\end{pmatrix}$$

$$=\begin{pmatrix}9-2&6-(-4)&-3-2&0-(-2)\\6-(-4)&15-2&3-4&9-2\\-3-2&-6-0&9-2&3-4\end{pmatrix}=\begin{pmatrix}7&10&-5&2\\10&13&-1&7\\-5&-6&7&-1\end{pmatrix}.$$

(2) $\boldsymbol{X}=\dfrac{1}{2}(\boldsymbol{B}-\boldsymbol{A})$

$$=\frac{1}{2}\begin{pmatrix}1-3&-2-2&1-(-1)&-1-0\\-2-2&1-5&2-1&1-3\\1-(-1)&0-(-2)&1-3&2-1\end{pmatrix}=\begin{pmatrix}-1&-2&1&-\frac{1}{2}\\-2&-2&\frac{1}{2}&-1\\1&1&-1&\frac{1}{2}\end{pmatrix}.$$

矩阵的加法运算和数乘运算统称为矩阵的**线性运算**.

### 2.2.2 矩阵的乘法

我们先介绍矩阵乘法的定义, 然后通过实例说明矩阵的乘法在经济中的实际意义.

**定义 2.6 矩阵的乘法**

设矩阵 $\boldsymbol{A}=(a_{ij})_{m\times s}$, $\boldsymbol{B}=(b_{ij})_{s\times n}$, 定义矩阵 $\boldsymbol{A}$ 与 $\boldsymbol{B}$ 的乘积是一个 $m\times n$ 矩阵 $\boldsymbol{C}=(c_{ij})_{m\times n}$, 其中

$$c_{ij}=a_{i1}b_{1j}+a_{i2}b_{2j}+\cdots+a_{is}b_{sj}=\sum_{k=1}^{s}a_{ik}b_{kj}\quad(i=1,2,\cdots,m,\quad j=1,2,\cdots,n),\tag{2.10}$$

记作 $\boldsymbol{C}=\boldsymbol{AB}$.

关于矩阵的乘法定义要注意以下三点:

(1) 只有当左边矩阵 $\boldsymbol{A}$ 的列数与右边矩阵 $\boldsymbol{B}$ 的行数相等时, 乘积 $\boldsymbol{AB}$ 才有意义.

(2) 乘积 $\boldsymbol{C}=\boldsymbol{AB}$ 的元素 $c_{ij}$ 是左边矩阵 $\boldsymbol{A}$ 的第 $i$ 行各元素与右边矩阵 $\boldsymbol{B}$ 的第 $j$ 列的对应元素乘积之和 (见下列运算式).

(3) 矩阵 $\boldsymbol{C}$ 的行数等于左边矩阵 $\boldsymbol{A}$ 的行数, 列数等于右边矩阵 $\boldsymbol{B}$ 的列数.

$$\text{第 } i \text{ 行}\rightarrow\begin{pmatrix} a_{11} & a_{12} & \cdots & a_{1s} \\ \vdots & \vdots & & \vdots \\ \boxed{a_{i1} \quad a_{i2} \quad \cdots \quad a_{is}} \\ \vdots & \vdots & & \vdots \\ a_{m1} & a_{m2} & \cdots & a_{ms} \end{pmatrix}\begin{pmatrix} b_{11} & \cdots & \boxed{b_{1j}} & \cdots & b_{1n} \\ b_{21} & \cdots & \boxed{b_{2j}} & \cdots & b_{2n} \\ \vdots & & \boxed{\vdots} & & \vdots \\ b_{s1} & \cdots & \boxed{b_{sj}} & \cdots & b_{sn} \end{pmatrix}=\begin{pmatrix} c_{11} & \cdots & c_{1j} & \cdots & c_{1n} \\ \vdots & & \vdots & & \vdots \\ c_{i1} & \cdots & \boxed{c_{ij}} & \cdots & c_{in} \\ \vdots & & \vdots & & \vdots \\ c_{m1} & \cdots & c_{2j} & \cdots & c_{mn} \end{pmatrix}\leftarrow\text{第 } i \text{ 行}$$

第 $j$ 列 ↑ (矩阵 $\boldsymbol{B}$)　　　第 $j$ 列 ↑ (矩阵 $\boldsymbol{C}$)

容易证明, 如果矩阵 $\boldsymbol{A}$, $\boldsymbol{B}$ 是同阶的上(下)三角矩阵, 则 $k\boldsymbol{A}$, $\boldsymbol{A}+\boldsymbol{B}$, $\boldsymbol{AB}$ 也是上(下)三角矩阵.

例 2.2 设 $\boldsymbol{A}=\begin{pmatrix} 2 & 3 & 1 \\ 3 & -2 & 2 \end{pmatrix}$, $\boldsymbol{B}=\begin{pmatrix} 2 & 3 \\ 1 & 2 \\ 5 & -1 \end{pmatrix}$, 求 $\boldsymbol{AB}$ 与 $\boldsymbol{BA}$.

解 由乘法定义得

$$\begin{aligned}\boldsymbol{AB}&=\begin{pmatrix} 2 & 3 & 1 \\ 3 & -2 & 2 \end{pmatrix}\begin{pmatrix} 2 & 3 \\ 1 & 2 \\ 5 & -1 \end{pmatrix}\\ &=\begin{pmatrix} 2\times 2+3\times 1+1\times 5 & 2\times 3+3\times 2+1\times(-1) \\ 3\times 2+(-2)\times 1+2\times 5 & 3\times 3+(-2)\times 2+2\times(-1) \end{pmatrix}=\begin{pmatrix} 12 & 11 \\ 14 & 3 \end{pmatrix}.\end{aligned}$$

同理得 $$\boldsymbol{BA}=\begin{pmatrix} 2 & 3 \\ 1 & 2 \\ 5 & -1 \end{pmatrix}\begin{pmatrix} 2 & 3 & 1 \\ 3 & -2 & 2 \end{pmatrix}=\begin{pmatrix} 13 & 0 & 8 \\ 8 & -1 & 5 \\ 7 & 17 & 3 \end{pmatrix}.$$

容易看出, 这里 $\boldsymbol{AB}\neq\boldsymbol{BA}$. 这说明矩阵乘法不满足交换律.

**矩阵的乘法运算和数的乘法运算有以下几点不同.**

**1. 矩阵乘法不满足交换律**, 即一般地, $\boldsymbol{AB}\neq\boldsymbol{BA}$.

例如, 对矩阵 $\boldsymbol{A}=\begin{pmatrix} 1 & 1 \\ 2 & 1 \end{pmatrix}$, $\boldsymbol{B}=\begin{pmatrix} 2 & 3 \\ 1 & 1 \end{pmatrix}$, 有

$$\boldsymbol{AB}=\begin{pmatrix} 1 & 1 \\ 2 & 1 \end{pmatrix}\begin{pmatrix} 2 & 3 \\ 1 & 1 \end{pmatrix}=\begin{pmatrix} 3 & 4 \\ 5 & 7 \end{pmatrix}\neq\boldsymbol{BA}=\begin{pmatrix} 2 & 3 \\ 1 & 1 \end{pmatrix}\begin{pmatrix} 1 & 1 \\ 2 & 1 \end{pmatrix}=\begin{pmatrix} 8 & 5 \\ 3 & 2 \end{pmatrix}.$$

正因为矩阵乘法不满足交换律, 所以 $\boldsymbol{AB}$ 读作 $\boldsymbol{A}$ 左乘 $\boldsymbol{B}$ 或 $\boldsymbol{B}$ 右乘 $\boldsymbol{A}$.

但是, 却存在矩阵 $\boldsymbol{A},\boldsymbol{B}$ 使 $\boldsymbol{AB}=\boldsymbol{BA}$. 例如, 矩阵 $\boldsymbol{A}=\begin{pmatrix} 1 & 1 \\ 2 & 1 \end{pmatrix}$, $\boldsymbol{B}=\begin{pmatrix} 3 & 1 \\ 2 & 3 \end{pmatrix}$, 满足

$$\boldsymbol{AB}=\begin{pmatrix}1&1\\2&1\end{pmatrix}\begin{pmatrix}3&1\\2&3\end{pmatrix}=\begin{pmatrix}5&4\\8&5\end{pmatrix}=\boldsymbol{BA}=\begin{pmatrix}3&1\\2&3\end{pmatrix}\begin{pmatrix}1&1\\2&1\end{pmatrix}.$$ 所以有以下定义.

**定义 2.7　可交换矩阵**

如果两个 $n$ 阶方阵 $\boldsymbol{A}$ 与 $\boldsymbol{B}$ 满足 $\boldsymbol{AB}=\boldsymbol{BA}$, 则称**矩阵 $\boldsymbol{A}$ 与 $\boldsymbol{B}$ 可交换**.

容易知道, 若 $\boldsymbol{A},\boldsymbol{B}$ 中有一个不是方阵, 则矩阵 $\boldsymbol{AB}$ 与 $\boldsymbol{BA}$ 即使有意义, 也不会相等, 这时当然就不可交换.

**2. 矩阵乘法不满足消去律**, 即不能从 $\boldsymbol{AB}=\boldsymbol{AC}$ 且 $\boldsymbol{A}\neq\boldsymbol{O}$ 推出 $\boldsymbol{B}=\boldsymbol{C}$.

例如, 对矩阵 $\boldsymbol{A}=\begin{pmatrix}2&0\\2&0\end{pmatrix},\boldsymbol{B}=\begin{pmatrix}1&1\\2&0\end{pmatrix},\boldsymbol{C}=\begin{pmatrix}1&1\\1&3\end{pmatrix}$, 易知

$$\boldsymbol{AB}=\begin{pmatrix}2&0\\2&0\end{pmatrix}\begin{pmatrix}1&1\\2&0\end{pmatrix}=\begin{pmatrix}2&2\\2&2\end{pmatrix}=\boldsymbol{AC}=\begin{pmatrix}2&0\\2&0\end{pmatrix}\begin{pmatrix}1&1\\1&3\end{pmatrix}.$$

但显然 $\boldsymbol{B}\neq\boldsymbol{C}$.

同样可以举例说明, 也不能从 $\boldsymbol{BA}=\boldsymbol{CA}$ 且 $\boldsymbol{A}\neq\boldsymbol{O}$ 推出 $\boldsymbol{B}=\boldsymbol{C}$.

**3. 不能从 $\boldsymbol{AB}=\boldsymbol{O}$ 推出 $\boldsymbol{A}=\boldsymbol{O}$ 或 $\boldsymbol{B}=\boldsymbol{O}$.**

例如 $\boldsymbol{A}=\begin{pmatrix}1&1\\2&2\end{pmatrix},\boldsymbol{B}=\begin{pmatrix}1&-1\\-1&1\end{pmatrix}$, 易知 $\boldsymbol{AB}=\boldsymbol{O}$, 但显然 $\boldsymbol{A}\neq\boldsymbol{O},\boldsymbol{B}\neq\boldsymbol{O}$.

当 $\boldsymbol{A}$ 为方阵时, 要从 $\boldsymbol{AB}=\boldsymbol{O}$ 推出 $\boldsymbol{B}=\boldsymbol{O}$ 或从 $\boldsymbol{AB}=\boldsymbol{AC}$ 推出 $\boldsymbol{B}=\boldsymbol{C}$, 必须满足条件: $\boldsymbol{A}$ 可逆. 可逆矩阵的概念将在 2.4 节中介绍.

**矩阵乘法**满足以下**运算规律** (假设以下运算都是有意义的, $k$ 为实数)

(1) 结合律: $(\boldsymbol{AB})\boldsymbol{C}=\boldsymbol{A}(\boldsymbol{BC})$,

(2) 分配律: $\boldsymbol{A}(\boldsymbol{B}+\boldsymbol{C})=\boldsymbol{AB}+\boldsymbol{AC}$, $(\boldsymbol{A}+\boldsymbol{B})\boldsymbol{C}=\boldsymbol{AC}+\boldsymbol{BC}$,

(3) $k(\boldsymbol{AB})=(k\boldsymbol{A})\boldsymbol{B}=\boldsymbol{A}(k\boldsymbol{B})$,

(4) $\boldsymbol{EA}=\boldsymbol{A}$, $\boldsymbol{AE}=\boldsymbol{A}$.

注意, 以上 (4) 中的两个单位矩阵 $\boldsymbol{E}$ 可能是不同的, 只有当 $\boldsymbol{A}$ 为 $n$ 阶方阵时 $\boldsymbol{E}$ 才相同.

**实际问题 2.3　矩阵乘法的实际意义**

某家电公司向三个商店发送三种产品的数量如表 2.2 所示.

表 2.2　某家电公司向三个商店发送三种产品的数量　　台

| 商店 | 空调 | 冰箱 | 彩电 |
|---|---|---|---|
| 甲 | 25 | 16 | 60 |
| 乙 | 6 | 7 | 15 |
| 丙 | 50 | 40 | 45 |

这三种产品的售价及重量如表 2.3 所示.

表 2.3 三种产品的售价及重量

| 家电 | 售价/百元 | 重量/kg |
|---|---|---|
| 空调 | 28 | 41 |
| 冰箱 | 15 | 35 |
| 彩电 | 23 | 25 |

试求该公司向每个商店出售产品的总售价及总重量.

解 用矩阵的乘法求解.

发售产品的数量用矩阵表示为

$$\boldsymbol{A}=\begin{pmatrix}25 & 16 & 60\\ 6 & 7 & 15\\ 50 & 40 & 45\end{pmatrix}\begin{matrix}\text{甲商店}\\ \text{乙商店}\\ \text{丙商店}\end{matrix}$$

空调 冰箱 彩电

售价及重量用矩阵表示为

$$\boldsymbol{B}=\begin{pmatrix}28 & 41\\ 15 & 35\\ 23 & 25\end{pmatrix}\begin{matrix}\text{空调}\\ \text{冰箱}\\ \text{彩电}\end{matrix}$$

售价 重量

以甲商店为例, 该公司向甲商店出售产品的总售价和总重量分别为

$c_{11}$= 甲商店的总售价 = 空调总售价 + 冰箱总售价 + 彩电总售价 $= 25\times 28+16\times 15+60\times 23=2320$,

$c_{12}$= 甲商店销售总重量 = 空调总重量 + 冰箱总重量 + 彩电总重量 $= 25\times 41+16\times 35+60\times 25=3085$,

所以, 依次类推, 如果以矩阵 $\boldsymbol{C}$ 表示该公司向各商店出售产品的总售价和总重量, 矩阵 $\boldsymbol{C}$ 记为

$$\boldsymbol{C}=\begin{pmatrix}c_{11} & c_{12}\\ c_{21} & c_{22}\\ c_{31} & c_{32}\end{pmatrix}\begin{matrix}\text{甲商店}\\ \text{乙商店}\\ \text{丙商店}\end{matrix}$$

总售价 总重量

容易看出:

$$\boldsymbol{C}=\boldsymbol{A}\boldsymbol{B}=\begin{pmatrix}25 & 16 & 60\\ 6 & 7 & 15\\ 50 & 40 & 45\end{pmatrix}\begin{pmatrix}28 & 41\\ 15 & 35\\ 23 & 25\end{pmatrix}$$

$$=\begin{pmatrix}25\times 28+16\times 15+60\times 23 & 25\times 41+16\times 35+60\times 25\\ 6\times 28+7\times 15+15\times 23 & 6\times 41+7\times 35+15\times 25\\ 50\times 28+40\times 15+45\times 23 & 50\times 41+40\times 35+45\times 25\end{pmatrix}=\begin{pmatrix}2320 & 3085\\ 618 & 866\\ 3035 & 4575\end{pmatrix}.$$

例 2.3　设矩阵 $\boldsymbol{A}=\begin{pmatrix}1&2\\-2&1\end{pmatrix}$, 求与矩阵 $\boldsymbol{A}$ 可交换的所有矩阵.

解　因与 $\boldsymbol{A}$ 可交换的矩阵也是二阶方阵, 所以设所求矩阵为 $\boldsymbol{X}=\begin{pmatrix}x_1&x_2\\x_3&x_4\end{pmatrix}$.

由于

$$\boldsymbol{AX}=\begin{pmatrix}1&2\\-2&1\end{pmatrix}\begin{pmatrix}x_1&x_2\\x_3&x_4\end{pmatrix}=\begin{pmatrix}x_1+2x_3&x_2+2x_4\\-2x_1+x_3&-2x_2+x_4\end{pmatrix},$$

$$\boldsymbol{XA}=\begin{pmatrix}x_1&x_2\\x_3&x_4\end{pmatrix}\begin{pmatrix}1&2\\-2&1\end{pmatrix}=\begin{pmatrix}x_1-2x_2&2x_1+x_2\\x_3-2x_4&2x_3+x_4\end{pmatrix},$$

由 $\boldsymbol{AX}=\boldsymbol{XA}$ 得

$$x_1+2x_3=x_1-2x_2,\quad x_2+2x_4=2x_1+x_2,$$

$$-2x_1+x_3=x_3-2x_4,\quad -2x_2+x_4=2x_3+x_4,$$

解得 $x_1=x_4=a,\ x_2=-x_3=b$, 其中 $a,b$ 为任意实数. 所以, 与 $\boldsymbol{A}$ 可交换的所有矩阵为

$$\boldsymbol{X}=\begin{pmatrix}a&b\\-b&a\end{pmatrix},\ \text{其中 } a,\ b \text{ 为任意实数}.$$

### 2.2.3　线性方程组的矩阵表示

对于 $m$ 个方程, $n$ 个未知数的线性方程组

$$\begin{cases}a_{11}x_1+a_{12}x_2+\cdots+a_{1n}x_n=b_1,\\a_{21}x_1+a_{22}x_2+\cdots+a_{2n}x_n=b_2,\\\qquad\qquad\vdots\\a_{m1}x_1+a_{m2}x_2+\cdots+a_{mn}x_n=b_m,\end{cases}\tag{2.11}$$

如果记

$$\boldsymbol{A}=\begin{pmatrix}a_{11}&a_{12}&\cdots&a_{1n}\\a_{21}&a_{22}&\cdots&a_{2n}\\\vdots&\vdots&&\vdots\\a_{m1}&a_{m2}&\cdots&a_{mn}\end{pmatrix},\ \boldsymbol{X}=\begin{pmatrix}x_1\\x_2\\\vdots\\x_n\end{pmatrix},\ \boldsymbol{B}=\begin{pmatrix}b_1\\b_2\\\vdots\\b_m\end{pmatrix},\tag{2.12}$$

则线性方程组(2.11)可写成矩阵形式

$$\boldsymbol{AX}=\boldsymbol{B},\tag{2.13}$$

它和线性方程组(2.11)是一致的, 只是形式不同而已. 所以要研究线性方程组(2.11), 只需研究矩阵形式的方程(2.13).

由矩阵表示的方程称为**矩阵方程**. 除(2.13)是矩阵方程外, 又如

$$\boldsymbol{XA}=\boldsymbol{B},\ \boldsymbol{AX}+\boldsymbol{B}=\boldsymbol{C},\ \boldsymbol{AXA}=\boldsymbol{B}$$

等都是矩阵方程.

矩阵方程的应用非常广泛, 下面先举一应用实例.

**实际问题 2.4** 奶粉的单价和利润

甲、乙两超市销售两种奶粉的日销量如表 2.4 所示.

表 2.4 两超市两种奶粉的日销量 袋

| 超市 | 奶粉一 | 奶粉二 |
|---|---|---|
| 甲 | 6 | 10 |
| 乙 | 8 | 5 |

，抽象为矩阵 $\boldsymbol{A}=\begin{pmatrix}6 & 10\\ 8 & 5\end{pmatrix}$.

甲、乙两超市日销售奶粉总收入与总利润如表 2.5 所示.

表 2.5 日销售奶粉总收入与总利润 元

| 超市 | 收入 | 利润 |
|---|---|---|
| 甲 | 210 | 16 |
| 乙 | 180 | 13 |

，抽象为矩阵 $\boldsymbol{B}=\begin{pmatrix}210 & 16\\ 180 & 13\end{pmatrix}$.

试分别求出两种奶粉的单价和利润.

解 用矩阵表示两种奶粉的单价和利润如下:

$$\boldsymbol{X}=\begin{pmatrix}x_1 & x_2\\ x_3 & x_4\end{pmatrix}\begin{matrix}\text{奶粉一}\\ \text{奶粉二}\end{matrix}$$

单价 利润

则可得到矩阵方程:

$$\boldsymbol{AX}=\boldsymbol{B},$$

即 $\begin{pmatrix}6 & 10\\ 8 & 5\end{pmatrix}\begin{pmatrix}x_1 & x_2\\ x_3 & x_4\end{pmatrix}=\begin{pmatrix}210 & 16\\ 180 & 13\end{pmatrix}$, 所以 $\begin{pmatrix}6x_1+10x_3 & 6x_2+10x_4\\ 8x_1+5x_3 & 8x_2+5x_4\end{pmatrix}=\begin{pmatrix}210 & 16\\ 180 & 13\end{pmatrix}$,

可分别得到关于 $x_1,x_3$ 和关于 $x_2,x_4$ 的两个方程组:

$$\begin{cases}6x_1+10x_3=210,\\ 8x_1+5x_3=180,\end{cases}\quad ①\qquad \begin{cases}6x_2+10x_4=16,\\ 8x_2+5x_4=13.\end{cases}\quad ②$$

以上两个方程组可用克莱姆法则或消元法解得

$$\begin{cases}x_1=15,\\ x_3=12,\end{cases}\qquad \begin{cases}x_2=1,\\ x_4=1.\end{cases}$$

所以两种奶粉的单价和利润如表 2.6 所示.

表 2.6 两种奶粉的单价和利润 元

| 奶粉 | 单价 | 利润 |
|---|---|---|
| 一 | 15 | 1 |
| 二 | 12 | 1 |

### 2.2.4 矩阵的转置

**定义 2.8 矩阵的转置**

将矩阵 $\boldsymbol{A}$ 的行换成同序数的列所得的矩阵称为**矩阵 $\boldsymbol{A}$ 的转置**, 记为 $\boldsymbol{A}^{\mathrm{T}}$ 或 $\boldsymbol{A}'$, 即若

$$\boldsymbol{A}=\begin{pmatrix} a_{11} & a_{12} & \cdots & a_{1n}\\ a_{21} & a_{22} & \cdots & a_{2n}\\ \vdots & \vdots & & \vdots\\ a_{m1} & a_{m2} & \cdots & a_{mn}\end{pmatrix},\ 则\ \boldsymbol{A}^{\mathrm{T}}=\begin{pmatrix} a_{11} & a_{21} & \cdots & a_{m1}\\ a_{12} & a_{22} & \cdots & a_{m2}\\ \vdots & \vdots & & \vdots\\ a_{1n} & a_{2n} & \cdots & a_{mn}\end{pmatrix}.$$

由定义可知, 若 $\boldsymbol{A}$ 为 $m\times n$ 矩阵, 则 $\boldsymbol{A}^{\mathrm{T}}$ 为 $n\times m$ 矩阵. 例如

$$\boldsymbol{A}=\begin{pmatrix} 1 & 2 & 3\\ 2 & 5 & 6\end{pmatrix},\ 则\ \boldsymbol{A}^{\mathrm{T}}=\begin{pmatrix} 1 & 2\\ 2 & 5\\ 3 & 6\end{pmatrix}.$$

**转置矩阵的性质**

转置运算具有如下性质:

(1) $(\boldsymbol{A}^{\mathrm{T}})^{\mathrm{T}}=\boldsymbol{A}$; (2) $(\boldsymbol{A}+\boldsymbol{B})^{\mathrm{T}}=\boldsymbol{A}^{\mathrm{T}}+\boldsymbol{B}^{\mathrm{T}}$;

(3) $(k\boldsymbol{A})^{\mathrm{T}}=k\boldsymbol{A}^{\mathrm{T}}$; (4) $(\boldsymbol{A}\boldsymbol{B})^{\mathrm{T}}=\boldsymbol{B}^{\mathrm{T}}\boldsymbol{A}^{\mathrm{T}}$.

*证明 性质 (1)、(2)、(3) 显然成立, 以下证明性质 (4).

设 $\boldsymbol{A}=(a_{ij})_{m\times s}, \boldsymbol{B}=(b_{ij})_{s\times n}$, 则 $(\boldsymbol{A}\boldsymbol{B})^{\mathrm{T}}$ 与 $\boldsymbol{B}^{\mathrm{T}}\boldsymbol{A}^{\mathrm{T}}$ 都是 $n\times m$ 矩阵. 我们只需证明 $(\boldsymbol{A}\boldsymbol{B})^{\mathrm{T}}$ 的第 $i$ 行第 $j$ 列元素与 $\boldsymbol{B}^{\mathrm{T}}\boldsymbol{A}^{\mathrm{T}}$ 的第 $i$ 行第 $j$ 列元素相等.

注意到 $(\boldsymbol{A}\boldsymbol{B})^{\mathrm{T}}$ 的第 $i$ 行第 $j$ 列元素是 $\boldsymbol{A}\boldsymbol{B}$ 的第 $j$ 行第 $i$ 列的元素, 为

$$\sum_{k=1}^{s}a_{jk}b_{ki}=a_{j1}b_{1i}+a_{j2}b_{2i}+\cdots+a_{js}b_{si}, \tag{2.14}$$

而 $\boldsymbol{B}^{\mathrm{T}}\boldsymbol{A}^{\mathrm{T}}$ 的第 $i$ 行第 $j$ 列元素是 $\boldsymbol{B}^{\mathrm{T}}$ 的第 $i$ 行与 $\boldsymbol{A}^{\mathrm{T}}$ 的第 $j$ 列对应元素的乘积之和, 即为 $\boldsymbol{B}$ 的第 $i$ 列与 $\boldsymbol{A}$ 的第 $j$ 行对应元素乘积之和, 为

$$\sum_{k=1}^{s}b_{ki}a_{jk}=b_{1i}a_{j1}+b_{2i}a_{j2}+\cdots+b_{si}a_{js}, \tag{2.15}$$

注意到式 (2.14) 与式 (2.15) 是相等的, 所以有 $(\boldsymbol{A}\boldsymbol{B})^{\mathrm{T}}=\boldsymbol{B}^{\mathrm{T}}\boldsymbol{A}^{\mathrm{T}}$. □

有了转置矩阵的概念, 我们可以重新定义对称矩阵与反对称矩阵.

对于 $n$ 阶方阵 $\boldsymbol{A}=(a_{ij})$, 由于 $\boldsymbol{A}^{\mathrm{T}}=\boldsymbol{A}$ 与 $a_{ij}=a_{ji}(i,j=1,2,\cdots,n)$ 能相互推出, 而 $\boldsymbol{A}^{\mathrm{T}}=-\boldsymbol{A}$ 与 $a_{ij}=-a_{ji}(i,j=1,2,\cdots,n)$ 也能相互推出, 所以可以简洁定义对称矩阵与反对称矩阵如下.

**定义 2.9 对称矩阵与反对称矩阵**

对于 $n$ 阶方阵 $\boldsymbol{A}=(a_{ij})$, 如果 $\boldsymbol{A}^{\mathrm{T}}=\boldsymbol{A}$, 则称 $\boldsymbol{A}$ 为**对称矩阵**.

如果 $\boldsymbol{A}^{\mathrm{T}}=-\boldsymbol{A}$, 则称 $\boldsymbol{A}$ 为**反对称矩阵**.

例 2.4 证明: 任何 $n$ 阶方阵都可表示为一个对称矩阵与一个反对称矩阵的和.

**证明** 对于 $n$ 阶方阵 $\boldsymbol{A}$, 令 $\boldsymbol{B}=\dfrac{\boldsymbol{A}+\boldsymbol{A}^{\mathrm{T}}}{2}, \boldsymbol{C}=\dfrac{\boldsymbol{A}-\boldsymbol{A}^{\mathrm{T}}}{2}$, 容易得到 $\boldsymbol{B}^{\mathrm{T}}=\boldsymbol{B}, \boldsymbol{C}^{\mathrm{T}}=-\boldsymbol{C}$, 所以 $\boldsymbol{B}$ 为对称矩阵, 而 $\boldsymbol{C}$ 为反对称矩阵, 并且可得

$$\boldsymbol{A}=\boldsymbol{B}+\boldsymbol{C}.$$

□

**例 2.5** 设矩阵 $\boldsymbol{A}=\begin{pmatrix} a & b \\ c & d \end{pmatrix}$, 求 $a,b,c,d$ 使 $\boldsymbol{A}\boldsymbol{A}^{\mathrm{T}}=\boldsymbol{E}$.

**解** 因为

$$\boldsymbol{A}\boldsymbol{A}^{\mathrm{T}}=\begin{pmatrix} a & b \\ c & d \end{pmatrix}\begin{pmatrix} a & c \\ b & d \end{pmatrix}=\begin{pmatrix} a^2+b^2 & ac+bd \\ ac+bd & c^2+d^2 \end{pmatrix}=\begin{pmatrix} 1 & 0 \\ 0 & 1 \end{pmatrix},$$

所以 $\begin{cases} a^2+b^2=1, \\ ac+bd=0, \\ c^2+d^2=1. \end{cases}$ 由三角函数知识得 $a=\cos\theta, b=\sin\theta, c=\pm\sin\theta, d=\mp\cos\theta$, 所以

$$\boldsymbol{A}=\begin{pmatrix} \cos\theta & \sin\theta \\ \sin\theta & -\cos\theta \end{pmatrix} \text{或} \boldsymbol{A}=\begin{pmatrix} \cos\theta & \sin\theta \\ -\sin\theta & \cos\theta \end{pmatrix}.$$

容易得到, 对任何方阵 $\boldsymbol{A}$, 矩阵 $\boldsymbol{A}+\boldsymbol{A}^{\mathrm{T}}$ 为对称矩阵, 而对任何矩阵 $\boldsymbol{A}$, 矩阵 $\boldsymbol{A}\boldsymbol{A}^{\mathrm{T}}$ 与 $\boldsymbol{A}^{\mathrm{T}}\boldsymbol{A}$ 都为对称矩阵.

**例 2.6** 设矩阵 $\boldsymbol{A}=\begin{pmatrix} 1 & 3 \\ 2 & 1 \end{pmatrix}$, 求矩阵 $\boldsymbol{X}=\begin{pmatrix} x_1 & x_2 \\ x_2 & x_3 \end{pmatrix}$ 使 $\boldsymbol{A}\boldsymbol{X}+\boldsymbol{X}^{\mathrm{T}}\boldsymbol{A}^{\mathrm{T}}=\boldsymbol{E}$.

**解** 易得

$$\boldsymbol{A}\boldsymbol{X}=\begin{pmatrix} 1 & 3 \\ 2 & 1 \end{pmatrix}\begin{pmatrix} x_1 & x_2 \\ x_2 & x_3 \end{pmatrix}=\begin{pmatrix} x_1+3x_2 & x_2+3x_3 \\ 2x_1+x_2 & 2x_2+x_3 \end{pmatrix}.$$

因 $\boldsymbol{X}^{\mathrm{T}}\boldsymbol{A}^{\mathrm{T}}=(\boldsymbol{A}\boldsymbol{X})^{\mathrm{T}}$, 则将上式代入原矩阵方程有

$$\begin{pmatrix} x_1+3x_2 & x_2+3x_3 \\ 2x_1+x_2 & 2x_2+x_3 \end{pmatrix}+\begin{pmatrix} x_1+3x_2 & 2x_1+x_2 \\ x_2+3x_3 & 2x_2+x_3 \end{pmatrix}=\begin{pmatrix} 1 & 0 \\ 0 & 1 \end{pmatrix},$$

由此得线性方程组 $\begin{cases} 2(x_1+3x_2)=1, \\ 2x_1+2x_2+3x_3=0, \\ 2(2x_2+x_3)=1. \end{cases}$ 由克莱姆法则或消元法解得 $x_1=-\dfrac{1}{4}, x_2=\dfrac{1}{4}, x_3=0$,

所以 $\boldsymbol{X}=\begin{pmatrix} -\dfrac{1}{4} & \dfrac{1}{4} \\ \dfrac{1}{4} & 0 \end{pmatrix}$.

**实际问题 2.5** 轿车销售利润

某汽车销售公司有甲、乙两个轿车销售部, 矩阵 $\boldsymbol{S}$ 给出了两个销售部的三种轿车销量(单位：辆), 矩阵 $\boldsymbol{P}$ 给出了三种轿车的销售利润(单位：万元/辆).

$$\boldsymbol{S}=\begin{matrix} & \text{甲} & \text{乙} & \\ & \begin{pmatrix} 18 & 25 \\ 26 & 18 \\ 15 & 22 \end{pmatrix} & & \begin{matrix}\text{Ⅰ 型}\\ \text{Ⅱ 型}\\ \text{Ⅲ 型}\end{matrix}\end{matrix},\qquad \boldsymbol{P}=\begin{pmatrix} 4.8 \\ 2.6 \\ 6.8 \end{pmatrix}\begin{matrix}\text{Ⅰ 型}\\ \text{Ⅱ 型}\\ \text{Ⅲ 型}\end{matrix}.$$

求甲、乙两销售部的销售利润.

**解** 每个销售部的销售利润 =Ⅰ 型车的利润 +Ⅱ 型车的利润 +Ⅲ 型车的利润, 所以必须将矩阵 $\boldsymbol{S}$ 转置后与矩阵 $\boldsymbol{P}$ 相乘来运算. 因

$$\boldsymbol{S}^{\mathrm{T}}\boldsymbol{P}=\begin{pmatrix} 18 & 26 & 15 \\ 25 & 18 & 22 \end{pmatrix}\begin{pmatrix} 4.8 \\ 2.6 \\ 6.8 \end{pmatrix}=\begin{pmatrix} 256 \\ 316.4 \end{pmatrix},$$

所以, 甲销售部的销售利润为 256 万元, 乙销售部的销售利润为 316.4 万元.

### 2.2.5 方阵的幂

**定义 2.10 方阵的幂**

设 $\boldsymbol{A}$ 为 $n$ 阶方阵, $k$ 为正整数, 则 $k$ 个 $\boldsymbol{A}$ 的连乘积称为**方阵 $\boldsymbol{A}$ 的 $k$ 次幂**, 即

$$\boldsymbol{A}^k=\underbrace{\boldsymbol{A}\cdot\boldsymbol{A}\cdot\cdots\cdot\boldsymbol{A}}_{k\text{个}}.$$

约定 $\boldsymbol{A}^0=\boldsymbol{E}\ (\boldsymbol{A}\neq\boldsymbol{O})$.

容易证明 $\boldsymbol{A}^k=\boldsymbol{A}^{k-1}\cdot\boldsymbol{A}$.

**方阵的幂**有以下**运算规律** (设 $\boldsymbol{A}$ 为 $n$ 阶方阵, $k,l$ 为正整数):

(1) $\boldsymbol{A}^k\boldsymbol{A}^l=\boldsymbol{A}^{k+l}$;　　(2) $(\boldsymbol{A}^k)^l=\boldsymbol{A}^{kl}$.

容易知道, 当 $\boldsymbol{AB}=\boldsymbol{BA}$ 时, $(\boldsymbol{AB})^k=\boldsymbol{A}^k\boldsymbol{B}^k$, 但一般情况下, $(\boldsymbol{AB})^k\neq\boldsymbol{A}^k\boldsymbol{B}^k$(见例 2.7).

**例 2.7** 设矩阵 $\boldsymbol{A}=\begin{pmatrix} 1 & 1 \\ 2 & 1 \end{pmatrix}$, $\boldsymbol{B}=\begin{pmatrix} 1 & -2 \\ 1 & 0 \end{pmatrix}$, 求 $(\boldsymbol{AB})^2$ 与 $\boldsymbol{A}^2\boldsymbol{B}^2$.

**解** 易得 $\boldsymbol{AB}=\begin{pmatrix} 1 & 1 \\ 2 & 1 \end{pmatrix}\begin{pmatrix} 1 & -2 \\ 1 & 0 \end{pmatrix}=\begin{pmatrix} 2 & -2 \\ 3 & -4 \end{pmatrix}$, 所以

$$(\boldsymbol{AB})^2=\begin{pmatrix} 2 & -2 \\ 3 & -4 \end{pmatrix}^2=\begin{pmatrix} 2 & -2 \\ 3 & -4 \end{pmatrix}\begin{pmatrix} 2 & -2 \\ 3 & -4 \end{pmatrix}=\begin{pmatrix} -2 & 4 \\ -6 & 10 \end{pmatrix}.$$

又 $\boldsymbol{A}^2=\begin{pmatrix} 1 & 1 \\ 2 & 1 \end{pmatrix}\begin{pmatrix} 1 & 1 \\ 2 & 1 \end{pmatrix}=\begin{pmatrix} 3 & 2 \\ 4 & 3 \end{pmatrix}$, $\boldsymbol{B}^2=\begin{pmatrix} 1 & -2 \\ 1 & 0 \end{pmatrix}\begin{pmatrix} 1 & -2 \\ 1 & 0 \end{pmatrix}=\begin{pmatrix} -1 & -2 \\ 1 & -2 \end{pmatrix}$,

所以 $\boldsymbol{A}^2\boldsymbol{B}^2=\begin{pmatrix} 3 & 2 \\ 4 & 3 \end{pmatrix}\begin{pmatrix} -1 & -2 \\ 1 & -2 \end{pmatrix}=\begin{pmatrix} -1 & -10 \\ -1 & -14 \end{pmatrix}$.

易见 $(\boldsymbol{AB})^2\neq\boldsymbol{A}^2\boldsymbol{B}^2$.

例 2.8 设 $\boldsymbol{A}=\begin{pmatrix}1&2&1\\0&1&0\\0&0&1\end{pmatrix}$, 求 $\boldsymbol{A}^2$, $\boldsymbol{A}^3$ 及 $\boldsymbol{A}^k$($k$ 为正整数).

解

$$\boldsymbol{A}^2=\begin{pmatrix}1&2&1\\0&1&0\\0&0&1\end{pmatrix}\begin{pmatrix}1&2&1\\0&1&0\\0&0&1\end{pmatrix}=\begin{pmatrix}1&4&2\\0&1&0\\0&0&1\end{pmatrix},$$

$$\boldsymbol{A}^3=\boldsymbol{A}^2\cdot\boldsymbol{A}=\begin{pmatrix}1&4&2\\0&1&0\\0&0&1\end{pmatrix}\begin{pmatrix}1&2&1\\0&1&0\\0&0&1\end{pmatrix}=\begin{pmatrix}1&6&3\\0&1&0\\0&0&1\end{pmatrix},$$

可归纳出

$$\boldsymbol{A}^k=\begin{pmatrix}1&2k&k\\0&1&0\\0&0&1\end{pmatrix}.$$

注意, 并不是任何一个方阵的 $k$ 次幂都能简单归纳出表达式, 方阵的 $k$ 次幂的计算一般要用到矩阵的对角化, 这一内容将在 4.2 节中介绍.

**实际问题 2.6** 人口迁移问题

设某地区每年有 20%的农村居民移居城市, 有 10%的城市居民移居农村. 假设该地区总人口数不变, 且上述人口迁移规律也不变, 若该地区现有农村人口 200 万人, 城市人口 100 万人, 问该地区一年后农村和城市人口各多少？两年后各多少？10 年后各多少？

解 设 $k$ 年后该地区农村和城市人口分别为 $x_k, y_k$ $(k=1,2,3,\cdots)$(单位: 万人), 则有

$$\begin{cases}x_k=0.8x_{k-1}+0.1y_{k-1},\\y_k=0.2x_{k-1}+0.9y_{k-1},\end{cases}\quad k=1,2,3,\cdots,$$

且

$$\begin{cases}x_0=200,\\y_0=100.\end{cases}$$

写成矩阵的形式有

$$\begin{pmatrix}x_k\\y_k\end{pmatrix}=\begin{pmatrix}0.8&0.1\\0.2&0.9\end{pmatrix}\begin{pmatrix}x_{k-1}\\y_{k-1}\end{pmatrix},\quad k=1,2,3,\cdots,$$

且

$$\begin{pmatrix}x_0\\y_0\end{pmatrix}=\begin{pmatrix}200\\100\end{pmatrix}.$$

记 $\boldsymbol{A}=\begin{pmatrix}0.8 & 0.1\\ 0.2 & 0.9\end{pmatrix}$, 则有

$$\begin{pmatrix}x_k\\ y_k\end{pmatrix}=\boldsymbol{A}\begin{pmatrix}x_{k-1}\\ y_{k-1}\end{pmatrix}=\boldsymbol{A}^2\begin{pmatrix}x_{k-2}\\ y_{k-2}\end{pmatrix}=\cdots=\boldsymbol{A}^k\begin{pmatrix}x_0\\ y_0\end{pmatrix}, k=1,2,3,\cdots.$$

所以 $\begin{pmatrix}x_1\\ y_1\end{pmatrix}=\boldsymbol{A}\begin{pmatrix}200\\ 100\end{pmatrix}=\begin{pmatrix}170\\ 130\end{pmatrix}$, $\begin{pmatrix}x_2\\ y_2\end{pmatrix}=\boldsymbol{A}^2\begin{pmatrix}200\\ 100\end{pmatrix}=\begin{pmatrix}0.66 & 0.17\\ 0.34 & 0.83\end{pmatrix}\begin{pmatrix}200\\ 100\end{pmatrix}=\begin{pmatrix}149\\ 151\end{pmatrix}$,

$$\begin{pmatrix}x_{10}\\ y_{10}\end{pmatrix}=\boldsymbol{A}^{10}\begin{pmatrix}200\\ 100\end{pmatrix},$$

即一年后该地区农村人口 170 万人, 城市人口 130 万人; 两年以后农村人口 149 万人, 城市人口 151 万人. 若要计算 10 年后农村人口和城市人口, 只需计算 $\boldsymbol{A}^{10}$, 这属于计算矩阵的高次幂, 需要用到矩阵的对角化, 这一方法将在 4.2 节中介绍.

### 2.2.6　方阵的行列式

由于行列式的行数与列数相等, 所以只有方阵才能取行列式.

**定义 2.11　方阵的行列式**

$n$ 阶方阵 $\boldsymbol{A}$ 保持各元素位置不变构成的 $n$ 阶行列式, 称为**方阵 $\boldsymbol{A}$ 的行列式**, 记为 $|\boldsymbol{A}|$ 或 $\det\boldsymbol{A}$.

**方阵的行列式**有如下**运算规律** (设 $\boldsymbol{A},\boldsymbol{B}$ 为 $n$ 阶方阵, $k$ 为常数):

(1) $|\boldsymbol{A}^{\mathrm{T}}|=|\boldsymbol{A}|$(行列式的性质 1.1);　(2) $|k\boldsymbol{A}|=k^n|\boldsymbol{A}|$;　(3) $|\boldsymbol{AB}|=|\boldsymbol{A}||\boldsymbol{B}|$.

虽然矩阵乘法不满足交换律, 但由运算规律(3)可得, 对任何 $n$ 阶方阵 $\boldsymbol{A}$, $\boldsymbol{B}$, 有

$$|\boldsymbol{AB}|=|\boldsymbol{BA}|=|\boldsymbol{A}||\boldsymbol{B}|.$$

由运算规律(3)还可得, 对任何正整数 $m$, 有

$$|\boldsymbol{A}^m|=|\boldsymbol{A}|^m. \tag{2.16}$$

例 2.9　设 $\boldsymbol{A},\boldsymbol{B}$ 为三阶矩阵, 且 $|\boldsymbol{A}|=3$, $|\boldsymbol{B}|=2$, 求: (1) $|2\boldsymbol{A}|$; (2) $|3\boldsymbol{AB}|$; (3) $\big||\boldsymbol{A}|\boldsymbol{A}^2\boldsymbol{B}^{\mathrm{T}}\big|$.

解　由方阵的行列式的运算规律有

(1) $|2\boldsymbol{A}|=2^3|\boldsymbol{A}|=2^3\times 3=24$;

(2) $|3\boldsymbol{AB}|=3^3|\boldsymbol{AB}|=3^3|\boldsymbol{A}||\boldsymbol{B}|=3^3\times 3\times 2=162$;

(3) 又由式(2.16)可得

$$\big||\boldsymbol{A}|\boldsymbol{A}^2\boldsymbol{B}^{\mathrm{T}}\big|=|\boldsymbol{A}|^3|\boldsymbol{A}^2\boldsymbol{B}^{\mathrm{T}}|=|\boldsymbol{A}|^3|\boldsymbol{A}^2||\boldsymbol{B}^{\mathrm{T}}|=|\boldsymbol{A}|^3|\boldsymbol{A}|^2|\boldsymbol{B}|=3^5\times 2=486.$$

例 2.10　证明：奇数阶反对称矩阵的行列式的值为零.

证明　设 $\boldsymbol{A}$ 为 $n$ 阶反对称矩阵, 即 $\boldsymbol{A}^{\mathrm{T}}=-\boldsymbol{A}$, 则由方阵的行列式性质得

$$|\boldsymbol{A}|=|\boldsymbol{A}^{\mathrm{T}}|=|-\boldsymbol{A}|=(-1)^n|\boldsymbol{A}|.$$

所以, 当 $n$ 为奇数时, $|\boldsymbol{A}|=-|\boldsymbol{A}|$, 解得 $|\boldsymbol{A}|=0$. □

**注:** 反对称矩阵的行列式称为**反对称行列式**.

# 习 题 2.2

一、选择题 (单选题)

1. 设 $\boldsymbol{A}$, $\boldsymbol{B}$ 为 $n$ 阶矩阵, 下列命题中正确的是 (  ).

(A) $(\boldsymbol{A}+\boldsymbol{B})^2=\boldsymbol{A}^2+2\boldsymbol{AB}+\boldsymbol{B}^2$  (B) $(\boldsymbol{A}+\boldsymbol{B})(\boldsymbol{A}-\boldsymbol{B})=\boldsymbol{A}^2-\boldsymbol{B}^2$

(C) $\boldsymbol{A}^2-\boldsymbol{E}=(\boldsymbol{A}+\boldsymbol{E})(\boldsymbol{A}-\boldsymbol{E})$  (D) $(\boldsymbol{AB})^2=\boldsymbol{A}^2\boldsymbol{B}^2$

2. 设 $\boldsymbol{A}$, $\boldsymbol{B}$ 为同阶方阵, 且 $\boldsymbol{AB}=\boldsymbol{O}$, 则必有 (  ).

(A) $\boldsymbol{A}=\boldsymbol{O}$ 或 $\boldsymbol{B}=\boldsymbol{O}$  (B) $\boldsymbol{A}+\boldsymbol{B}=\boldsymbol{O}$

(C) $|\boldsymbol{A}|=0$ 或 $|\boldsymbol{B}|=0$  (D) $|\boldsymbol{A}|+|\boldsymbol{B}|=0$

3. 设 $\boldsymbol{A}$ 是 $m\times n$ 矩阵, $\boldsymbol{B}$ 是 $n\times m$ 矩阵, 则必有 (  ).

(A) $\boldsymbol{AB}=\boldsymbol{BA}$  (B) $|\boldsymbol{AB}|=|\boldsymbol{BA}|$

(C) $(\boldsymbol{AB})^{\mathrm{T}}=\boldsymbol{B}^{\mathrm{T}}\boldsymbol{A}^{\mathrm{T}}$  (D) $(\boldsymbol{AB})^2=\boldsymbol{A}^2\boldsymbol{B}^2$

4. 下列结论中不正确的是 (  ).

(A) 设 $\boldsymbol{A}$ 为 $n$ 阶矩阵, 则 $(\boldsymbol{A}+\boldsymbol{E})(\boldsymbol{A}-\boldsymbol{E})=\boldsymbol{A}^2-\boldsymbol{E}$

(B) 设 $\boldsymbol{A}$, $\boldsymbol{B}$ 均为 $n\times 1$ 矩阵, 则 $\boldsymbol{A}^{\mathrm{T}}\boldsymbol{B}=\boldsymbol{B}^{\mathrm{T}}\boldsymbol{A}$

(C) 设 $\boldsymbol{A}$, $\boldsymbol{B}$ 均为 $n$ 阶矩阵, 且满足 $\boldsymbol{AB}=\boldsymbol{O}$, 则 $(\boldsymbol{A}+\boldsymbol{B})^2=\boldsymbol{A}^2+\boldsymbol{B}^2$

(D) 设 $\boldsymbol{A}$, $\boldsymbol{B}$ 均为 $n$ 阶矩阵, 且满足 $\boldsymbol{AB}=\boldsymbol{BA}$, 则 $\boldsymbol{A}^k\boldsymbol{B}^m=\boldsymbol{B}^m\boldsymbol{A}^k\ (k,m\in\mathbb{N})$

5. 设 $\boldsymbol{A}$ 为 $n$ 阶矩阵, 则下列矩阵中是对称矩阵的是 (  ).

(A) $\boldsymbol{A}-\boldsymbol{A}^{\mathrm{T}}$  (B) $\boldsymbol{CAC}^{\mathrm{T}}$ ($\boldsymbol{C}$ 为任意 $n$ 阶矩阵)

(C) $\boldsymbol{AA}^{\mathrm{T}}$  (D) $2\boldsymbol{A}+\boldsymbol{A}^{\mathrm{T}}$

二、计算题

1. 计算:

(1) $\begin{pmatrix}2&-3&1\\0&2&5\end{pmatrix}+\begin{pmatrix}-2&3&-1\\0&-2&-5\end{pmatrix}$;  (2) $2\begin{pmatrix}1&2&3\\0&1&2\\0&0&1\end{pmatrix}+\begin{pmatrix}1&2&3\\0&2&3\\0&0&3\end{pmatrix}$.

2. 设矩阵 $\boldsymbol{A}=\begin{pmatrix}1&-2&5\\-3&-1&6\end{pmatrix}$, $\boldsymbol{B}=\begin{pmatrix}0&1&3\\6&-8&2\end{pmatrix}$.

(1) 求 $\boldsymbol{A}+\boldsymbol{B}$, $3\boldsymbol{A}-2\boldsymbol{B}$; (2) 若 $\boldsymbol{X}$ 满足 $(2\boldsymbol{A}+\boldsymbol{X})-3(\boldsymbol{B}+\boldsymbol{X})=\boldsymbol{O}$, 求 $\boldsymbol{X}$.

3. 设矩阵 $\boldsymbol{A}=\begin{pmatrix}2&1&5\\3&-2&6\end{pmatrix}$, $\boldsymbol{B}=\begin{pmatrix}1&2&4\\3&-1&0\\0&-2&5\end{pmatrix}$, 求 $\boldsymbol{AB}$, $\boldsymbol{AB}^{\mathrm{T}}$ 及 $\boldsymbol{B}^{\mathrm{T}}\boldsymbol{A}^{\mathrm{T}}$.

4. 计算下列矩阵的乘积:

(1) $(3,\ 6,\ 9)\begin{pmatrix}2&1\\3&-6\\-2&6\end{pmatrix}$;  (2) $\begin{pmatrix}7&2&5\\3&1&4\\-2&6&-1\end{pmatrix}\begin{pmatrix}2\\1\\-1\end{pmatrix}$;  (3) $(a,\ b,\ c,\ d)\begin{pmatrix}a_1\\b_1\\c_1\\d_1\end{pmatrix}$;

(4) $\begin{pmatrix} a \\ b \\ c \\ d \end{pmatrix}(a_1,\ b_1,\ c_1,\ d_1)$; (5) $\begin{pmatrix} \lambda_1 & 0 & 0 \\ 0 & \lambda_2 & 0 \\ 0 & 0 & \lambda_3 \end{pmatrix}\begin{pmatrix} a_1 & b_1 \\ a_2 & b_2 \\ a_3 & b_3 \end{pmatrix}$;

(6) $\begin{pmatrix} 1 & 2 & 2 \\ 2 & 1 & 1 \\ 1 & 2 & 3 \end{pmatrix}\begin{pmatrix} 1 & 2 & 3 \\ 4 & 3 & 2 \\ -1 & 0 & 1 \end{pmatrix}$; (7) $(x,\ y,\ z)\begin{pmatrix} a & b & 1 \\ b & c & 1 \\ 1 & 1 & 1 \end{pmatrix}\begin{pmatrix} x \\ y \\ z \end{pmatrix}$.

5. 解下列矩阵方程, 求出未知矩阵 $\boldsymbol{X}$:

(1) $\begin{pmatrix} 2 & 5 \\ 1 & 3 \end{pmatrix}\boldsymbol{X} = \begin{pmatrix} 4 & -6 \\ 2 & 1 \end{pmatrix}$; (2) $\boldsymbol{X}\begin{pmatrix} 2 & 5 \\ 1 & 3 \end{pmatrix} = \begin{pmatrix} 4 & -6 \\ 2 & 1 \end{pmatrix}$;

(3) $\begin{pmatrix} 3 & 0 & 0 \\ 2 & 3 & 0 \\ 3 & 2 & 3 \end{pmatrix}\boldsymbol{X} = \begin{pmatrix} -1 \\ 3 \\ 1 \end{pmatrix} + 2\boldsymbol{X}$.

6. 求二阶矩阵 $\boldsymbol{A} = \begin{pmatrix} a & b \\ c & d \end{pmatrix}$ 使 $\boldsymbol{A}\boldsymbol{A}^{\mathrm{T}} = \boldsymbol{O}$. 若 $\boldsymbol{A}$ 为 $n$ 阶矩阵, 使 $\boldsymbol{A}\boldsymbol{A}^{\mathrm{T}} = \boldsymbol{O}$, 结果又怎样?

7. 设矩阵 $\boldsymbol{A} = \begin{pmatrix} 1 & 2 \\ 1 & -1 \end{pmatrix}$, 求矩阵 $\boldsymbol{X} = \begin{pmatrix} a & b \\ c & a \end{pmatrix}$, 使 $\boldsymbol{A}^{\mathrm{T}}\boldsymbol{X} + \boldsymbol{X}^{\mathrm{T}}\boldsymbol{A} = \boldsymbol{E}$.

8. 求下列方阵的幂:

(1) $\begin{pmatrix} 3 & 2 \\ -5 & -3 \end{pmatrix}^4$; (2) $\begin{pmatrix} 1 & 0 \\ 1 & 1 \end{pmatrix}^n$; (3) $\begin{pmatrix} 2 & 1 & 1 \\ 3 & -1 & 0 \\ 0 & -1 & 2 \end{pmatrix}^3$;

(4) $\begin{pmatrix} a & 0 & 0 \\ 0 & b & 0 \\ 0 & 0 & c \end{pmatrix}^n$; (5) $\begin{pmatrix} \lambda & 1 & 0 \\ 0 & \lambda & 0 \\ 0 & 0 & \lambda \end{pmatrix}^n$.

9. 设矩阵 $\boldsymbol{\alpha} = (1,\ 2,\ 3), \boldsymbol{\beta} = \left(1,\ \dfrac{1}{2},\ \dfrac{1}{3}\right)$. 令 $\boldsymbol{A} = \boldsymbol{\alpha}^{\mathrm{T}}\boldsymbol{\beta}$, 求 $\boldsymbol{A}^2, \boldsymbol{A}^3$ 及 $\boldsymbol{A}^n (n \in \mathbb{N})$.

10. 设 $\boldsymbol{A}$, $\boldsymbol{B}$ 均为三阶矩阵, 且 $|\boldsymbol{A}| = -3, |\boldsymbol{B}| = 2$, 求:

(1) $|2\boldsymbol{A}|$; (2) $|\boldsymbol{A}\boldsymbol{B}^{\mathrm{T}}|$; (3) $||\boldsymbol{A}|\boldsymbol{B}|$; (4) $|\boldsymbol{A}\boldsymbol{B}^5|$; (5) $||\boldsymbol{A}|\boldsymbol{A}^{\mathrm{T}}\boldsymbol{B}|$.

11. 设 $\boldsymbol{A}, \boldsymbol{B}$ 是两个 $n$ 阶方阵, 证明: $\boldsymbol{A}\boldsymbol{B}$ 是对称矩阵当且仅当 $\boldsymbol{A}\boldsymbol{B} = \boldsymbol{B}\boldsymbol{A}$.

12. 设 $\boldsymbol{A}, \boldsymbol{B}$ 均为 $n$ 阶方阵, 且 $\boldsymbol{A} = \dfrac{1}{2}(\boldsymbol{B} + \boldsymbol{E})$, 证明: $\boldsymbol{A}^2 = \boldsymbol{A}$ 当且仅当 $\boldsymbol{B}^2 = \boldsymbol{E}$.

三、应用题

1. 甲、乙两个化工厂 2014 年和 2015 年生产三种化工产品 $\mathrm{A}_1, \mathrm{A}_2, \mathrm{A}_3$ 的数量如表 2.7 所示.

表 2.7 化工产品数量 t

| 年份 | 2014 | | | 2015 | | |
|---|---|---|---|---|---|---|
| 工厂＼产品 | $A_1$ | $A_2$ | $A_3$ | $A_1$ | $A_2$ | $A_3$ |
| 甲 | 55 | 66 | 38 | 57 | 67 | 38 |
| 乙 | 41 | 42 | 53 | 39 | 45 | 61 |

(1) 用矩阵 $\boldsymbol{A}$, $\boldsymbol{B}$ 分别表示 2014 年和 2015 年工厂甲、乙各化工产品的数量; (2) 计算 $\boldsymbol{A}+\boldsymbol{B}$ 和 $\boldsymbol{B}-\boldsymbol{A}$, 并说明其经济意义.

2. 一房屋开发商在开发某小区时设计了 A, B, C, D 四种不同类型的房屋, 每种房屋的车库又有三种设计：没有车库, 一间车库, 两间车库. 各种户型的数量如表 2.8 所示.

表 2.8 各种户型的数量 套

| 类别 | A | B | C | D |
|---|---|---|---|---|
| 无车库 | 9 | 5 | 2 | 0 |
| 一间车库 | 6 | 4 | 3 | 0 |
| 两间车库 | 2 | 2 | 5 | 6 |

如果开发商另有两个与之相同的开发计划, 试用矩阵的运算给出开发商将开发的各种户型的总量.

3. 设有两家连锁超市出售三种奶粉, 某日销量见表 2.9.

表 2.9 某日奶粉销量 包

| 超市 | 奶粉 Ⅰ | 奶粉 Ⅱ | 奶粉 Ⅲ |
|---|---|---|---|
| 甲 | 6 | 8 | 11 |
| 乙 | 8 | 6 | 7 |

每种奶粉的单价和利润见表 2.10.

表 2.10 各奶粉单价和利润 元

| 奶粉 | 单价 | 利润 |
|---|---|---|
| Ⅰ | 16 | 3.5 |
| Ⅱ | 12.5 | 2.5 |
| Ⅲ | 21 | 5 |

求各超市出售奶粉的总收入和总利润.

## 2.3 可逆矩阵

我们知道, 在数的运算中, 如果数 $a \neq 0$, 则必存在其倒数 $a^{-1}$, 使 $a^{-1}a = aa^{-1} = 1$. 在解一元线性方程 $ax = b$ 时, 如果 $a \neq 0$, 则有唯一解 $x = a^{-1}b$.

类似地, 对于方阵 $\boldsymbol{A}$, 当 $\boldsymbol{A} \neq \boldsymbol{O}$ 时, 是否也有类似的 $\boldsymbol{A}^{-1}$ 使 $\boldsymbol{A}\boldsymbol{A}^{-1} = \boldsymbol{A}^{-1}\boldsymbol{A} = \boldsymbol{E}$ 成立? 而线性方程组 $\boldsymbol{A}\boldsymbol{X} = \boldsymbol{B}$ 是否有唯一解 $\boldsymbol{X} = \boldsymbol{A}^{-1}\boldsymbol{B}$ 呢? 如果都有的话, 怎样求 $\boldsymbol{A}^{-1}$ 呢?

要回答这些问题, 必须先引入可逆矩阵的概念.

### 2.3.1　可逆矩阵的概念

**定义 2.12 可逆矩阵**

设 $\boldsymbol{A}$ 为 $n$ 阶方阵, 如果存在 $n$ 阶方阵 $\boldsymbol{B}$, 使 $\boldsymbol{AB}=\boldsymbol{BA}=\boldsymbol{E}$, 则称方阵 $\boldsymbol{A}$ 是**可逆矩阵** (或称 $\boldsymbol{A}$ **可逆**), 并称方阵 $\boldsymbol{B}$ 是方阵 $\boldsymbol{A}$ 的**逆矩阵**.

例如, 对于矩阵 $\boldsymbol{A}=\begin{pmatrix}3&1\\5&2\end{pmatrix}$, 因存在矩阵 $\boldsymbol{B}=\begin{pmatrix}2&-1\\-5&3\end{pmatrix}$, 使得 $\boldsymbol{AB}=\boldsymbol{BA}=\boldsymbol{E}$, 所以矩阵 $\boldsymbol{A}$ 可逆, 且 $\boldsymbol{B}$ 是 $\boldsymbol{A}$ 的逆矩阵.

为了进一步了解可逆阵, 先确定以下事实:

> 如果矩阵 $\boldsymbol{A}$ 可逆, 则 $\boldsymbol{A}$ 的逆矩阵是唯一的.

这是因为, 假设 $\boldsymbol{B},\boldsymbol{C}$ 都是矩阵 $\boldsymbol{A}$ 的逆矩阵, 则按定义有 $\boldsymbol{AB}=\boldsymbol{BA}=\boldsymbol{E}$, $\boldsymbol{AC}=\boldsymbol{CA}=\boldsymbol{E}$, 所以有 $\boldsymbol{B}=\boldsymbol{EB}=(\boldsymbol{CA})\boldsymbol{B}=\boldsymbol{C}(\boldsymbol{AB})=\boldsymbol{CE}=\boldsymbol{C}$. 这就说明可逆矩阵 $\boldsymbol{A}$ 的逆是唯一的.

我们将可逆阵 $\boldsymbol{A}$ 的逆(矩阵)记为 $\boldsymbol{A}^{-1}$, 于是有恒等式

$$\boldsymbol{AA}^{-1}=\boldsymbol{A}^{-1}\boldsymbol{A}=\boldsymbol{E}. \tag{2.17}$$

由此可见, 若 $\boldsymbol{B}$ 是矩阵 $\boldsymbol{A}$ 的逆矩阵, 则 $\boldsymbol{B}=\boldsymbol{A}^{-1}$.

### 2.3.2　伴随矩阵, 非奇异矩阵

为了求可逆阵 $\boldsymbol{A}$ 的逆阵 $\boldsymbol{A}^{-1}$, 先引入伴随矩阵的概念.

**定义 2.13 伴随矩阵**

$n$ 阶矩阵 $\boldsymbol{A}=(a_{ij})$ 的各元素的代数余子式构成的矩阵

$$\boldsymbol{A}^*=\begin{pmatrix}A_{11}&A_{21}&\cdots&A_{n1}\\A_{12}&A_{22}&\cdots&A_{n2}\\\vdots&\vdots&&\vdots\\A_{1n}&A_{2n}&\cdots&A_{nn}\end{pmatrix} \tag{2.18}$$

称为矩阵 $\boldsymbol{A}$ 的**伴随矩阵**.

需要**特别注意**, 伴随矩阵 $\boldsymbol{A}^*$ 的元素的下标与矩阵 $\boldsymbol{A}$ 的元素的下标排列顺序是不同的.

由行列式的按行(列), 串行(列)展开定理(定理 1.5, 推论 1.4)可得

$$\boldsymbol{AA}^*=\boldsymbol{A}^*\boldsymbol{A}=\begin{pmatrix}|\boldsymbol{A}|&&&\\&|\boldsymbol{A}|&&\\&&\ddots&\\&&&|\boldsymbol{A}|\end{pmatrix},$$

即

$$\boldsymbol{AA}^*=\boldsymbol{A}^*\boldsymbol{A}=|\boldsymbol{A}|\boldsymbol{E}. \tag{2.19}$$

还需引入非奇异矩阵的概念.

**定义 2.14 非奇异矩阵**

如果方阵 $\boldsymbol{A}$ 的行列式 $|\boldsymbol{A}| \neq 0$, 则称 $\boldsymbol{A}$ 为**非奇异矩阵**.

**定理 2.1 可逆矩阵判别定理**

方阵 $\boldsymbol{A}$ 可逆的充分必要条件是: $\boldsymbol{A}$ 是非奇异矩阵, 且当 $\boldsymbol{A}$ 可逆时,

$$\boldsymbol{A}^{-1} = \frac{1}{|\boldsymbol{A}|}\boldsymbol{A}^*. \tag{2.20}$$

证明 **必要性** 当 $\boldsymbol{A}$ 可逆时, 存在方阵 $\boldsymbol{B}$, 使 $\boldsymbol{AB} = \boldsymbol{BA} = \boldsymbol{E}$, 两边取行列式得 $|\boldsymbol{AB}| = |\boldsymbol{A}||\boldsymbol{B}| = |\boldsymbol{E}| = 1$, 所以 $|\boldsymbol{A}| \neq 0$, 即 $\boldsymbol{A}$ 非奇异.

**充分性** 当 $\boldsymbol{A}$ 非奇异时, $|\boldsymbol{A}| \neq 0$, 由恒等式(2.19)得

$$\boldsymbol{A}\left(\frac{1}{|\boldsymbol{A}|}\boldsymbol{A}^*\right) = \left(\frac{1}{|\boldsymbol{A}|}\boldsymbol{A}^*\right)\boldsymbol{A} = \boldsymbol{E},$$

由可逆矩阵的定义 2.12 知 $\boldsymbol{A}$ 可逆, 且

$$\boldsymbol{A}^{-1} = \frac{1}{|\boldsymbol{A}|}\boldsymbol{A}^*.$$

□

这个定理说明, 判断方阵 $\boldsymbol{A}$ 是否可逆, 只需判断行列式 $|\boldsymbol{A}|$ 是否为零: 如果行列式 $|\boldsymbol{A}|$ 为零, 则 $\boldsymbol{A}$ 不可逆; 如果行列式 $|\boldsymbol{A}|$ 不为零, 则 $\boldsymbol{A}$ 可逆. 该定理同时还给出了用伴随矩阵求逆矩阵的公式(2.20).

例 2.11 判断矩阵 $\boldsymbol{A} = \begin{pmatrix} 2 & 3 & 0 \\ 0 & 2 & 3 \\ 1 & -1 & -3 \end{pmatrix}$ 是否可逆, 若可逆, 求 $\boldsymbol{A}^{-1}$.

解 因 $|\boldsymbol{A}| = 3 \neq 0$, 由定理 2.1 知 $\boldsymbol{A}$ 可逆. 容易求得

$$\begin{aligned} &A_{11} = -3, && A_{12} = 3, && A_{13} = -2, \\ &A_{21} = 9, && A_{22} = -6, && A_{23} = 5, \\ &A_{31} = 9, && A_{32} = -6, && A_{33} = 4, \end{aligned}$$

所以

$$\boldsymbol{A}^* = \begin{pmatrix} -3 & 9 & 9 \\ 3 & -6 & -6 \\ -2 & 5 & 4 \end{pmatrix}.$$

由公式(2.20)得

$$\boldsymbol{A}^{-1} = \frac{1}{|\boldsymbol{A}|}\boldsymbol{A}^* = \begin{pmatrix} -1 & 3 & 3 \\ 1 & -2 & -2 \\ -\frac{2}{3} & \frac{5}{3} & \frac{4}{3} \end{pmatrix}.$$

至于所求出的 $\boldsymbol{A}^{-1}$ 是否正确, 可通过验证 $\boldsymbol{AA}^{-1} = \boldsymbol{E}$ 是否成立来确定.

推论 2.1 如果 $n$ 阶方阵 $\boldsymbol{A}, \boldsymbol{B}$ 满足 $\boldsymbol{AB} = \boldsymbol{E}$(或 $\boldsymbol{BA} = \boldsymbol{E}$), 则 $\boldsymbol{A}$ 可逆, 且 $\boldsymbol{B} = \boldsymbol{A}^{-1}$.

证明 如果 $\boldsymbol{AB}=\boldsymbol{E}$, 两边取行列式有, $|\boldsymbol{AB}|=|\boldsymbol{A}||\boldsymbol{B}|=|\boldsymbol{E}|=1$, 得 $|\boldsymbol{A}|\neq 0$. 由定理 2.1 知, $\boldsymbol{A}$ 可逆, 且

$$\boldsymbol{B}=\boldsymbol{EB}=(\boldsymbol{A}^{-1}\boldsymbol{A})\boldsymbol{B}=\boldsymbol{A}^{-1}(\boldsymbol{AB})=\boldsymbol{A}^{-1}\boldsymbol{E}=\boldsymbol{A}^{-1},$$

如果 $\boldsymbol{BA}=\boldsymbol{E}$, 同理可证. □

这个推论说明, 要验证 $\boldsymbol{B}$ 是 $\boldsymbol{A}$ 的逆, 只需验证 $\boldsymbol{B}$ 左乘 $\boldsymbol{A}$ 或右乘 $\boldsymbol{A}$ 等于单位矩阵 $\boldsymbol{E}$ 就够了, 而不用像定义 2.12 那样验证双侧乘积 $\boldsymbol{AB}$ 与 $\boldsymbol{BA}$ 都等于 $\boldsymbol{E}$.

由推论 2.1 易得, 如果 $n$ 阶方阵 $\boldsymbol{A}$, $\boldsymbol{B}$ 满足 $\boldsymbol{AB}=\boldsymbol{E}$ (或 $\boldsymbol{BA}=\boldsymbol{E}$), 则 $\boldsymbol{AB}=\boldsymbol{BA}=\boldsymbol{E}$.

例 2.12 设方阵 $\boldsymbol{A}$ 满足 $\boldsymbol{A}^3+3\boldsymbol{A}^2-2\boldsymbol{A}-5\boldsymbol{E}=\boldsymbol{O}$, 证明矩阵 $\boldsymbol{A}-\boldsymbol{E}$ 可逆, 并求 $(\boldsymbol{A}-\boldsymbol{E})^{-1}$.

解 配方, 将等式化为

$$(\boldsymbol{A}-\boldsymbol{E})\left[\frac{1}{3}(\boldsymbol{A}^2+4\boldsymbol{A}+2\boldsymbol{E})\right]=\boldsymbol{E},$$

由推论 2.1 知 $\boldsymbol{A}-\boldsymbol{E}$ 可逆, 且

$$(\boldsymbol{A}-\boldsymbol{E})^{-1}=\frac{1}{3}(\boldsymbol{A}^2+4\boldsymbol{A}+2\boldsymbol{E}).$$

有了推论 2.1, 就很容易得到逆矩阵的如下性质.

**可逆矩阵**有如下**性质**:

**性质 1** 如果方阵 $\boldsymbol{A}$ 可逆, 则 $\boldsymbol{A}^{-1}$ 也可逆, 且 $(\boldsymbol{A}^{-1})^{-1}=\boldsymbol{A}$.

**性质 2** 如果方阵 $\boldsymbol{A}$ 可逆, 数 $k\neq 0$, 则 $k\boldsymbol{A}$ 也可逆, 且

$$(k\boldsymbol{A})^{-1}=\frac{1}{k}\boldsymbol{A}^{-1}.$$

**性质 3** 如果方阵 $\boldsymbol{A}$ 可逆, 则 $\boldsymbol{A}^{\mathrm{T}}$ 也可逆, 且 $(\boldsymbol{A}^{\mathrm{T}})^{-1}=(\boldsymbol{A}^{-1})^{\mathrm{T}}$.

**性质 4** 如果 $n$ 阶方阵 $\boldsymbol{A}$, $\boldsymbol{B}$ 都可逆, 则 $\boldsymbol{AB}$ 也可逆, 且 $(\boldsymbol{AB})^{-1}=\boldsymbol{B}^{-1}\boldsymbol{A}^{-1}$.

性质 4 可以推广到有限个可逆矩阵的情形, 即如果 $n$ 阶方阵 $\boldsymbol{A}_1$, $\boldsymbol{A}_2$, $\cdots$, $\boldsymbol{A}_k$ 都可逆, 则乘积 $\boldsymbol{A}_1\boldsymbol{A}_2\cdots\boldsymbol{A}_k$ 也可逆, 且

$$(\boldsymbol{A}_1\boldsymbol{A}_2\cdots\boldsymbol{A}_k)^{-1}=\boldsymbol{A}_k^{-1}\cdots\boldsymbol{A}_2^{-1}\boldsymbol{A}_1^{-1}. \tag{2.21}$$

**性质 5** 如果方阵 $\boldsymbol{A}$ 可逆, 则 $|\boldsymbol{A}^{-1}|=|\boldsymbol{A}|^{-1}$.

证明 等式 $\boldsymbol{AA}^{-1}=\boldsymbol{E}$ 两边取行列式即可得证. □

### 2.3.3 利用逆矩阵解矩阵方程(线性方程组)

如果 $n$ 阶方阵 $\boldsymbol{A}$ 可逆, 将线性方程组(矩阵方程)

$$\boldsymbol{AX}=\boldsymbol{B} \tag{2.22}$$

两边左乘 $\boldsymbol{A}^{-1}$, 得其解为

$$\boldsymbol{X}=\boldsymbol{A}^{-1}\boldsymbol{B}.$$

同样可得, 当 $\boldsymbol{A}$ 可逆时, 线性方程组

$$\boldsymbol{XA}=\boldsymbol{B} \tag{2.23}$$

的解为

$$\boldsymbol{X}=\boldsymbol{BA}^{-1}.$$

这只要在(2.23)两边右乘 $\boldsymbol{A}^{-1}$ 即得.

同样, 当矩阵 $\boldsymbol{A}$, $\boldsymbol{B}$ 可逆时, 线性方程组

$$\boldsymbol{AXB}=\boldsymbol{C} \tag{2.24}$$

的解为

$$X = A^{-1}CB^{-1}.$$

利用可逆矩阵可得, 当 $A$ 可逆时, 由等式 $AB = AC$ 可得 $B = C$; 而当 $A$ 可逆时, 由 $AB = O$ 可得 $B = O$.

例 2.13 设矩阵 $A = \begin{pmatrix} 2 & 1 & 0 \\ 3 & 2 & -1 \\ 1 & 1 & -2 \end{pmatrix}$, $B = \begin{pmatrix} 1 & 1 \\ 2 & 2 \\ 3 & 1 \end{pmatrix}$, 求矩阵 $X$, 使 $AX = B$.

解 因 $|A| = -1 \neq 0$, 所以 $A$ 可逆, 且由定理 2.1 中的公式(2.20)得

$$A^{-1} = \begin{pmatrix} 3 & -2 & 1 \\ -5 & 4 & -2 \\ -1 & 1 & -1 \end{pmatrix},$$

所以, $AX = B$ 的解为

$$X = A^{-1}B = \begin{pmatrix} 3 & -2 & 1 \\ -5 & 4 & -2 \\ -1 & 1 & -1 \end{pmatrix}\begin{pmatrix} 1 & 1 \\ 2 & 2 \\ 3 & 1 \end{pmatrix} = \begin{pmatrix} 2 & 0 \\ -3 & 1 \\ -2 & 0 \end{pmatrix}.$$

**实际问题 2.7** 逆矩阵在军事和商业密码学中的应用

可逆矩阵可用来对需传输的信息进行加密. 首先给每个字母派一个代码, 如将 26 个字母 $a, b, \cdots, z$ 依次对应于数字 $1, 2, \cdots, 26$, 且规定空格对应数字 0(不是字母的元素可以补上 0), 在代码矩阵 $X$ 的左边乘上一个双方约定的可逆矩阵 $A$, 得到 $B = AX$, 则 $B$ 为传输出去的密码, 接收方收到密码后, 只需左乘 $A^{-1}$, 即可得到发送出去的明码的代码 $X = A^{-1}B$.

比如, 已知发出去的密码为

$$B = \begin{pmatrix} 66 & 61 \\ 57 & 54 \\ 27 & 27 \end{pmatrix}, \text{约定矩阵} A = \begin{pmatrix} 3 & 2 & 1 \\ 1 & 1 & 2 \\ 2 & 1 & 0 \end{pmatrix},$$

即可发送 66, 57, 27, 61, 54, 27. 接收者收到矩阵 $B$ 后, 用 $A^{-1}$ 解密, 得

$$X = A^{-1}B = \begin{pmatrix} -2 & 1 & 3 \\ 4 & -2 & -5 \\ -1 & 1 & 1 \end{pmatrix}\begin{pmatrix} 66 & 61 \\ 57 & 54 \\ 27 & 27 \end{pmatrix} = \begin{pmatrix} 6 & 13 \\ 15 & 1 \\ 18 & 20 \end{pmatrix}.$$

所以经解密后的明码的代码为 $6, 15, 18, 13, 1, 20$. 最后借助使用的代码, 恢复为明码, 得到信息: $format$.

**实际问题 2.8** 不同时段的电费价格

某地为了让高峰期用电更加合理, 采取了分时段计费方式. 白天 (7: 00 ~ 22: 00), 夜间 (22: 00 ~ 7: 00)的电费标准表示为矩阵 $Q$. 甲、乙两个用户某月的用电情况如下:

$$\begin{array}{c} \quad\text{白天}\quad\text{夜间} \\ \begin{array}{c}\text{甲}\\ \text{乙}\end{array}\begin{pmatrix} 120 & 150 \\ 132 & 174 \end{pmatrix}\end{array}, \text{ 所交电费为 } \boldsymbol{M} = \begin{pmatrix} 90.29 \\ 101.41 \end{pmatrix}\begin{array}{c}\text{甲}\\ \text{乙}\end{array},$$

利用矩阵的运算求出本地的电费标准为多少?

解　令

$$\boldsymbol{C} = \begin{pmatrix} 120 & 150 \\ 132 & 174 \end{pmatrix},$$

则 $\boldsymbol{CQ} = \boldsymbol{M}$, 因 $|\boldsymbol{C}| = 1080 \neq 0$, 故 $\boldsymbol{C}$ 可逆. 等式两边左乘 $\boldsymbol{C}^{-1}$ 有

$$\boldsymbol{Q} = \boldsymbol{C}^{-1}\boldsymbol{M},$$

易得

$$\boldsymbol{C}^{-1} = \frac{1}{1080}\begin{pmatrix} 174 & -150 \\ -132 & 120 \end{pmatrix},$$

所以

$$\boldsymbol{Q} = \frac{1}{1080}\begin{pmatrix} 174 & -150 \\ -132 & 120 \end{pmatrix}\begin{pmatrix} 90.29 \\ 101.41 \end{pmatrix} = \begin{pmatrix} 0.4620 \\ 0.2323 \end{pmatrix},$$

所以, 白天电费标准为 0.4620 元/度, 夜间为 0.2323 元/度.

## 习　题　2.3

一、选择题 (单选题)

1. 设 $\boldsymbol{A}$ 是 $n$ 阶方阵, 且 $|\boldsymbol{A}| \neq 0$, 则 $(\boldsymbol{A}^*)^{-1} =($　　$)$.

(A) $\dfrac{\boldsymbol{A}}{|\boldsymbol{A}|}$　　(B) $\dfrac{\boldsymbol{A}^*}{|\boldsymbol{A}|}$　　(C) $\dfrac{\boldsymbol{A}^{-1}}{|\boldsymbol{A}|}$　　(D) $\dfrac{\boldsymbol{A}}{|\boldsymbol{A}^*|}$

2. 设 $\boldsymbol{A}, \boldsymbol{B}$ 均为 $n$ 阶可逆矩阵, 则下列各式中不正确的是 (　　).

(A) $(\boldsymbol{A}+\boldsymbol{B})^{\mathrm{T}} = \boldsymbol{A}^{\mathrm{T}} + \boldsymbol{B}^{\mathrm{T}}$　　(B) $(\boldsymbol{A}+\boldsymbol{B})^{-1} = \boldsymbol{A}^{-1} + \boldsymbol{B}^{-1}$

(C) $(\boldsymbol{AB})^{-1} = \boldsymbol{B}^{-1}\boldsymbol{A}^{-1}$　　(D) $(\boldsymbol{AB})^{\mathrm{T}} = \boldsymbol{B}^{\mathrm{T}}\boldsymbol{A}^{\mathrm{T}}$

3. 设 $\boldsymbol{A}$ 为 $n$ 阶可逆矩阵, 则下列运算正确的是 (　　).

(A) $(2\boldsymbol{A})^{\mathrm{T}} = 2\boldsymbol{A}^{\mathrm{T}}$　　(B) $(3\boldsymbol{A})^{-1} = 3\boldsymbol{A}^{-1}$

(C) $[(\boldsymbol{A}^{\mathrm{T}})^{\mathrm{T}}]^{-1} = [(\boldsymbol{A}^{-1})^{-1}]^{\mathrm{T}}$　　(D) $(\boldsymbol{A}^{-1})^{\mathrm{T}} = \boldsymbol{A}$

4. 设 $\boldsymbol{A}$ 是方阵, 如有矩阵关系 $\boldsymbol{AB} = \boldsymbol{AC}$, 则必有 (　　).

(A) $\boldsymbol{A} = \boldsymbol{O}$　　(B) $\boldsymbol{B} \neq \boldsymbol{C}$ 时 $\boldsymbol{A} = \boldsymbol{O}$

(C) $\boldsymbol{A} \neq \boldsymbol{O}$ 时 $\boldsymbol{B} = \boldsymbol{C}$　　(D) $|\boldsymbol{A}| \neq 0$ 时 $\boldsymbol{B} = \boldsymbol{C}$

5. 设 $n$ 阶方阵 $\boldsymbol{A}$ 满足 $\boldsymbol{A}^2 - \boldsymbol{E} = \boldsymbol{O}$, 其中 $\boldsymbol{E}$ 为 $n$ 阶单位矩阵, 则必有 (　　).

(A) $\boldsymbol{A} = \boldsymbol{E}$　　(B) $\boldsymbol{A} = -\boldsymbol{E}$　　(C) $\boldsymbol{A} = \boldsymbol{A}^{-1}$　　(D) $|\boldsymbol{A}| = 1$

6. 设 $n$ 阶 $(n \geqslant 2)$ 矩阵 $\boldsymbol{A}$ 的伴随矩阵为 $\boldsymbol{A}^*$, 且 $|\boldsymbol{A}| = a \neq 0$, 则 $|\boldsymbol{A}^*|$ 等于 (　　).

(A) $a^{-1}$　　(B) $a$　　(C) $a^{n-1}$　　(D) $a^n$

二、计算题

1. 判断下列矩阵是否可逆, 如可逆, 求其逆矩阵:

(1) $\begin{pmatrix} a & b \\ c & d \end{pmatrix}$, 其中 $ad-bc\neq 0$;　　(2) $\begin{pmatrix} 2 & 1 \\ 5 & 3 \end{pmatrix}$;

(3) $\begin{pmatrix} 1 & 2 & 3 \\ 2 & 1 & 3 \\ 1 & 1 & 1 \end{pmatrix}$;　　(4) $\begin{pmatrix} 1 & 0 & 1 \\ 2 & 1 & 0 \\ -3 & 2 & -5 \end{pmatrix}$.

2. 用逆矩阵解下列矩阵方程:

(1) $\begin{pmatrix} 2 & 1 \\ 3 & 2 \end{pmatrix}\boldsymbol{X}=\begin{pmatrix} 1 & 2 & 3 \\ 4 & 5 & 6 \end{pmatrix}$;　　(2) $\begin{pmatrix} 2 & 1 \\ 3 & 4 \end{pmatrix}\boldsymbol{X}\begin{pmatrix} 1 & 1 \\ 1 & 2 \end{pmatrix}=\begin{pmatrix} 2 & -1 \\ 3 & 0 \end{pmatrix}$;

(3) $\begin{pmatrix} 1 & 0 & 1 \\ 0 & 1 & 1 \\ 1 & -1 & 2 \end{pmatrix}\boldsymbol{X}=\begin{pmatrix} 2 & 1 \\ 1 & 1 \\ 0 & -1 \end{pmatrix}$;　　(4) $\boldsymbol{X}\begin{pmatrix} 0 & 1 & 2 \\ 1 & 1 & 3 \\ 1 & -1 & 0 \end{pmatrix}=\begin{pmatrix} 1 & 2 \\ 1 & 0 \\ 2 & -1 \end{pmatrix}^{\mathrm{T}}$.

3. 已知矩阵 $\boldsymbol{A}=\begin{pmatrix} 0 & 2 & 3 \\ 1 & 1 & 0 \\ -1 & 2 & 2 \end{pmatrix}$, 满足 $\boldsymbol{AB}=\boldsymbol{A}+2\boldsymbol{B}$, 求矩阵 $\boldsymbol{B}$.

4. 设方阵 $\boldsymbol{A}$ 满足 $\boldsymbol{A}^3+3\boldsymbol{A}^2+4\boldsymbol{A}+6\boldsymbol{E}=\boldsymbol{O}$, 问 $\boldsymbol{A}+2\boldsymbol{E}$ 是否可逆? 如可逆, 求 $(\boldsymbol{A}+2\boldsymbol{E})^{-1}$.

5. 设 $\boldsymbol{P}^{-1}\boldsymbol{AP}=\boldsymbol{\Lambda}$, 其中 $\boldsymbol{P}=\begin{pmatrix} -1 & -4 \\ 1 & 1 \end{pmatrix}$, $\boldsymbol{\Lambda}=\begin{pmatrix} -1 & 0 \\ 0 & 2 \end{pmatrix}$, 求 $\boldsymbol{A}^5$.

6. 已知三阶矩阵 $\boldsymbol{A}$ 的伴随矩阵 $\boldsymbol{A}^*=\begin{pmatrix} 1 & 1 & 3 \\ 2 & -2 & 1 \\ 1 & 1 & 2 \end{pmatrix}$, 且 $|\boldsymbol{A}|>0$, 求矩阵 $\boldsymbol{A}$.

7. 设 $\boldsymbol{A}$ 为三阶矩阵, 且 $|\boldsymbol{A}|=\dfrac{1}{2}$, 求 $|\boldsymbol{A}^{-1}-3\boldsymbol{A}^*|$.

8. 设 $\boldsymbol{A},\boldsymbol{B},\boldsymbol{C}$ 是同阶方阵, 且 $\boldsymbol{BA}=\boldsymbol{CA}$, 证明: 如果 $\boldsymbol{A}$ 可逆, 则 $\boldsymbol{B}=\boldsymbol{C}$, 举例说明: 如果 $\boldsymbol{A}$ 不可逆且 $\boldsymbol{A}\neq\boldsymbol{O}$, 不必然有 $\boldsymbol{B}=\boldsymbol{C}$.

9. 设 $\boldsymbol{A}$ 为 $n$ 阶可逆矩阵, 证明 $|\boldsymbol{A}^*|=|\boldsymbol{A}|^{n-1}$.

10. 设 $\boldsymbol{A}$ 是可逆矩阵, 证明其伴随矩阵 $\boldsymbol{A}^*$ 也可逆, 且 $(\boldsymbol{A}^*)^{-1}=(\boldsymbol{A}^{-1})^*$.

11. 设 $n$ 阶方阵 $\boldsymbol{A},\boldsymbol{B}$ 满足 $\boldsymbol{A}+2\boldsymbol{B}=2\boldsymbol{AB}$, 证明: $\boldsymbol{AB}=\boldsymbol{BA}$.

三、应用题

1. 在 26 个英文字母与数字之间建立一一对应: $a\to 1, b\to 2,\cdots,z\to 26$, 空格对应于 0. 现某公司向接收者发出信息

$$B=\begin{pmatrix}43&17&48&25\\105&47&115&50\\81&34&82&50\end{pmatrix}.$$

该公司的密钥矩阵为 $A=\begin{pmatrix}1&2&1\\2&5&3\\2&3&2\end{pmatrix}$(一般要求密钥矩阵的行列式 $|A|=\pm1$), 试破译此信息.

2. 设某城市有 15 万人具有本科以上学历, 其中 1.5 万人是教师. 据调查, 平均每年有 10% 的人从教师职业转为其他职业, 又有 1% 的人从其他职业转为教师职业. 假设具有本科以上学历的人的总数为一常数, 问一年以后, 有多少人从事教师职业? 两年以后呢?

## 2.4　矩阵的分块

在矩阵的运算中, 有时根据问题的需要, 可以用水平线和竖直线将矩阵分成若干个小块 (称为**子块或子矩阵**), 这样可以使矩阵的结构显得清晰, 从而使运算变得更为简洁.

### 2.4.1　分块矩阵的概念

比如, 对矩阵

$$\begin{pmatrix}1&0&0&2\\0&1&0&3\\0&0&1&0\\0&0&0&1\end{pmatrix},$$

可以按以下 3 种方式来分块:

$$\left(\begin{array}{cc:cc}1&0&0&2\\0&1&0&3\\\hdashline 0&0&1&0\\0&0&0&1\end{array}\right),\quad \left(\begin{array}{ccc:c}1&0&0&2\\0&1&0&3\\0&0&1&0\\\hdashline 0&0&0&1\end{array}\right),\quad \left(\begin{array}{c:c:c:c}1&0&0&2\\0&1&0&3\\0&0&1&0\\0&0&0&1\end{array}\right),$$

分别记作

$$\begin{pmatrix}E_2&A\\O&E_2\end{pmatrix},\ \begin{pmatrix}E_3&\alpha\\O&1\end{pmatrix},\ (\varepsilon_1,\ \varepsilon_2,\ \varepsilon_3,\ \beta).$$

其中子块 $E_2,E_3$ 分别为二阶, 三阶单位矩阵; $\varepsilon_1,\ \varepsilon_2,\ \varepsilon_3$ 为四阶单位矩阵的第 1,2,3 列, 而子块

$$A=\begin{pmatrix}0&2\\0&3\end{pmatrix},\alpha=\begin{pmatrix}2\\3\\0\end{pmatrix},\beta=\begin{pmatrix}2\\3\\0\\1\end{pmatrix}.$$

如何对一个矩阵进行分块, 完全是根据矩阵本身的特点和问题的需要来决定的. 例如对上面的 4 阶矩阵的分块, 就是根据矩阵的特点来分块的.

### 2.4.2 分块矩阵的运算

分块矩阵的运算, 一般是将子块看成元素 (数) 来进行运算.

分块的原则是: 整体与局部都能运算. 整体能运算, 就是将子块看成数后, 矩阵之间能运算; 局部能运算, 是指子块之间能进行相应的运算, 详解如下.

**1. 分块矩阵的加法**

设矩阵 $\boldsymbol{A}=(a_{ij})_{m\times n}$, $\boldsymbol{B}=(b_{ij})_{m\times n}$, 对 $\boldsymbol{A},\boldsymbol{B}$ 进行同一形式的分块, 即

$$\boldsymbol{A}=\begin{pmatrix}\boldsymbol{A}_{11} & \boldsymbol{A}_{12} & \cdots & \boldsymbol{A}_{1q}\\ \boldsymbol{A}_{21} & \boldsymbol{A}_{22} & \cdots & \boldsymbol{A}_{2q}\\ \vdots & \vdots & & \vdots\\ \boldsymbol{A}_{p1} & \boldsymbol{A}_{p2} & \cdots & \boldsymbol{A}_{pq}\end{pmatrix},\quad \boldsymbol{B}=\begin{pmatrix}\boldsymbol{B}_{11} & \boldsymbol{B}_{12} & \cdots & \boldsymbol{B}_{1q}\\ \boldsymbol{B}_{21} & \boldsymbol{B}_{22} & \cdots & \boldsymbol{B}_{2q}\\ \vdots & \vdots & & \vdots\\ \boldsymbol{B}_{p1} & \boldsymbol{B}_{p2} & \cdots & \boldsymbol{B}_{pq}\end{pmatrix},$$

其中, 对应的子块 $\boldsymbol{A}_{ij}$ 与 $\boldsymbol{B}_{ij}(i=1,2,\cdots,p;\ j=1,2,\cdots,q)$ 有相同的行数与列数 (同型), 则

$$\boldsymbol{A}+\boldsymbol{B}=\begin{pmatrix}\boldsymbol{A}_{11}+\boldsymbol{B}_{11} & \boldsymbol{A}_{12}+\boldsymbol{B}_{12} & \cdots & \boldsymbol{A}_{1q}+\boldsymbol{B}_{1q}\\ \boldsymbol{A}_{21}+\boldsymbol{B}_{21} & \boldsymbol{A}_{22}+\boldsymbol{B}_{22} & \cdots & \boldsymbol{A}_{2q}+\boldsymbol{B}_{2q}\\ \vdots & \vdots & & \vdots\\ \boldsymbol{A}_{p1}+\boldsymbol{B}_{p1} & \boldsymbol{A}_{p2}+\boldsymbol{B}_{p2} & \cdots & \boldsymbol{A}_{pq}+\boldsymbol{B}_{pq}\end{pmatrix}.$$

**2. 数与分块矩阵的乘法**

设 $\boldsymbol{A}=(a_{ij})_{m\times n}$, $k$ 为一个数, 将矩阵 $\boldsymbol{A}$ 如以上形式分块, 则

$$k\boldsymbol{A}=\begin{pmatrix}k\boldsymbol{A}_{11} & k\boldsymbol{A}_{12} & \cdots & k\boldsymbol{A}_{1q}\\ k\boldsymbol{A}_{21} & k\boldsymbol{A}_{22} & \cdots & k\boldsymbol{A}_{2q}\\ \vdots & \vdots & & \vdots\\ k\boldsymbol{A}_{p1} & k\boldsymbol{A}_{p2} & \cdots & k\boldsymbol{A}_{pq}\end{pmatrix}.$$

**3. 分块矩阵的乘法**

设 $\boldsymbol{A}=(a_{ij})_{m\times s}$, $\boldsymbol{B}=(b_{ij})_{s\times n}$, 将矩阵 $\boldsymbol{A},\boldsymbol{B}$ 分块如下:

$$\boldsymbol{A}=\begin{matrix}\begin{pmatrix}\boldsymbol{A}_{11} & \boldsymbol{A}_{12} & \cdots & \boldsymbol{A}_{1r}\\ \boldsymbol{A}_{21} & \boldsymbol{A}_{22} & \cdots & \boldsymbol{A}_{2r}\\ \vdots & \vdots & & \vdots\\ \boldsymbol{A}_{p1} & \boldsymbol{A}_{p2} & \cdots & \boldsymbol{A}_{pr}\end{pmatrix}\begin{matrix}m_1\\ m_2\\ \vdots\\ m_p\end{matrix}\\ \begin{matrix}s_1 & \quad s_2 & \quad \cdots & \quad s_r\end{matrix}\end{matrix},\qquad \boldsymbol{B}=\begin{matrix}\begin{pmatrix}\boldsymbol{B}_{11} & \boldsymbol{B}_{12} & \cdots & \boldsymbol{B}_{1q}\\ \boldsymbol{B}_{21} & \boldsymbol{B}_{22} & \cdots & \boldsymbol{B}_{2q}\\ \vdots & \vdots & & \vdots\\ \boldsymbol{B}_{r1} & \boldsymbol{B}_{r2} & \cdots & \boldsymbol{B}_{rq}\end{pmatrix}\begin{matrix}s_1\\ s_2\\ \vdots\\ s_r\end{matrix}\\ \begin{matrix}n_1 & \quad n_2 & \quad \cdots & \quad n_q\end{matrix}\end{matrix}, \tag{2.25}$$

其中子块 $\boldsymbol{A}_{ik}$ 为 $m_i\times s_k$ 矩阵, $\boldsymbol{B}_{kj}$ 为 $s_k\times n_j$ 矩阵 (确保 $\boldsymbol{A}_{ik}\boldsymbol{B}_{kj}$ 能运算), 则

$$\boldsymbol{AB} = (\boldsymbol{C}_{ij})_{p\times q} = \begin{pmatrix} \boldsymbol{C}_{11} & \boldsymbol{C}_{12} & \cdots & \boldsymbol{C}_{1q} \\ \boldsymbol{C}_{21} & \boldsymbol{C}_{22} & \cdots & \boldsymbol{C}_{2q} \\ \vdots & \vdots & & \vdots \\ \boldsymbol{C}_{p1} & \boldsymbol{C}_{p2} & \cdots & \boldsymbol{C}_{pq} \end{pmatrix} \begin{matrix} m_1 \\ m_2 \\ \vdots \\ m_p \end{matrix}, \tag{2.26}$$
$$\qquad\qquad n_1 \quad n_2 \quad \cdots \quad n_q$$

其中

$$\boldsymbol{C}_{ij} = \boldsymbol{A}_{i1}\boldsymbol{B}_{1j} + \boldsymbol{A}_{i2}\boldsymbol{B}_{2j} + \cdots + \boldsymbol{A}_{ir}\boldsymbol{B}_{rj} = \sum_{k=1}^{r} \boldsymbol{A}_{ik}\boldsymbol{B}_{kj}.$$
$$(i = 1, 2, \cdots, p;\quad j = 1, 2, \cdots, q)$$

例 2.14 设矩阵 $\boldsymbol{A} = \begin{pmatrix} 1 & 0 & 0 \\ 0 & 1 & 0 \\ -1 & 2 & 1 \\ 0 & 1 & -2 \end{pmatrix}$, $\boldsymbol{B} = \begin{pmatrix} 1 & 0 & 1 & 0 \\ -1 & 2 & 0 & 1 \\ 0 & 0 & -1 & 0 \end{pmatrix}$, 用矩阵分块法求 $\boldsymbol{AB}$.

解 根据矩阵 $\boldsymbol{A}, \boldsymbol{B}$ 的特点, 分块如下:

$$\boldsymbol{A} = \left(\begin{array}{cc:c} 1 & 0 & 0 \\ 0 & 1 & 0 \\ \hdashline -1 & 2 & 1 \\ 0 & 1 & -2 \end{array}\right) = \begin{pmatrix} \boldsymbol{E}_2 & \boldsymbol{O} \\ \boldsymbol{A}_{21} & \boldsymbol{A}_{22} \end{pmatrix}, \quad \boldsymbol{B} = \left(\begin{array}{cc:cc} 1 & 0 & 1 & 0 \\ -1 & 2 & 0 & 1 \\ \hdashline 0 & 0 & -1 & 0 \end{array}\right) = \begin{pmatrix} \boldsymbol{B}_{11} & \boldsymbol{E}_2 \\ \boldsymbol{O} & \boldsymbol{B}_{22} \end{pmatrix}.$$

则 $$\boldsymbol{AB} = \begin{pmatrix} \boldsymbol{E}_2 & \boldsymbol{O} \\ \boldsymbol{A}_{21} & \boldsymbol{A}_{22} \end{pmatrix} \begin{pmatrix} \boldsymbol{B}_{11} & \boldsymbol{E}_2 \\ \boldsymbol{O} & \boldsymbol{B}_{22} \end{pmatrix} = \begin{pmatrix} \boldsymbol{B}_{11} & \boldsymbol{E}_2 \\ \boldsymbol{A}_{21}\boldsymbol{B}_{11} & \boldsymbol{A}_{21} + \boldsymbol{A}_{22}\boldsymbol{B}_{22} \end{pmatrix}.$$

因为 $$\boldsymbol{A}_{21}\boldsymbol{B}_{11} = \begin{pmatrix} -1 & 2 \\ 0 & 1 \end{pmatrix} \begin{pmatrix} 1 & 0 \\ -1 & 2 \end{pmatrix} = \begin{pmatrix} -3 & 4 \\ -1 & 2 \end{pmatrix},$$

$$\boldsymbol{A}_{21} + \boldsymbol{A}_{22}\boldsymbol{B}_{22} = \begin{pmatrix} -1 & 2 \\ 0 & 1 \end{pmatrix} + \begin{pmatrix} 1 \\ -2 \end{pmatrix} \begin{pmatrix} -1 & 0 \end{pmatrix} = \begin{pmatrix} -2 & 2 \\ 2 & 1 \end{pmatrix},$$

所以得 $$\boldsymbol{AB} = \begin{pmatrix} 1 & 0 & 1 & 0 \\ -1 & 2 & 0 & 1 \\ -3 & 4 & -2 & 2 \\ -1 & 2 & 2 & 1 \end{pmatrix}.$$

例 2.15 将矩阵 $\boldsymbol{A} = (a_{ij})_{m\times n}$ 按行分块为 $\boldsymbol{A} = \begin{pmatrix} \boldsymbol{A}_1 \\ \boldsymbol{A}_2 \\ \vdots \\ \boldsymbol{A}_m \end{pmatrix}$, 其中 $\boldsymbol{A}_i = (a_{i1}, a_{i2}, \cdots, a_{in})$,

$i=1,2,\cdots,m$, 再将 $m$ 阶单位矩阵 $\boldsymbol{E}_m$ 按行分块为 $\boldsymbol{E}_m=\begin{pmatrix}\boldsymbol{\varepsilon}_1\\ \boldsymbol{\varepsilon}_2\\ \vdots\\ \boldsymbol{\varepsilon}_m\end{pmatrix}$, 容易得到

$$\boldsymbol{\varepsilon}_i\boldsymbol{A}=(0,0,\cdots,1,\cdots,0)\begin{pmatrix}a_{11}&a_{12}&\cdots&a_{1n}\\ a_{21}&a_{22}&\cdots&a_{2n}\\ \vdots&\vdots&&\vdots\\ a_{m1}&a_{m2}&\cdots&a_{mn}\end{pmatrix}=(a_{i1},a_{i2},\cdots,a_{in})=\boldsymbol{A}_i. \tag{2.27}$$

此式说明 $\boldsymbol{\varepsilon}_i\boldsymbol{A}=\boldsymbol{A}_i$ $(i=1,2,\cdots,m)$. 又由恒等式 $\boldsymbol{E}_m\boldsymbol{A}=\boldsymbol{A}$, 结合上面对 $\boldsymbol{E}_m$ 的分块有

$$\begin{pmatrix}\boldsymbol{\varepsilon}_1\\ \boldsymbol{\varepsilon}_2\\ \vdots\\ \boldsymbol{\varepsilon}_m\end{pmatrix}\boldsymbol{A}=\begin{pmatrix}\boldsymbol{\varepsilon}_1\boldsymbol{A}\\ \boldsymbol{\varepsilon}_2\boldsymbol{A}\\ \vdots\\ \boldsymbol{\varepsilon}_m\boldsymbol{A}\end{pmatrix}.$$

这说明矩阵 $\boldsymbol{A}$ 可乘到左边矩阵的里边. 其实这不限于左边是单位矩阵.

一般地, 对任何 $m$ 维行矩阵 $\boldsymbol{\alpha}_j=(b_{j1},\cdots,b_{jm})$ $(j=1,\cdots,s)$, 都有 $\begin{pmatrix}\boldsymbol{\alpha}_1\\ \boldsymbol{\alpha}_2\\ \vdots\\ \boldsymbol{\alpha}_s\end{pmatrix}\boldsymbol{A}=\begin{pmatrix}\boldsymbol{\alpha}_1\boldsymbol{A}\\ \boldsymbol{\alpha}_2\boldsymbol{A}\\ \vdots\\ \boldsymbol{\alpha}_s\boldsymbol{A}\end{pmatrix}$, 而对于任何 $n$ 维列矩阵 $\boldsymbol{\beta}_1,\cdots,\boldsymbol{\beta}_r$, 同样有 $\boldsymbol{A}(\boldsymbol{\beta}_1,\cdots,\boldsymbol{\beta}_r)=(\boldsymbol{A}\boldsymbol{\beta}_1,\cdots,\boldsymbol{A}\boldsymbol{\beta}_r)$.

**4. 分块矩阵的转置**

将矩阵 $\boldsymbol{A}$ 分块为

$$\boldsymbol{A}=\begin{pmatrix}\boldsymbol{A}_{11}&\boldsymbol{A}_{12}&\cdots&\boldsymbol{A}_{1q}\\ \boldsymbol{A}_{21}&\boldsymbol{A}_{22}&\cdots&\boldsymbol{A}_{2q}\\ \vdots&\vdots&&\vdots\\ \boldsymbol{A}_{p1}&\boldsymbol{A}_{p2}&\cdots&\boldsymbol{A}_{pq}\end{pmatrix},\ \text{则其转置矩阵为}\ \boldsymbol{A}^{\mathrm{T}}=\begin{pmatrix}\boldsymbol{A}_{11}^{\mathrm{T}}&\boldsymbol{A}_{21}^{\mathrm{T}}&\cdots&\boldsymbol{A}_{p1}^{\mathrm{T}}\\ \boldsymbol{A}_{12}^{\mathrm{T}}&\boldsymbol{A}_{22}^{\mathrm{T}}&\cdots&\boldsymbol{A}_{p2}^{\mathrm{T}}\\ \vdots&\vdots&&\vdots\\ \boldsymbol{A}_{1q}^{\mathrm{T}}&\boldsymbol{A}_{2q}^{\mathrm{T}}&\cdots&\boldsymbol{A}_{pq}^{\mathrm{T}}\end{pmatrix}.$$

可见, 分块矩阵的转置除行列互换外, 还要在每个子块上加个转置记号“T”, 即每个子块也要转置, 这与数字矩阵的转置有所不同.

**5. 两类特殊的分块矩阵**

**定义 2.15 上(下)三角分块矩阵, 对角分块矩阵**

如果子块 $\boldsymbol{A}_{11},\boldsymbol{A}_{22},\cdots,\boldsymbol{A}_{ss}$ 都是方阵, 则分块方阵

$$\begin{pmatrix} \boldsymbol{A}_{11} & \boldsymbol{A}_{12} & \cdots & \boldsymbol{A}_{1s} \\ \boldsymbol{O} & \boldsymbol{A}_{22} & \cdots & \boldsymbol{A}_{2s} \\ \vdots & \vdots & & \vdots \\ \boldsymbol{O} & \boldsymbol{O} & \cdots & \boldsymbol{A}_{ss} \end{pmatrix}, \begin{pmatrix} \boldsymbol{A}_{11} & \boldsymbol{O} & \cdots & \boldsymbol{O} \\ \boldsymbol{A}_{21} & \boldsymbol{A}_{22} & \cdots & \boldsymbol{O} \\ \vdots & \vdots & & \vdots \\ \boldsymbol{A}_{s1} & \boldsymbol{A}_{s2} & \cdots & \boldsymbol{A}_{ss} \end{pmatrix}, \begin{pmatrix} \boldsymbol{A}_{11} & \boldsymbol{O} & \cdots & \boldsymbol{O} \\ \boldsymbol{O} & \boldsymbol{A}_{22} & \cdots & \boldsymbol{O} \\ \vdots & \vdots & & \vdots \\ \boldsymbol{O} & \boldsymbol{O} & \cdots & \boldsymbol{A}_{ss} \end{pmatrix}$$

分别称为**上三角分块矩阵**、**下三角分块矩阵**和**对角分块矩阵**.

容易得到, 同结构的上(下)三角分块矩阵, 对角分块矩阵的和(差)、积、数乘仍分别为上(下)三角分块矩阵和对角分块矩阵. 类似于数字行列式, 上(下)三角分块矩阵、对角分块矩阵的行列式等于其主对角块的行列式的乘积. 例如

$$\begin{vmatrix} \boldsymbol{A}_{11} & \boldsymbol{O} & \cdots & \boldsymbol{O} \\ \boldsymbol{A}_{21} & \boldsymbol{A}_{22} & \cdots & \boldsymbol{O} \\ \vdots & \vdots & & \vdots \\ \boldsymbol{A}_{s1} & \boldsymbol{A}_{s2} & \cdots & \boldsymbol{A}_{ss} \end{vmatrix} = |\boldsymbol{A}_{11}||\boldsymbol{A}_{22}|\cdots|\boldsymbol{A}_{ss}|. \tag{2.28}$$

容易验证, 可逆对角分块矩阵

$$\boldsymbol{A} = \begin{pmatrix} \boldsymbol{A}_{11} & \boldsymbol{O} & \cdots & \boldsymbol{O} \\ \boldsymbol{O} & \boldsymbol{A}_{22} & \cdots & \boldsymbol{O} \\ \vdots & \vdots & & \vdots \\ \boldsymbol{O} & \boldsymbol{O} & \cdots & \boldsymbol{A}_{ss} \end{pmatrix} \text{的逆矩阵为 } \boldsymbol{A}^{-1} = \begin{pmatrix} \boldsymbol{A}_{11}^{-1} & \boldsymbol{O} & \cdots & \boldsymbol{O} \\ \boldsymbol{O} & \boldsymbol{A}_{22}^{-1} & \cdots & \boldsymbol{O} \\ \vdots & \vdots & & \vdots \\ \boldsymbol{O} & \boldsymbol{O} & \cdots & \boldsymbol{A}_{ss}^{-1} \end{pmatrix}.$$

这和数字对角阵的逆矩阵是类似的(见习题 2.3 填空题 4).

例 2.16 对角分块矩阵

$$\boldsymbol{A} = \left(\begin{array}{cc:cc} 1 & -2 & 0 & 0 \\ -1 & 3 & 0 & 0 \\ \hdashline 0 & 0 & 1 & 2 \\ 0 & 0 & 0 & 1 \end{array}\right) = \begin{pmatrix} \boldsymbol{A}_1 & \boldsymbol{O} \\ \boldsymbol{O} & \boldsymbol{A}_2 \end{pmatrix}$$

的逆矩阵为 $\boldsymbol{A}^{-1} = \begin{pmatrix} \boldsymbol{A}_1^{-1} & \boldsymbol{O} \\ \boldsymbol{O} & \boldsymbol{A}_2^{-1} \end{pmatrix} = \begin{pmatrix} 3 & 2 & 0 & 0 \\ 1 & 1 & 0 & 0 \\ 0 & 0 & 1 & -2 \\ 0 & 0 & 0 & 1 \end{pmatrix}.$

注意, 反对角分块矩阵的逆矩阵计算公式为

$$\begin{pmatrix} \boldsymbol{O} & \boldsymbol{A} \\ \boldsymbol{B} & \boldsymbol{O} \end{pmatrix}^{-1} = \begin{pmatrix} \boldsymbol{O} & \boldsymbol{B}^{-1} \\ \boldsymbol{A}^{-1} & \boldsymbol{O} \end{pmatrix}.$$

对于上、下三角分块矩阵的逆, 这里只介绍最简单的情形.

例 2.17 设矩阵 $\boldsymbol{D}=\begin{pmatrix}\boldsymbol{A} & \boldsymbol{O}\\ \boldsymbol{C} & \boldsymbol{B}\end{pmatrix}$ 中 $\boldsymbol{A},\boldsymbol{B}$ 分别为 $r,s$ 阶可逆阵, 而 $\boldsymbol{C}$ 为 $s\times r$ 阶矩阵, 证明矩阵 $\boldsymbol{D}$ 可逆, 并求 $\boldsymbol{D}^{-1}$.

解 由于 $\boldsymbol{A},\boldsymbol{B}$ 可逆, 从而其行列式非零, 由式(2.28)知 $|\boldsymbol{D}|=|\boldsymbol{A}||\boldsymbol{B}|\neq 0$, 所以 $\boldsymbol{D}$ 可逆. 设 $\boldsymbol{D}^{-1}=\begin{pmatrix}\boldsymbol{X} & \boldsymbol{Y}\\ \boldsymbol{Z} & \boldsymbol{W}\end{pmatrix}$, 则

$$\boldsymbol{D}\boldsymbol{D}^{-1}=\begin{pmatrix}\boldsymbol{A} & \boldsymbol{O}\\ \boldsymbol{C} & \boldsymbol{B}\end{pmatrix}\begin{pmatrix}\boldsymbol{X} & \boldsymbol{Y}\\ \boldsymbol{Z} & \boldsymbol{W}\end{pmatrix}=\begin{pmatrix}\boldsymbol{E}_r & \boldsymbol{O}\\ \boldsymbol{O} & \boldsymbol{E}_s\end{pmatrix},$$

即
$$\begin{pmatrix}\boldsymbol{AX} & \boldsymbol{AY}\\ \boldsymbol{CX}+\boldsymbol{BZ} & \boldsymbol{CY}+\boldsymbol{BW}\end{pmatrix}=\begin{pmatrix}\boldsymbol{E}_r & \boldsymbol{O}\\ \boldsymbol{O} & \boldsymbol{E}_s\end{pmatrix},$$

从而得矩阵方程组
$$\begin{cases}\boldsymbol{AX}=\boldsymbol{E}_r,\\ \boldsymbol{AY}=\boldsymbol{O},\\ \boldsymbol{CX}+\boldsymbol{BZ}=\boldsymbol{O},\\ \boldsymbol{CY}+\boldsymbol{BW}=\boldsymbol{E}_s.\end{cases}$$

由于 $\boldsymbol{A},\boldsymbol{B}$ 可逆, 容易解得 $\boldsymbol{X}=\boldsymbol{A}^{-1},\boldsymbol{Y}=\boldsymbol{O},\boldsymbol{Z}=-\boldsymbol{B}^{-1}\boldsymbol{C}\boldsymbol{A}^{-1},\boldsymbol{W}=\boldsymbol{B}^{-1}$, 所以有

$$\boldsymbol{D}^{-1}=\begin{pmatrix}\boldsymbol{A}^{-1} & \boldsymbol{O}\\ -\boldsymbol{B}^{-1}\boldsymbol{C}\boldsymbol{A}^{-1} & \boldsymbol{B}^{-1}\end{pmatrix},$$

即
$$\begin{pmatrix}\boldsymbol{A} & \boldsymbol{O}\\ \boldsymbol{C} & \boldsymbol{B}\end{pmatrix}^{-1}=\begin{pmatrix}\boldsymbol{A}^{-1} & \boldsymbol{O}\\ -\boldsymbol{B}^{-1}\boldsymbol{C}\boldsymbol{A}^{-1} & \boldsymbol{B}^{-1}\end{pmatrix}. \tag{2.29}$$

同理可得
$$\begin{pmatrix}\boldsymbol{A} & \boldsymbol{C}\\ \boldsymbol{O} & \boldsymbol{B}\end{pmatrix}^{-1}=\begin{pmatrix}\boldsymbol{A}^{-1} & -\boldsymbol{A}^{-1}\boldsymbol{C}\boldsymbol{B}^{-1}\\ \boldsymbol{O} & \boldsymbol{B}^{-1}\end{pmatrix}. \tag{2.30}$$

如果要求一般的分块方阵 $\begin{pmatrix}\boldsymbol{A} & \boldsymbol{B}\\ \boldsymbol{C} & \boldsymbol{D}\end{pmatrix}$ 的行列式, 当 $\boldsymbol{A}$ 可逆时, 我们可以通过分块矩阵的乘法来降阶求解. 有兴趣的读者可以参考下列等式:

$$\begin{pmatrix}\boldsymbol{E} & \boldsymbol{O}\\ -\boldsymbol{C}\boldsymbol{A}^{-1} & \boldsymbol{E}\end{pmatrix}\begin{pmatrix}\boldsymbol{A} & \boldsymbol{B}\\ \boldsymbol{C} & \boldsymbol{D}\end{pmatrix}\begin{pmatrix}\boldsymbol{E} & -\boldsymbol{A}^{-1}\boldsymbol{B}\\ \boldsymbol{O} & \boldsymbol{E}\end{pmatrix}=\begin{pmatrix}\boldsymbol{A} & \boldsymbol{O}\\ \boldsymbol{O} & \boldsymbol{D}-\boldsymbol{C}\boldsymbol{A}^{-1}\boldsymbol{B}\end{pmatrix}$$

## 习　题　2.4

一、选择题 (单选题)

1. 对于矩阵方程 $\boldsymbol{AX}=\boldsymbol{B}$, 设 $\boldsymbol{X}=(\boldsymbol{X}_1,\boldsymbol{X}_2,\cdots,\boldsymbol{X}_n)$, $\boldsymbol{B}=(\boldsymbol{B}_1,\boldsymbol{B}_2,\cdots,\boldsymbol{B}_n)$, 其中 $\boldsymbol{X}_1,\boldsymbol{X}_2,\cdots,\boldsymbol{X}_n$; $\boldsymbol{B}_1,\boldsymbol{B}_2,\cdots,\boldsymbol{B}_n$ 都为列向量, 则正确的说法是 (　　).

(A) $\boldsymbol{X},\boldsymbol{B}$ 是同型矩阵

(B) 方程 $\boldsymbol{AX}=\boldsymbol{B}$ 的解为 $\boldsymbol{X}=\boldsymbol{A}^{-1}\boldsymbol{B}$

(C) 如果方程 $\boldsymbol{AX}=\boldsymbol{B}$ 有解, 则每个方程 $\boldsymbol{AX}_i=\boldsymbol{B}_i(i=1,2,\cdots,n)$ 都有解

(D) 以上都不对

2. 设 $\boldsymbol{A}$ 为 $m\times n$ 矩阵, $\beta$ 为 $m\times 1$ 矩阵, 则方程 $\boldsymbol{AX}=\beta$ 不能化为以下形式中的 (　　).

(A) $\begin{pmatrix}\boldsymbol{A}, & 1\end{pmatrix}\begin{pmatrix}\boldsymbol{X}\\ -\beta\end{pmatrix}=\boldsymbol{O}$　　(B) $\begin{pmatrix}\boldsymbol{A}, & \boldsymbol{E}_m\end{pmatrix}\begin{pmatrix}\boldsymbol{X}\\ -\beta\end{pmatrix}=\boldsymbol{O}$

(C) $\begin{pmatrix}\boldsymbol{A}, & \beta\end{pmatrix}\begin{pmatrix}\boldsymbol{X}\\ -1\end{pmatrix}=\boldsymbol{O}$　　(D) $\begin{pmatrix}\boldsymbol{X}^{\mathrm{T}}, & \beta^{\mathrm{T}}\end{pmatrix}\begin{pmatrix}\boldsymbol{A}^{\mathrm{T}}\\ -\boldsymbol{E}_m\end{pmatrix}=\boldsymbol{O}$

二、计算题

1. 利用分块法计算乘积 $\boldsymbol{AB}$ (按 $\boldsymbol{A}$ (或$\boldsymbol{B}$) 指定的分块, 对 $\boldsymbol{B}$ (或$\boldsymbol{A}$) 作相应分块计算):

(1) $\boldsymbol{A}=\left(\begin{array}{c:cc}2 & 1 & 0\\ 1 & 0 & 1\\ \hdashline 0 & 2 & 2\\ 0 & 0 & 1\end{array}\right)$, $\boldsymbol{B}=\begin{pmatrix}1 & 0 & 3 & 0\\ 0 & 1 & 2 & -1\\ 0 & 0 & 2 & 3\end{pmatrix}$;　(2) $\boldsymbol{A}=\begin{pmatrix}5 & 2 & 0\\ 2 & 1 & 0\\ 1 & -1 & 1\end{pmatrix}$, $\boldsymbol{B}=\left(\begin{array}{cc}1 & 0\\ \hdashline 0 & 1\\ 1 & 1\end{array}\right)$.

2. 设 $\boldsymbol{A}$ 是 $3\times 3$ 矩阵, $|\boldsymbol{A}|=1$, 将 $\boldsymbol{A}$ 按列分块为 $\boldsymbol{A}=(\boldsymbol{A}_1,\ \boldsymbol{A}_2,\ \boldsymbol{A}_3)$, 其中 $\boldsymbol{A}_j$ 为 $\boldsymbol{A}$ 的第 $j$ 列, 求行列式: (1) $|\boldsymbol{A}_1,\ 2\boldsymbol{A}_2,\ 3\boldsymbol{A}_3|$; (2) $|\boldsymbol{A}_3-2\boldsymbol{A}_1,\ 2\boldsymbol{A}_2,\ \boldsymbol{A}_1|$.

3. 设 $\boldsymbol{A},\boldsymbol{B}$ 都是可逆矩阵, 写出下列逆矩阵的公式:

(1) $\begin{pmatrix}\boldsymbol{O} & \boldsymbol{A}\\ \boldsymbol{B} & \boldsymbol{O}\end{pmatrix}^{-1}$;　　(2) $\begin{pmatrix}\boldsymbol{A} & \boldsymbol{C}\\ \boldsymbol{O} & \boldsymbol{B}\end{pmatrix}^{-1}$.

4. 用分块矩阵求下列矩阵的逆矩阵:

(1) $\begin{pmatrix}0 & 0 & 1\\ 1 & 2 & 0\\ 3 & 5 & 0\end{pmatrix}$;　(2) $\begin{pmatrix}3 & 2 & 0 & 0\\ 1 & 1 & 0 & 0\\ 0 & 0 & 1 & 1\\ 0 & 0 & -1 & 1\end{pmatrix}$;　(3) $\begin{pmatrix}1 & 1 & 0 & 0\\ 1 & 2 & 0 & 0\\ 2 & 1 & 3 & 2\\ 0 & 1 & 2 & 2\end{pmatrix}$.

5. 设 $\boldsymbol{A}=\begin{pmatrix}4 & 3 & 0 & 0\\ 3 & -4 & 0 & 0\\ 0 & 0 & 1 & 0\\ 0 & 0 & 2 & 2\end{pmatrix}$. 求 $|\boldsymbol{A}^8|$ 及 $\boldsymbol{A}^4$.

## 2.5 矩阵的初等变换

这一节介绍矩阵的初等变换、初等矩阵，以及用初等变换求逆矩阵，并在此基础上介绍用初等变换解矩阵方程(线性方程组).

### 2.5.1 矩阵的初等变换的概念

**定义 2.16 矩阵的初等变换**

以下三种运算称为矩阵的**初等行(列)变换**:

1. 交换矩阵的两行(列);
2. 以一个非零数 $k$ 乘以矩阵的某一行(列);
3. 把矩阵某一行(列)的 $k$ 倍加到另一行(列)上.

矩阵的初等行变换与初等列变换统称为矩阵的**初等变换**.

交换矩阵的第 $i$ 行(列)与第 $j$ 行(列), 记为 $r_i \leftrightarrow r_j\,(c_i \leftrightarrow c_j)$.

以数 $k$ 乘以矩阵的第 $i$ 行(列), 记为 $kr_i\,(kc_i)$.

把矩阵的第 $j$ 行(列)的 $k$ 倍加到第 $i$ 行(列)记为 $r_i + kr_j\,(c_i + kc_j)$.

**定义 2.17 矩阵的等价**

如果矩阵 $\boldsymbol{A}$ 经若干次初等变换化为矩阵 $\boldsymbol{B}$, 则称**矩阵 $\boldsymbol{A}$ 与 $\boldsymbol{B}$ 等价**, 记为 $\boldsymbol{A} \rightarrow \boldsymbol{B}$.

由此记号容易看到以下事实(对列也成立):

$$\boldsymbol{A} \underset{r_i \leftrightarrow r_j}{\overset{r_i \leftrightarrow r_j}{\rightleftarrows}} \boldsymbol{B}, \qquad \boldsymbol{A} \underset{\frac{1}{k} r_i}{\overset{kr_i}{\rightleftarrows}} \boldsymbol{B}, \qquad \boldsymbol{A} \underset{r_i - kr_j}{\overset{r_i + kr_j}{\rightleftarrows}} \boldsymbol{B}.$$

所以得到, 三种初等变换都是可逆的, 且其逆变换是同一种初等变换, 即矩阵 $\boldsymbol{A}$ 经一次初等变换变为矩阵 $\boldsymbol{B}$, 则矩阵 $\boldsymbol{B}$ 经同一种初等变换可变回到矩阵 $\boldsymbol{A}$.

这一事实也说明: 如果矩阵 $\boldsymbol{A}$ 经若干次初等变换化为矩阵 $\boldsymbol{B}$, 则矩阵 $\boldsymbol{B}$ 也能通过若干次初等变换化为矩阵 $\boldsymbol{A}$.

例 2.18 对矩阵 $\boldsymbol{A} = \begin{pmatrix} 2 & 5 & 8 & -1 \\ 3 & 7 & 11 & -5 \\ 1 & 2 & 3 & -1 \\ 4 & 9 & 14 & -6 \end{pmatrix}$ 进行如下初等变换有

$$\boldsymbol{A} \xrightarrow{r_1 \leftrightarrow r_3} \begin{pmatrix} 1 & 2 & 3 & -1 \\ 3 & 7 & 11 & -5 \\ 2 & 5 & 8 & -1 \\ 4 & 9 & 14 & -6 \end{pmatrix} \xrightarrow[\substack{r_3 - 2r_1 \\ r_4 - 4r_1}]{r_2 - 3r_1} \begin{pmatrix} 1 & 2 & 3 & -1 \\ 0 & 1 & 2 & -2 \\ 0 & 1 & 2 & 1 \\ 0 & 1 & 2 & -2 \end{pmatrix} \xrightarrow[r_4 - r_2]{r_3 - r_2} \begin{pmatrix} 1 & 2 & 3 & -1 \\ 0 & 1 & 2 & -2 \\ 0 & 0 & 0 & 3 \\ 0 & 0 & 0 & 0 \end{pmatrix} = \boldsymbol{B}. \tag{2.31}$$

依据矩阵 $\boldsymbol{B}$ 的形状, 称其为阶梯形矩阵, 定义如下:

**定义 2.18 (行)阶梯形矩阵**

如果某矩阵具有如下特征:

(1) 零行 (元素全为零的行) 在矩阵的下方;

(2) 非零行 (元素不全为零的行) 的首 (第一个) 非零元素的下方所有元素全为零, 则称该矩阵为**(行)阶梯形矩阵**.

再如, 以下矩阵也是阶梯形矩阵:

$$\begin{pmatrix} 2 & 3 & 1 & 2 \\ 0 & 3 & 1 & 3 \\ 0 & 0 & 2 & 1 \end{pmatrix}, \quad \begin{pmatrix} 1 & 2 & 0 & 3 \\ 0 & 0 & 2 & 1 \\ 0 & 0 & 0 & 3 \end{pmatrix}, \quad \begin{pmatrix} 1 & -3 & -1 & 2 \\ 0 & -1 & 3 & 5 \\ 0 & 0 & 0 & -2 \end{pmatrix}.$$

对式 (2.31) 中的矩阵 $\boldsymbol{B}$ 继续进行以下初等变换:

$$\boldsymbol{B} \xrightarrow[\substack{c_3-3c_1 \\ c_4+c_1}]{c_2-2c_1} \begin{pmatrix} 1 & 0 & 0 & 0 \\ 0 & 1 & 2 & -2 \\ 0 & 0 & 0 & 3 \\ 0 & 0 & 0 & 0 \end{pmatrix} \xrightarrow[\substack{c_4+2c_2 \\ \frac{1}{3}r_3}]{c_3-2c_2} \begin{pmatrix} 1 & 0 & 0 & 0 \\ 0 & 1 & 0 & 0 \\ 0 & 0 & 0 & 1 \\ 0 & 0 & 0 & 0 \end{pmatrix} \xrightarrow{c_3 \leftrightarrow c_4} \begin{pmatrix} 1 & 0 & 0 & 0 \\ 0 & 1 & 0 & 0 \\ 0 & 0 & 1 & 0 \\ 0 & 0 & 0 & 0 \end{pmatrix} = \boldsymbol{D}. \tag{2.32}$$

我们称矩阵 $\boldsymbol{D}$ 是矩阵 $\boldsymbol{A}$ 的等价标准形, 定义如下:

**定义 2.19 矩阵的(等价)标准形**

如果矩阵 $\boldsymbol{A}$ 经初等变换化为矩阵 $\boldsymbol{D}$, 而矩阵 $\boldsymbol{D}$ 的左上角是一个单位矩阵, 并且 $\boldsymbol{D}$ 的其他元素全为零, 则称矩阵 $\boldsymbol{D}$ 是矩阵 $\boldsymbol{A}$ 的**(等价)标准形**.

**例 2.19** 将矩阵 $\begin{pmatrix} 1 & 2 & 3 & 1 \\ 3 & 8 & 12 & 9 \\ 2 & 6 & 9 & 5 \\ 4 & 16 & 24 & 7 \end{pmatrix}$ 化为等价标准形.

**解** 先用初等行变换将矩阵 $\boldsymbol{A}$ 化为阶梯形矩阵, 然后利用初等列变换化为标准形.

$$\boldsymbol{A} \xrightarrow[\substack{r_3-2r_1 \\ r_4-4r_1}]{r_2-3r_1} \begin{pmatrix} 1 & 2 & 3 & 1 \\ 0 & 2 & 3 & 6 \\ 0 & 2 & 3 & 3 \\ 0 & 8 & 12 & 3 \end{pmatrix} \xrightarrow[r_4-4r_2]{r_3-r_2} \begin{pmatrix} 1 & 2 & 3 & 1 \\ 0 & 2 & 3 & 6 \\ 0 & 0 & 0 & -3 \\ 0 & 0 & 0 & -21 \end{pmatrix} \xrightarrow[-\frac{1}{3}r_3]{r_4-7r_3} \begin{pmatrix} 1 & 2 & 3 & 1 \\ 0 & 2 & 3 & 6 \\ 0 & 0 & 0 & 1 \\ 0 & 0 & 0 & 0 \end{pmatrix}$$

$$\xrightarrow[\substack{c_3-3c_1 \\ c_4-c_1}]{c_2-2c_1} \begin{pmatrix} 1 & 0 & 0 & 0 \\ 0 & 2 & 3 & 6 \\ 0 & 0 & 0 & 1 \\ 0 & 0 & 0 & 0 \end{pmatrix} \xrightarrow[\substack{c_4-3c_2 \\ \frac{1}{2}r_2}]{c_3-\frac{3}{2}c_2} \begin{pmatrix} 1 & 0 & 0 & 0 \\ 0 & 1 & 0 & 0 \\ 0 & 0 & 0 & 1 \\ 0 & 0 & 0 & 0 \end{pmatrix} \xrightarrow{c_3 \leftrightarrow c_4} \begin{pmatrix} 1 & 0 & 0 & 0 \\ 0 & 1 & 0 & 0 \\ 0 & 0 & 1 & 0 \\ 0 & 0 & 0 & 0 \end{pmatrix} = \boldsymbol{D}.$$

我们有如下结论.

**定理 2.2** 任何 $m\times n$ 矩阵 $\boldsymbol{A}$ 都可经若干次初等变换化为标准形

$$\boldsymbol{D}=\begin{pmatrix}1&&&&&\\&\ddots&&&&\\&&1&&&\\&&&0&&\\&&&&\ddots&\\&&&&&0\end{pmatrix}=\begin{pmatrix}\boldsymbol{E}_r&\boldsymbol{O}_{r\times(n-r)}\\\boldsymbol{O}_{(m-r)\times r}&\boldsymbol{O}_{(m-r)\times(n-r)}\end{pmatrix}. \tag{2.33}$$

**证明** 如果 $\boldsymbol{A}=\boldsymbol{O}$, 则 $\boldsymbol{A}$ 已是 $\boldsymbol{D}$ 的形式. 如果 $\boldsymbol{A}$ 至少有一个元素不等于零, 不妨设 $a_{11}\neq 0$(否则可通过第 1 种初等变换化为左上角元素不等于零), 以 $\dfrac{-a_{i1}}{a_{11}}$ 乘第 1 行加到第 $i$ 行上$\left(\text{即运算 } r_i-\dfrac{a_{i1}}{a_{11}}r_1\right)(i=2,\cdots,m)$, 以 $\dfrac{-a_{1j}}{a_{11}}$ 乘第 1 列加到第 $j$ 列$\left(\text{即运算 } c_j-\dfrac{a_{1j}}{a_{11}}c_1\right)(j=2,\cdots,n)$, 然后以 $\dfrac{1}{a_{11}}$ 乘第一行, 那么矩阵 $\boldsymbol{A}$ 化为 $\begin{pmatrix}\boldsymbol{E}_1&\boldsymbol{O}_{1\times(n-1)}\\\boldsymbol{O}_{(m-1)\times 1}&\boldsymbol{B}_1\end{pmatrix}$. 如果 $\boldsymbol{B}_1=\boldsymbol{O}$, 则 $\boldsymbol{A}$ 已化为 $\boldsymbol{D}$ 的形式; 如果 $\boldsymbol{B}_1\neq\boldsymbol{O}$, 那么对 $\boldsymbol{B}_1$ 继续使用以上方法, 最后总可以把 $\boldsymbol{A}$ 化为 $\boldsymbol{D}$ 的形式. □

**推论 2.2** 如果 $\boldsymbol{A}$ 为 $n$ 阶可逆矩阵, 则 $\boldsymbol{D}=\boldsymbol{E}_n$.

### 2.5.2 初等矩阵

**定义 2.20 初等矩阵**

对 $n$ 阶单位矩阵进行一次初等变换得到的矩阵称为**初等矩阵**.

因为初等变换有三种, 所以初等矩阵也对应地有三种.

1. 对 $\boldsymbol{E}$ 施以第 1 种初等变换, 得到的初等矩阵为

$$\boldsymbol{E}(i,j)=\begin{pmatrix}1&&&&&&&&\\&\ddots&&&&&&&\\&&1&&&&&&\\&&&0&\cdots&\cdots&\cdots&1&&&\\&&&\vdots&1&&&\vdots&&&\\&&&\vdots&&\ddots&&\vdots&&&\\&&&\vdots&&&1&\vdots&&&\\&&&1&\cdots&\cdots&\cdots&0&&&\\&&&&&&&&1&&\\&&&&&&&&&\ddots&\\&&&&&&&&&&1\end{pmatrix}\begin{matrix}\\\\\\\leftarrow \text{第 } i \text{ 行}\\\\\\\\\leftarrow \text{第 } j \text{ 行}\\\\\\\\\end{matrix}$$

$\uparrow$ 第 $i$ 列　　$\uparrow$ 第 $j$ 列

2. 对 $\boldsymbol{E}$ 施以第 2 种初等变换, 得到的初等矩阵为

$$
\boldsymbol{E}(i[k]) = \begin{pmatrix} 1 & & & & & & \\ & \ddots & & & & & \\ & & 1 & & & & \\ & & & k & & & \\ & & & & 1 & & \\ & & & & & \ddots & \\ & & & & & & 1 \end{pmatrix} \begin{matrix} \\ \\ \\ \leftarrow \text{第 } i \text{ 行} \\ \\ \\ \\ \end{matrix}
$$

$$\uparrow$$
$$\text{第 } i \text{ 列}$$

3. 对 $\boldsymbol{E}$ 施以第 3 种初等变换, 得到的初等矩阵为

$$
\boldsymbol{E}(i,j[k]) = \begin{pmatrix} 1 & & & & & & \\ & \ddots & & & & & \\ & & 1 & \cdots & k & & \\ & & & \ddots & \vdots & & \\ & & & & 1 & & \\ & & & & & \ddots & \\ & & & & & & 1 \end{pmatrix} \begin{matrix} \\ \\ \leftarrow \text{第 } i \text{ 行} \\ \\ \leftarrow \text{第 } j \text{ 行} \\ \\ \\ \end{matrix}
$$

$$\uparrow \qquad \uparrow$$
$$\text{第 } i \text{ 列} \quad \text{第 } j \text{ 列}$$

注意, 第 3 种初等矩阵对行和列是通过不同的变换得到的. 对于行, 是第 $j$ 行的 $k$ 倍加到第 $i$ 行; 对于列, 是第 $i$ 列的 $k$ 倍加到第 $j$ 列.

容易得到, 初等矩阵都是可逆的, 且其逆是同种初等矩阵, 即

$$
\boldsymbol{E}(i,j)^{-1} = \boldsymbol{E}(i,j),\ \boldsymbol{E}(i[k])^{-1} = \boldsymbol{E}\left(i\left[\frac{1}{k}\right]\right),\ \boldsymbol{E}(i,j[k])^{-1} = \boldsymbol{E}(i,j[-k]). \tag{2.34}
$$

初等矩阵在矩阵的初等变换中起着重要作用, 主要体现在以下几个结论中.

**定理 2.3** 对矩阵 $\boldsymbol{A}$ 进行一次初等行变换, 相当于用同种初等矩阵左乘 $\boldsymbol{A}$; 对 $\boldsymbol{A}$ 进行一次初等列变换, 相当于用同种初等矩阵右乘 $\boldsymbol{A}$.

**证明** 以行变换为例, 且只证明交换 $\boldsymbol{A}$ 的第 $i$ 行与第 $j$ 行, 相当于用 $\boldsymbol{E}(i,j)$ 左乘 $\boldsymbol{A}$ .

将 $m \times n$ 矩阵 $\boldsymbol{A} = (a_{ij})$ 和单位矩阵 $\boldsymbol{E}_m$ 按行分块为

$$
\boldsymbol{A} = \begin{pmatrix} \boldsymbol{A}_1 \\ \boldsymbol{A}_2 \\ \vdots \\ \boldsymbol{A}_m \end{pmatrix}, \quad \boldsymbol{E}_m = \begin{pmatrix} \boldsymbol{\varepsilon}_1 \\ \boldsymbol{\varepsilon}_2 \\ \vdots \\ \boldsymbol{\varepsilon}_m \end{pmatrix},
$$

其中 $\boldsymbol{A}_i = (a_{i1}, a_{i2}, \cdots, a_{in})$, $\boldsymbol{\varepsilon}_i = (0, 0, \cdots, 1, 0, \cdots, 0)$, $i = 1, 2, \cdots, m$.

在例 2.15 中我们已经得到 $\boldsymbol{\varepsilon}_k \boldsymbol{A} = \boldsymbol{A}_k\ (k = 1, 2, \cdots, m)$(见式(2.27)及其下方的说明), 所以得

$$\boldsymbol{E}_m(i,j)\boldsymbol{A}=\begin{pmatrix}\boldsymbol{\varepsilon}_1\\ \vdots\\ \boldsymbol{\varepsilon}_j\\ \vdots\\ \boldsymbol{\varepsilon}_i\\ \vdots\\ \boldsymbol{\varepsilon}_m\end{pmatrix}\boldsymbol{A}=\begin{pmatrix}\boldsymbol{\varepsilon}_1\boldsymbol{A}\\ \vdots\\ \boldsymbol{\varepsilon}_j\boldsymbol{A}\\ \vdots\\ \boldsymbol{\varepsilon}_i\boldsymbol{A}\\ \vdots\\ \boldsymbol{\varepsilon}_m\boldsymbol{A}\end{pmatrix}=\begin{pmatrix}\boldsymbol{A}_1\\ \vdots\\ \boldsymbol{A}_j\\ \vdots\\ \boldsymbol{A}_i\\ \vdots\\ \boldsymbol{A}_m\end{pmatrix}. \tag{2.35}$$

上式右边是交换了 $\boldsymbol{A}$ 的第 $i$ 行与第 $j$ 行后所得的矩阵, 左边是 $\boldsymbol{E}_m(i,j)$ 左乘 $\boldsymbol{A}$, 这就证明了定理. □

例 2.20 已知 $\boldsymbol{A}=\begin{pmatrix}1&2&3\\3&4&5\\2&1&3\end{pmatrix}$, 则 $\boldsymbol{E}(1,2)\boldsymbol{A}=\begin{pmatrix}3&4&5\\1&2&3\\2&1&3\end{pmatrix}$, 此运算表示交换 $\boldsymbol{A}$ 的第 1 行与第 2 行. $\boldsymbol{E}(1[2])\boldsymbol{A}=\begin{pmatrix}2&4&6\\3&4&5\\2&1&3\end{pmatrix}$ 表示 $\boldsymbol{A}$ 的第 1 行乘以 2. 等式 $\boldsymbol{E}(1,3[2])\boldsymbol{A}=\begin{pmatrix}5&4&9\\3&4&5\\2&1&3\end{pmatrix}$ 表示 $\boldsymbol{A}$ 的第 3 行乘以 2 加到第 1 行.

例 2.21 计算 $\begin{pmatrix}1&0&1\\0&1&0\\0&0&1\end{pmatrix}^5\begin{pmatrix}1&2&3\\3&4&5\\2&1&3\end{pmatrix}$.

解 注意到 $\begin{pmatrix}1&0&1\\0&1&0\\0&0&1\end{pmatrix}=\boldsymbol{E}(1,3[1])$, 即知上式表示将矩阵 $\boldsymbol{A}=\begin{pmatrix}1&2&3\\3&4&5\\2&1&3\end{pmatrix}$ 的第 3 行的 1 倍加到第 1 行连续运算 5 次, 即第 3 行的 5 倍加到第 1 行, 所以

$$\text{原式}=\begin{pmatrix}1+5\times 2&2+5\times 1&3+5\times 3\\3&4&5\\2&1&3\end{pmatrix}=\begin{pmatrix}11&7&18\\3&4&5\\2&1&3\end{pmatrix}.$$

### 2.5.3 用初等变换求逆矩阵

前面已经学习了用伴随矩阵求逆矩阵, 现在介绍用初等变换求逆矩阵的方法.

**定理 2.4** $n$ 阶矩阵 $\boldsymbol{A}$ 可逆的充分必要条件是, $\boldsymbol{A}$ 可表示为若干个初等矩阵的乘积.

证明 **必要性** 因为 $\boldsymbol{A}$ 可逆, 则由推论 2.2 知 $\boldsymbol{A}$ 的标准形为单位矩阵 $\boldsymbol{E}_n$, 即 $\boldsymbol{A}$ 可经若干次初等变换化为 $\boldsymbol{E}_n$, 所以由定理 2.2 知, 存在初等矩阵 $\boldsymbol{P}_1,\boldsymbol{P}_2,\cdots,\boldsymbol{P}_r$, $\boldsymbol{Q}_1,\boldsymbol{Q}_2,\cdots,\boldsymbol{Q}_s$ 使

$$\boldsymbol{P}_1\boldsymbol{P}_2\cdots\boldsymbol{P}_r\boldsymbol{A}\boldsymbol{Q}_1\boldsymbol{Q}_2\cdots\boldsymbol{Q}_s=\boldsymbol{E}_n.$$

依次以 $\boldsymbol{P}_1^{-1},\boldsymbol{P}_2^{-1},\cdots,\boldsymbol{P}_r^{-1}$ 左乘以上等式, 并以 $\boldsymbol{Q}_s^{-1},\cdots,\boldsymbol{Q}_2^{-1},\boldsymbol{Q}_1^{-1}$ 右乘以上等式, 则有

$$\boldsymbol{A}=\boldsymbol{P}_r^{-1}\cdots\boldsymbol{P}_2^{-1}\boldsymbol{P}_1^{-1}\boldsymbol{Q}_s^{-1}\cdots\boldsymbol{Q}_2^{-1}\boldsymbol{Q}_1^{-1}.$$

由式(2.34)知 $\boldsymbol{P}_1^{-1},\boldsymbol{P}_2^{-1},\cdots,\boldsymbol{P}_r^{-1}$ 及 $\boldsymbol{Q}_s^{-1},\cdots,\boldsymbol{Q}_2^{-1},\boldsymbol{Q}_1^{-1}$ 都是初等矩阵, 所以 $\boldsymbol{A}$ 能表示为若干个初等矩阵的乘积.

**充分性** 因为 $\boldsymbol{A}$ 能表示为若干个初等矩阵的乘积, 而初等矩阵都是可逆的, 所以由可逆矩阵的乘积仍是可逆矩阵的性质(见可逆矩阵的性质4)知 $\boldsymbol{A}$ 可逆. □

这个定理给出了用初等变换求逆矩阵的方法.

设 $\boldsymbol{A}$ 为 $n$ 阶可逆阵, 则 $\boldsymbol{A}^{-1}$ 也可逆, 由定理 2.4 知, 存在初等矩阵 $\boldsymbol{G}_1,\boldsymbol{G}_2,\cdots,\boldsymbol{G}_s$, 使

$$\boldsymbol{A}^{-1}=\boldsymbol{G}_1\boldsymbol{G}_2\cdots\boldsymbol{G}_s.$$

由此得以下两个等式,

$$\boldsymbol{G}_1\boldsymbol{G}_2\cdots\boldsymbol{G}_s\boldsymbol{A}=\boldsymbol{E},$$
$$\boldsymbol{G}_1\boldsymbol{G}_2\cdots\boldsymbol{G}_s\boldsymbol{E}=\boldsymbol{A}^{-1}.$$

注意到左边乘积中的初等矩阵相同. 第一个等式说明 $\boldsymbol{A}$ 经若干次初等行变换化为单位矩阵 $\boldsymbol{E}$, 第二个等式说明, 经同样的初等行变换将单位矩阵 $\boldsymbol{E}$ 化为矩阵 $\boldsymbol{A}^{-1}$. 将以上两式合在一起有

$$\boldsymbol{G}_1\boldsymbol{G}_2\cdots\boldsymbol{G}_s(\boldsymbol{A},\ \boldsymbol{E})=(\boldsymbol{E},\ \boldsymbol{A}^{-1}),$$

这说明, 只需要对 $n\times 2n$ 矩阵 $(\boldsymbol{A},\ \boldsymbol{E})$ 进行初等行变换, 当把矩阵 $\boldsymbol{A}$ 化为单位矩阵 $\boldsymbol{E}$ 时, 右边的单位矩阵 $\boldsymbol{E}$ 就化成了 $\boldsymbol{A}$ 的逆阵 $\boldsymbol{A}^{-1}$. 即

$$(\boldsymbol{A},\ \boldsymbol{E})\xrightarrow{\text{初等行变换}}(\boldsymbol{E},\ \boldsymbol{A}^{-1}). \tag{2.36}$$

例 2.22 求矩阵 $\boldsymbol{A}=\begin{pmatrix}1&1&2\\1&-3&0\\2&-1&3\end{pmatrix}$ 的逆矩阵.

解 $$(\boldsymbol{A},\ \boldsymbol{E})=\begin{pmatrix}1&1&2&1&0&0\\1&-3&0&0&1&0\\2&-1&3&0&0&1\end{pmatrix}\xrightarrow[r_3-2r_1]{r_2-r_1}\begin{pmatrix}1&1&2&1&0&0\\0&-4&-2&-1&1&0\\0&-3&-1&-2&0&1\end{pmatrix}$$

$$\xrightarrow{r_2-r_3}\begin{pmatrix}1&1&2&1&0&0\\0&-1&-1&1&1&-1\\0&-3&-1&-2&0&1\end{pmatrix}\xrightarrow[r_1+r_2]{r_3-3r_2}\begin{pmatrix}1&0&1&2&1&-1\\0&-1&-1&1&1&-1\\0&0&2&-5&-3&4\end{pmatrix}$$

$$\xrightarrow[r_2+\frac{1}{2}r_3]{r_1-\frac{1}{2}r_3}\begin{pmatrix}1&0&0&\frac{9}{2}&\frac{5}{2}&-3\\0&-1&0&-\frac{3}{2}&-\frac{1}{2}&1\\0&0&2&-5&-3&4\end{pmatrix}\xrightarrow[\frac{1}{2}r_3]{-r_2}\begin{pmatrix}1&0&0&\frac{9}{2}&\frac{5}{2}&-3\\0&1&0&\frac{3}{2}&\frac{1}{2}&-1\\0&0&1&-\frac{5}{2}&-\frac{3}{2}&2\end{pmatrix},$$

所以 $$\boldsymbol{A}^{-1}=\begin{pmatrix}\frac{9}{2}&\frac{5}{2}&-3\\\frac{3}{2}&\frac{1}{2}&-1\\-\frac{5}{2}&-\frac{3}{2}&2\end{pmatrix}.$$

以上求逆矩阵的方法也可用来判断方阵 $\boldsymbol{A}$ 是否可逆. 如果对 $(\boldsymbol{A},\ \boldsymbol{E})$ 进行初等行变换时 $\boldsymbol{A}$ 对应的部分化出了全零行, 则可断定矩阵 $\boldsymbol{A}$ 不可逆.

### 2.5.4 用初等变换解矩阵方程

在矩阵方程 $\boldsymbol{AX}=\boldsymbol{B}$ 中, 如果 $\boldsymbol{A}$ 为 $n$ 阶可逆阵, 则等式两边左乘 $\boldsymbol{A}^{-1}$ 得方程的解为 $\boldsymbol{X}=\boldsymbol{A}^{-1}\boldsymbol{B}$. 这也可以从初等变换求得, 因 $\boldsymbol{A}^{-1}(\boldsymbol{A},\ \boldsymbol{B})=(\boldsymbol{A}^{-1}\boldsymbol{A},\ \boldsymbol{A}^{-1}\boldsymbol{B})=(\boldsymbol{E},\ \boldsymbol{A}^{-1}\boldsymbol{B})$, 这说明只要对矩阵 $(\boldsymbol{A},\ \boldsymbol{B})$ 进行初等行变换, 当左边的矩阵 $\boldsymbol{A}$ 化为单位矩阵 $\boldsymbol{E}$ 时, 右边的矩阵 $\boldsymbol{B}$ 就化为方程的解 $\boldsymbol{A}^{-1}\boldsymbol{B}$. 这一过程可以简记为

$$(\boldsymbol{A},\ \boldsymbol{B})\xrightarrow{\text{初等行变换}}(\boldsymbol{E},\ \boldsymbol{A}^{-1}\boldsymbol{B}). \tag{2.37}$$

对于 $\boldsymbol{A}$ 不可逆及不是方阵的情形, 将在第 3 章中讲解.

例 2.23 已知矩阵 $\boldsymbol{A}=\begin{pmatrix}1&0&1\\1&-1&0\\1&1&3\end{pmatrix}$, $\boldsymbol{B}=\begin{pmatrix}1&1\\3&-1\\2&1\end{pmatrix}$, 求矩阵 $\boldsymbol{X}$, 使 $\boldsymbol{AX}=\boldsymbol{B}$.

解 $$(\boldsymbol{A},\ \boldsymbol{B})=\begin{pmatrix}1&0&1&1&1\\1&-1&0&3&-1\\1&1&3&2&1\end{pmatrix}\xrightarrow[r_3-r_1]{r_2-r_1}\begin{pmatrix}1&0&1&1&1\\0&-1&-1&2&-2\\0&1&2&1&0\end{pmatrix}\xrightarrow{r_3+r_2}$$

$$\begin{pmatrix}1&0&1&1&1\\0&-1&-1&2&-2\\0&0&1&3&-2\end{pmatrix}\xrightarrow[\substack{r_2+r_3\\-r_2}]{r_1-r_3}\begin{pmatrix}1&0&0&-2&3\\0&1&0&-5&4\\0&0&1&3&-2\end{pmatrix},$$

所以 $$\boldsymbol{X}=\begin{pmatrix}-2&3\\-5&4\\3&-2\end{pmatrix}.$$

**实际问题 2.9** 生产成本问题

某公司下属的 I, II, III 家企业, 均生产甲、乙、丙三种产品, 三家企业生产三种产品的单位成本如表 2.11 所示.

表 2.11 某公司三种产品的单位成本 元

| 单位成本 企业 / 产品 | I | II | III |
|---|---|---|---|
| 甲 | 3 | 2 | 3 |
| 乙 | 4 | 3 | 2 |
| 丙 | 2 | 4 | 3 |

现生产这三种产品, 若三种产品都集中给企业 I 生产, 则总成本为 1700 元; 都集中给企业 II 生产, 则总成本为 2000 元; 都集中给企业 III 生产, 则总成本为 1600 元, 求三种产品的生产数量.

解 易知, 产量 × 单位成本 = 总成本.

由于是多种产品, 多家企业, 所以这种关系转化为矩阵应该为

$$\text{产量矩阵} \times \text{单位成本矩阵} = \text{总成本矩阵}.$$

由条件, 已知单位成本矩阵和总成本矩阵, 需求产量矩阵, 故可用矩阵方程求解如下:

设单位成本矩阵为 $\boldsymbol{A} = \begin{pmatrix} 3 & 2 & 3 \\ 4 & 3 & 2 \\ 2 & 4 & 3 \end{pmatrix}$, 产量矩阵为 $\boldsymbol{X} = (x_1, \ x_2, \ x_3)$, 其中 $x_1, x_2, x_3$ 分别为甲、乙、丙三种产品的产量, 总成本矩阵为 $\boldsymbol{C} = (1700, \ 2000, \ 1600)$, 则 $\boldsymbol{XA} = \boldsymbol{C}$, 所以 $\boldsymbol{A}^{\mathrm{T}}\boldsymbol{X}^{\mathrm{T}} = \boldsymbol{C}^{\mathrm{T}}$, 则 $\boldsymbol{X}^{\mathrm{T}} = (\boldsymbol{A}^{\mathrm{T}})^{-1}\boldsymbol{C}^{\mathrm{T}}$. 用初等变换求解如下:

由于 $(\boldsymbol{A}^{\mathrm{T}}, \boldsymbol{C}^{\mathrm{T}}) = \begin{pmatrix} 3 & 4 & 2 & 1700 \\ 2 & 3 & 4 & 2000 \\ 3 & 2 & 3 & 1600 \end{pmatrix} \xrightarrow{\text{初等行变换}} \begin{pmatrix} 1 & 0 & 0 & 100 \\ 0 & 1 & 0 & 200 \\ 0 & 0 & 1 & 300 \end{pmatrix}$, 所以 $\boldsymbol{X}^{\mathrm{T}} = \begin{pmatrix} 100 \\ 200 \\ 300 \end{pmatrix}$,

所以产品甲、乙、丙的产量分别为 100 件、200 件和 300 件.

### 实际问题 2.10 生产总值问题 (投入产出模型的简单实例)

**【模型准备】** 一个地区有三个重要企业, 一个煤矿、一个发电厂和一条地方铁路, 开采 1 元钱的煤, 煤矿要支付 0.25 元的电费及 0.25 元的铁路运费. 生产 1 元的电力, 发电厂要支付 0.65 元的煤费、0.05 元的电费及 0.05 元的运输费. 创收 1 元的运费, 铁路要支付 0.55 元的煤费及 0.10 元的电费. 在某一周内, 煤矿接到外地金额为 50000 元的订货, 发电厂接到外地金额为 25000 元的订货, 外界对铁路没有要求, 问三个企业在这一周内生产总值是多少才能精确地满足它们本身的要求和外界的要求.

**【模型假设】** 假设不考虑价格变动等其他因素.

**【模型建立】** 设煤矿、电厂、铁路在这一周的产出总产值分别为 $x_1$ 元, $x_2$ 元和 $x_3$ 元, 则三者的消耗与产出情况如表 2.12 所示.

表 2.12 元

| | | 产出 (1 元) | | | 产出 | 消耗 | 订单 |
|---|---|---|---|---|---|---|---|
| | | 煤 | 电 | 运 | | | |
| 消耗 | 煤 | 0 | 0.65 | 0.55 | $x_1$ | $0 \cdot x_1 + 0.65x_2 + 0.55x_3$ | 50000 |
| | 电 | 0.25 | 0.05 | 0.10 | $x_2$ | $0.25x_1 + 0.05x_2 + 0.10x_3$ | 25000 |
| | 运 | 0.25 | 0.05 | 0 | $x_3$ | $0.25x_1 + 0.05x_2 + 0 \cdot x_3$ | 0 |

根据需求, 有 $\begin{cases} x_1 - (0 \cdot x_1 + 0.65x_2 + 0.55x_3) = 50000, \\ x_2 - (0.25x_1 + 0.05x_2 + 0.10x_3) = 25000, \\ x_3 - (0.25x_1 + 0.05 \cdot x_2 + 0 \cdot x_3) = 0, \end{cases}$

即 $(\boldsymbol{E} - \boldsymbol{A})\boldsymbol{X} = \boldsymbol{d}$, 其中 $\boldsymbol{E}$ 为三阶单位矩阵, $\boldsymbol{A} = \begin{pmatrix} 0 & 0.65 & 0.55 \\ 0.25 & 0.05 & 0.10 \\ 0.25 & 0.05 & 0 \end{pmatrix}$, $\boldsymbol{d} = \begin{pmatrix} 50000 \\ 25000 \\ 0 \end{pmatrix}$.

为了便于计算, 令 $\boldsymbol{d}=\begin{pmatrix}2a\\a\\0\end{pmatrix}$, 其中 $a=25000$. 用初等变换解矩阵方程.

$$(\boldsymbol{E}-\boldsymbol{A},\ \boldsymbol{d})=\begin{pmatrix}1 & -0.65 & -0.55 & 2a\\-0.25 & -0.95 & -0.10 & a\\-0.25 & -0.05 & 1 & 0\end{pmatrix}\xrightarrow[i=1,2,3]{20r_i}\begin{pmatrix}20 & -13 & -11 & 40a\\-5 & 19 & -2 & 20a\\-5 & -1 & 20 & 0\end{pmatrix}$$

$$\longrightarrow\begin{pmatrix}1 & 0 & 0 & \dfrac{1027}{251.5}a\\0 & 1 & 0 & \dfrac{113}{50.3}a\\0 & 0 & 1 & \dfrac{57}{50.3}a\end{pmatrix},$$

所以 $x_1=\dfrac{1027}{251.5}a=102087$(元), $x_2=\dfrac{113}{50.3}a=56163$(元), $x_3=\dfrac{57}{50.3}a=28330$(元). 即煤的总产值为 102087 元, 发电厂总产值为 56163 元, 铁路总产值为 28330 元.

以上解答过程是用手工运算的, 比较麻烦, 如果利用 MATLAB 软件 (在第 6 章中介绍), 很快可以算出结果.

## 习　题　2.5

一、选择题 (单选题)

1. 若 $n$ 阶方阵 $\boldsymbol{A}$ 的标准形中有全为零的行, 则 (　　).

(A) 矩阵 $\boldsymbol{A}$ 可逆　　(B) 矩阵 $\boldsymbol{A}$ 不可逆

(C) $\boldsymbol{A}$ 有两行成比例　　(D) $\boldsymbol{A}$ 是否可逆无法判定

2. 将 $n$ 阶单位矩阵 $\boldsymbol{A}$ 的第 1 行的 $k$ 倍加到第 2 行得到单位矩阵, 则矩阵 $\boldsymbol{A}$ 等于 (　　).

(A) $\boldsymbol{E}$　　(B) $k\boldsymbol{E}$　　(C) $\boldsymbol{E}(2,1[-k])$　　(D) $\boldsymbol{E}(1,2[-k])$

3. 设矩阵 $\boldsymbol{A}=\begin{pmatrix}a_{11} & a_{12} & a_{13}\\a_{21} & a_{22} & a_{23}\\a_{31} & a_{32} & a_{33}\end{pmatrix}$, $\boldsymbol{B}=\begin{pmatrix}a_{21} & a_{22} & a_{23}\\a_{11} & a_{12} & a_{13}\\a_{31}+a_{11} & a_{32}+a_{12} & a_{33}+a_{13}\end{pmatrix}$, $\boldsymbol{P}_1=\begin{pmatrix}0 & 1 & 0\\1 & 0 & 0\\0 & 0 & 1\end{pmatrix}$,

$\boldsymbol{P}_2=\begin{pmatrix}1 & 0 & 0\\0 & 1 & 0\\1 & 0 & 1\end{pmatrix}$, 则必有 (　　).

(A) $\boldsymbol{A}\boldsymbol{P}_1\boldsymbol{P}_2=\boldsymbol{B}$　　(B) $\boldsymbol{A}\boldsymbol{P}_2\boldsymbol{P}_1=\boldsymbol{B}$　　(C) $\boldsymbol{P}_1\boldsymbol{P}_2\boldsymbol{A}=\boldsymbol{B}$　　(D) $\boldsymbol{P}_2\boldsymbol{P}_1\boldsymbol{A}=\boldsymbol{B}$

4. 下列命题不正确的是 (　　).

(A) 初等矩阵的逆也是初等矩阵　　(B) 初等矩阵的和也是初等矩阵

(C) 初等矩阵的逆也是同类初等矩阵　　(D) 初等矩阵的转置仍为初等矩阵

5. 设 $n$ 阶矩阵 $\boldsymbol{A}$ 与 $\boldsymbol{B}$ 等价, 则必有 (　　).

(A) 当 $|\boldsymbol{A}|=a\neq 0$ 时, $|\boldsymbol{B}|=a$　　(B) 当 $|\boldsymbol{A}|=a\neq 0$ 时, $|\boldsymbol{B}|=-a$

(C) 当 $|\boldsymbol{A}|\neq 0$ 时, $|\boldsymbol{B}|=0$　　(D) 当 $|\boldsymbol{A}|=0$ 时, $|\boldsymbol{B}|=0$

6. 设三阶矩阵 $\boldsymbol{A}=(\boldsymbol{\alpha}_1,\boldsymbol{\beta},\boldsymbol{\gamma})$, $\boldsymbol{B}=(\boldsymbol{\alpha}_2,\boldsymbol{\beta},\boldsymbol{\gamma})$, 且 $|\boldsymbol{A}|=2$, $|\boldsymbol{B}|=-1$, 则 $|\boldsymbol{A}+\boldsymbol{B}|=$(　　).

(A) 4　　(B) 2　　(C) 1　　(D) $-4$

7. 设 $\boldsymbol{A}$ 为 $n$ 阶矩阵, 若 $\boldsymbol{A}$ 与 $n$ 阶单位矩阵等价, 则方程 $\boldsymbol{AX}=\boldsymbol{b}$ (　　).

(A) 无解　　(B) 有唯一解

(C) 有无穷多解　　(D) 解的情况不能确定

二、计算题

1. 把下列矩阵化为标准形 $\begin{pmatrix}\boldsymbol{E}_r & \boldsymbol{O}\\ \boldsymbol{O} & \boldsymbol{O}\end{pmatrix}$:

(1) $\begin{pmatrix}1&1&2\\3&1&-1\\1&2&0\end{pmatrix}$;　(2) $\begin{pmatrix}1&-1&2\\3&-3&1\\2&-2&4\end{pmatrix}$;　(3) $\begin{pmatrix}1&2&3\\4&5&6\end{pmatrix}$;

(4) $\begin{pmatrix}4&3&2&1\\2&3&5&2\\0&1&1&0\end{pmatrix}$;　(5) $\begin{pmatrix}1&1&1\\3&2&0\\1&2&-1\\5&1&-2\end{pmatrix}$.

2. 判断下列矩阵是否可逆, 若可逆, 用初等变换求其逆:

(1) $\begin{pmatrix}3&2&1\\3&1&5\\3&2&3\end{pmatrix}$;　(2) $\begin{pmatrix}1&2&3\\4&5&8\\3&4&6\end{pmatrix}$;　(3) $\begin{pmatrix}1&0&1\\2&1&0\\-3&2&-5\end{pmatrix}$;

(4) $\begin{pmatrix}2&1&6\\-4&0&5\\6&1&1\end{pmatrix}$;　(5) $\begin{pmatrix}3&-2&0&-1\\0&2&2&1\\1&-2&-3&-2\\0&1&2&1\end{pmatrix}$.

3. 用矩阵的初等变换解下列矩阵方程:

(1) 设 $\boldsymbol{A}=\begin{pmatrix}1&-3&2\\-3&0&1\\2&1&-1\end{pmatrix}$, $\boldsymbol{B}=\begin{pmatrix}1&3\\-1&-1\\1&2\end{pmatrix}$, 求 $\boldsymbol{X}$ 使 $\boldsymbol{AX}=\boldsymbol{B}$.

(2) 已知 $\boldsymbol{A}=\begin{pmatrix}1&1&1\\0&2&2\\1&1&1\end{pmatrix}$, $\boldsymbol{AB}=\boldsymbol{A}+3\boldsymbol{B}$, 求 $\boldsymbol{B}$.

4. 设 $\boldsymbol{A}$ 为三阶矩阵, 将 $\boldsymbol{A}$ 的第 1 行的 2 倍加到第 3 行得矩阵 $\boldsymbol{B}=\begin{pmatrix}1&1&1\\2&1&3\\1&2&3\end{pmatrix}$, 求矩阵 $\boldsymbol{A}$.

5. 已知矩阵 $\boldsymbol{A}=\begin{pmatrix}1&0&1\\0&-2&0\\3&0&1\end{pmatrix}$ 满足 $\boldsymbol{BA}-2\boldsymbol{E}=\boldsymbol{B}-2\boldsymbol{A}^2$, 求矩阵 $\boldsymbol{B}$.

6. 设 $\boldsymbol{A}$ 为 $n$ 阶可逆阵, $\boldsymbol{B}$ 是 $\boldsymbol{A}$ 的第 $j$ 行的 2 倍加到第 $i$ 行所得矩阵.

(1) 证明矩阵 $\boldsymbol{B}$ 可逆; (2) 求 $\boldsymbol{AB}^{-1}$.

三、应用题

1. 大学生小江双休日帮朋友在淘宝店销售文具, 已知甲、乙两种文具在周六、周日的销量, 销售额与总利润如表 2.13 所示 (销量单位: 个, 销售额与总利润单位: 元). 求甲、乙两种文具的单位价格与单位利润.

表 2.13

| 日期 \ 文具 | 甲/个 | 乙/个 | 销售额/元 | 总利润/元 |
|---|---|---|---|---|
| 周六 | 30 | 36 | 384 | 76.8 |
| 周日 | 40 | 50 | 525 | 105 |

2. 某地有一个煤矿、一个发电厂和一条铁路, 经成本核算, 每生产价值 1 元钱的煤需消耗 0.3 元的电, 为了把 1 元钱的煤运出去需要花费 0.2 元的运费. 每生产 1 元钱的电需 0.6 元的煤作燃料, 为了运行电厂的辅助设备需消耗本身 0.1 元的电, 还需花费 0.1 元的运费. 作为铁路局, 每提供 1 元的运费的运输需消耗 0.5 元的煤, 辅助设备需消耗 0.1 元的电. 现煤矿接到外地 6 万元的订货, 电厂有 10 万元的外地需求, 问煤矿、电厂和铁路各生产多少才能满足需求?

## 2.6 矩阵的秩

矩阵的秩是线性代数中的重要概念, 它在判断线性方程组的解的存在性, 向量组的线性相关性等方面, 都起着重要的作用.

**定义 2.21 矩阵的 $k$ 阶子式**

设 $\boldsymbol{A}$ 是 $m\times n$ 矩阵, $\boldsymbol{A}$ 的任意 $k$ 行和任意 $k$ 列交叉处的元素, 保持它们的相对位置不变构成的 $k$ 阶行列式, 称为 $\boldsymbol{A}$ 的一个**$k$ 阶子式**.

例如, 在矩阵 $\boldsymbol{A}=\begin{pmatrix}1&1&3&2\\2&5&2&3\\0&3&6&5\end{pmatrix}$ 中, 第 1, 2 行与第 2, 4 列交叉处的元素构成的二阶行列式 $\begin{vmatrix}1&2\\5&3\end{vmatrix}$ 是 $\boldsymbol{A}$ 的一个二阶子式.

**定义 2.22 矩阵的秩**

如果矩阵 $\boldsymbol{A}$ 中有一个 $r$ 阶子式不为零, 而所有的 $r+1$ 阶子式(如果存在的话)都为零, 则称整数 $r$ 为矩阵 $\boldsymbol{A}$ 的**秩**, 记为 $\mathrm{r}(\boldsymbol{A})$, 即 $\mathrm{r}(\boldsymbol{A})=r$.

我们约定零矩阵的秩为零, 即 $\mathrm{r}(\boldsymbol{O})=0$.

由定义知, 如果 $\mathrm{r}(\boldsymbol{A})=r$, 则 $\boldsymbol{A}$ 至少有一个 $r$ 阶子式非零, 而 $\boldsymbol{A}$ 的所有 $r+1$ 阶子式(如果存在的话)都为零, 从而由行列式的按行(列)展开定理 (定理 1.5) 可知, $\boldsymbol{A}$ 的所有 $r+2$ 阶子式(如果存在的话)都为零, $\cdots$, 由此推知, 矩阵 $\boldsymbol{A}$ 的秩就是 $\boldsymbol{A}$ 的非零子式的最高阶数.

**例 2.24** 求矩阵 $\boldsymbol{A}=\begin{pmatrix}1&3&4&1\\2&6&8&2\\1&2&3&4\end{pmatrix}$ 的秩.

**解** 因第 1, 2 行成比例, 所以任何三阶子式都为零. 考查二阶非零子式, 因为二阶子式 $\begin{vmatrix}2&6\\1&2\end{vmatrix}=-2\neq 0$, 所以 $\mathrm{r}(\boldsymbol{A})=2$.

关于如何求非零矩阵 $\boldsymbol{A}$ 的秩, 一般不采取先找到 1 阶非零子式, 然后逐步往上找, 直到找到最高阶的 $r$ 阶非零子式的步骤, 因为这种方法实际操作上比较繁琐. 我们以下介绍简便的方法.

由秩的定义, **矩阵的秩**有如下**性质** (设 $\boldsymbol{A}=(a_{ij})_{m\times n}$):

(1) $0\leqslant \mathrm{r}(\boldsymbol{A})\leqslant \min\{m,n\}$;

(2) 如果 $\boldsymbol{A}$ 有 $r$ 阶非零子式, 则 $\mathrm{r}(\boldsymbol{A})\geqslant r$;

(3) $\mathrm{r}(\boldsymbol{A})=\mathrm{r}(\boldsymbol{A}^{\mathrm{T}})$.

**定义 2.23 满秩矩阵**

如果 $n$ 阶矩阵 $\boldsymbol{A}$ 的秩为 $n$, 则称方阵 $\boldsymbol{A}$ 是**满秩矩阵**. 如果矩阵 $\boldsymbol{A}=\boldsymbol{A}_{m\times n}$ 的秩 $\mathrm{r}(\boldsymbol{A})=$ 行数 $m$(列数 $n$), 则称 $\boldsymbol{A}$ 为**行(列)满秩矩阵**.

例如, 矩阵 $\begin{pmatrix}1&2\\3&1\end{pmatrix}$ 是满秩矩阵, 矩阵 $\begin{pmatrix}1&0&0&1\\0&1&0&0\end{pmatrix}$ 是行满秩矩阵, 而矩阵 $\begin{pmatrix}1&1\\1&0\\0&1\end{pmatrix}$ 是列满秩矩阵.

容易知道:

> $n$ 阶矩阵 $\boldsymbol{A}$ 可逆的充分必要条件是 $\mathrm{r}(\boldsymbol{A})=n$, 即 $\boldsymbol{A}$ 是满秩矩阵.

**例 2.25** 求阶梯形矩阵 $\boldsymbol{A}=\begin{pmatrix}1&2&3&4&5\\0&1&3&-3&2\\0&0&0&2&1\\0&0&0&0&0\end{pmatrix}$ 的秩.

**解** $\boldsymbol{A}$ 有一个全零行, 所以 $\boldsymbol{A}$ 的所有四阶子式都为零. 注意到 $\boldsymbol{A}$ 有 3 个非零行, 其 3 个首非零元 1, 1, 2 所在的行与列交叉点处的数刚好构成三阶上三角行列式 (3 个首非零元恰在对角线上), 此三阶子式非零 (为 2), 所以由秩的定义知, $\mathrm{r}(\boldsymbol{A})=3$.

由此例我们可进一步推知, **阶梯形矩阵的秩等于非零行的个数.**

以下定理提供了求矩阵的秩的理论依据.

> 定理 2.5 **秩不变定理**
> 如果矩阵 $\boldsymbol{A}$ 经若干次初等变换化为矩阵 $\boldsymbol{B}$, 则 $\mathrm{r}(\boldsymbol{A})=\mathrm{r}(\boldsymbol{B})$.

* 证明 以行为例. 我们只需证明: $\boldsymbol{A}$ 经一次初等变换化为 $\boldsymbol{B}$, 则 $\mathrm{r}(\boldsymbol{A})=\mathrm{r}(\boldsymbol{B})$.

实际上, 我们如果能证明 $\boldsymbol{A}$ 经一次初等变换化为 $\boldsymbol{B}$, 则 $\mathrm{r}(\boldsymbol{A})\leqslant\mathrm{r}(\boldsymbol{B})$, 就可证明 $\mathrm{r}(\boldsymbol{A})=\mathrm{r}(\boldsymbol{B})$. 这是因为矩阵 $\boldsymbol{B}$ 又可经过同种初等变换为 $\boldsymbol{A}$(见定义 2.17 下的说明), 则又得 $\mathrm{r}(\boldsymbol{A})\geqslant\mathrm{r}(\boldsymbol{B})$.

以下分三种行变换进行证明.

设 $\mathrm{r}(\boldsymbol{A})=r$, $\mathrm{r}(\boldsymbol{B})=s$. 则 $\boldsymbol{A}$ 中有一个 $r$ 阶非零子式 $D$. 以下证明 $s\geqslant r$:

1. $\boldsymbol{A}\xrightarrow{r_i\leftrightarrow r_j}\boldsymbol{B}$, 如果 $r_i$ 与 $r_j$ 都不在 $D$ 中, 则 $\boldsymbol{B}$ 中有一个 $r$ 阶非零子式 $D_1=D$, 所以 $\mathrm{r}(\boldsymbol{B})\geqslant r$, 即 $s\geqslant r$; 如果 $r_i$ 与 $r_j$ 恰有一个在 $D$ 中, 则 $\boldsymbol{B}$ 中有一个 $r$ 阶非零子式 $D_1=\pm D\neq 0$, 所以 $s\geqslant r$; 如果 $r_i$ 与 $r_j$ 都在 $D$ 中, 则 $\boldsymbol{B}$ 中有 $r$ 阶非零子式 $D_1=-D\neq 0$. 所以也有 $s\geqslant r$.

2. $\boldsymbol{A}\xrightarrow{kr_i}\boldsymbol{B}$, 则 $\boldsymbol{B}$ 中有 $r$ 阶子式 $D_1=kD\neq 0$ 或 $D_1=D\neq 0$, 所以 $s\geqslant r$.

3. $\boldsymbol{A}\xrightarrow{r_i+kr_j}\boldsymbol{B}$, 如果 $r_i$ 与 $r_j$ 都不在 $D$ 中, 则 $\boldsymbol{B}$ 中有 $r$ 阶非零子式 $D_1=D\neq 0$; 如果 $r_i$ 在 $D$ 中而 $r_j$ 在 $D$ 外, 则 $\boldsymbol{B}$ 中有 $r$ 阶子式 $D_1,D_2$, 使 $D_2=D+kD_1$, 则有 $D_1\neq 0$ 或 $D_2\neq 0$; 如果 $r_i$ 在 $D$ 外而 $r_j$ 在 $D$ 内, 则 $\boldsymbol{B}$ 中有 $r$ 阶子式 $D_1=D\neq 0$; 如果 $r_i$ 与 $r_j$ 都在 $D$ 中, 则 $\boldsymbol{B}$ 中取与 $D$ 有相同位置的 $r$ 阶子式 $D_1$, 则由行列式的性质 1.4 可得 $D_1=D\neq 0$. 所以, 无论是哪一种情况都有 $s\geqslant r$. □

这个定理告诉我们求矩阵的秩的方法, 因为任何矩阵都可化成阶梯形矩阵, 而例 2.25 说明阶梯形矩阵的秩等于其非零行的行数, 所以我们只需用初等变换将矩阵 $\boldsymbol{A}$ 化为阶梯形矩阵, 则阶梯形矩阵的非零行的行数即为矩阵 $\boldsymbol{A}$ 的秩.

例 2.26 求矩阵 $\boldsymbol{A}=\begin{pmatrix}1&3&2&6\\3&11&7&21\\2&6&5&13\\1&5&3&9\end{pmatrix}$ 的秩.

解 用初等变换将 $\boldsymbol{A}$ 化为阶梯形矩阵, 非零行的行数即为 $\boldsymbol{A}$ 的秩.

$$\boldsymbol{A}\xrightarrow[\substack{r_3-2r_1\\r_4-r_1}]{r_2-3r_1}\begin{pmatrix}1&3&2&6\\0&2&1&3\\0&0&1&1\\0&2&1&3\end{pmatrix}\xrightarrow{r_4-r_2}\begin{pmatrix}1&3&2&6\\0&2&1&3\\0&0&1&1\\0&0&0&0\end{pmatrix},$$

所以 $\mathrm{r}(\boldsymbol{A})=3$.

例 2.27 设 $\boldsymbol{A}$ 为 $m\times n$ 矩阵, $\boldsymbol{P}$ 与 $\boldsymbol{Q}$ 分别为 $m$ 阶和 $n$ 阶可逆矩阵. 证明:

$$\mathrm{r}(\boldsymbol{A})=\mathrm{r}(\boldsymbol{PA})=\mathrm{r}(\boldsymbol{AQ})=\mathrm{r}(\boldsymbol{PAQ}).$$

证明 只需证明 $\mathrm{r}(\boldsymbol{A})=\mathrm{r}(\boldsymbol{PA})$, 其余证明类似.

由定理 2.4 知 $\boldsymbol{P}$ 可表示为若干个初等矩阵的乘积, 即存在初等矩阵 $\boldsymbol{G}_1,\boldsymbol{G}_2,\cdots,\boldsymbol{G}_s$ 使

$$\boldsymbol{P}=\boldsymbol{G}_1\boldsymbol{G}_2\cdots\boldsymbol{G}_s,$$

所以

$$PA = G_1G_2\cdots G_sA.$$

由定理 2.3 知 $PA$ 是 $A$ 经 $s$ 次初等行变换化出的矩阵, 所以由定理 2.5 知, $\mathrm{r}(A) = \mathrm{r}(PA)$. □

由例 2.27 及定理 2.2 知: 对于任何矩阵 $A$, 存在可逆阵 $P, Q$, 使得

$$PAQ = \begin{pmatrix} E_r & O \\ O & O \end{pmatrix},$$

其中 $r = \mathrm{r}(A)$.

我们有以下几个**常用公式**.

1. $\mathrm{r}(AB) \leqslant \min\{\mathrm{r}(A),\ \mathrm{r}(B)\}$ (其证明见 3.4 节中的例 3.20);
2. $\max\{\mathrm{r}(A),\ \mathrm{r}(B)\} \leqslant \mathrm{r}(A,\ B) \leqslant \mathrm{r}(A) + \mathrm{r}(B)$ (其证明见 3.7 节中的例 3.30);
3. $\mathrm{r}(A+B) \leqslant \mathrm{r}(A) + \mathrm{r}(B)$ (见习题 3.4 第三大题的第 6 小题);
4. 如果矩阵 $A$ 的列数 $n$, 且 $AB = O$, 则 $\mathrm{r}(A) + \mathrm{r}(B) \leqslant n$ (其证明见 3.7 节中的例3.33).

下面介绍**秩在几何中的几个应用**.

矩阵的秩在空间解析几何中有很好的应用. 这里只代表性地给出两个定理作为应用实例, 但由于涉及的相关概念较多, 其证明和相关概念就不作介绍.

**实际问题 2.11**　空间平面与平面的关系

**定理 2.6**　已知平面 $\pi_1$: $a_1x + b_1y + c_1z = d_1$ 与 $\pi_2$: $a_2x + b_2y + c_2z = d_2$, 记线性方程组

$$\begin{cases} a_1x + b_1y + c_1z = d_1, \\ a_2x + b_2y + c_2z = d_2 \end{cases}$$

的系数矩阵为 $A = \begin{pmatrix} a_1 & b_1 & c_1 \\ a_2 & b_2 & c_2 \end{pmatrix}$, 增广矩阵为 $\overline{A} = \begin{pmatrix} a_1 & b_1 & c_1 & d_1 \\ a_2 & b_2 & c_2 & d_2 \end{pmatrix}$, 则

(1) 若 $\mathrm{r}(A) = \mathrm{r}(\overline{A}) = 2$, 平面 $\pi_1$ 与 $\pi_2$ 相交于一条直线;

(2) 若 $\mathrm{r}(A) = \mathrm{r}(\overline{A}) = 1$, 平面 $\pi_1$ 与 $\pi_2$ 重合;

(3) 若 $\mathrm{r}(A) = 1$ 而 $\mathrm{r}(\overline{A}) = 2$, 平面 $\pi_1$ 与 $\pi_2$ 平行.

**实际问题 2.12**　空间直线与平面的关系

**定理 2.7**　已知空间直线 $L$: $\begin{cases} a_1x + b_1y + c_1z = d_1, \\ a_2x + b_2y + c_2z = d_2 \end{cases}$ 和平面 $\pi$: $ax + by + cz = d$, 记线性方程组

$$\begin{cases} a_1x + b_1y + c_1z = d_1, \\ a_2x + b_2y + c_2z = d_2, \\ ax + by + cz = d \end{cases}$$

的系数矩阵为 $\boldsymbol{A}=\begin{pmatrix}a_1 & b_1 & c_1\\ a_2 & b_2 & c_2\\ a & b & c\end{pmatrix}$, 增广矩阵为 $\overline{\boldsymbol{A}}=\begin{pmatrix}a_1 & b_1 & c_1 & d_1\\ a_2 & b_2 & c_2 & d_2\\ a & b & c & d\end{pmatrix}$, 则

(1) 若 $\mathrm{r}(\boldsymbol{A})=\mathrm{r}(\overline{\boldsymbol{A}})=3$, 直线 $L$ 与平面 $\pi$ 相交.

(2) 若 $\mathrm{r}(\boldsymbol{A})=2, \mathrm{r}(\overline{\boldsymbol{A}})=3$, 直线 $L$ 与平面 $\pi$ 平行.

(3) 若 $\mathrm{r}(\boldsymbol{A})=\mathrm{r}(\overline{\boldsymbol{A}})=2$, 直线 $L$ 在平面 $\pi$ 上.

在学习第 3 章的线性方程组的理论之后, 我们就可以很好地理解上面的两个定理了.

## 习 题 2.6

一、选择题 (单选题)

1. 设 $\boldsymbol{A}$ 是 $m\times n$ 矩阵, $\boldsymbol{C}$ 是 $n$ 阶可逆阵, 矩阵 $\boldsymbol{A}$ 的秩为 $r$, $\boldsymbol{B}=\boldsymbol{AC}$ 的秩为 $r_1$, 则 (  ).

(A) $r>r_1$  (B) $r<r_1$  (C) $r=r_1$  (D) $r$与$r_1$的关系依 $\boldsymbol{C}$ 而定

2. 矩阵 $\boldsymbol{A}=\begin{pmatrix}1 & 2 & 3\\ 2 & 1 & a\\ 1 & -1 & 2a\end{pmatrix}$ 与矩阵 $\boldsymbol{B}=\begin{pmatrix}2 & 3 & 3\\ 1 & 1 & 1\\ 1 & 2 & 2\end{pmatrix}$ 等价, 则 $a=$ (  ).

(A) 1  (B) 2  (C) $-3$  (D) 3

3. 矩阵 $\boldsymbol{A}=\begin{pmatrix}1 & 2 & 3\\ 2 & a & 3\\ 2 & b & 6\end{pmatrix}$ 的标准形为 $\begin{pmatrix}1 & 0 & 0\\ 0 & 1 & 0\\ 0 & 0 & 0\end{pmatrix}$, 则 $a, b$ 的值为 (  ).

(A) $a$为任意实数, $b=4$  (B) $a=4, b=6$  (C) $a$任意, $b=-4$  (D) $a, b$为任意实数

4. 设矩阵 $\boldsymbol{A}=\begin{pmatrix}1 & a & 3\\ 1 & a & 6\\ 2 & 2 & a\end{pmatrix}$, $\boldsymbol{B}=\begin{pmatrix}1 & 0 & 1\\ 0 & 2 & 0\\ 1 & 0 & 2\end{pmatrix}$, 如果 $\mathrm{r}(\boldsymbol{AB})=3$, 则 $a$ 应满足 (  ).

(A) $a=2$  (B) $a=1$  (C) $a\neq 1$  (D) 无法确定$a$

5. 设矩阵 $\boldsymbol{A}=\begin{pmatrix}x & 1 & 1 & 1\\ 1 & x & 1 & 1\\ 1 & 1 & x & 1\\ 1 & 1 & 1 & x\end{pmatrix}$ 不可逆, 则矩阵 $\boldsymbol{A}$ 的秩应该是 (  ).

(A) 1 或 3  (B) 2 或 4  (C) 1 或 2  (D) 3

6. 已知矩阵 $\boldsymbol{A}$ 的秩为 $r$, 则以下说法正确的是 (  ).

(A) $\boldsymbol{A}$ 中必有一个 $r-1$ 阶子式为零　　(B) $\boldsymbol{A}$ 中所有 $r$ 阶子式都不为零

(C) $\boldsymbol{A}$ 中一定有 $r+1$ 阶子式为零　　(D) $\boldsymbol{A}$ 中必有一个 $r$ 阶子式非零

二、计算题

1. 求下列矩阵的秩:

(1) $\begin{pmatrix} 1 & 2 \\ 3 & 4 \\ 5 & 6 \end{pmatrix}$;　(2) $\begin{pmatrix} 1 & 2 & 3 \\ 2 & 3 & 1 \\ 3 & 5 & 4 \end{pmatrix}$;　(3) $\begin{pmatrix} 2 & 1 & 3 & 2 \\ 1 & 1 & 2 & 1 \\ 3 & 4 & 7 & 8 \end{pmatrix}$;

(4) $\begin{pmatrix} 3 & 1 & 0 & 2 \\ 1 & -1 & 3 & -1 \\ 2 & 2 & -3 & 3 \end{pmatrix}$;　(5) $\begin{pmatrix} 1 & -2 & -1 & 2 \\ -2 & 4 & 2 & -6 \\ 2 & -1 & 0 & 3 \\ 3 & 3 & 3 & 3 \end{pmatrix}$.

2. 设矩阵 $\boldsymbol{A}=\begin{pmatrix} 1 & 2 & a & 1 \\ 4 & 1 & a & b \\ 2 & -3 & 1 & 0 \end{pmatrix}$ 的秩为 2, 求 $a,b$ 的值.

3. 设矩阵 $\boldsymbol{A}=\begin{pmatrix} \lambda & 1 & 1 \\ 1 & \lambda & 1 \\ 1 & 1 & \lambda \end{pmatrix}$, 试对不同的 $\lambda$, 求矩阵 $\boldsymbol{A}$ 的秩 $\mathrm{r}(\boldsymbol{A})$.

4. 设 $\boldsymbol{A}$ 是 $m\times n$ 矩阵, $\boldsymbol{B}$ 是 $n\times s$ 矩阵, 证明: 如果 $\mathrm{r}(\boldsymbol{A})=n$, 则 $\mathrm{r}(\boldsymbol{AB})=\mathrm{r}(\boldsymbol{B})$.

5. 设 $\boldsymbol{A}$ 为 $n$ 阶方阵, 证明: 若 $\boldsymbol{A}$ 不可逆, 则伴随矩阵 $\boldsymbol{A}^*$ 也不可逆.

三、应用题

1. 判断两平面 $\pi_1$: $x+3y+2z=1$, $\pi_2$: $x+2y-3z=3$ 的位置关系.

2. 判断直线 $L$: $\begin{cases} x+y+z=1, \\ 3x+2y-z=2 \end{cases}$ 与平面 $\pi$: $4x+3y=5$ 的位置关系.

## 2.7 典型例题

例 2.28 已知 $\boldsymbol{\alpha}=(1,2,3)$, $\boldsymbol{\beta}=\left(1,\dfrac{1}{2},\dfrac{1}{3}\right)$, $\boldsymbol{A}=\boldsymbol{\alpha}^{\mathrm{T}}\boldsymbol{\beta}$, 求 $\boldsymbol{A}^n$.

解 由矩阵的幂的定义可得

$$\begin{aligned}\boldsymbol{A}^n &= (\boldsymbol{\alpha}^{\mathrm{T}}\boldsymbol{\beta})^n=(\boldsymbol{\alpha}^{\mathrm{T}}\boldsymbol{\beta})(\boldsymbol{\alpha}^{\mathrm{T}}\boldsymbol{\beta})\cdots(\boldsymbol{\alpha}^{\mathrm{T}}\boldsymbol{\beta})=\boldsymbol{\alpha}^{\mathrm{T}}(\boldsymbol{\beta}\boldsymbol{\alpha}^{\mathrm{T}})(\boldsymbol{\beta}\boldsymbol{\alpha}^{\mathrm{T}})\cdots(\boldsymbol{\beta}\boldsymbol{\alpha}^{\mathrm{T}})\boldsymbol{\beta}=(\boldsymbol{\beta}\boldsymbol{\alpha}^{\mathrm{T}})^{n-1}\boldsymbol{\alpha}^{\mathrm{T}}\boldsymbol{\beta} \\ &= 3^{n-1}\boldsymbol{\alpha}^{\mathrm{T}}\boldsymbol{\beta}=3^{n-1}\begin{pmatrix} 1 & 1/2 & 1/3 \\ 2 & 1 & 2/3 \\ 3 & 3/2 & 1 \end{pmatrix}.\end{aligned}$$

例 2.29 已知 $\boldsymbol{AP}=\boldsymbol{PB}$, 其中 $\boldsymbol{B}=\begin{pmatrix}1&0&0\\0&0&0\\0&0&-1\end{pmatrix}$, $\boldsymbol{P}=\begin{pmatrix}1&0&0\\2&-1&0\\2&1&1\end{pmatrix}$, 求 $\boldsymbol{A}$ 及 $\boldsymbol{A}^5$.

解 因 $|\boldsymbol{P}|=-1\neq 0$, 所以 $\boldsymbol{P}$ 可逆, 从而有 $\boldsymbol{A}=\boldsymbol{PBP}^{-1}$. 容易得到 $\boldsymbol{P}^{-1}=\begin{pmatrix}1&0&0\\2&-1&0\\-4&1&1\end{pmatrix}$,

所以 $\boldsymbol{A}=\begin{pmatrix}1&0&0\\2&-1&0\\2&1&1\end{pmatrix}\begin{pmatrix}1&0&0\\0&0&0\\0&0&-1\end{pmatrix}\begin{pmatrix}1&0&0\\2&-1&0\\-4&1&1\end{pmatrix}=\begin{pmatrix}1&0&0\\2&0&0\\6&-1&-1\end{pmatrix}$.

注意到 $\boldsymbol{A}^2=(\boldsymbol{PBP}^{-1})^2=(\boldsymbol{PBP}^{-1})(\boldsymbol{PBP}^{-1})=\boldsymbol{PB}(\boldsymbol{P}^{-1}\boldsymbol{P})\boldsymbol{BP}^{-1}=\boldsymbol{PB}^2\boldsymbol{P}^{-1}$, 同理可得 $\boldsymbol{A}^5=\boldsymbol{PB}^5\boldsymbol{P}^{-1}$. 又易得出 $\boldsymbol{B}^5=\boldsymbol{B}$, 所以

$$\boldsymbol{A}^5=\boldsymbol{PBP}^{-1}=\boldsymbol{A}=\begin{pmatrix}1&0&0\\2&0&0\\6&-1&-1\end{pmatrix}.$$

例 2.30 设 $\boldsymbol{A}=\begin{pmatrix}2&1&0\\0&2&1\\0&0&2\end{pmatrix}$, 求 $\boldsymbol{A}^n$, 其中 $n$ 为正整数.

解 注意到

$$\boldsymbol{A}=\begin{pmatrix}2&0&0\\0&2&0\\0&0&2\end{pmatrix}+\begin{pmatrix}0&1&0\\0&0&1\\0&0&0\end{pmatrix}=2\boldsymbol{E}+\boldsymbol{B},$$

其中 $\boldsymbol{B}=\begin{pmatrix}0&1&0\\0&0&1\\0&0&0\end{pmatrix}$. 由于 $\boldsymbol{B}^2=\begin{pmatrix}0&0&1\\0&0&0\\0&0&0\end{pmatrix}$, $\boldsymbol{B}^k=\boldsymbol{O}\,(k\geqslant 3)$, 所以

$$\begin{aligned}\boldsymbol{A}^n&=(2\boldsymbol{E}+\boldsymbol{B})^n=(2\boldsymbol{E})^n+C_n^{n-1}(2\boldsymbol{E})^{n-1}\boldsymbol{B}+C_n^{n-2}(2\boldsymbol{E})^{n-2}\boldsymbol{B}^2+\cdots+\boldsymbol{B}^n\\&=2^n\boldsymbol{E}+2^{n-1}n\boldsymbol{B}+2^{n-3}n(n-1)\boldsymbol{B}^2=\begin{pmatrix}2^n&2^{n-1}n&2^{n-3}n(n-1)\\0&2^n&2^{n-1}n\\0&0&2^n\end{pmatrix}.\end{aligned}$$

例 2.31 求矩阵 $\boldsymbol{D}=\begin{pmatrix}a&b&c&d\\-b&a&-d&c\\-c&d&a&-b\\-d&-c&b&a\end{pmatrix}$ 的行列式.

解 注意到 $|\boldsymbol{D}|^2=|\boldsymbol{D}^2|=|\boldsymbol{D}\boldsymbol{D}^{\mathrm{T}}|$, 因为

$$\boldsymbol{D}\boldsymbol{D}^{\mathrm{T}}=\begin{pmatrix}a&b&c&d\\-b&a&-d&c\\-c&d&a&-b\\-d&-c&b&a\end{pmatrix}\begin{pmatrix}a&-b&-c&-d\\b&a&d&-c\\c&-d&a&b\\d&c&-b&a\end{pmatrix}=\begin{pmatrix}A&0&0&0\\0&A&0&0\\0&0&A&0\\0&0&0&A\end{pmatrix},$$

其中 $A=a^2+b^2+c^2+d^2$.

由此得到 $|\boldsymbol{D}|^2=|\boldsymbol{D}\boldsymbol{D}^{\mathrm{T}}|=A^4=(a^2+b^2+c^2+d^2)^4$, 从而 $|\boldsymbol{D}|=\pm(a^2+b^2+c^2+d^2)^2$. 注意到 $|\boldsymbol{D}|$ 的展开式中 $a^4$ 项前应取"+"号, 所以有 $|\boldsymbol{D}|=(a^2+b^2+c^2+d^2)^2$.

例 2.32 设 $\boldsymbol{A}$ 为三阶矩阵, $|\boldsymbol{A}|=2$, 求 $\left|(\frac{1}{2}\boldsymbol{A})^{-1}-3\boldsymbol{A}^*\right|$ 的值, 其中 $\boldsymbol{A}^*$ 为 $\boldsymbol{A}$ 的伴随矩阵.

解 **方法 1** 由于 $\boldsymbol{A}^{-1}=\dfrac{1}{|\boldsymbol{A}|}\boldsymbol{A}^*$, 所以 $\boldsymbol{A}^*=|\boldsymbol{A}|\boldsymbol{A}^{-1}=2\boldsymbol{A}^{-1}$, 又由逆矩阵的性质得

原式 $=|2\boldsymbol{A}^{-1}-3\boldsymbol{A}^*|=|2\boldsymbol{A}^{-1}-3\times2\boldsymbol{A}^{-1}|=|-4\boldsymbol{A}^{-1}|=(-4)^3|\boldsymbol{A}^{-1}|=-4^3|\boldsymbol{A}|^{-1}=-32.$

**方法 2** 利用等式 $\boldsymbol{A}\boldsymbol{A}^*=|\boldsymbol{A}|\boldsymbol{E}$ 及 $|\boldsymbol{A}\boldsymbol{B}|=|\boldsymbol{A}||\boldsymbol{B}|$ 得

$$\begin{aligned}\text{原式}&=|2\boldsymbol{A}^{-1}-3\boldsymbol{A}^*|=|\boldsymbol{A}^{-1}(2\boldsymbol{E}-3\boldsymbol{A}\boldsymbol{A}^*)|=|\boldsymbol{A}^{-1}(2\boldsymbol{E}-3|\boldsymbol{A}|\boldsymbol{E})|\\&=|\boldsymbol{A}^{-1}(2\boldsymbol{E}-6\boldsymbol{E})|=|-4\boldsymbol{A}^{-1}|=(-4)^3|\boldsymbol{A}^{-1}|=-32.\end{aligned}$$

以下两个例题需用到 2.6 节中的常用公式 4.

例 2.33 设 $\boldsymbol{A}$ 为 $n$ 阶方阵, 证明：如果 $|\boldsymbol{A}|=0$, 则 $|\boldsymbol{A}^*|=0$.

证明 **方法 1** 反证法 假设 $|\boldsymbol{A}^*|\neq0$, 则 $\boldsymbol{A}^*$ 可逆. 由条件有 $\boldsymbol{A}\boldsymbol{A}^*=|\boldsymbol{A}|\boldsymbol{E}=\boldsymbol{O}$, 等式两边右乘 $(\boldsymbol{A}^*)^{-1}$ 得 $\boldsymbol{A}=\boldsymbol{O}$, 从而得 $\boldsymbol{A}^*=\boldsymbol{O}$, 与假设矛盾.

**方法 2** 令 $\boldsymbol{A}=(a_{ij})$. 如果 $\boldsymbol{A}=\boldsymbol{O}$, 则每个 $a_{ij}$ 均为 0, 所以每个代数余子式 $A_{ij}$ 均为 0, 从而 $\boldsymbol{A}^*=O$.

如果 $|\boldsymbol{A}|=0$ 而 $\boldsymbol{A}\neq\boldsymbol{O}$, 则 $\boldsymbol{A}$ 不可逆, 且 $\mathrm{r}(\boldsymbol{A})\geqslant1$. 又由等式 $\boldsymbol{A}\boldsymbol{A}^*=|\boldsymbol{A}|\boldsymbol{E}$ 得 $\boldsymbol{A}\boldsymbol{A}^*=\boldsymbol{O}$, 则由 2.6 节中的常用公式 4 得, $\mathrm{r}(\boldsymbol{A})+\mathrm{r}(\boldsymbol{A}^*)\leqslant n$. 由 $\mathrm{r}(\boldsymbol{A})\geqslant1$ 得 $\mathrm{r}(\boldsymbol{A}^*)\leqslant n-1$, 所以 $\boldsymbol{A}^*$ 不可逆, 从而 $|\boldsymbol{A}^*|=0$. □

例 2.34 设 $\boldsymbol{A}=\begin{pmatrix}1&2&-2\\4&t&3\\3&-1&1\end{pmatrix}$, $\boldsymbol{B}$ 为三阶非零矩阵, 且 $\boldsymbol{A}\boldsymbol{B}=\boldsymbol{O}$, 求 $t$ 的值.

解 因 $\boldsymbol{A}\boldsymbol{B}=\boldsymbol{O}$, 则由 2.6 节中的常用公式 4 有 $\mathrm{r}(\boldsymbol{A})+\mathrm{r}(\boldsymbol{B})\leqslant3$, 因 $\boldsymbol{B}\neq\boldsymbol{O}$, 所以 $\mathrm{r}(\boldsymbol{B})\geqslant1$, 从而 $\mathrm{r}(\boldsymbol{A})\leqslant3-\mathrm{r}(\boldsymbol{B})\leqslant2$. 故 $\boldsymbol{A}$ 不可逆, 所以 $|\boldsymbol{A}|=0$. 解得 $t=-3$.

例 2.35 已知三阶矩阵 $\boldsymbol{A}=(a_{ij})$ 满足 $\boldsymbol{A}^*=\boldsymbol{A}^{\mathrm{T}}$, 如果 $\boldsymbol{A}\neq\boldsymbol{O}$, 求 $|\boldsymbol{A}|$.

解 由 $\boldsymbol{A}^*=\boldsymbol{A}^{\mathrm{T}}$ 知 $\boldsymbol{A}_{ij}=a_{ij}$, 其中 $\boldsymbol{A}_{ij}$ 为元素 $a_{ij}$ 的代数余子式. 因 $\boldsymbol{A}\neq\boldsymbol{O}$, 所以至少有一个元素非零, 不妨设 $a_{11}\neq0$, 将 $|\boldsymbol{A}|$ 按第 1 行展开有

$$|\boldsymbol{A}|=a_{11}A_{11}+a_{12}A_{12}+a_{13}A_{13}=a_{11}^2+a_{12}^2+a_{13}^2>0.$$

又由恒等式 $\boldsymbol{A}^*\boldsymbol{A}=|\boldsymbol{A}|\boldsymbol{E}$ 有 $\boldsymbol{A}^{\mathrm{T}}\boldsymbol{A}=|\boldsymbol{A}|\boldsymbol{E}$, 两边取行列式得

$$|\boldsymbol{A}|^2=|\boldsymbol{A}^{\mathrm{T}}||\boldsymbol{A}|=|\boldsymbol{A}^{\mathrm{T}}\boldsymbol{A}|=||\boldsymbol{A}|\boldsymbol{E}|=|\boldsymbol{A}|^3|\boldsymbol{E}|=|\boldsymbol{A}|^3,\ \text{由此等式解得 } |\boldsymbol{A}|=1.$$

例 2.36 设 $\boldsymbol{A}$ 是 $m\times n$ 矩阵, 且 $\mathrm{r}(\boldsymbol{A})=n$, 证明: 存在可逆阵 $\boldsymbol{P}$ 使得 $\boldsymbol{P}\boldsymbol{A}=\begin{pmatrix}\boldsymbol{E}_n\\\boldsymbol{O}\end{pmatrix}$.

**证明** 若 $m=n$, 则 $\boldsymbol{A}$ 可逆, 取 $\boldsymbol{P}=\boldsymbol{A}$, 结论成立. 若 $m>n$, 由条件知, 存在 $m$ 阶和 $n$ 阶可逆矩阵 $\boldsymbol{C}$ 与 $\boldsymbol{D}$, 使 $\boldsymbol{CAD}=\begin{pmatrix}\boldsymbol{E}_n\\ \boldsymbol{O}\end{pmatrix}$, 可得 $\boldsymbol{CA}=\begin{pmatrix}\boldsymbol{E}_n\\ \boldsymbol{O}\end{pmatrix}\boldsymbol{D}^{-1}=\begin{pmatrix}\boldsymbol{D}^{-1}\\ \boldsymbol{O}\end{pmatrix}$, 作 $m$ 阶可逆矩阵 $\boldsymbol{Q}=\begin{pmatrix}\boldsymbol{D} & \boldsymbol{O}\\ \boldsymbol{O} & \boldsymbol{E}\end{pmatrix}$, 其中 $\boldsymbol{E}$ 为 $m-n$ 阶单位矩阵, 则有 $\boldsymbol{QCA}=\begin{pmatrix}\boldsymbol{E}_n\\ \boldsymbol{O}\end{pmatrix}$, 令 $\boldsymbol{P}=\boldsymbol{QC}$, 得证. □

# 复 习 题 2

一、填空题

1. 设 $\boldsymbol{A},\boldsymbol{B}$ 为三阶方阵, 且 $|\boldsymbol{A}|=3, |\boldsymbol{B}|=2, |\boldsymbol{A}^{-1}+\boldsymbol{B}|=2$, 则 $|\boldsymbol{A}+\boldsymbol{B}^{-1}|=$ ________.

2. 设 $\boldsymbol{A}$ 为三阶方阵, $\boldsymbol{A}$ 的列记为 $\boldsymbol{A}_1$, $\boldsymbol{A}_2$, $\boldsymbol{A}_3$, 已知 $|\boldsymbol{A}|=3$, 则 $|2\boldsymbol{A}_1+\boldsymbol{A}_3, \boldsymbol{A}_3, \boldsymbol{A}_2|=$ ________.

3. 设 $\boldsymbol{A}=\begin{pmatrix}1&0&0\\2&2&0\\3&4&5\end{pmatrix}$, $\boldsymbol{A}^*$ 是 $\boldsymbol{A}$ 的伴随矩阵, 则 $(\boldsymbol{A}^*)^{-1}=$ ________.

4. 设 $n\times 1$ 矩阵 $\boldsymbol{\alpha}=(a,0,\cdots,a)^{\mathrm{T}}, a<0$, $\boldsymbol{A}=\boldsymbol{E}-\boldsymbol{\alpha\alpha}^{\mathrm{T}}$, $\boldsymbol{B}=\boldsymbol{E}+\dfrac{1}{a}\boldsymbol{\alpha\alpha}^{\mathrm{T}}$, 其中 $\boldsymbol{A},\boldsymbol{B}$ 互为逆矩阵, 则 $a=$ ________.

5. 设 $\boldsymbol{\alpha}$ 为 $3\times 1$ 矩阵, 且 $\boldsymbol{\alpha\alpha}^{\mathrm{T}}=\begin{pmatrix}1&-1&1\\-1&1&-1\\1&-1&1\end{pmatrix}$, 则 $\boldsymbol{\alpha}^{\mathrm{T}}\boldsymbol{\alpha}=$ ________.

6. 已知方阵 $\boldsymbol{A}$ 满足 $\boldsymbol{A}^3=\boldsymbol{O}$, 则 $(\boldsymbol{E}-\boldsymbol{A})^{-1}=$ ________.

7. 已知 $\boldsymbol{P}=\begin{pmatrix}2&0&0\\0&1&2\\0&0&1\end{pmatrix}$, $\boldsymbol{A}=\begin{pmatrix}1&0&0\\0&2&0\\0&0&2\end{pmatrix}$, 则 $(\boldsymbol{P}^{-1}\boldsymbol{AP})^3=$ ________.

8. 设 $\boldsymbol{A}=\dfrac{1}{2}\begin{pmatrix}1&-\sqrt{3}\\\sqrt{3}&1\end{pmatrix}$, 且 $\boldsymbol{A}^6=\boldsymbol{E}$, 则 $\boldsymbol{A}^{11}=$ ________.

9. 矩阵 $\boldsymbol{A}=\begin{pmatrix}3&4&3&1\\1&2&4&2\\2&6&a&0\\1&1&2&1\end{pmatrix}$ 可逆, 则 $a$ 应满足________.

10. $\begin{pmatrix}1&1&0\\0&1&0\\0&0&1\end{pmatrix}^2\begin{pmatrix}1&2&3\\1&1&2\\1&-1&1\end{pmatrix}\begin{pmatrix}1&1&0\\0&1&0\\0&0&1\end{pmatrix}^5=$ ________.

11. 设 $A=\begin{pmatrix}1&0&0\\0&1&0\\-3&0&3\end{pmatrix}$, 则矩阵 $(2E+A)^{\mathrm{T}}(2E-A)^{-1}$ 的行列式的值为________.

12. 设矩阵 $A=\begin{pmatrix}ax&ay&az\\bx&by&bz\\cx&cy&cz\end{pmatrix}$, 其中 $ay\neq 0$, 则 $\mathrm{r}(A)=$ ________.

13. 设 $A^{-1}=\begin{pmatrix}1&3&0\\2&7&0\\0&0&2\end{pmatrix}$, 则 $A=$________, $A^*=$ ________, $(A^*)^*=$ ________.

14. 已知 $A=\begin{pmatrix}1&0&1\\0&2&0\\0&0&1\end{pmatrix}$, 则 $(A+3E)^{-1}(A^2-9E)=$ ________.

二、选择题 (单选题)

1. 设 $A$ 为 $n$ 阶非零矩阵, $E$ 为 $n$ 阶单位矩阵, 且 $A^3=O$, 则 (　　).

(A) $E-A$ 不可逆, $E+A$ 不可逆　　(B) $E-A$ 不可逆, $E+A$ 可逆

(C) $E-A$ 可逆, $E+A$ 可逆　　(D) $E-A$ 可逆, $E+A$ 不可逆

2. 设 $n$ 阶方阵 $A$, $B$, $C$ 满足关系式 $ABC=E$, 其中 $E$ 为 $n$ 阶单位矩阵, 则必有 (　　).

(A) $ACB=E$　　(B) $CBA=E$　　(C) $BAC=E$　　(D) $BCA=E$

3. 设 $A$ 是任一 $n(n\geqslant 3)$ 阶矩阵, $A^*$ 是 $A$ 的伴随矩阵, 又 $k$ 是常数, 且 $k\neq 0,\pm1$, 则必有 $(kA)^*$ =(　　).

(A) $kA^*$　　(B) $k^{n-1}A^*$　　(C) $k^nA^*$　　(D) $k^{-1}A^*$

4. 设 $A$ 为三阶矩阵, 将 $A$ 的第 2 行加到第 1 行得矩阵 $B$, 再将 $B$ 的第 1 列的 $-1$ 倍加到第 2 列得矩阵 $C$, 记 $P=\begin{pmatrix}1&1&0\\0&1&0\\0&0&1\end{pmatrix}$, 则 (　　).

(A) $C=P^{-1}AP$　　(B) $C=PAP^{-1}$　　(C) $C=P^{\mathrm{T}}AP$　　(D) $C=PAP^{\mathrm{T}}$

5. 设 $A$, $B$ 均为 $n$ 阶方阵, 则 (　　).

(A) $A$ 或 $B$ 可逆, 必有 $AB$ 可逆　　(B) $A$ 或 $B$ 不可逆, 必有 $AB$ 不可逆

(C) $A$ 且 $B$ 可逆, 必有 $A+B$ 可逆　　(D) $A$ 且 $B$ 不可逆, 必有 $A+B$ 不可逆

6. 设 $A$ 为 $n$ 阶方阵, 若存在 $n$ 阶方阵 $B$, 使 $AB=BA=A$, 则 (　　).

(A) $B$ 为单位矩阵　　(B) $B$ 为零方阵　　(C) $B^{-1}=A$　　(D) 以上都不对

7. 已知 $A$, $B$ 均为 $n$ 阶矩阵, 满足 $AB=O$. 若 $\mathrm{r}(A)=m<n$, 则 $\mathrm{r}(B)$ 满足 (　　).

(A) $\mathrm{r}(B)=n-m$　　(B) $\mathrm{r}(B)<n-m$　　(C) $\mathrm{r}(B)>n-m-1$　　(D) $\mathrm{r}(B)\leqslant n-m$

8. 设 $\boldsymbol{A}, \boldsymbol{B}, \boldsymbol{C}$ 均为 $n$ 阶矩阵, $\boldsymbol{E}$ 为 $n$ 阶单位矩阵, 若 $\boldsymbol{B}=\boldsymbol{E}+\boldsymbol{AB}, \boldsymbol{C}=\boldsymbol{A}+\boldsymbol{CA}$, 则 $\boldsymbol{B}-\boldsymbol{C}$ 为 (　　).

(A) $\boldsymbol{E}$　　(B) $-\boldsymbol{E}$　　(C) $\boldsymbol{A}$　　(D) $-\boldsymbol{A}$

9. 设 $\boldsymbol{A}, \boldsymbol{B}$ 为 $n$ 阶矩阵, 记 $\mathrm{r}(\boldsymbol{A})$ 为矩阵 $\boldsymbol{A}$ 的秩, $(\boldsymbol{X}, \boldsymbol{Y})$ 表示分块矩阵, 则 (　　).

(A) $\mathrm{r}(\boldsymbol{A}, \boldsymbol{AB})=\mathrm{r}(\boldsymbol{A})$　　(B) $\mathrm{r}(\boldsymbol{A}, \boldsymbol{BA})=\mathrm{r}(\boldsymbol{A})$

(C) $\mathrm{r}(\boldsymbol{A}, \boldsymbol{B})=\max\{\mathrm{r}(\boldsymbol{A}),\ \mathrm{r}(\boldsymbol{B})\}$　　(D) $\mathrm{r}(\boldsymbol{A})=\mathrm{r}(\boldsymbol{A}^{\mathrm{T}}, \boldsymbol{B}^{\mathrm{T}})$

10. 设 $\boldsymbol{A}$ 为 $m\times n$ 矩阵 $(m>n)$, 且 $\mathrm{r}(\boldsymbol{A})=n$, $\boldsymbol{E}$ 为 $n$ 阶单位矩阵, 则错误的是 (　　).

(A) 存在可逆阵 $\boldsymbol{P}$, 使得 $\boldsymbol{PA}=\begin{pmatrix}\boldsymbol{E}\\ \boldsymbol{O}\end{pmatrix}$　　(B) 存在矩阵 $\boldsymbol{B}$ 使得 $\boldsymbol{BA}=\boldsymbol{E}$

(C) $\mathrm{r}(\boldsymbol{A}^{\mathrm{T}}\boldsymbol{A})=n$　　(D) 矩阵 $\boldsymbol{AA}^{\mathrm{T}}$ 可逆

11. 若 $\boldsymbol{A}, \boldsymbol{B}, \boldsymbol{A}+\boldsymbol{B}, \boldsymbol{A}^{-1}+\boldsymbol{B}^{-1}$ 均为 $n$ 阶可逆矩阵, 则 $(\boldsymbol{A}^{-1}+\boldsymbol{B}^{-1})^{-1}=$(　　).

(A) $\boldsymbol{A}^{-1}+\boldsymbol{B}^{-1}$　　(B) $\boldsymbol{A}+\boldsymbol{B}$　　(C) $\boldsymbol{B}(\boldsymbol{A}+\boldsymbol{B})^{-1}\boldsymbol{A}$　　(D) $(\boldsymbol{A}+\boldsymbol{B})^{-1}$

12. 设列矩阵 $\boldsymbol{\alpha}=(a_1, a_2, \cdots, a_n)^{\mathrm{T}}$ 满足 $\boldsymbol{\alpha}^{\mathrm{T}}\boldsymbol{\alpha}=1$, $\boldsymbol{E}$ 为 $n$ 阶单位矩阵, 则不可逆的矩阵是 (　　).

(A) $\boldsymbol{E}+\boldsymbol{\alpha\alpha}^{\mathrm{T}}$　　(B) $\boldsymbol{E}-\boldsymbol{\alpha\alpha}^{\mathrm{T}}$　　(C) $\boldsymbol{E}+2\boldsymbol{\alpha\alpha}^{\mathrm{T}}$　　(D) $\boldsymbol{E}-2\boldsymbol{\alpha\alpha}^{\mathrm{T}}$

13. 设 $\boldsymbol{A}$, $\boldsymbol{B}$ 均为可逆阵, 则下列运算不正确的是 (　　).

(A) $|\lambda\boldsymbol{E}-\boldsymbol{A}|=|\lambda\boldsymbol{E}-\boldsymbol{B}^{-1}\boldsymbol{AB}|$　　(B) $\boldsymbol{B}=\boldsymbol{A}^{-1}\boldsymbol{BA}$

(C) $|\boldsymbol{A}^{-1}\boldsymbol{B}|=|\boldsymbol{BA}^{-1}|$　　(D) $|\boldsymbol{B}^{-1}|=|\boldsymbol{B}|^{-1}$

14. 设矩阵 $\boldsymbol{A}$ 通过初等变换化为矩阵 $\boldsymbol{B}$, 则正确的是(　　).

(A) 存在可逆阵 $\boldsymbol{P}$ 使 $\boldsymbol{PA}=\boldsymbol{B}$　　(B) 存在可逆阵 $\boldsymbol{Q}$ 使 $\boldsymbol{AQ}=\boldsymbol{B}$

(C) $\boldsymbol{A}$ 与 $\boldsymbol{B}$ 有相同的标准形　　(D) $\boldsymbol{B}$ 不能经初等变换化为 $\boldsymbol{A}$

15. 设 $\boldsymbol{A}$ 与 $\boldsymbol{B}$ 都是 $m\times n$ 矩阵, 且 $\mathrm{r}(\boldsymbol{A})=\mathrm{r}(\boldsymbol{B})=r$, 则以下不正确的是(　　).

(A) 矩阵 $\boldsymbol{A}$ 与 $\boldsymbol{B}$ 等价

(B) $\boldsymbol{A}$ 与 $\boldsymbol{B}$ 有相同的标准形

(C) 如果 $m>r, n>r$, 则 $\boldsymbol{A}$ 中所有 $r+1$ 阶子式全为 0

(D) $\boldsymbol{A}$ 与 $\boldsymbol{B}$ 不等价

16. 设矩阵 $\boldsymbol{A}=\begin{pmatrix}1 & 2 & -3\\ 0 & 2 & a\\ 1 & a & 1\end{pmatrix}, \boldsymbol{B}=\begin{pmatrix}1 & -2 & 0\\ 0 & 2 & 1\\ 1 & 1 & 0\end{pmatrix}$, 若 $\mathrm{r}(\boldsymbol{AB})=2$, 则 $a=$(　　).

(A) 2 或 $-4$　　(B) 2　　(C) $-2$ 或 4　　(D) 4

17. 设矩阵 $\boldsymbol{A}=\begin{pmatrix}a & b & b\\ b & a & b\\ b & b & a\end{pmatrix}$ 与其伴随矩阵 $\boldsymbol{A}^*$ 的秩满足 $\mathrm{r}(\boldsymbol{A})+\mathrm{r}(\boldsymbol{A}^*)=3$, 则(　　).

(A) $a=b$ 或 $a+2b=0$　　(B) $a=b$ 或 $a+2b\neq 0$

(C) $a\neq b$ 且 $a+2b=0$　　(D) $a\neq b$ 且 $a+2b\neq 0$

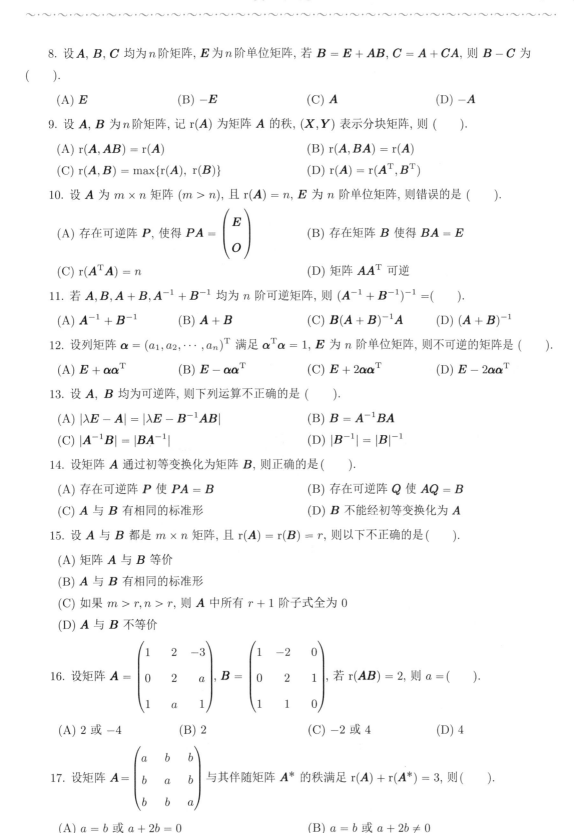

18. 设矩阵 $\boldsymbol{A}=(a_{ij})=\begin{pmatrix}1&2&-3\\0&2&a\\1&1&b\end{pmatrix}$ 与矩阵 $\boldsymbol{B}=\begin{pmatrix}1&1&1\\2&1&3\\1&0&2\end{pmatrix}$ 有相同的标准形, 且 $A_{11}+A_{12}+A_{13}=2$, 其中 $A_{ij}$ 为元素 $a_{ij}$ 的代数余子式, 则 $a$, $b$ 的值为(　　).

(A) $a=b=2$　　(B) $a=-2,b=2$　　(C) $a=b=-2$　　(D) $a=-10,b=2$

19. 设 $\boldsymbol{A}$ 与 $\boldsymbol{B}$ 都是 $n$ 阶矩阵, 且 $\boldsymbol{A}-\boldsymbol{B}=\boldsymbol{AB}$, 则不正确的是(　　).

(A) $\mathrm{r}(\boldsymbol{A})=\mathrm{r}(\boldsymbol{B})$　　(B) $\boldsymbol{AB}=\boldsymbol{BA}$

(C) 矩阵 $\boldsymbol{E}-\boldsymbol{B}$ 一定可逆　　(D) 矩阵 $\boldsymbol{E}-\boldsymbol{A}$ 一定可逆

20. 设 $\boldsymbol{A}$ 为 $m\times n$ 矩阵, $\boldsymbol{B}$ 为 $n\times m$ 矩阵, 如果 $\boldsymbol{E}_m+\boldsymbol{AB}$ 可逆, 则下列不正确的是(　　).

(A) $(\boldsymbol{E}_m+\boldsymbol{AB})\boldsymbol{A}=\boldsymbol{A}(\boldsymbol{E}_n+\boldsymbol{BA})$　　(B) $\boldsymbol{A}=(\boldsymbol{E}_m+\boldsymbol{AB})^{-1}\boldsymbol{A}(\boldsymbol{E}_n+\boldsymbol{BA})$

(C) $\boldsymbol{B}=(\boldsymbol{E}_n+\boldsymbol{BA})\boldsymbol{B}(\boldsymbol{E}_m+\boldsymbol{AB})^{-1}$　　(D) $\boldsymbol{E}_n+\boldsymbol{BA}$ 不可逆

三、计算题

1. 已设 $\boldsymbol{A}=\begin{pmatrix}1&0&0\\0&1&-1\\0&-3&3\end{pmatrix}$, 求 $(2\boldsymbol{E}+\boldsymbol{A})^{\mathrm{T}}(2\boldsymbol{E}-\boldsymbol{A})^{-1}(4\boldsymbol{E}-\boldsymbol{A}^2)$ 的行列式.

2. 设 $\boldsymbol{A}=\begin{pmatrix}2&-2&0\\4&-2&2\\1&3&1\end{pmatrix}$, $\boldsymbol{B}=\begin{pmatrix}1&-1&0\\-2&1&-1\\0&1&0\end{pmatrix}$, 求 $\boldsymbol{A}^2-4\boldsymbol{B}^2-2\boldsymbol{BA}+2\boldsymbol{AB}$.

3. 设 $\boldsymbol{A}=(a_{ij})$ 为三阶可逆矩阵且 $\boldsymbol{A}^{-1}=\begin{pmatrix}2&3&4\\1&-1&2\\3&1&2\end{pmatrix}$, 求 $A_{11}+A_{22}+A_{33}$, 其中 $A_{ij}$ 为 $a_{ij}$ 的代数余子式.

4. 设 $\boldsymbol{A}=\begin{pmatrix}1&2&3&4\\0&1&2&3\\0&0&1&2\\0&0&0&1\end{pmatrix}$, 求: (1) $\boldsymbol{A}^{-1}$ 及 $\boldsymbol{A}^*$; (2) $|\boldsymbol{A}|$ 中所有元素的代数余子式之和.

5. (1) 设矩阵 $\boldsymbol{A}=\begin{pmatrix}1&1&0\\0&-1&1\\1&-1&0\end{pmatrix}$, $f(x)=\begin{vmatrix}x+1&x\\2&x+2\end{vmatrix}$, 试求 $[f(\boldsymbol{A})]^{-1}$.

(2) 设二阶矩阵 $\boldsymbol{A}=\begin{pmatrix}a&b\\c&d\end{pmatrix}$, 而 $f(\lambda)=|\lambda\boldsymbol{E}-\boldsymbol{A}|$, 其中 $\boldsymbol{E}$ 为二阶单位矩阵, 试求 $f(\boldsymbol{A})$.

6. 设 $n$ 阶方阵 $\boldsymbol{A},\boldsymbol{B}$ 满足 $\boldsymbol{A}^3=2\boldsymbol{E},\boldsymbol{B}=\boldsymbol{A}^2+\boldsymbol{E}$, 证明: 矩阵 $\boldsymbol{B}$ 可逆, 并求 $\boldsymbol{B}^{-1}$.

7. 设矩阵 $\boldsymbol{A}=\begin{pmatrix}1&1&-1\\-1&1&1\\1&-1&1\end{pmatrix}$, 矩阵 $\boldsymbol{X}$ 满足 $\boldsymbol{A}^*\boldsymbol{X}=\boldsymbol{A}^{-1}+2\boldsymbol{X}$, 其中 $\boldsymbol{A}^*$ 为 $\boldsymbol{A}$ 的伴随矩阵, 求矩阵 $\boldsymbol{X}$.

8. 设 $\boldsymbol{A}$ 为 $n$ 阶方阵, 且满足 $\boldsymbol{A}\boldsymbol{A}^{\mathrm{T}}=\boldsymbol{E}$, $|\boldsymbol{A}|<0$, 求 $|\boldsymbol{A}+\boldsymbol{E}|$.

9. 对不同的 $\lambda$, 讨论矩阵 $\boldsymbol{A}=\begin{pmatrix}1&-1&\lambda&-1\\-1&\lambda&-1&\lambda^2\\\lambda&-1&1&1-2\lambda\end{pmatrix}$ 的秩.

10. 设 $\boldsymbol{A}=\begin{pmatrix}0&10&6\\1&-3&-3\\-2&10&8\end{pmatrix}$, $\boldsymbol{P}=\begin{pmatrix}2&2&3\\1&-1&0\\-1&2&1\end{pmatrix}$, 求: (1) $\boldsymbol{B}=\boldsymbol{P}^{-1}\boldsymbol{A}\boldsymbol{P}$; (2) $\boldsymbol{A}^k$.

11. 设矩阵 $\boldsymbol{A}=\begin{pmatrix}a&1&0\\1&a&-1\\0&1&a\end{pmatrix}$, 且 $\boldsymbol{A}^3=\boldsymbol{O}$.

(Ⅰ) 求 $a$ 的值; (Ⅱ) 若矩阵 $\boldsymbol{X}$ 满足 $\boldsymbol{X}-\boldsymbol{X}\boldsymbol{A}^2-\boldsymbol{A}\boldsymbol{X}+\boldsymbol{A}\boldsymbol{X}\boldsymbol{A}^2=\boldsymbol{E}$, 求 $\boldsymbol{X}$.

12. 已知三阶实矩阵 $\boldsymbol{A}=(a_{ij})$ 满足条件:

(1) $a_{ij}=A_{ij}$ $(i,j=1,2,3)$, 其中 $A_{ij}$ 是 $a_{ij}$ 的代数余子式; (2) $a_{33}=1$.

试求 (1) 行列式 $|\boldsymbol{A}|$; (2) 方程组 $\boldsymbol{A}\boldsymbol{X}=(0,0,1)^{\mathrm{T}}$ 的解.

13. (1) 设 $\boldsymbol{A}$ 为 $m\times n$ 矩阵, 且 $\mathrm{r}(\boldsymbol{A})=n$, $\boldsymbol{E}$ 为 $n$ 阶单位矩阵, 证明: 存在 $n\times m$ 矩阵 $\boldsymbol{B}$, 使得 $\boldsymbol{B}\boldsymbol{A}=\boldsymbol{E}$, 并求出 $\boldsymbol{B}$ 的表达式;

(2) 设 $\boldsymbol{A}=\begin{pmatrix}0&1\\1&0\\0&2\end{pmatrix}$, 求 $2\times 3$ 矩阵 $\boldsymbol{B}$, 使得 $\boldsymbol{B}\boldsymbol{A}=\boldsymbol{E}$, 其中 $\boldsymbol{E}$ 为二阶单位矩阵.

14. 设 $\boldsymbol{A}$ 为 $n$ 阶可逆矩阵, 且 $\boldsymbol{A}$ 的每行元素之和均为 $a$, 证明:

(1) $a\neq 0$; (2) $\boldsymbol{A}^{-1}$ 的每行元素之和均为 $\dfrac{1}{a}$; (3) $\boldsymbol{A}^m$ 的每行元素之和均为 $a^m$ ($m$ 为正整数).

15. 设 $\boldsymbol{A}$ 为 $n$ 阶矩阵, $\boldsymbol{A}^*$ 为其伴随矩阵, 则有

$$\mathrm{r}(\boldsymbol{A}^*)=\begin{cases}n, & 当\ \mathrm{r}(\boldsymbol{A})=n,\\ 1, & 当\ \mathrm{r}(\boldsymbol{A})=n-1,\\ 0, & 当\ \mathrm{r}(\boldsymbol{A})<n-1.\end{cases}$$

16. 设 $n$ 阶矩阵 $\boldsymbol{A}$ 满足 $\boldsymbol{A}^2=\boldsymbol{A}$, 证明 $\mathrm{r}(\boldsymbol{A})+\mathrm{r}(\boldsymbol{E}-\boldsymbol{A})=n$.

17. 设 $n$ 阶矩阵 $\boldsymbol{A}$ 的秩为 1, 证明存在常数 $k$, 使 $\boldsymbol{A}^2=k\boldsymbol{A}$.

18. 设 $\boldsymbol{A}$, $\boldsymbol{B}$ 为 $n$ 阶矩阵, $\boldsymbol{E}$ 为 $n$ 阶单位矩阵, 如果 $\boldsymbol{E}+\boldsymbol{A}\boldsymbol{B}$ 可逆, 证明 $\boldsymbol{E}+\boldsymbol{B}\boldsymbol{A}$ 也可逆.

# 第 3 章　线性方程组

**学习目标与要求**

1. 理解非齐次线性方程组有解的充分必要条件及齐次线性方程组有非零解的充分必要条件. 掌握用初等变换求线性方程组通解的方法.

2. 理解 $n$ 维向量的概念, 掌握向量的加法和数乘运算. 理解向量的线性组合和线性表示的概念.

3. 理解向量组的线性相关和线性无关的定义; 会判断向量组的线性相关性或线性无关性.

4. 理解向量组的极大线性无关组和向量组的秩的概念; 会求向量组的极大线性无关组和秩.

5. 理解齐次线性方程组的基础解系和通解的概念. 理解非齐次线性方程组解的结构及通解的概念.

## 3.1　线性方程组解的存在定理

本章介绍线性方程组的相关内容, 主要是研究一般的线性方程组, 即方程个数与未知数个数未必相等的线性方程组. 先引入一般概念.

对于一般的线性方程组

$$\begin{cases} a_{11}x_1 + a_{12}x_2 + \cdots + a_{1n}x_n = b_1, \\ a_{21}x_1 + a_{22}x_2 + \cdots + a_{2n}x_n = b_2, \\ \qquad\qquad \vdots \\ a_{m1}x_1 + a_{m2}x_2 + \cdots + a_{mn}x_n = b_m, \end{cases} \tag{3.1}$$

令

$$\boldsymbol{A} = \begin{pmatrix} a_{11} & a_{12} & \cdots & a_{1n} \\ a_{21} & a_{22} & \cdots & a_{2n} \\ \vdots & \vdots & & \vdots \\ a_{m1} & a_{m2} & \cdots & a_{mn} \end{pmatrix}, \quad \boldsymbol{x} = \begin{pmatrix} x_1 \\ x_2 \\ \vdots \\ x_n \end{pmatrix}, \quad \boldsymbol{b} = \begin{pmatrix} b_1 \\ b_2 \\ \vdots \\ b_m \end{pmatrix}.$$

则线性方程组(3.1)可写成矩阵形式

$$\boldsymbol{Ax} = \boldsymbol{b}. \tag{3.2}$$

我们将矩阵 $\boldsymbol{A}$ 称为线性方程组 (3.1) 的**系数矩阵**, $\boldsymbol{x}$ 称为**未知量向量**或**未知量矩阵**, $\boldsymbol{b}$ 称为**常数项向量**或**常数项矩阵**.

记矩阵

$$(\boldsymbol{A},\ \boldsymbol{b})=\begin{pmatrix} a_{11} & a_{12} & \cdots & a_{1n} & b_1 \\ a_{21} & a_{22} & \cdots & a_{2n} & b_2 \\ \vdots & \vdots & & \vdots & \vdots \\ a_{m1} & a_{m2} & \cdots & a_{mn} & b_m \end{pmatrix}, \tag{3.3}$$

称此矩阵为线性方程组 (3.1) 的**增广矩阵**, 它决定了线性方程组 (3.1) 的解的情况.

当线性方程组 (3.1) 的常数项 $b_1, b_2, \cdots, b_m$ 不全为零时, 称此线性方程组为**非齐次线性方程组**. 当常数项全为零, 即 $b_1 = b_2 = \cdots = b_m = 0$ 时, 相应的线性方程组称为**齐次线性方程组**, 其矩阵形式为 $\boldsymbol{Ax} = \boldsymbol{0}$. 一般地, 称齐次线性方程组 $\boldsymbol{Ax} = \boldsymbol{0}$ 是非齐次线性方程组 $\boldsymbol{Ax} = \boldsymbol{b}$ 的**导出组**.

我们通过以下例子说明, 线性方程组的消元解法相当于对其增广矩阵进行初等行变换.

例 3.1 用消元法解线性方程组

$$\begin{cases} 2x_1 + 5x_2 - 2x_3 = 6, \\ x_1 + 2x_2 - 3x_3 = -4, \\ 3x_1 + 2x_2 + x_3 = 10. \end{cases} \qquad ①$$

解 为了说明消元解法相当于对增广矩阵进行初等行变换, 在以下解答过程中, 将方程组的消元运算过程写在左边, 相应的增广矩阵的运算过程写在其右边.

先写出原方程组的增广矩阵 $(\boldsymbol{A},\ \boldsymbol{b})=\left(\begin{array}{ccc:c} 2 & 5 & -2 & 6 \\ 1 & 2 & -3 & -4 \\ 3 & 2 & 1 & 10 \end{array}\right)$.

原方程组的第二个方程减去第一个方程的 $\dfrac{1}{2}$ 倍, 第三个方程减去第一个方程的 $\dfrac{3}{2}$ 倍, 得

$$\begin{cases} 2x_1 + 5x_2 - 2x_3 = 6, \\ -\dfrac{1}{2}x_2 - 2x_3 = -7, \\ -\dfrac{11}{2}x_2 + 4x_3 = 1, \end{cases} \quad \text{增广矩阵运算为} \xrightarrow[r_3-\frac{3}{2}r_1]{r_2-\frac{1}{2}r_1} \left(\begin{array}{ccc:c} 2 & 5 & -2 & 6 \\ 0 & -\dfrac{1}{2} & -2 & -7 \\ 0 & -\dfrac{11}{2} & 4 & 1 \end{array}\right). \qquad ②$$

将方程组②中的第三个方程减去第二个方程的 11 倍, 得

$$\begin{cases} 2x_1 + 5x_2 - 2x_3 = 6, \\ -\dfrac{1}{2}x_2 - 2x_3 = -7, \\ 26x_3 = 78, \end{cases} \quad \text{增广矩阵运算为} \xrightarrow{r_3-11r_2} \left(\begin{array}{ccc:c} 2 & 5 & -2 & 6 \\ 0 & -\dfrac{1}{2} & -2 & -7 \\ 0 & 0 & 26 & 78 \end{array}\right). \qquad ③$$

可以从方程组③中解出 $x_3$, 然后代到第二, 一个方程中解出 $x_2$, $x_1$ 的值, 从而得到方程组①的解. 求解过程如下:

将方程组③中第三个方程乘以 $\dfrac{1}{26}$ 得

$$\begin{cases} 2x_1+5x_2-2x_3=6, \\ \quad -\dfrac{1}{2}x_2-2x_3=-7, \\ \qquad\qquad x_3=3, \end{cases} \quad \text{增广矩阵运算为} \xrightarrow{\frac{1}{26}r_3} \left(\begin{array}{ccc:c} 2 & 5 & -2 & 6 \\ 0 & -\dfrac{1}{2} & -2 & -7 \\ 0 & 0 & 1 & 3 \end{array}\right). \qquad ④$$

将方程组④中第一个方程及第二个方程分别都加上第三个方程的 2 倍, 得

$$\begin{cases} 2x_1+5x_2 \qquad =12, \\ \quad -\dfrac{1}{2}x_2 \qquad =-1, \\ \qquad\qquad x_3=3, \end{cases} \quad \text{增广矩阵运算为} \xrightarrow[r_1+2r_3]{r_2+2r_3} \left(\begin{array}{ccc:c} 2 & 5 & 0 & 12 \\ 0 & -\dfrac{1}{2} & 0 & -1 \\ 0 & 0 & 1 & 3 \end{array}\right). \qquad ⑤$$

方程组⑤的第二个方程乘以 $-2$, 得

$$\begin{cases} 2x_1+5x_2 \qquad =12, \\ \qquad x_2 \qquad =2, \\ \qquad\qquad x_3=3, \end{cases} \quad \text{增广矩阵运算为} \xrightarrow{-2r_2} \left(\begin{array}{ccc:c} 2 & 5 & 0 & 12 \\ 0 & 1 & 0 & 2 \\ 0 & 0 & 1 & 3 \end{array}\right). \qquad ⑥$$

再将方程组⑥中第一个方程减去第二个方程的 5 倍, 得

$$\begin{cases} 2x_1 \qquad\qquad =2, \\ \qquad x_2 \qquad =2, \\ \qquad\qquad x_3=3, \end{cases} \quad \text{增广矩阵运算为} \xrightarrow{r_1-5r_2} \left(\begin{array}{ccc:c} 2 & 0 & 0 & 2 \\ 0 & 1 & 0 & 2 \\ 0 & 0 & 1 & 3 \end{array}\right). \qquad ⑦$$

最后将方程组⑦中的第一个方程乘以 $\dfrac{1}{2}$, 得

$$\begin{cases} x_1=1, \\ x_2=2, \\ x_3=3, \end{cases} \quad \text{增广矩阵运算为} \xrightarrow{\frac{1}{2}r_1} \left(\begin{array}{ccc:c} 1 & 0 & 0 & 1 \\ 0 & 1 & 0 & 2 \\ 0 & 0 & 1 & 3 \end{array}\right). \qquad ⑧$$

将⑧中的矩阵还原成线性方程组也可以得到 $x_1=1, x_2=2, x_3=3$.

因为以上每一步都是可逆的, 所以方程组①至⑧是同解方程组, 所以⑧中的解 $x_1=1, x_2=2, x_3=3$ 是原方程组① 的解.

以上消元过程中, ①至④称为**消元过程**, ⑤ 至⑧ 称为**回代过程**.

从上面的求解过程我们看到, 线性方程组的消元解法实际上是可以通过对方程组的增广矩阵进行初等行变换来实现的.

以上对增广矩阵进行仅限于行的初等变换的方法, 可以推广到一般的线性方程组的求解. 由于初等变换的每一步都是可逆的, 所以这一求解过程其实就是把原线性方程组化成一个同解的线性方程组来求解的.

总结以上求解过程, 可以得到**一般的线性方程组 (3.1) 的求解过程如下:**

(设 $\boldsymbol{A}=(a_{ij})$ 为 $m\times n$ 矩阵, $\mathrm{r}(\boldsymbol{A})=r$)

1. 写出线性方程组 (3.1) 的增广矩阵 $(\boldsymbol{A}, \boldsymbol{b})$.

2. 对增广矩阵 $(\boldsymbol{A}, \boldsymbol{b})$ 进行初等行变换 (如有必要可以交换列), 化为如下阶梯形矩阵

$$
(\boldsymbol{A},\ \boldsymbol{b}) \to \left(\begin{array}{ccccccc|c}
c_{11} & c_{12} & \cdots & c_{1r} & c_{1r+1} & \cdots & c_{1n} & d_1 \\
0 & c_{22} & \cdots & c_{2r} & c_{2r+1} & \cdots & c_{2n} & d_2 \\
\vdots & \vdots & & \vdots & \vdots & & \vdots & \vdots \\
0 & 0 & \cdots & c_{rr} & c_{rr+1} & \cdots & c_{rn} & d_r \\
0 & 0 & \cdots & 0 & 0 & \cdots & 0 & d_{r+1} \\
0 & 0 & \cdots & 0 & 0 & \cdots & 0 & 0 \\
\vdots & \vdots & & \vdots & \vdots & & \vdots & \vdots \\
0 & 0 & \cdots & 0 & 0 & \cdots & 0 & 0
\end{array}\right) = (\boldsymbol{A}_1,\ \boldsymbol{b}_1), \tag{3.4}
$$

其中 $c_{ii} \neq 0\ (i = 1,\ 2,\ \cdots,\ r)$. 为得到式(3.4)的形式, 如有必要, 可重新安排线性方程组中未知量的次序, 即交换矩阵的列, 最后总可得到式(3.4)形状的阶梯形矩阵.

注意到线性方程组(3.2)( 即(3.1)) 与矩阵(3.4) 对应(还原成)的线性方程组 $\boldsymbol{A}_1\boldsymbol{x} = \boldsymbol{b}_1$ 同解, 每个方程左右两侧应该相等. 将矩阵(3.4) 还原成线性方程组 $\boldsymbol{A}_1 x = \boldsymbol{b}_1$ 如下:

$$
\begin{cases}
c_{11}x_1 + c_{12}x_2 + \cdots + c_{1r}x_r + c_{1r+1}x_{r+1} + \cdots + c_{1n}x_n = d_1, \\
\qquad c_{22}x_2 + \cdots + c_{2r}x_r + c_{2r+1}x_{r+1} + \cdots + c_{2n}x_n = d_2, \\
\qquad\qquad \vdots \\
\qquad\qquad c_{rr}x_r + c_{rr+1}x_{r+1} + \cdots + c_{rn}x_n = d_r, \\
\qquad\qquad\qquad 0 = d_{r+1}, \\
\qquad\qquad\qquad 0 = 0, \\
\qquad\qquad\qquad \vdots \\
\qquad\qquad\qquad 0 = 0.
\end{cases} \tag{3.5}
$$

1. 如果 $d_{r+1} \neq 0$, 则第 $r+1$ 个方程出现矛盾 “$0 = d_{r+1} \neq 0$”, 所以此时线性方程组 (3.1)无解 (此时 $\mathrm{r}(\boldsymbol{A}) \neq \mathrm{r}(\boldsymbol{A},\ \boldsymbol{b})$).

2. 如果 $d_{r+1} = 0$, 则有 $\mathrm{r}(\boldsymbol{A}) = \mathrm{r}(\boldsymbol{A},\ \boldsymbol{b}) = r$, 此时线性方程组 (3.1)有解. 又分以下两种情况:

(1) 当 $r = n$ , 即 $\mathrm{r}(\boldsymbol{A}) = \mathrm{r}(\boldsymbol{A},\ \boldsymbol{b}) = n$ 时, 由克莱姆法则知, 此时线性方程组 (3.1) 有唯一解. 继续将矩阵 (3.4) 化为左上角是单位矩阵(回代过程), 有

$$
\left(\begin{array}{cccc|c}
1 & 0 & \cdots & 0 & k_1 \\
0 & 1 & \cdots & 0 & k_2 \\
\vdots & \vdots & & \vdots & \vdots \\
0 & 0 & \cdots & 1 & k_n \\
0 & 0 & \cdots & 0 & 0 \\
0 & 0 & \cdots & 0 & 0
\end{array}\right), \tag{3.6}
$$

由此得唯一解 $x_i = k_i\ (i = 1,\ 2,\ \cdots,\ n)$;

(2) 当 $r < n$ , 即 $\mathrm{r}(\boldsymbol{A}) = \mathrm{r}(\boldsymbol{A},\ \boldsymbol{b}) = r < n$ 时, 将矩阵(3.4)也化为左上角是单位矩阵(回代过程), 有

$$(\boldsymbol{A},\ \boldsymbol{b}) \to \left(\begin{array}{ccccccc|c} 1 & 0 & \cdots & 0 & k_{1r+1} & \cdots & k_{1n} & k_1 \\ 0 & 1 & \cdots & 0 & k_{2r+1} & \cdots & k_{2n} & k_2 \\ \vdots & \vdots & & \vdots & \vdots & & \vdots & \vdots \\ 0 & 0 & \cdots & 1 & k_{rr+1} & \cdots & k_{rn} & k_r \\ 0 & 0 & \cdots & 0 & 0 & \cdots & 0 & 0 \\ 0 & 0 & \cdots & 0 & 0 & \cdots & 0 & 0 \\ \vdots & \vdots & & \vdots & \vdots & & \vdots & \vdots \\ 0 & 0 & \cdots & 0 & 0 & \cdots & 0 & 0 \end{array}\right), \tag{3.7}$$

这样就得到含有 $n-r$ 个未知量 $x_{r+1},\ x_{r+2},\ \cdots,\ x_n$(称为**自由未知量**)的 $x_1,\ x_2,\ \cdots,\ x_r$ 的表达式

$$\begin{cases} x_1 = k_1 - k_{1r+1}x_{r+1} - \cdots - k_{1n}x_n, \\ x_2 = k_2 - k_{2r+1}x_{r+1} - \cdots - k_{2n}x_n, \\ \qquad \vdots \\ x_r = k_r - k_{r\,r+1}x_{r+1} - \cdots - k_{r\,n}x_n. \end{cases} \tag{3.8}$$

很明显, 只要自由未知量 $x_{r+1},\ \cdots,\ x_n$ 取定一组值, 则未知量 $x_1,\ x_2,\ \cdots,\ x_r$ 就被唯一确定. 如果任取 $x_{r+1} = c_1,\ x_{r+2} = c_2, \cdots,\ x_n = c_{n-r}$, 就得到线性方程组(3.8)的解的一般形式

$$\begin{cases} x_1 = k_1 - k_{1r+1}c_1 - \cdots - k_{1n}c_{n-r}, \\ x_2 = k_2 - k_{2r+1}c_1 - \cdots - k_{2n}c_{n-r}, \\ \qquad \vdots \\ x_r = k_r - k_{r\,r+1}c_1 - \cdots - k_{r\,n}c_{n-r}, \\ x_{r+1} = c_1, \\ x_{r+2} = c_2, \\ \qquad \vdots \\ x_n = c_{n-r}, \end{cases} \tag{3.9}$$

其中 $c_1,\ c_2, \cdots,\ c_{n-r}$ 为任意常数. 我们称含有任意常数的式(3.9)是线性方程组(3.1)的**一般解**或者**通解**.

> 定理 3.1 **线性方程组解的存在定理**
>
> 假设 $\boldsymbol{A} = \boldsymbol{A}_{m\times n}, \mathrm{r}(\boldsymbol{A}) = r$, 则线性方程组 $\boldsymbol{Ax} = \boldsymbol{b}$ 有解的充要条件是: $\mathrm{r}(\boldsymbol{A}) = \mathrm{r}(\boldsymbol{A},\ \boldsymbol{b})$; 有唯一解的充要条件是: $\mathrm{r}(\boldsymbol{A}) = \mathrm{r}(\boldsymbol{A},\ \boldsymbol{b}) = n$; 有无穷多解的充要条件是: $\mathrm{r}(\boldsymbol{A}) = \mathrm{r}(\boldsymbol{A},\ \boldsymbol{b}) = r < n$.

在例 3.1 中, 由于 $\mathrm{r}(\boldsymbol{A}) = \mathrm{r}(\boldsymbol{A},\ \boldsymbol{b}) = 3$, 所以方程组有唯一解.

例 3.2 解线性方程组

$$\begin{cases} x_1 + 2x_2 + 3x_3 - 2x_4 = -6, \\ x_1 + 11x_2 - 3x_3 + x_4 = 6, \\ 2x_1 + 7x_2 + 4x_3 - 3x_4 = -8, \\ x_1 - x_2 + 5x_3 - 3x_4 = -10. \end{cases}$$

解 对增广矩阵 $(\boldsymbol{A},\ \boldsymbol{b})$ 进行初等行变换有

$$(\boldsymbol{A},\ \boldsymbol{b}) = \begin{pmatrix} 1 & 2 & 3 & -2 & -6 \\ 1 & 11 & -3 & 1 & 6 \\ 2 & 7 & 4 & -3 & -8 \\ 1 & -1 & 5 & -3 & -10 \end{pmatrix} \to \begin{pmatrix} 1 & 2 & 3 & -2 & -6 \\ 0 & 9 & -6 & 3 & 12 \\ 0 & 3 & -2 & 1 & 4 \\ 0 & -3 & 2 & -1 & -4 \end{pmatrix}$$

$$\to \begin{pmatrix} 1 & 2 & 3 & -2 & -6 \\ 0 & 3 & -2 & 1 & 4 \\ 0 & 0 & 0 & 0 & 0 \\ 0 & 0 & 0 & 0 & 0 \end{pmatrix} \to \begin{pmatrix} 1 & 0 & \frac{13}{3} & -\frac{8}{3} & -\frac{26}{3} \\ 0 & 1 & -\frac{2}{3} & \frac{1}{3} & \frac{4}{3} \\ 0 & 0 & 0 & 0 & 0 \\ 0 & 0 & 0 & 0 & 0 \end{pmatrix},$$

因为 $\mathrm{r}(\boldsymbol{A},\ \boldsymbol{b}) = \mathrm{r}(\boldsymbol{A}) = 2 < 4$, 所以方程组有无穷多解, 同解方程组为

$$\begin{cases} x_1 = -\dfrac{26}{3} - \dfrac{13}{3}x_3 + \dfrac{8}{3}x_4, \\ x_2 = \dfrac{4}{3} + \dfrac{2}{3}x_3 - \dfrac{1}{3}x_4. \end{cases}$$

取 $x_3 = c_1,\ x_4 = c_2$, 则得通解(一般解)为

$$\begin{cases} x_1 = -\dfrac{26}{3} - \dfrac{13}{3}c_1 + \dfrac{8}{3}c_2, \\ x_2 = \dfrac{4}{3} + \dfrac{2}{3}c_1 - \dfrac{1}{3}c_2, \\ x_3 = c_1, \\ x_4 = c_2, \end{cases}$$

其中 $c_1, c_2$ 为任意常数.

例 3.3 问 $a, b$ 为何值时, 线性方程组

$$\begin{cases} x_1 + 2x_2 - x_3 + 2x_4 = 0, \\ x_2 - x_3 + x_4 = 1, \\ x_1 + x_2 + (a+1)x_3 + x_4 = -1, \\ x_1 - x_2 + 2x_3 + ax_4 = b - 3 \end{cases}$$

有唯一解？无解？有无穷多解, 当有解时, 求出其解.

解　用初等行变换将增广矩阵化为阶梯形矩阵

$$(\boldsymbol{A},\ \boldsymbol{b})=\begin{pmatrix}1&2&-1&2&0\\0&1&-1&1&1\\1&1&a+1&1&-1\\1&-1&2&a&b-3\end{pmatrix}\to\begin{pmatrix}1&2&-1&2&0\\0&1&-1&1&1\\0&-1&a+2&-1&-1\\0&-3&3&a-2&b-3\end{pmatrix}$$

$$\to\begin{pmatrix}1&2&-1&2&0\\0&1&-1&1&1\\0&0&a+1&0&0\\0&0&0&a+1&b\end{pmatrix}.$$

1. 当 $a+1\neq 0$, 即 $a\neq -1$ 时, 有 $\mathrm{r}(\boldsymbol{A})=\mathrm{r}(\boldsymbol{A},\ \boldsymbol{b})=4$, 此时线性方程组有唯一解, 将增广矩阵化为

$$(\boldsymbol{A},\ \boldsymbol{b})\to\begin{pmatrix}1&0&0&0&-2\\0&1&0&0&1-\dfrac{b}{a+1}\\0&0&1&0&0\\0&0&0&1&\dfrac{b}{a+1}\end{pmatrix},$$

所以唯一解为

$$x_1=-2,\quad x_2=1-\frac{b}{a+1},\quad x_3=0,\quad x_4=\frac{b}{a+1}.$$

2. 当 $a+1=0$, 即 $a=-1$ 时, 增广矩阵化为

$$(\boldsymbol{A},\ \boldsymbol{b})\to\begin{pmatrix}1&2&-1&2&0\\0&1&-1&1&1\\0&0&0&0&b\\0&0&0&0&0\end{pmatrix}.$$

此时又分两种情况:

(1) 当 $b\neq 0$ 时, 有 $\mathrm{r}(\boldsymbol{A})=2\neq\mathrm{r}(\boldsymbol{A},\ \boldsymbol{b})=3$, 此时线性方程组无解;

(2) 当 $b=0$ 时, 增广矩阵化为

$$(\boldsymbol{A},\ \boldsymbol{b})\to\begin{pmatrix}1&0&1&0&-2\\0&1&-1&1&1\\0&0&0&0&0\\0&0&0&0&0\end{pmatrix},$$

因为 $\mathrm{r}(\boldsymbol{A})=\mathrm{r}(\boldsymbol{A},\ \boldsymbol{b})=2<4$, 所以原方程组有无穷多解, 同解方程组为

$$\begin{cases}x_1=-2-x_3,\\x_2=\ \ 1+x_3-x_4,\end{cases}$$

得通解为

$$\begin{cases} x_1 = -2 - c_1, \\ x_2 = 1 + c_1 - c_2, \\ x_3 = c_1, \\ x_4 = c_2, \end{cases}$$

其中 $c_1, c_2$ 为任意常数.

综上可得, 当 $a \neq -1$ 时有唯一解; 当 $a = -1$, $b \neq 0$ 时无解; 当 $a = -1$, $b = 0$ 时有无穷多解.

以下我们将定理 3.1 应用到齐次线性方程组.

当线性方程组(3.1)右端的常数项全为零, 即 $b_1 = b_2 = \cdots = b_m = 0$ 时, 线性方程组(3.1)就成为齐次线性方程组

$$\begin{cases} a_{11}x_1 + a_{12}x_2 + \cdots + a_{1n}x_n = 0, \\ a_{21}x_1 + a_{22}x_2 + \cdots + a_{2n}x_n = 0, \\ \qquad \vdots \\ a_{m1}x_1 + a_{m2}x_2 + \cdots + a_{mn}x_n = 0, \end{cases} \tag{3.10}$$

其矩阵形式为

$$\boldsymbol{Ax} = \mathbf{0}. \tag{3.11}$$

由于齐次线性方程组(3.10)的增广矩阵为 $(\boldsymbol{A},\ \mathbf{0})$, 满足 $\mathrm{r}(\boldsymbol{A},\ \mathbf{0}) = \mathrm{r}(\boldsymbol{A})$, 所以齐次线性方程组一定有解. 容易验证 $x_1 = x_2 = \cdots = x_n = 0$ 是齐次线性方程组(3.10)(即(3.11))的一个解, 称为**零解**. 齐次线性方程组的其他解称为**非零解**. 由定理 3.1 得到

**定理 3.2 齐次线性方程组非零解的存在定理**

假设 $\boldsymbol{A} = \boldsymbol{A}_{m \times n}$, 则齐次线性方程组 $\boldsymbol{Ax} = \mathbf{0}$ 仅有零解的充要条件是: $\mathrm{r}(\boldsymbol{A}) = n$; 有非零解的充要条件是: $\mathrm{r}(\boldsymbol{A}) < n$.

可以得到

**推论 3.1** 当 $m < n$ 时, 齐次线性方程组 $\boldsymbol{Ax} = \mathbf{0}$ 有非零解.

证明 此时 $\mathrm{r}(\boldsymbol{A}) \leqslant m < n$, 由定理 3.2 知齐次线性方程组 $\boldsymbol{Ax} = \mathbf{0}$ 有非零解. □

由于齐次线性方程组的增广矩阵 $(\boldsymbol{A},\ \mathbf{0})$ 在进行初等行变换时, 常数项始终为零, 所以解齐次线性方程组时, 只需对系数矩阵进行初等行变换, 而不用写出常数项 $\mathbf{0}$.

例 3.4 解齐次线性方程组

$$\begin{cases} x_1 - x_2 + 2x_3 + x_4 = 0, \\ x_1 + x_2 + 3x_3 + 3x_4 = 0, \\ 3x_1 - x_2 + 7x_3 + 5x_4 = 0, \\ x_1 + 3x_2 + 4x_3 + 5x_4 = 0. \end{cases}$$

解 对系数矩阵进行初等行变换得

$$\boldsymbol{A}=\begin{pmatrix}1&-1&2&1\\1&1&3&3\\3&-1&7&5\\1&3&4&5\end{pmatrix}\to\begin{pmatrix}1&-1&2&1\\0&2&1&2\\0&2&1&2\\0&4&2&4\end{pmatrix}\to\begin{pmatrix}1&0&\dfrac{5}{2}&2\\0&1&\dfrac{1}{2}&1\\0&0&0&0\\0&0&0&0\end{pmatrix},$$

得同解方程组

$$\begin{cases}x_1=-\dfrac{5}{2}x_3-2x_4,\\x_2=-\dfrac{1}{2}x_3-x_4.\end{cases}$$

取 $x_3=c_1,x_4=c_2$, 得通解 $\begin{cases}x_1=-\dfrac{5}{2}c_1-2c_2,\\x_2=-\dfrac{1}{2}c_1-c_2,\\x_3=c_1,\\x_4=c_2,\end{cases}$ 其中 $c_1,c_2$ 为任意常数.

**实际问题 3.1** 公寓的设计方案

假设你是一个建筑师. 某小区要建设一栋公寓, 现在有一个模块构造计划方案需要你来设计, 根据基本建筑面积每个楼层可以有三种设置户型的方案, 如表 3.1 所示. 如果要设计出含有 136 套一居室, 74 套两居室, 66 套三居室, 是否可行? 设计方案是否唯一?

表 3.1　楼层设计方案　　套

| 方案 | 一居室 | 两居室 | 三居室 |
|---|---|---|---|
| A | 8 | 7 | 3 |
| B | 8 | 4 | 4 |
| C | 9 | 3 | 5 |

解　设公寓的每层采用同一种方案, 有 $x_1$ 层采用方案 A, 有 $x_2$ 层采用方案 B, 有 $x_3$ 层采用方案 C, 根据题意得

$$\begin{cases}8x_1+8x_2+9x_3=136,\\7x_1+4x_2+3x_3=74,\\3x_1+4x_2+5x_3=66.\end{cases}$$

将增广矩阵化为阶梯形矩阵得

$$(\boldsymbol{A},\ \boldsymbol{b})=\begin{pmatrix}8&8&9&136\\7&4&3&74\\3&4&5&66\end{pmatrix}\to\begin{pmatrix}1&4&6&62\\0&8&13&120\\0&0&0&0\end{pmatrix}$$

因为 $\mathrm{r}(\boldsymbol{A})=\mathrm{r}(\boldsymbol{A},\ \boldsymbol{b})=2<3$, 所以有无穷多解. 继续将增广矩阵化为行最简形, 得

$$(\boldsymbol{A},\ \boldsymbol{b})\to\begin{pmatrix}1&0&-\dfrac{1}{2}&2\\0&1&\dfrac{13}{8}&15\\0&0&0&0\end{pmatrix},$$

所以得同解方程组
$$\begin{cases} x_1 = \ 2 + \dfrac{1}{2}x_3, \\ x_2 = 15 - \dfrac{13}{8}x_3. \end{cases}$$

取 $x_3 = c$ ($c$ 为正整数), 则方程组的全部解为
$$\begin{cases} x_1 = \ 2 + \dfrac{1}{2}c, \\ x_2 = 15 - \dfrac{13}{8}c, \\ x_3 = c. \end{cases}$$

由题意可知, $x_1, x_2, x_3$ 都为正整数, 则当 $c = 8$ 时, 方程组有唯一解 $x_1 = 6, x_2 = 2, x_3 = 8$. 所以设计方案可行且唯一, 设计方案为：6 层采用方案 A, 2 层采用方案 B, 8 层采用方案 C.

**实际问题 3.2** 机器的充分利用

一制造商生产三种不同的化学产品 A、B、C, 每种产品都需要经过两种机器 M 和 N 的制作. 每种产品每生产一吨, 所需使用两部机器的时间如表 3.2 所示. 机器 M 每星期最多使用 80h, 机器 N 每星期最多使用 60h. 假设制造商可以卖出每周制造的所有产品, 经营者不希望使昂贵的机器有空闲时间. 问在一周内每一产品需制造多少吨才能使机器被充分利用?

表 3.2 生产各产品需要的时间 h

| 机器 | 产品 A | 产品 B | 产品 C |
|---|---|---|---|
| M | 2 | 3 | 4 |
| N | 2 | 2 | 3 |

**解** 设产品 A、B、C 一周生产的吨数分别为 $x_1, x_2, x_3$, 可列出线性方程组
$$\begin{cases} 2x_1 + 3x_2 + 4x_3 = 80, \\ 2x_1 + 2x_2 + 3x_3 = 60, \end{cases}$$

对增广矩阵进行初等行变换有
$$(\boldsymbol{A},\ \boldsymbol{b}) = \begin{pmatrix} 2 & 3 & 4 & 80 \\ 2 & 2 & 3 & 60 \end{pmatrix} \to \begin{pmatrix} 1 & 0 & \dfrac{1}{2} & 10 \\ 0 & 1 & 1 & 20 \end{pmatrix},$$

解得方程组的全部解为
$$\begin{cases} x_1 = -\dfrac{1}{2}k + 10, \\ x_2 = -k + 20, \\ x_3 = k. \end{cases}$$

由题意知需寻找方程组的正整数解, 即 $x_i > 0\,(i = 1, 2, 3)$ 且为正整数, 得 $0 < k < 20$, 且 $k$ 为偶数.

## 习　题　3.1

一、选择题 (单选题)

1. 对线性方程组 (I) $\boldsymbol{Ax}=\boldsymbol{b}$ 与其导出组 (II) $\boldsymbol{Ax}=\boldsymbol{0}$, 下列叙述正确的是 (　　).

(A) 若 (II)仅有零解, 则 (I)有唯一解　　(B) 若 (II)有非零解, 则 (I)无穷多解

(C) 若 (I)无穷多解, 则 (II)有非零解　　(D) 若 (I)有唯一解, 则 (II)可能仅有零解

2. 若线性方程组 $\boldsymbol{Ax}=\boldsymbol{b}$ 中, 方程的个数少于未知数的个数, 则有 (　　).

(A) $\boldsymbol{Ax}=\boldsymbol{b}$ 必有无穷多解　　(B) $\boldsymbol{Ax}=\boldsymbol{0}$ 必有非零解

(C) $\boldsymbol{Ax}=\boldsymbol{0}$ 仅有零解　　(D) $\boldsymbol{Ax}=\boldsymbol{b}$ 一定有解

3. 设 $\boldsymbol{A}$ 为 $m\times n$ 矩阵, 则齐次线性方程组 $\boldsymbol{Ax}=\boldsymbol{0}$ 仅有零解的充要条件是 $\mathrm{r}(\boldsymbol{A})$(　　).

(A) 小于 $m$　　(B) 小于 $n$　　(C) 等于 $m$　　(D) 等于 $n$

4. 设非齐次线性方程组 $\boldsymbol{Ax}=\boldsymbol{b}$ 的导出组为 $\boldsymbol{Ax}=\boldsymbol{0}$, 如果 $\boldsymbol{Ax}=\boldsymbol{0}$ 仅有零解, 则 $\boldsymbol{Ax}=\boldsymbol{b}$ (　　).

(A) 必有无穷多解　　(B) 必有唯一解　　(C) 一定无解　　(D) 以上都不对

5. 对线性方程组 $\begin{cases} ax-by=1, \\ bx+ay=0, \end{cases}$ 若 $a\neq b$, 则该线性方程组 (　　).

(A) 无解　　(B) 有唯一解　　(C) 有无穷多解　　(D) 需分情况讨论

二、计算题

1. 解下列非齐次线性方程组:

(1) $\begin{cases} 4x-5y=2, \\ 2x+3y=12, \\ 10x-7y=16; \end{cases}$

(2) $\begin{cases} x_1+x_2-3x_3=-1, \\ 2x_1+x_2-2x_3=1, \\ x_1+x_2+x_3=3, \\ x_1+2x_2-3x_3=1; \end{cases}$

(3) $\begin{cases} x_1-x_2+x_3-x_4=3, \\ x_1-x_2-x_3+x_4=-1, \\ x_1+x_2+2x_3-2x_4=5; \end{cases}$

(4) $\begin{cases} x_1+x_2+x_3-x_4=2, \\ 2x_1-x_2+3x_3-x_4=3, \\ 4x_1+x_2+5x_3-3x_4=7; \end{cases}$

(5) $\begin{cases} x_1+x_2+x_3+2x_4=3, \\ 2x_1-x_2+3x_3+8x_4=8, \\ 3x_1-2x_2+x_3+9x_4=5, \\ x_1-x_2-2x_3+x_4=-3. \end{cases}$

2. 解下列齐次线性方程组:

(1) $\begin{cases} x_1+2x_2-x_3=0, \\ 3x_1-2x_2+x_3=0; \end{cases}$

(2) $\begin{cases} x_1+x_2+x_3=0, \\ 2x_1+5x_2+3x_3=0, \\ 3x_1-x_2-2x_3=0; \end{cases}$

(3) $\begin{cases} x_1 - x_2 + 2x_3 - x_4 = 0, \\ 2x_1 + x_2 - x_3 + 2x_4 = 0, \\ 3x_1 + 3x_2 - 4x_3 + 5x_4 = 0; \end{cases}$　　(4) $\begin{cases} x_1 + x_2 - x_3 + 2x_4 = 0, \\ 3x_1 + x_2 + 2x_3 + x_4 = 0, \\ 2x_1 + 3x_3 - x_4 = 0, \\ x_1 - x_2 + 4x_3 - 3x_4 = 0. \end{cases}$

3. 讨论当 $a, b$ 为何值时, 下列非齐次线性方程组有解, 并求出所有解:

(1) $\begin{cases} ax_1 + x_2 + x_3 = 1, \\ x_1 + ax_2 + x_3 = 1, \\ x_1 + x_2 + ax_3 = 1; \end{cases}$　　(2) $\begin{cases} x_1 + 2x_2 - 2x_3 + x_4 = 2, \\ x_2 - x_3 - x_4 = 1, \\ x_1 + x_2 - x_3 + 3x_4 = a, \\ x_1 - x_2 + x_3 + 5x_4 = b. \end{cases}$

4. 当 $k$ 为何值时, 线性方程组 $\begin{cases} 2x_1 + kx_2 - x_3 = 1, \\ kx_1 - x_2 + x_3 = 2, \\ 4x_1 + 5x_2 - 5x_3 = -1 \end{cases}$ 有唯一解、无解、有无穷多解, 在有无穷多解时, 求出全部解.

5. 设 $\boldsymbol{A}$ 为 $m \times n$ 矩阵, 要从矩阵方程 $\boldsymbol{AB} = \boldsymbol{AC}$ 推出 $\boldsymbol{B} = \boldsymbol{C}$, 矩阵 $\boldsymbol{A}$ 应满足什么条件?

三、应用题

1. 某工厂生产 A, B, C, D 四种商品, 生产单位产品所需的资源甲、乙、丙的数量及现有资源情况如表 3.3 所示.

表 3.3　　　　件

| 资源 \ 产品 | 生产单位产品所需的资源数 | | | | 现有资源 |
|---|---|---|---|---|---|
| | A | B | C | D | |
| 甲 | 1 | 2 | 3 | 1 | 180 |
| 乙 | 3 | 1 | 2 | 0 | 150 |
| 丙 | 2 | 4 | 0 | 3 | 210 |

现要求将现有资源充分利用(用完), 问应该怎样安排四种产品的生产数量, 能使产品总数最大? 最大产品总数是多少?

2. 一百货商店出售四种型号的 T 衫: 小号、中号、大号和加大号, 其售价分别为: 22 元、24 元、26 元、30 元. 由于属于销售旺季, 进货全部可以售完. 店家一般进货中号是小号的 2 倍, 大号是加大号的 4 倍. 如果要求 T 衫的销售额至少为 540 元, 假设总进货量用 $z$ 表示. (1) 问需怎样安排进货量? (2) 如果加大号进货 3 件, 问最少进货量是多少? 每种型号各进多少件?

## 3.2 向量及向量组的线性组合

3.1 节中虽然介绍了线性方程组解的存在定理, 和求各种线性方程组的通解的方法, 但是我们并不了解线性方程组解的具体结构是什么. 为解决此问题, 必须引入向量的概念, 然后了解向量组的线性组合及线性相关性等概念.

### 3.2.1 $n$ 维向量

先看以下实例.

**实际问题 3.3** 教室出勤学生的分布

教室从左到右有 1, 2, 3, 4 共四(纵)排座位, 各排出勤人数依次为 19, 35, 41 和 13 人, 可将他们的出勤人数的分布按有序数组表示为

$$\begin{pmatrix} 19 \\ 35 \\ 41 \\ 13 \end{pmatrix}.$$

**实际问题 3.4** 公司各季度的净收入

某公司 2016 年的一、二、三、四季度的净收入分别是 80 万、95 万、108 万和 199 万, 可以用以下有序数组表示该公司各季度的净收入

$$(80,\ 95,\ 108,\ 199).$$

以上这类有序数组在经济、科技等的应用中占有很重要的地位, 称为向量, 其定义如下.

**定义 3.1 $n$ 维向量**

$n$ 个数 $a_1, a_2, \cdots, a_n$ 组成的有序数组

$$\boldsymbol{a}=\begin{pmatrix} a_1 \\ a_2 \\ \vdots \\ a_n \end{pmatrix} \text{ 或 } \boldsymbol{a}=(a_1,\ a_2,\ \cdots,\ a_n)$$

称为 $n$ **维向量**, 其中数 $a_i$ 称为向量的**第 $i$ 个分量**. 将前一个向量称为**列向量**, 后一个向量称为**行向量**.

分量全为实数的向量称为**实向量**, 分量中有复数的向量称为**复向量**.

本书只限于讨论实向量.

另外, 为了方便起见, 本书叙述结论和定义时, 所提到的向量都以列向量来理解, 但所有结论和定义对行向量也一样成立.

我们一般用小写字母 $\boldsymbol{a}, \boldsymbol{b}, \boldsymbol{c}, \cdots$, 以及小写希腊字母 $\boldsymbol{\alpha}, \boldsymbol{\beta}, \boldsymbol{\gamma}, \cdots$ 来表示向量.

容易看出, 列向量就是列矩阵, 行向量就是行矩阵, 所以向量的运算是遵循矩阵的运算法则的, 不需要增加新的运算法则.

例如, 我们有**零向量** $\mathbf{0}=\begin{pmatrix} 0 \\ 0 \\ \vdots \\ 0 \end{pmatrix}$, 向量 $\boldsymbol{a}=\begin{pmatrix} a_1 \\ a_2 \\ \vdots \\ a_n \end{pmatrix}$ 的**负向量** $-\boldsymbol{a}=\begin{pmatrix} -a_1 \\ -a_2 \\ \vdots \\ -a_n \end{pmatrix}$.

对于两个 $n$ 维向量 $\boldsymbol{a}=\begin{pmatrix}a_1\\a_2\\\vdots\\a_n\end{pmatrix}$, $\boldsymbol{b}=\begin{pmatrix}b_1\\b_2\\\vdots\\b_n\end{pmatrix}$, 如果它们的对应分量均相等, 即 $a_i=b_i\ (i=1,\ 2,\cdots,n)$, 则称向量 $\boldsymbol{a}$ 与 $\boldsymbol{b}$ **相等**, 记为 $\boldsymbol{a}=\boldsymbol{b}$; 向量 $\boldsymbol{a}$ 与 $\boldsymbol{b}$ 对应分量的和 $a_i+b_i\ (i=1,\ 2,\cdots,n)$ 所组成的向量记为 $\boldsymbol{a}+\boldsymbol{b}$, 称为**向量 $\boldsymbol{a}$ 与 $\boldsymbol{b}$ 的和**; 将向量 $\boldsymbol{a}$ 的每个分量 $a_i\ (i=1,\ 2,\cdots,n)$ 都乘以数 $k$ 得到的向量记为 $k\boldsymbol{a}$, 称为**数 $k$ 与向量 $\boldsymbol{a}$ 的乘积**等.

例 3.5　设向量 $\boldsymbol{a}=\begin{pmatrix}0\\-1\\2\end{pmatrix}$, $\boldsymbol{b}=\begin{pmatrix}1\\2\\3\end{pmatrix}$, 求: (1) $\boldsymbol{a}+\boldsymbol{b}$; (2) $3\boldsymbol{a}$; (3) 向量 $\boldsymbol{x}$, 使 $3\boldsymbol{a}+2\boldsymbol{x}=\boldsymbol{b}$.

解　(1) $\boldsymbol{a}+\boldsymbol{b}=\begin{pmatrix}0\\-1\\2\end{pmatrix}+\begin{pmatrix}1\\2\\3\end{pmatrix}=\begin{pmatrix}0+1\\-1+2\\2+3\end{pmatrix}=\begin{pmatrix}1\\1\\5\end{pmatrix}$; (2) $3\boldsymbol{a}=3\begin{pmatrix}0\\-1\\2\end{pmatrix}=\begin{pmatrix}3\times 0\\3\times(-1)\\3\times 2\end{pmatrix}=\begin{pmatrix}0\\-3\\6\end{pmatrix}$;

(3) $\boldsymbol{x}=\dfrac{1}{2}(\boldsymbol{b}-3\boldsymbol{a})=\dfrac{1}{2}\boldsymbol{b}-\dfrac{3}{2}\boldsymbol{a}=\dfrac{1}{2}\begin{pmatrix}1\\2\\3\end{pmatrix}-\dfrac{3}{2}\begin{pmatrix}0\\-1\\2\end{pmatrix}=\begin{pmatrix}\dfrac{1}{2}\\\dfrac{5}{2}\\-\dfrac{3}{2}\end{pmatrix}$.

另外注意, 列向量可用行向量的转置来表示, 例如列向量

$$\boldsymbol{a}=\begin{pmatrix}a_1\\a_2\\\vdots\\a_n\end{pmatrix}\quad \text{也可表示为}\quad \boldsymbol{a}=(a_1,\ a_2,\ \cdots,\ a_n)^{\mathrm{T}}.$$

需要特别指出, 如果问题所给的向量是行向量, 一般都应该将其转置为列向量来处理, 这会给我们解决问题带来很大方便, 在后边的学习中应注意这一点.

例 3.6　对于 $m\times n$ 矩阵 $\boldsymbol{A}=\begin{pmatrix}a_{11}&a_{12}&\cdots&a_{1n}\\a_{21}&a_{22}&\cdots&a_{2n}\\\vdots&\vdots&&\vdots\\a_{m1}&a_{m2}&\cdots&a_{mn}\end{pmatrix}$,

如果将矩阵 $\boldsymbol{A}$ 按列分块, 并将第 $j$ 列记为 $\boldsymbol{\alpha}_j=\begin{pmatrix}a_{1j}\\a_{2j}\\\vdots\\a_{mj}\end{pmatrix}$ $(j=1,\ 2,\ \cdots,\ n)$, 则按分块矩阵有 $\boldsymbol{A}=(\boldsymbol{\alpha}_1,\ \boldsymbol{\alpha}_2,\ \cdots,\ \boldsymbol{\alpha}_n)$, 而向量组 $\boldsymbol{\alpha}_1,\boldsymbol{\alpha}_2,\cdots,\boldsymbol{\alpha}_n$ 称为矩阵 $\boldsymbol{A}$ 的**列向量组**.

类似地, 如果将 $\boldsymbol{A}$ 按行分块, 并将第 $i$ 行记为 $\boldsymbol{\beta}_i=(a_{i1},\ a_{i2},\ \cdots,\ a_{in})\ (i=1,\ 2,\ \cdots,\ m)$, 则按矩阵分块有 $\boldsymbol{A}=\begin{pmatrix}\boldsymbol{\beta}_1\\ \boldsymbol{\beta}_2\\ \vdots\\ \boldsymbol{\beta}_m\end{pmatrix}$, 并将向量组 $\boldsymbol{\beta}_1, \boldsymbol{\beta}_2, \cdots, \boldsymbol{\beta}_m$ 称为矩阵 $\boldsymbol{A}$ 的**行向量组**.

矩阵的行向量组和列向量组在今后学习中会经常用到.

**实际问题 3.5** 三位同学参加证书班的费用

如果不计其他花销, 甲、乙、丙三位同学在 6 ~ 8 月参加各种证书班的花费如表 3.4 所示.

表 3.4 元

| 月份 | 同学甲 | 同学乙 | 同学丙 |
|---|---|---|---|
| 6 | 390 | 390 | 0 |
| 7 | 2600 | 1900 | 2600 |
| 8 | 490 | 360 | 680 |

(1) 用向量分别表示每位同学在这 3 个月的花销;

(2) 用向量表示他们在每个月的花销.

**解** (1) 每位同学在这 3 个月的花销用向量表示分别为

$$甲\ \boldsymbol{\alpha}_1=\begin{pmatrix}390\\2600\\490\end{pmatrix},\ 乙\ \boldsymbol{\alpha}_2=\begin{pmatrix}390\\1900\\360\end{pmatrix},\ 丙\ \boldsymbol{\alpha}_3=\begin{pmatrix}0\\2600\\680\end{pmatrix};$$

(2) 他们在每个月的花销用向量表示分别为

$$6\ 月\ \boldsymbol{\beta}_1=\begin{pmatrix}390\\390\\0\end{pmatrix},\ 7\ 月\ \boldsymbol{\beta}_2=\begin{pmatrix}2600\\1900\\2600\end{pmatrix},\ 8\ 月\ \boldsymbol{\beta}_3=\begin{pmatrix}490\\360\\680\end{pmatrix},$$

也可以用行向量表示.

**实际问题 3.6** 三位研究生的生活收入

甲、乙、丙三个研究生住同在一个寝室, 在 2016 年第一学期的 3 到 7 月 (共 5 个月), 学校每月向每人发放的生活补贴均为 750 元. 在假期的 7、8 两个月, 他们各自外出打工, 每月打工收入分别是: 甲 3500 元、乙 3600 元、丙 4200 元. 如果忽略他们的其他收入, 试用向量分别计算他们三人在这一年 3 到 8 月各自的总收入.

**解** 他们三人在学期和假期每个月的收入如表 3.5 所示.

表 3.5 元

| | 学期每月收入 | 假期每月收入 |
|---|---|---|
| 甲同学 | 750 | 3500 |
| 乙同学 | 750 | 3600 |
| 丙同学 | 750 | 4200 |

用向量 $\boldsymbol{\alpha}$ 表示他们学期期间的每月收入, 用向量 $\boldsymbol{\beta}$ 表示他们假期期间的每月收入, 则有

$$\boldsymbol{\alpha}=\begin{pmatrix}750\\750\\750\end{pmatrix}, \boldsymbol{\beta}=\begin{pmatrix}3500\\3600\\4200\end{pmatrix},$$

则他们在 3 ~ 8 月的总收入为

$$5\boldsymbol{\alpha}+2\boldsymbol{\beta}=5\begin{pmatrix}750\\750\\750\end{pmatrix}+2\begin{pmatrix}3500\\3600\\4200\end{pmatrix}=\begin{pmatrix}10750\\10950\\12150\end{pmatrix},$$

所以他们这一年 3 到 8 月各自的生活总收入分别为：甲 10750 元、乙 10950 元、丙 12150 元.

### 3.2.2 向量组的线性组合

回到线性方程组(3.1), 即

$$\begin{cases} a_{11}x_1+a_{12}x_2+\cdots+a_{1n}x_n=b_1,\\ a_{21}x_1+a_{22}x_2+\cdots+a_{2n}x_n=b_2,\\ \qquad\vdots\\ a_{m1}x_1+a_{m2}x_2+\cdots+a_{mn}x_n=b_m,\end{cases}$$

如果记系数矩阵的第 $j$ 列 (即 $x_j$ 的系数)为

$$\boldsymbol{\alpha}_j=\begin{pmatrix}a_{1j}\\a_{2j}\\\vdots\\a_{mj}\end{pmatrix}\quad(j=1,\ 2,\ \cdots,\ n),\ \text{常数项向量记为}\ \boldsymbol{\beta}=\begin{pmatrix}b_1\\b_2\\\vdots\\b_m\end{pmatrix},$$

则线性方程组(3.1)可表示为向量形式

$$\boldsymbol{\alpha}_1x_1+\boldsymbol{\alpha}_2x_2+\cdots+\boldsymbol{\alpha}_nx_n=\boldsymbol{\beta}, \tag{3.12}$$

于是, 线性方程组(3.1)是否有解, 就相当于是否存在一组数 $x_1=k_1, x_2=k_2,\cdots,x_n=k_n$, 使得

$$k_1\boldsymbol{\alpha}_1+k_2\boldsymbol{\alpha}_2+\cdots+k_n\boldsymbol{\alpha}_n=\boldsymbol{\beta} \tag{3.13}$$

成立.

这样, 我们引入下列定义.

**定义 3.2 向量组的线性组合**

对于向量组 $\boldsymbol{\alpha}_1,\boldsymbol{\alpha}_2,\cdots,\boldsymbol{\alpha}_s$ 及向量 $\boldsymbol{\beta}$, 如果存在一组数 $k_1,k_2,\cdots,k_s$, 使得

$$k_1\boldsymbol{\alpha}_1+k_2\boldsymbol{\alpha}_2+\cdots+k_s\boldsymbol{\alpha}_s=\boldsymbol{\beta} \tag{3.14}$$

成立, 则称向量 $\boldsymbol{\beta}$ 是向量组 $\boldsymbol{\alpha}_1,\boldsymbol{\alpha}_2,\cdots,\boldsymbol{\alpha}_s$ 的**线性组合**, 或称向量 $\boldsymbol{\beta}$ 可由向量组 $\boldsymbol{\alpha}_1,\boldsymbol{\alpha}_2,\cdots,\boldsymbol{\alpha}_s$ **线性表示**.

由定义可知, **向量 $\boldsymbol{\beta}$ 可由向量组 $\boldsymbol{\alpha}_1,\boldsymbol{\alpha}_2,\cdots,\boldsymbol{\alpha}_s$ 线性表示的充分必要条件是：线性方程组**

$$\boldsymbol{\alpha}_1x_1+\boldsymbol{\alpha}_2x_2+\cdots+\boldsymbol{\alpha}_sx_s=\boldsymbol{\beta} \tag{3.15}$$

**有解.**

例 3.7 任何一个 $n$ 维向量 $\boldsymbol{\alpha}=(a_1,\ a_2,\ \cdots,\ a_n)^{\mathrm{T}}$ 都是 $n$ 阶单位矩阵的 $n$ 个列向量 $\boldsymbol{\varepsilon}_1=(1,\ 0,\cdots,\ 0)^{\mathrm{T}}$, $\boldsymbol{\varepsilon}_2=(0,\ 1,\cdots,\ 0)^{\mathrm{T}}$, $\cdots$, $\boldsymbol{\varepsilon}_n=(0,\ 0,\cdots,\ 1)^{\mathrm{T}}$ 的线性组合, 这是因为有下列等式

$$\boldsymbol{\alpha}=a_1\boldsymbol{\varepsilon}_1+a_2\boldsymbol{\varepsilon}_2+\cdots+a_n\boldsymbol{\varepsilon}_n.$$

例 3.8 零向量是任何一个向量组的线性组合, 这是因为

$$\mathbf{0}=0\cdot\boldsymbol{\alpha}_1+0\cdot\boldsymbol{\alpha}_2+\cdots+0\cdot\boldsymbol{\alpha}_s.$$

例 3.9 向量组 $\boldsymbol{\alpha}_1, \boldsymbol{\alpha}_2, \cdots, \boldsymbol{\alpha}_s$ 中任何一个向量 $\boldsymbol{\alpha}_j$ 都是该向量组的线性组合, 因为容易得到

$$\boldsymbol{\alpha}_j=0\cdot\boldsymbol{\alpha}_1+0\cdot\boldsymbol{\alpha}_2+\cdots+1\cdot\boldsymbol{\alpha}_j+\cdots+0\cdot\boldsymbol{\alpha}_s,\ 1\leqslant j\leqslant s.$$

将定理 3.1 应用到向量形式的线性方程组 (3.15) 可得如下定理.

**定理 3.3 向量的线性表示定理**

设有向量

$$\boldsymbol{\alpha}_j=\begin{pmatrix}a_{1j}\\a_{2j}\\\vdots\\a_{mj}\end{pmatrix}\ (j=1,\ 2,\ \cdots,\ s),\quad \boldsymbol{\beta}=\begin{pmatrix}b_1\\b_2\\\vdots\\b_m\end{pmatrix},$$

则向量 $\boldsymbol{\beta}$ 能由向量组 $\boldsymbol{\alpha}_1, \boldsymbol{\alpha}_2, \cdots, \boldsymbol{\alpha}_s$ 线性表示的充分必要条件是: 矩阵 $\boldsymbol{A}=(\boldsymbol{\alpha}_1, \boldsymbol{\alpha}_2, \cdots, \boldsymbol{\alpha}_s)$ 的秩与矩阵 $\boldsymbol{B}=(\boldsymbol{\alpha}_1, \boldsymbol{\alpha}_2, \cdots, \boldsymbol{\alpha}_s, \boldsymbol{\beta})$ 的秩相等.

证明 因为向量 $\boldsymbol{\beta}$ 能由向量组 $\boldsymbol{\alpha}_1, \boldsymbol{\alpha}_2, \cdots, \boldsymbol{\alpha}_s$ 线性表示的充分必要条件是线性方程组

$$k_1\boldsymbol{\alpha}_1+k_2\boldsymbol{\alpha}_2+\cdots+k_s\boldsymbol{\alpha}_s=\boldsymbol{\beta}$$

有解, 而由定理 3.1 知, 该线性方程组有解的充分必要条件是, 系数矩阵的秩与增广矩阵的秩相等, 即以 $\boldsymbol{\alpha}_1, \boldsymbol{\alpha}_2, \cdots, \boldsymbol{\alpha}_s$ 为列的矩阵 $\boldsymbol{A}=(\boldsymbol{\alpha}_1, \boldsymbol{\alpha}_2, \cdots, \boldsymbol{\alpha}_s)$ 的秩与以 $\boldsymbol{\alpha}_1, \boldsymbol{\alpha}_2, \cdots, \boldsymbol{\alpha}_s, \boldsymbol{\beta}$ 为列的矩阵 $\boldsymbol{B}=(\boldsymbol{\alpha}_1, \boldsymbol{\alpha}_2, \cdots, \boldsymbol{\alpha}_s, \boldsymbol{\beta})$ 的秩相等. □

由定理 3.1 还可进一步得到向量 $\boldsymbol{\beta}$ 不能由向量组 $\boldsymbol{\alpha}_1, \boldsymbol{\alpha}_2, \cdots, \boldsymbol{\alpha}_s$ 线性表示、能唯一线性表示、能线性表示但表示法不唯一的充要条件, 这些结果请读者对照定理 3.1 自己叙述.

注: 在 3.4 节中我们将了解到, 矩阵 $\boldsymbol{A}=(\boldsymbol{\alpha}_1, \boldsymbol{\alpha}_2, \cdots, \boldsymbol{\alpha}_s)$ 的秩就是向量组 $\boldsymbol{\alpha}_1, \boldsymbol{\alpha}_2, \cdots, \boldsymbol{\alpha}_s$ 的秩.

例 3.10 判断向量 $\boldsymbol{\beta}_1=(3,-5,5,14)$ 与 $\boldsymbol{\beta}_2=(1,3,4,9)$ 能否由向量组 $\boldsymbol{\alpha}_1=(1,-1,2,5)$, $\boldsymbol{\alpha}_2=(1,1,3,6)$ 线性表示, 如果能, 写出表达式.

解 考查线性方程组 $\boldsymbol{\alpha}_1x_1+\boldsymbol{\alpha}_2x_2=\boldsymbol{\beta}_1$ 是否有解, 对其增广矩阵 $(\boldsymbol{\alpha}_1^{\mathrm{T}},\ \boldsymbol{\alpha}_2^{\mathrm{T}},\ \boldsymbol{\beta}_1^{\mathrm{T}})$ 施以初等行变换化为阶梯形矩阵有

$$\begin{pmatrix}1&1&3\\-1&1&-5\\2&3&5\\5&6&14\end{pmatrix}\to\begin{pmatrix}1&1&3\\0&2&-2\\0&1&-1\\0&1&-1\end{pmatrix}\to\begin{pmatrix}1&1&3\\0&1&-1\\0&0&0\\0&0&0\end{pmatrix}\to\begin{pmatrix}1&0&4\\0&1&-1\\0&0&0\\0&0&0\end{pmatrix},$$

因为 $\mathrm{r}\left(\boldsymbol{\alpha}_1^{\mathrm{T}}, \boldsymbol{\alpha}_2^{\mathrm{T}}\right)=\mathrm{r}\left(\boldsymbol{\alpha}_1^{\mathrm{T}}, \boldsymbol{\alpha}_2^{\mathrm{T}}, \boldsymbol{\beta}_1^{\mathrm{T}}\right)=2$, 所以方程组有解, 从而 $\boldsymbol{\beta}_1$ 可由 $\boldsymbol{\alpha}_1, \boldsymbol{\alpha}_2$ 线性表示, 由以上

最后一个矩阵知, $x_1 = 4, x_2 = -1$, 所以 $\boldsymbol{\beta}_1 = 4\boldsymbol{\alpha}_1 - \boldsymbol{\alpha}_2$(表示法唯一).

同样, 考查线性方程组 $\boldsymbol{\alpha}_1 x_1 + \boldsymbol{\alpha}_2 x_2 = \boldsymbol{\beta}_2$, 对增广矩阵 $(\boldsymbol{\alpha}_1^{\mathrm{T}}, \boldsymbol{\alpha}_2^{\mathrm{T}}, \boldsymbol{\beta}_2^{\mathrm{T}})$ 施以如下初等行变换化为阶梯形矩阵有

$$\begin{pmatrix} 1 & 1 & 1 \\ -1 & 1 & 3 \\ 2 & 3 & 4 \\ 5 & 6 & 9 \end{pmatrix} \to \begin{pmatrix} 1 & 1 & 1 \\ 0 & 2 & 4 \\ 0 & 1 & 2 \\ 0 & 1 & 4 \end{pmatrix} \to \begin{pmatrix} 1 & 1 & 1 \\ 0 & 1 & 2 \\ 0 & 0 & 1 \\ 0 & 0 & 0 \end{pmatrix},$$

由于 $\mathrm{r}(\boldsymbol{\alpha}_1^{\mathrm{T}}, \boldsymbol{\alpha}_2^{\mathrm{T}}) = 2 \neq \mathrm{r}(\boldsymbol{\alpha}_1^{\mathrm{T}}, \boldsymbol{\alpha}_2^{\mathrm{T}}, \boldsymbol{\beta}_2^{\mathrm{T}}) = 3$, 故 $\boldsymbol{\beta}_2$ 不能由向量组 $\boldsymbol{\alpha}_1, \boldsymbol{\alpha}_2$ 线性表示.

### 3.2.3 向量组之间的线性表示

**定义 3.3 向量组之间的线性表示**

设有两向量组

$$A: \boldsymbol{\alpha}_1, \boldsymbol{\alpha}_2, \cdots, \boldsymbol{\alpha}_s;$$

$$B: \boldsymbol{\beta}_1, \boldsymbol{\beta}_2, \cdots, \boldsymbol{\beta}_t.$$

若向量组 $B$ 中的每一个向量都能由向量组 $A$ 线性表示, 则称**向量组 $B$ 能由向量组 $A$ 线性表示**. 若向量组 $A$ 与向量组 $B$ 能相互线性表示, 则称**向量组 $A$ 与 $B$ 等价**.

例 3.11 设向量组 $A: \boldsymbol{\alpha}_1, \boldsymbol{\alpha}_2, \boldsymbol{\alpha}_3$ 可由向量组 $B: \boldsymbol{\beta}_1, \boldsymbol{\beta}_2$ 线性表示为

$$\boldsymbol{\alpha}_1 = \boldsymbol{\beta}_1 + 2\boldsymbol{\beta}_2, \quad \boldsymbol{\alpha}_2 = 3\boldsymbol{\beta}_2, \quad \boldsymbol{\alpha}_3 = -\boldsymbol{\beta}_1 + \boldsymbol{\beta}_2, \tag{3.16}$$

而向量组 $B: \boldsymbol{\beta}_1, \boldsymbol{\beta}_2$ 又能由向量组 $C: \boldsymbol{\gamma}_1, \boldsymbol{\gamma}_2, \boldsymbol{\gamma}_3$ 线性表示为

$$\boldsymbol{\beta}_1 = 2\boldsymbol{\gamma}_1 + \boldsymbol{\gamma}_2 - \boldsymbol{\gamma}_3, \quad \boldsymbol{\beta}_2 = \boldsymbol{\gamma}_1 - 2\boldsymbol{\gamma}_2, \tag{3.17}$$

试考查向量组 $A$ 能否由向量组 $C$ 线性表示.

解 **方法1** 将式(3.17) 代入式(3.16) 并化简得

$$\boldsymbol{\alpha}_1 = 4\boldsymbol{\gamma}_1 - 3\boldsymbol{\gamma}_2 - \boldsymbol{\gamma}_3, \ \boldsymbol{\alpha}_2 = 3\boldsymbol{\gamma}_1 - 6\boldsymbol{\gamma}_2, \ \boldsymbol{\alpha}_3 = -\boldsymbol{\gamma}_1 - 3\boldsymbol{\gamma}_2 + \boldsymbol{\gamma}_3,$$

所以向量组 $A: \boldsymbol{\alpha}_1, \boldsymbol{\alpha}_2, \boldsymbol{\alpha}_3$ 可由向量组 $C: \boldsymbol{\gamma}_1, \boldsymbol{\gamma}_2, \boldsymbol{\gamma}_3$ 线性表示.

**方法2** 将向量都看成列向量, 组成矩阵, 利用分块矩阵的乘积较为直观.

由向量组 $A$ 能由向量组 $B$ 线性表示有

$$(\boldsymbol{\alpha}_1, \boldsymbol{\alpha}_2, \boldsymbol{\alpha}_3) = (\boldsymbol{\beta}_1, \boldsymbol{\beta}_2) \begin{pmatrix} 1 & 0 & -1 \\ 2 & 3 & 1 \end{pmatrix}, \tag{3.18}$$

由向量组 $B$ 能由向量组 $C$ 线性表示有

$$(\boldsymbol{\beta}_1, \boldsymbol{\beta}_2) = (\boldsymbol{\gamma}_1, \boldsymbol{\gamma}_2, \boldsymbol{\gamma}_3) \begin{pmatrix} 2 & 1 \\ 1 & -2 \\ -1 & 0 \end{pmatrix}, \tag{3.19}$$

式(3.19) 代入式(3.18) 得

$$(\boldsymbol{\alpha}_1, \boldsymbol{\alpha}_2, \boldsymbol{\alpha}_3)=(\boldsymbol{\gamma}_1, \boldsymbol{\gamma}_2, \boldsymbol{\gamma}_3)\begin{pmatrix}2 & 1\\ 1 & -2\\ -1 & 0\end{pmatrix}\begin{pmatrix}1 & 0 & -1\\ 2 & 3 & 1\end{pmatrix}=(\boldsymbol{\gamma}_1, \boldsymbol{\gamma}_2, \boldsymbol{\gamma}_3)\begin{pmatrix}4 & 3 & -1\\ -3 & -6 & -3\\ -1 & 0 & 1\end{pmatrix}.$$

由此得到, 向量组 $A:\boldsymbol{\alpha}_1, \boldsymbol{\alpha}_2, \boldsymbol{\alpha}_3$ 可由向量组 $C:\boldsymbol{\gamma}_1, \boldsymbol{\gamma}_2, \boldsymbol{\gamma}_3$ 线性表示, 且有

$$\boldsymbol{\alpha}_1 = 4\boldsymbol{\gamma}_1 - 3\boldsymbol{\gamma}_2 - \boldsymbol{\gamma}_3,\ \boldsymbol{\alpha}_2 = 3\boldsymbol{\gamma}_1 - 6\boldsymbol{\gamma}_2,\ \boldsymbol{\alpha}_3 = -\boldsymbol{\gamma}_1 - 3\boldsymbol{\gamma}_2 + \boldsymbol{\gamma}_3.$$

这说明向量组的线性表示具有传递性, 推广如下.

> **定理 3.4　线性表示的传递性**
> 若向量组 $A$ 可由向量组 $B$ 线性表示, 而向量组 $B$ 可由向量组 $C$ 线性表示, 则向量组 $A$ 可由向量组 $C$ 线性表示.

由此定理容易推出向量组的等价也具有传递性, 即

**如果向量组 $A$ 与 $B$ 等价, 而向量组 $B$ 与 $C$ 等价, 则向量组 $A$ 与 $C$ 也等价.**

### 实际问题 3.7　配方问题

在化工、医药、日常膳食等方面都经常涉及配方问题. 在不考虑各种成分之间可能发生某些化学反应时, 配方问题可以用向量和线性方程组来建模.

**【模型准备】** 一种佐料由四种原料 $A, B, C, D$ 混合而成. 这种佐料现有两种规格, 这两种规格的佐料中, 四种原料按重量的比例分别为 $2:3:1:1$ 和 $1:2:1:2$. 现在需要四种原料的比例为 $4:7:3:5$ 的第三种规格的佐料. 问: 第三种规格的佐料能否由前两种规格的佐料按一定比例配制而成?

**【模型假设】** (1) 假设四种原料混合在一起时不发生化学变化. (2) 假设前两种规格的佐料分装成袋, 比如说第一种规格的佐料每袋净重 7g (其中 $A, B, C, D$ 四种原料分别为 2g、3g、1g、1g), 第二种规格的佐料每袋净重 6g (其中 $A, B, C, D$ 四种原料分别为 1g、2g、1g、2g), 第三种规格的佐料每袋净重 19g (其中 $A, B, C, D$ 四种原料分别为 4g、7g、3g、5g).

**【模型建立与求解】** 将两种佐料各成分比例看成向量, 令

$$\boldsymbol{\alpha}_1 = (2,3,1,1)^{\mathrm{T}}, \boldsymbol{\alpha}_2 = (1,2,1,2)^{\mathrm{T}}, \boldsymbol{\beta} = (4,7,3,5)^{\mathrm{T}}.$$

**方法1**　原问题等价于 “向量 $\boldsymbol{\beta}$ 能否由向量组 $\boldsymbol{\alpha}_1, \boldsymbol{\alpha}_2$ 线性表示”. 我们考查线性方程组 $\boldsymbol{\alpha}_1 x_1 + \boldsymbol{\alpha}_2 x_2 = \boldsymbol{\beta}$ 是否有解, 对增广矩阵 $(\boldsymbol{\alpha}_1, \boldsymbol{\alpha}_2, \boldsymbol{\beta})$ 施行初等行变换化为行最简形如下:

$$(\boldsymbol{\alpha}_1, \boldsymbol{\alpha}_2, \boldsymbol{\beta})=\begin{pmatrix}2 & 1 & 4\\ 3 & 2 & 7\\ 1 & 1 & 3\\ 1 & 2 & 5\end{pmatrix}\to\begin{pmatrix}1 & 1 & 3\\ 0 & 1 & 2\\ 0 & 0 & 0\\ 0 & 0 & 0\end{pmatrix}\to\begin{pmatrix}1 & 0 & 1\\ 0 & 1 & 2\\ 0 & 0 & 0\\ 0 & 0 & 0\end{pmatrix},$$

所以 $\boldsymbol{\beta} = \boldsymbol{\alpha}_1 + 2\boldsymbol{\alpha}_2$, 就是说, 需要一份第一种佐料 (7g), 两份第二种佐料 (12g), 可配成一份第三种佐料 (19g).

**方法2**　假设需要第一种佐料 $x$ 份, 第二种佐料 $y$ 份, 能配制成 $z$ 份第三种佐料, 则有线性方程组 $\boldsymbol{\alpha}_1 x + \boldsymbol{\alpha}_2 y = \boldsymbol{\beta} z$, 即

$$\begin{cases} 2x+y=4z, \\ 3x+2y=7z, \\ x+y=3z, \\ x+2y=5z, \end{cases}$$

对此齐次线性方程组的系数矩阵进行初等行变换化为行最简形如下:

$$\boldsymbol{A}=\begin{pmatrix} 2 & 1 & -4 \\ 3 & 2 & -7 \\ 1 & 1 & -3 \\ 1 & 2 & -5 \end{pmatrix} \rightarrow \begin{pmatrix} 1 & 1 & -3 \\ 0 & 1 & -2 \\ 0 & 0 & 0 \\ 0 & 0 & 0 \end{pmatrix} \rightarrow \begin{pmatrix} 1 & 0 & -1 \\ 0 & 1 & -2 \\ 0 & 0 & 0 \\ 0 & 0 & 0 \end{pmatrix},$$

得 $\begin{cases} x=z, \\ y=2z, \end{cases}$ 取最小正整数解 $x=1, y=2, z=1$ 即可完成配方配制.

**实际问题 3.8** 营养食谱问题

一个饮食专家计划一份膳食, 提供一定量的维生素 C、钙和镁. 其中用到 3 种食物, 它们的质量用适当的单位计量. 这些食品提供的营养以及食谱需要的营养如表 3.6 所示.

表 3.6 20 世纪 80 年代剑桥大学医学院减肥营养配方

| 营养 | 单位食谱所含的营养/mg | | | 需要的营养总量/mg |
|---|---|---|---|---|
| | 食物 1 | 食物 2 | 食物 3 | |
| 维生素 C | 10 | 20 | 20 | 100 |
| 钙 | 50 | 40 | 10 | 300 |
| 镁 | 30 | 10 | 40 | 200 |

针对这个问题写出一个向量方程, 说明方程中的变量表示什么, 然后求解这个方程.

解 设 $x_1, x_2, x_3$ 分别表示这三种食物的量. 对每一种食物考虑一个向量, 其分量依次表示每单位食物中营养成分维生素 C、钙和镁的含量:

$$\text{食物 1: } \boldsymbol{\alpha}_1=\begin{pmatrix} 10 \\ 50 \\ 30 \end{pmatrix}, \text{食物 2: } \boldsymbol{\alpha}_2=\begin{pmatrix} 20 \\ 40 \\ 10 \end{pmatrix}, \text{食物 3: } \boldsymbol{\alpha}_3=\begin{pmatrix} 20 \\ 10 \\ 40 \end{pmatrix}, \text{需求: } \boldsymbol{\beta}=\begin{pmatrix} 100 \\ 300 \\ 200 \end{pmatrix},$$

则 $x_1\boldsymbol{\alpha}_1, x_2\boldsymbol{\alpha}_2, x_3\boldsymbol{\alpha}_3$ 分别表示三种食物提供的营养成分, 所以, 得向量方程为

$$x_1\boldsymbol{\alpha}_1+x_2\boldsymbol{\alpha}_2+x_3\boldsymbol{\alpha}_3=\boldsymbol{\beta}.$$

对增广矩阵进行初等行变换有

$$(\boldsymbol{\alpha}_1, \boldsymbol{\alpha}_2, \boldsymbol{\alpha}_3, \boldsymbol{\beta})=\begin{pmatrix} 10 & 20 & 20 & 100 \\ 50 & 40 & 10 & 300 \\ 30 & 10 & 40 & 200 \end{pmatrix} \rightarrow \begin{pmatrix} 1 & 0 & 0 & 50/11 \\ 0 & 1 & 0 & 50/33 \\ 0 & 0 & 1 & 40/33 \end{pmatrix},$$

得到 $x_1=\dfrac{50}{11}, x_2=\dfrac{50}{33}, x_3=\dfrac{40}{33}$, 因此食谱中应该包含 $\dfrac{50}{11}$ 个单位的食物 1, $\dfrac{50}{33}$ 个单位的食物 2, $\dfrac{40}{33}$ 个单位的食物 3.

## 习　题　3.2

一、选择题 (单选题)

1. 设 $\boldsymbol{\beta}$ 是向量组 $\boldsymbol{\alpha}_1=(1,0,0)^{\mathrm{T}}$, $\boldsymbol{\alpha}_2=(0,1,0)^{\mathrm{T}}$ 的线性组合, 则 $\boldsymbol{\beta}=$ (　　).

(A) $(1,3,0)^{\mathrm{T}}$　　(B) $(2,0,1)^{\mathrm{T}}$　　(C) $(0,0,1)^{\mathrm{T}}$　　(D) $(0,2,1)^{\mathrm{T}}$

2. 能表示成向量组 $\boldsymbol{\alpha}_1=(0,0,0,1)$, $\boldsymbol{\alpha}_2=(0,1,1,1)$, $\boldsymbol{\alpha}_3=(1,1,1,1)$ 的线性组合的向量是 (　　).

(A) $(0,0,1,1)$　　(B) $(2,1,1,0)$　　(C) $(2,3,1,0,-1)$　　(D) $(0,0,0,0,0)$

3. 若向量 $\boldsymbol{\beta}$ 可被向量组 $\boldsymbol{\alpha}_1$, $\boldsymbol{\alpha}_2$, $\cdots$ ,$\boldsymbol{\alpha}_s$ 线性表示, 则 (　　).

(A) 存在一组不全为零的数 $k_1$, $k_2$, $\cdots$, $k_s$ 使得 $\boldsymbol{\beta}=k_1\boldsymbol{\alpha}_1+k_2\boldsymbol{\alpha}_2+\cdots+k_s\boldsymbol{\alpha}_s$

(B) 存在一组全为零的数 $k_1,k_2,\cdots,k_s$ 使得 $\boldsymbol{\beta}=k_1\boldsymbol{\alpha}_1+k_2\boldsymbol{\alpha}_2+\cdots+k_s\boldsymbol{\alpha}_s$

(C) 存在一组数 $k_1,k_2,\cdots,k_s$ 使得 $\boldsymbol{\beta}=k_1\boldsymbol{\alpha}_1+k_2\boldsymbol{\alpha}_2+\cdots+k_s\boldsymbol{\alpha}_s$

(D) 对 $\boldsymbol{\beta}$ 的表达式唯一

二、计算题

1. 设 $\boldsymbol{x}=(2,\ 3,\ 7)^{\mathrm{T}}$, $\boldsymbol{y}=(4,\ 0,\ 2)^{\mathrm{T}}$, $\boldsymbol{z}=(1,\ 0,\ 2)^{\mathrm{T}}$, 且 $2(\boldsymbol{x}-\boldsymbol{a})+3(\boldsymbol{y}+\boldsymbol{a})=\boldsymbol{z}$, 求向量 $\boldsymbol{a}$.

2. 在下列各向量组中, $\boldsymbol{\beta}$ 是否能由其余向量线性表示? 如果能, 表示法是否唯一? 表示法唯一时, 写出表示式.

(1) $\boldsymbol{\beta}=(1,\ 1,\ 1)^{\mathrm{T}}$, $\boldsymbol{\alpha}_1=(2,\ 3,\ 0)^{\mathrm{T}}$, $\boldsymbol{\alpha}_2=(1,\ -1,\ 0)^{\mathrm{T}}$, $\boldsymbol{\alpha}_3=(7,\ 5,\ 0)^{\mathrm{T}}$;

(2) $\boldsymbol{\beta}=(-1,1,5)$, $\boldsymbol{\alpha}_1=(1,2,3)$, $\boldsymbol{\alpha}_2=(0,1,4)$, $\boldsymbol{\alpha}_3=(2,3,6)$;

(3) $\boldsymbol{\beta}=(2,\ 0,\ 3,\ 1)$, $\boldsymbol{\alpha}_1=(1,\ 0,\ 2,\ 1)$, $\boldsymbol{\alpha}_2=(1,\ 1,\ 2,\ 1)$, $\boldsymbol{\alpha}_3=(1,\ 1,\ 3,\ 1)$, $\boldsymbol{\alpha}_4=(1,\ 2,\ 3,\ 2)$;

(4) $\boldsymbol{\beta}=(3,\ 4,\ 0,\ 1)$, $\boldsymbol{\alpha}_1=(1,\ 2,\ 2,\ 1)$, $\boldsymbol{\alpha}_2=(1,\ 1,-1,\ 0)$, $\boldsymbol{\alpha}_3=(2,\ 3,\ 1,\ 1)$,
$\boldsymbol{\alpha}_4=(1,\ 0,\ 3,-1)$.

3. 问 $t$ 为何值时, 向量 $\boldsymbol{\beta}$ 可由向量组 $\boldsymbol{\alpha}_1$, $\boldsymbol{\alpha}_2$, $\boldsymbol{\alpha}_3$ 线性表示, 其中

$$\boldsymbol{\beta}=(-1,\ 5,\ 5t),\ \boldsymbol{\alpha}_1=(1,\ 1,\ 2),\ \boldsymbol{\alpha}_2=(2,\ t,\ 4),\ \boldsymbol{\alpha}_3=(t,\ 2,\ 6).$$

4. 已知向量 $\boldsymbol{\alpha}_1=(2,\ 1,\ 1)^{\mathrm{T}}$, $\boldsymbol{\alpha}_2=(1,\ k,\ 1)^{\mathrm{T}}$, $\boldsymbol{\alpha}_3=(1,\ 1,\ k)^{\mathrm{T}}$, $\boldsymbol{\beta}=(k,\ k,\ 1)^{\mathrm{T}}$, 问 $k$ 为何值时,

(1) $\boldsymbol{\beta}$ 可由向量组 $\boldsymbol{\alpha}_1$, $\boldsymbol{\alpha}_2$, $\boldsymbol{\alpha}_3$ 线性表示且表示法唯一;

(2) $\boldsymbol{\beta}$ 可由向量组 $\boldsymbol{\alpha}_1$, $\boldsymbol{\alpha}_2$, $\boldsymbol{\alpha}_3$ 线性表示但表示法不唯一;

(3) $\boldsymbol{\beta}$ 不能由向量组 $\boldsymbol{\alpha}_1$, $\boldsymbol{\alpha}_2$, $\boldsymbol{\alpha}_3$ 线性表示.

5. 如果有关系式

$$\boldsymbol{\alpha}_1=\boldsymbol{\beta}_1+\boldsymbol{\beta}_2+\boldsymbol{\beta}_3,\ \boldsymbol{\alpha}_2=\boldsymbol{\beta}_1-\boldsymbol{\beta}_2-2\boldsymbol{\beta}_3,\ \boldsymbol{\alpha}_3=-\boldsymbol{\beta}_1+\boldsymbol{\beta}_2,$$

试用矩阵将向量组 $A:\boldsymbol{\alpha}_1,\boldsymbol{\alpha}_2,\boldsymbol{\alpha}_3$ 表示成向量组 $B:\boldsymbol{\beta}_1,\boldsymbol{\beta}_2,\boldsymbol{\beta}_3$ 的线性组合, 并说明向量组 $B$ 能否由向量组 $A$ 线性表示, 为什么?

6. 试用矩阵关系将向量组 $A:\boldsymbol{\alpha}+\boldsymbol{\beta},\boldsymbol{\beta}+\boldsymbol{\gamma},\boldsymbol{\gamma}+\boldsymbol{\alpha}$ 表示为向量组 $B:\boldsymbol{\alpha},\boldsymbol{\beta},\boldsymbol{\gamma}$ 的线性组合, 并说明向量组 $B$ 能否由向量组 $A$ 线性表示, 为什么?

三、应用题

1. 某公司有 A, B, C, D 四种产品, 在今年的四个季度中各产品的销售额如表 3.7 所示.

表 3.7 四种产品在今年的四个季度中的销售额 万元

| 产品 | 1 季度 | 2 季度 | 3 季度 | 4 季度 |
|---|---|---|---|---|
| A | 25.5 | 10.2 | 25 | 33.2 |
| B | 21.3 | 8.6 | 12.6 | 35.8 |
| C | 12.6 | 9.5 | 16.3 | 25.2 |
| D | 66.5 | 46.3 | 26.4 | 87.6 |

(1) 试用向量表示每个季度各产品的销售额;

(2) 用向量运算求各产品全年的销售额, 并比较哪种产品销售额最小.

2. (混凝土配置问题)一个混凝土企业只能生产并存储三种不同型号的混凝土, 它们的具体配方比例如表 3.8 所示.

表 3.8 三种不同型号的混凝土的配方比例 t

| | C20 混凝土 | C25 混凝土 | C30 混凝土 |
|---|---|---|---|
| 水泥 | 1 | 1 | 1 |
| 水 | 0.51 | 0.44 | 0.38 |
| 砂 | 1.81 | 1.42 | 1.12 |
| 石子 | 3.68 | 3.16 | 2.72 |

现有两个顾客需要两种比例的混凝土, 第一个顾客需要比例为 1 : 0.6 : 2.4 : 4 的混凝土, 第二个顾客需要比例为 1 : 0.46 : 1.54 : 3.31 的混凝土, 试问能否用这三种混凝土配制出顾客所需的混凝土? 如能配出, 需要这种混凝土 100t, 则三种混凝土各需要多少吨?

## 3.3 向量组的线性相关性

要得到线性方程组的解的结构, 除了知道向量组的线性组合之外, 更重要的是必须了解向量组的线性相关性.

### 3.3.1 向量组的线性相关性

我们考查齐次线性方程组 (3.10):

$$\begin{cases} a_{11}x_1 + a_{12}x_2 + \cdots + a_{1n}x_n = 0, \\ a_{21}x_1 + a_{22}x_2 + \cdots + a_{2n}x_n = 0, \\ \qquad \vdots \\ a_{m1}x_1 + a_{m2}x_2 + \cdots + a_{mn}x_n = 0, \end{cases}$$

如果将未知量 $x_j$ 的系数用列向量表示, 即

$$\boldsymbol{\alpha}_j = \begin{pmatrix} a_{1j} \\ a_{2j} \\ \vdots \\ a_{mj} \end{pmatrix} \ (j = 1,\ 2,\ \cdots,\ n), \quad \text{并记常数项为 } \mathbf{0} = \begin{pmatrix} 0 \\ 0 \\ \vdots \\ 0 \end{pmatrix},$$

则齐次线性方程组 (3.10)可表示为向量形式

$$\boldsymbol{\alpha}_1 x_1 + \boldsymbol{\alpha}_2 x_2 + \cdots + \boldsymbol{\alpha}_n x_n = \mathbf{0}. \tag{3.20}$$

齐次线性方程组(3.10)(即(3.20))是否有非零解, 反映了系数矩阵 $\boldsymbol{A}$ 的列向量组 $\boldsymbol{\alpha}_1,\boldsymbol{\alpha}_2,\cdots,\boldsymbol{\alpha}_n$ 的一种内在关系.

**定义 3.4 线性相关与线性无关**

对于向量组 $\boldsymbol{\alpha}_1,\boldsymbol{\alpha}_2,\cdots,\boldsymbol{\alpha}_s$, 如果存在不全为零的数 $k_1,k_2,\cdots,k_s$, 使得

$$k_1\boldsymbol{\alpha}_1+k_2\boldsymbol{\alpha}_2+\cdots+k_s\boldsymbol{\alpha}_s=\mathbf{0} \tag{3.21}$$

成立, 则称向量组 $\boldsymbol{\alpha}_1,\boldsymbol{\alpha}_2,\cdots,\boldsymbol{\alpha}_s$ 线性相关; 如果当且仅当 $k_1=k_2=\cdots=k_s=0$ 时式(3.21)成立, 则称向量组 $\boldsymbol{\alpha}_1,\boldsymbol{\alpha}_2,\cdots,\boldsymbol{\alpha}_s$ 线性无关.

例如: 由于 $2\begin{pmatrix}1\\0\end{pmatrix}+5\begin{pmatrix}0\\1\end{pmatrix}-\begin{pmatrix}2\\5\end{pmatrix}=\mathbf{0}$, 所以向量组 $\boldsymbol{\alpha}_1=\begin{pmatrix}1\\0\end{pmatrix}, \boldsymbol{\alpha}_2=\begin{pmatrix}0\\1\end{pmatrix}, \boldsymbol{\alpha}_3=\begin{pmatrix}2\\5\end{pmatrix}$ 是线性相关的. 而向量组 $\boldsymbol{\alpha}_1=\begin{pmatrix}1\\0\end{pmatrix}, \boldsymbol{\alpha}_2=\begin{pmatrix}0\\1\end{pmatrix}$ 是线性无关的, 这是因为齐次线性方程组 $\boldsymbol{\alpha}_1x_1+\boldsymbol{\alpha}_2x_2=\mathbf{0}$ 仅有零解.

从上面的定义我们看到, **向量组 $\boldsymbol{\alpha}_1,\boldsymbol{\alpha}_2,\cdots,\boldsymbol{\alpha}_s$ 线性相关 (无关) 的充要条件是: 齐次线性方程组**

$$\boldsymbol{\alpha}_1x_1+\boldsymbol{\alpha}_2x_2+\cdots+\boldsymbol{\alpha}_sx_s=\mathbf{0} \tag{3.22}$$

**有非零解 (仅有零解).**

这样, 我们就将抽象的线性相关和线性无关的判断转化成了判断齐次线性方程组是否有非零解. 这对我们理解向量组的线性相关性带来了很大方便.

例 3.12 一个零向量线性相关; 一个非零向量线性无关.

这是因为对一个向量 $\boldsymbol{\alpha}$, 当 $\boldsymbol{\alpha}=\mathbf{0}$ 时, 有 $1\cdot\boldsymbol{\alpha}=\mathbf{0}$, 则系数不为零, 故线性相关; 当 $\boldsymbol{\alpha}\neq\mathbf{0}$ 时, 则 $\boldsymbol{\alpha}$ 有非零分量 $a_j\neq 0$, 由 $k\boldsymbol{\alpha}=\mathbf{0}$ 可得 $ka_j=0$, 从而只能有 $k=0$, 故 $\boldsymbol{\alpha}$ 线性无关.

### 3.3.2 利用矩阵的秩判断线性相关性

利用定理 3.2 判断齐次线性方程组是否有非零解, 可以得到下列结论.

**定理 3.5 线性相关性秩的判别定理**

向量组 $\boldsymbol{\alpha}_1,\boldsymbol{\alpha}_2,\cdots,\boldsymbol{\alpha}_s$ 线性相关的充分必要条件是: 以 $\boldsymbol{\alpha}_1,\boldsymbol{\alpha}_2,\cdots,\boldsymbol{\alpha}_s$ 为列向量的矩阵的秩小于 $s$;

向量组 $\boldsymbol{\alpha}_1,\boldsymbol{\alpha}_2,\cdots,\boldsymbol{\alpha}_s$ 线性无关的充分必要条件是: 以 $\boldsymbol{\alpha}_1,\boldsymbol{\alpha}_2,\cdots,\boldsymbol{\alpha}_s$ 为列向量的矩阵的秩等于 $s$.

证明 由定理 3.2 知道, 齐次线性方程组

$$k_1\boldsymbol{\alpha}_1+k_2\boldsymbol{\alpha}_2+\cdots+k_s\boldsymbol{\alpha}_s=\mathbf{0}$$

有非零解的充分必要条件是, 系数矩阵的秩小于 $s$; 而仅有零解的充要条件是系数矩阵的秩等于 $s$. 定理得证. □

这个定理说明, 判断向量组的线性相关性, 主要是判断以它们为列向量组成的矩阵的秩是等于向量的个数, 还是小于向量的个数, 如果小于向量的个数就线性相关, 如果等于向量的个数就线性无关.

如果向量的维数等于向量的个数, 则可将它们组成方阵, 用方阵的行列式来判断线性相关性.

推论 3.2 $n$ 个 $n$ 维向量组 $\boldsymbol{\alpha}_1, \boldsymbol{\alpha}_2, \cdots, \boldsymbol{\alpha}_n$ 线性无关(相关)的充分必要条件是: 方阵 $\boldsymbol{A}=(\boldsymbol{\alpha}_1, \boldsymbol{\alpha}_2, \cdots, \boldsymbol{\alpha}_n)$ 的行列式 $|\boldsymbol{A}|$ 不等于(等于)零.

注意到我们在叙述结论时, 向量都看成列向量, 但在解题时, 如果给的是行向量, 一般都将行向量转置为列向量来求解.

推论 3.3 当向量组所含向量的个数大于向量的维数时, 此向量组线性相关.

证明 设 $\boldsymbol{\alpha}_j=(a_{1j}, a_{2j}, \cdots, a_{mj})^{\mathrm{T}}\ (j=1, 2, \cdots, n)$ 是 $n$ 个 $m$ 维向量$(m<n)$, 在线性方程组

$$\boldsymbol{\alpha}_1 x_1+\boldsymbol{\alpha}_2 x_2+\cdots+\boldsymbol{\alpha}_n x_n=\mathbf{0}$$

中, 由于 $m<n$, 则系数矩阵的行数小于列数, 由推论 3.1 知该方程组有非零解, 得证. □

例如上面讨论的向量组 $\boldsymbol{\alpha}_1=(1,0)^{\mathrm{T}}, \boldsymbol{\alpha}_2=(0,1)^{\mathrm{T}}, \boldsymbol{\alpha}_3=(2,5)^{\mathrm{T}}$ 就满足推论 3.3 的条件, 所以线性相关.

例 3.13 $n$ 维单位坐标向量组 $\boldsymbol{\varepsilon}_1=(1,0,\cdots,0)^{\mathrm{T}}, \boldsymbol{\varepsilon}_2=(0,1,\cdots,0)^{\mathrm{T}}, \cdots, \boldsymbol{\varepsilon}_n=(0,0,\cdots,1)^{\mathrm{T}}$ 线性无关.

这是因为它们组成单位矩阵 $\boldsymbol{E}_n$, 其行列式为 $|\boldsymbol{E}_n|=|\boldsymbol{\varepsilon}_1, \boldsymbol{\varepsilon}_2, \cdots, \boldsymbol{\varepsilon}_n|=1\neq 0$, 由推论 3.2 知该向量组线性无关.

例 3.14 判断下列向量组是否线性相关:

$$\boldsymbol{\alpha}_1=\begin{pmatrix}1\\2\\-1\\3\end{pmatrix},\ \boldsymbol{\alpha}_2=\begin{pmatrix}2\\1\\0\\-1\end{pmatrix},\ \boldsymbol{\alpha}_3=\begin{pmatrix}3\\3\\-1\\2\end{pmatrix}.$$

解 对矩阵 $(\boldsymbol{\alpha}_1, \boldsymbol{\alpha}_2, \boldsymbol{\alpha}_3)$ 施以初等行变换化为阶梯形矩阵:

$$(\boldsymbol{\alpha}_1, \boldsymbol{\alpha}_2, \boldsymbol{\alpha}_3)=\begin{pmatrix}1&2&3\\2&1&3\\-1&0&-1\\3&-1&2\end{pmatrix}\xrightarrow[\substack{r_3+r_1\\ r_4-3r_1}]{r_2-2r_1}\begin{pmatrix}1&2&3\\0&-3&-3\\0&2&2\\0&-7&-7\end{pmatrix}\rightarrow\begin{pmatrix}1&2&3\\0&1&1\\0&0&0\\0&0&0\end{pmatrix},$$

因为 $\mathrm{r}(\boldsymbol{\alpha}_1, \boldsymbol{\alpha}_2, \boldsymbol{\alpha}_3)=2<3$, 所以由定理 3.5 知向量组 $\boldsymbol{\alpha}_1, \boldsymbol{\alpha}_2, \boldsymbol{\alpha}_3$ 线性相关.

例 3.15 判断向量组 $\boldsymbol{\alpha}_1=(1,2,3)^{\mathrm{T}}, \boldsymbol{\alpha}_2=(2,-1,1)^{\mathrm{T}}, \boldsymbol{\alpha}_3=(1,-3,2)^{\mathrm{T}}$ 是否线性相关.

解 **方法1** 对矩阵 $\boldsymbol{A}=(\boldsymbol{\alpha}_1, \boldsymbol{\alpha}_2, \boldsymbol{\alpha}_3)$ 施行初等行变换化成行阶梯矩阵, 得

$$\boldsymbol{A}=(\boldsymbol{\alpha}_1, \boldsymbol{\alpha}_2, \boldsymbol{\alpha}_3)=\begin{pmatrix}1&2&1\\2&-1&-3\\3&1&2\end{pmatrix}\xrightarrow[r_3-3r_1]{r_2-2r_1}\begin{pmatrix}1&2&1\\0&-5&-5\\0&-5&-1\end{pmatrix}\xrightarrow{r_3-r_2}\begin{pmatrix}1&2&1\\0&-5&-5\\0&0&4\end{pmatrix},$$

可见 $\mathrm{r}(\boldsymbol{A})=3$, 由定理 3.5 知向量组 $\boldsymbol{\alpha}_1, \boldsymbol{\alpha}_2, \boldsymbol{\alpha}_3$ 线性无关.

**方法 2** 因为 $\boldsymbol{\alpha}_1, \boldsymbol{\alpha}_2, \boldsymbol{\alpha}_3$ 可组成方阵, 所以可用行列式来判断.

因为矩阵 $\boldsymbol{A} = (\boldsymbol{\alpha}_1, \boldsymbol{\alpha}_2, \boldsymbol{\alpha}_3)$ 的行列式为

$$|\boldsymbol{A}| = \begin{vmatrix} 1 & 2 & 1 \\ 2 & -1 & -3 \\ 3 & 1 & 2 \end{vmatrix} \xlongequal[r_3-3r_1]{r_2-2r_1} \begin{vmatrix} 1 & 2 & 1 \\ 0 & -5 & -5 \\ 0 & -5 & -1 \end{vmatrix} \xlongequal{r_3-r_2} \begin{vmatrix} 1 & 2 & 1 \\ 0 & -5 & -5 \\ 0 & 0 & 4 \end{vmatrix} = -20 \neq 0,$$

由推论 3.2 知向量组 $\boldsymbol{\alpha}_1, \boldsymbol{\alpha}_2, \boldsymbol{\alpha}_3$ 线性无关.

例 3.16 已知向量 $\boldsymbol{\alpha}_1 = (1,2,-1,3), \boldsymbol{\alpha}_2 = (2,-1,3,5), \boldsymbol{\alpha}_3 = (-1,a+17,a,-1)$, 问 $a$ 为何值时, 向量组 $\boldsymbol{\alpha}_1, \boldsymbol{\alpha}_2, \boldsymbol{\alpha}_3$ 线性相关, 线性无关?

解 因为所给向量为行向量, 所以转置为列向量求解.

对矩阵 $(\boldsymbol{\alpha}_1^{\mathrm{T}}, \boldsymbol{\alpha}_2^{\mathrm{T}}, \boldsymbol{\alpha}_3^{\mathrm{T}})$ 进行初等行变换化为行阶梯形矩阵, 即

$$(\boldsymbol{\alpha}_1^{\mathrm{T}}, \boldsymbol{\alpha}_2^{\mathrm{T}}, \boldsymbol{\alpha}_3^{\mathrm{T}}) = \begin{pmatrix} 1 & 2 & -1 \\ 2 & -1 & a+17 \\ -1 & 3 & a \\ 3 & 5 & -1 \end{pmatrix} \xrightarrow[\substack{r_3+r_1 \\ r_4-3r_1}]{r_2-2r_1} \begin{pmatrix} 1 & 2 & -1 \\ 0 & -5 & a+19 \\ 0 & 5 & a-1 \\ 0 & -1 & 2 \end{pmatrix}$$

$$\xrightarrow{r_2 \leftrightarrow r_4} \begin{pmatrix} 1 & 2 & -1 \\ 0 & -1 & 2 \\ 0 & 5 & a-1 \\ 0 & -5 & a+19 \end{pmatrix} \xrightarrow[r_4-5r_2]{r_3+5r_2} \begin{pmatrix} 1 & 2 & -1 \\ 0 & -1 & 2 \\ 0 & 0 & a+9 \\ 0 & 0 & a+9 \end{pmatrix} \xrightarrow{r_4-r_3} \begin{pmatrix} 1 & 2 & -1 \\ 0 & -1 & 2 \\ 0 & 0 & a+9 \\ 0 & 0 & 0 \end{pmatrix},$$

所以, 当 $a+9 \neq 0$, 即 $a \neq -9$ 时, $\mathrm{r}(\boldsymbol{\alpha}_1^{\mathrm{T}}, \boldsymbol{\alpha}_2^{\mathrm{T}}, \boldsymbol{\alpha}_3^{\mathrm{T}}) = 3$, 由定理 3.5 知, 向量组 $\boldsymbol{\alpha}_1, \boldsymbol{\alpha}_2, \boldsymbol{\alpha}_3$ 线性无关; 当 $a+9=0$ 即 $a=-9$ 时, $\mathrm{r}(\boldsymbol{\alpha}_1^{\mathrm{T}}, \boldsymbol{\alpha}_2^{\mathrm{T}}, \boldsymbol{\alpha}_3^{\mathrm{T}}) = 2 < 3$, 向量组 $\boldsymbol{\alpha}_1, \boldsymbol{\alpha}_2, \boldsymbol{\alpha}_3$ 线性相关.

### 3.3.3 线性组合与线性相关性

**定理 3.6 线性组合与线性相关等价定理**

向量组 $\boldsymbol{\alpha}_1, \boldsymbol{\alpha}_2, \cdots, \boldsymbol{\alpha}_s (s \geqslant 2)$ 线性相关的充分必要条件是, 向量组中至少有一个向量可以表示为其余 $s-1$ 个向量的线性组合.

证明 **必要性** 由于 $\boldsymbol{\alpha}_1, \boldsymbol{\alpha}_2, \cdots, \boldsymbol{\alpha}_s$ 线性相关, 则存在不全为零的数 $k_1, k_2, \cdots, k_s$, 使

$$k_1\boldsymbol{\alpha}_1 + k_2\boldsymbol{\alpha}_2 + \cdots + k_s\boldsymbol{\alpha}_s = 0,$$

不妨设 $k_1 \neq 0$, 则有

$$\boldsymbol{\alpha}_1 = \left(\frac{-k_2}{k_1}\right)\boldsymbol{\alpha}_2 + \left(\frac{-k_3}{k_1}\right)\boldsymbol{\alpha}_3 + \cdots + \left(\frac{-k_s}{k_1}\right)\boldsymbol{\alpha}_s,$$

即 $\boldsymbol{\alpha}_1$ 可表示为向量组 $\boldsymbol{\alpha}_2, \cdots, \boldsymbol{\alpha}_s$ 的线性组合.

**充分性** 不妨设 $\boldsymbol{\alpha}_1$ 是 $\boldsymbol{\alpha}_2, \cdots, \boldsymbol{\alpha}_s$ 的线性组合, 即存在数 $k_2, \cdots, k_s$ 使

$$\boldsymbol{\alpha}_1 = k_2\boldsymbol{\alpha}_2 + k_3\boldsymbol{\alpha}_3 + \cdots + k_s\boldsymbol{\alpha}_s,$$

则有 $(-1)\boldsymbol{\alpha}_1 + k_2\boldsymbol{\alpha}_2 + k_3\boldsymbol{\alpha}_3 + \cdots + k_s\boldsymbol{\alpha}_s = \boldsymbol{0}$, 由于系数不全为 0(因为至少 $\boldsymbol{\alpha}_1$ 的系数不为 0), 故 $\boldsymbol{\alpha}_1, \boldsymbol{\alpha}_2, \cdots, \boldsymbol{\alpha}_s$ 线性相关. □

例如, 对向量组

$$\boldsymbol{\alpha}_1=(1,1,1),\boldsymbol{\alpha}_2=(1,-1,0),\boldsymbol{\alpha}_3=(0,2,1),$$

因为 $\boldsymbol{\alpha}_1-\boldsymbol{\alpha}_2-\boldsymbol{\alpha}_3=\mathbf{0}$, 可见 $\boldsymbol{\alpha}_1,\boldsymbol{\alpha}_2,\boldsymbol{\alpha}_3$ 前系数不全为零, 所以线性相关, 且有

$$\boldsymbol{\alpha}_1=\boldsymbol{\alpha}_2+\boldsymbol{\alpha}_3,\ \boldsymbol{\alpha}_2=\boldsymbol{\alpha}_1-\boldsymbol{\alpha}_3,\ \boldsymbol{\alpha}_3=\boldsymbol{\alpha}_1-\boldsymbol{\alpha}_2.$$

但是要注意, 如果向量组线性相关, 不能推出向量组中的每一个向量都可由其余 $s-1$ 个线性表示. 例如, 对向量组 $\boldsymbol{\alpha}_1=(2,4,0),\boldsymbol{\alpha}_2=(-1,-2,0),\boldsymbol{\alpha}_3=(0,0,1)$, 显然有 $\boldsymbol{\alpha}_1=-2\boldsymbol{\alpha}_2$, 所以 $\boldsymbol{\alpha}_1+2\boldsymbol{\alpha}_2+0\boldsymbol{\alpha}_3=\mathbf{0}$, 故 $\boldsymbol{\alpha}_1,\boldsymbol{\alpha}_2,\boldsymbol{\alpha}_3$ 线性相关, 但 $\boldsymbol{\alpha}_3$ 不能由 $\boldsymbol{\alpha}_1,\boldsymbol{\alpha}_2$ 线性表示.

**定理 3.7** 如果向量组 $\boldsymbol{\alpha}_1,\boldsymbol{\alpha}_2,\cdots,\boldsymbol{\alpha}_s,\boldsymbol{\beta}$ 线性相关, 而向量组 $\boldsymbol{\alpha}_1,\boldsymbol{\alpha}_2,\cdots,\boldsymbol{\alpha}_s$ 线性无关, 则向量 $\boldsymbol{\beta}$ 可由向量组 $\boldsymbol{\alpha}_1,\boldsymbol{\alpha}_2,\cdots,\boldsymbol{\alpha}_s$ 线性表示, 且表示法唯一.

**证明** 因为向量组 $\boldsymbol{\alpha}_1,\boldsymbol{\alpha}_2,\cdots,\boldsymbol{\alpha}_s,\boldsymbol{\beta}$ 线性相关, 所以存在不全为零的数 $k_1,k_2,\cdots,k_s,k$, 使

$$k_1\boldsymbol{\alpha}_1+k_2\boldsymbol{\alpha}_2+\cdots+k_s\boldsymbol{\alpha}_s+k\boldsymbol{\beta}=\mathbf{0},$$

则必有 $k\neq 0$, 否则, 如 $k=0$, 则 $k_1,k_2,\cdots,k_s$ 不全为零, 且有

$$k_1\boldsymbol{\alpha}_1+k_2\boldsymbol{\alpha}_2+\cdots+k_s\boldsymbol{\alpha}_s=\mathbf{0},$$

这表明 $\boldsymbol{\alpha}_1,\boldsymbol{\alpha}_2,\cdots,\boldsymbol{\alpha}_s$ 线性相关, 这与条件 $\boldsymbol{\alpha}_1,\boldsymbol{\alpha}_2,\cdots,\boldsymbol{\alpha}_s$ 线性无关矛盾. 由 $k\neq 0$ 得

$$\boldsymbol{\beta}=\left(\frac{-k_1}{k}\right)\boldsymbol{\alpha}_1+\left(\frac{-k_2}{k}\right)\boldsymbol{\alpha}_2+\cdots+\left(\frac{-k_s}{k}\right)\boldsymbol{\alpha}_s,$$

这表明 $\boldsymbol{\beta}$ 可由向量组 $\boldsymbol{\alpha}_1,\boldsymbol{\alpha}_2,\cdots,\boldsymbol{\alpha}_s$ 线性表示.

下面证明表示法唯一.

如果 $\boldsymbol{\beta}=l_1\boldsymbol{\alpha}_1+l_2\boldsymbol{\alpha}_2+\cdots+l_s\boldsymbol{\alpha}_s$, 又有 $\boldsymbol{\beta}=r_1\boldsymbol{\alpha}_1+r_2\boldsymbol{\alpha}_2+\cdots+r_s\boldsymbol{\alpha}_s$, 两式相减则有

$$(l_1-r_1)\boldsymbol{\alpha}_1+(l_2-r_2)\boldsymbol{\alpha}_2+\cdots+(l_s-r_s)\boldsymbol{\alpha}_s=\mathbf{0},$$

由于 $\boldsymbol{\alpha}_1,\boldsymbol{\alpha}_2,\cdots,\boldsymbol{\alpha}_s$ 线性无关, 所以

$$l_1-r_1=l_2-r_2=\cdots=l_s-r_s=0,$$

从而有 $l_1=r_1,l_2=r_2,\cdots,l_s=r_s$, 所以表示法唯一. □

例如, 由此定理容易验证, 任意 $n$ 维向量 $\boldsymbol{\alpha}=(a_1,a_2,\cdots,a_n)^{\mathrm{T}}$ 都可由 $n$ 阶单位矩阵的 $n$ 个列向量 $\boldsymbol{\varepsilon}_1,\boldsymbol{\varepsilon}_2,\cdots,\boldsymbol{\varepsilon}_n$ 唯一线性表示为

$$\boldsymbol{\alpha}=a_1\boldsymbol{\varepsilon}_1+a_2\boldsymbol{\varepsilon}_2+\cdots+a_n\boldsymbol{\varepsilon}_n.$$

例如 $\begin{pmatrix}a_1\\a_2\end{pmatrix}=a_1\begin{pmatrix}1\\0\end{pmatrix}+a_2\begin{pmatrix}0\\1\end{pmatrix}$, 此表示法是唯一的.

**定理 3.8** 若向量组中有一个部分向量组线性相关, 则整个向量组线性相关.

**证明** 设向量组 $\boldsymbol{\alpha}_1,\boldsymbol{\alpha}_2,\cdots,\boldsymbol{\alpha}_s$ 中有 $r$ 个向量线性相关 $(r\leqslant s)$, 不妨设 $\boldsymbol{\alpha}_1,\boldsymbol{\alpha}_2,\cdots,\boldsymbol{\alpha}_r$ 线性相关, 则存在不全为零的数 $k_1,k_2,\cdots,k_r$, 使

$$k_1\boldsymbol{\alpha}_1+k_2\boldsymbol{\alpha}_2+\cdots+k_r\boldsymbol{\alpha}_r=\mathbf{0}$$

成立, 从而有

$$k_1\boldsymbol{\alpha}_1+k_2\boldsymbol{\alpha}_2+\cdots+k_r\boldsymbol{\alpha}_r+0\cdot\boldsymbol{\alpha}_{r+1}+\cdots+0\cdot\boldsymbol{\alpha}_s=\mathbf{0}.$$

因 $k_1, k_2, \cdots, k_r, 0, \cdots, 0$ 不全为零, 所以 $\boldsymbol{\alpha}_1, \boldsymbol{\alpha}_2, \cdots, \boldsymbol{\alpha}_s$ 线性相关. □

例如, 含有零向量的向量组必线性相关.

可以得到定理 3.8 的等价命题如下.

**推论 3.4** 线性无关的向量组的任一部分向量组都是线性无关的.

例如, 向量组 $\boldsymbol{\alpha}_1 = \begin{pmatrix} 1 \\ 0 \\ 0 \end{pmatrix}, \boldsymbol{\alpha}_2 = \begin{pmatrix} 0 \\ 1 \\ 0 \end{pmatrix}, \boldsymbol{\alpha}_3 = \begin{pmatrix} 1 \\ 1 \\ 1 \end{pmatrix}$ 是线性无关的, 容易验证, 它的任一部分向量组都线性无关.

下面几个结论是有关两个向量组之间的线性相关性的结论, 它们在下一节中有重要应用.

**定理 3.9** 设有两个向量组

$$A: \boldsymbol{\alpha}_1, \boldsymbol{\alpha}_2, \cdots, \boldsymbol{\alpha}_s, \quad B: \boldsymbol{\beta}_1, \boldsymbol{\beta}_2, \cdots, \boldsymbol{\beta}_t, \tag{3.23}$$

其中向量组 $B$ 能由向量组 $A$ 线性表示. 如果 $s < t$, 则向量组 $B$ 线性相关.

***证明** 由于向量组 $B$ 能由向量组 $A$ 线性表示, 设

$$(\boldsymbol{\beta}_1, \boldsymbol{\beta}_2, \cdots, \boldsymbol{\beta}_t) = (\boldsymbol{\alpha}_1, \boldsymbol{\alpha}_2, \cdots, \boldsymbol{\alpha}_s) \begin{pmatrix} k_{11} & k_{12} & \cdots & k_{1t} \\ k_{21} & k_{22} & \cdots & k_{2t} \\ \vdots & \vdots & & \vdots \\ k_{s1} & k_{s2} & \cdots & k_{st} \end{pmatrix},$$

需要证明存在不全为零的数 $x_1, x_2, \cdots, x_t$, 使 $\boldsymbol{\beta}_1 x_1 + \boldsymbol{\beta}_2 x_2 + \cdots + \boldsymbol{\beta}_t x_t = \mathbf{0}$. 因

$$\mathbf{0} = \boldsymbol{\beta}_1 x_1 + \boldsymbol{\beta}_2 x_2 + \cdots + \boldsymbol{\beta}_t x_t = (\boldsymbol{\beta}_1, \boldsymbol{\beta}_2, \cdots, \boldsymbol{\beta}_t) \begin{pmatrix} x_1 \\ x_2 \\ \vdots \\ x_t \end{pmatrix}$$

$$= (\boldsymbol{\alpha}_1, \boldsymbol{\alpha}_2, \cdots, \boldsymbol{\alpha}_s) \begin{pmatrix} k_{11} & k_{12} & \cdots & k_{1t} \\ k_{21} & k_{22} & \cdots & k_{2t} \\ \vdots & \vdots & & \vdots \\ k_{s1} & k_{s2} & \cdots & k_{st} \end{pmatrix} \begin{pmatrix} x_1 \\ x_2 \\ \vdots \\ x_t \end{pmatrix},$$

由此可知, 只需证明线性方程组

$$\begin{pmatrix} k_{11} & k_{12} & \cdots & k_{1t} \\ k_{21} & k_{22} & \cdots & k_{2t} \\ \vdots & \vdots & & \vdots \\ k_{s1} & k_{s2} & \cdots & k_{st} \end{pmatrix} \begin{pmatrix} x_1 \\ x_2 \\ \vdots \\ x_t \end{pmatrix} = \mathbf{0}$$

有非零解即可. 由于 $s < t$, 由推论 3.1 知, 该齐次线性方程组有非零解, 从而向量组 $B$ 线性相关. □

由此定理容易得到

**推论 3.5** 如果向量组 $B$ 能由向量组 $A$ 线性表示, 且向量组 $B$ 线性无关, 则 $s \geqslant t$.

**推论 3.6** 如果向量组 $A$ 与 $B$ 能相互线性表示, 并且 $A$ 与 $B$ 都线性无关, 则 $s = t$.

**实际问题 3.9** 人、狗、鸡、米过河问题的向量表示

该过河问题是一个人所共知而又十分简单的智力游戏. 某人要带狗、鸡、米过河, 但小船除需要人划外, 最多只能载一物过河, 而当人不在场时, 狗要咬鸡、鸡要吃米. 试以向量表示不会出现狗咬鸡、鸡吃米的可取状态, 并说明这些向量组成的向量组的线性相关性.

解 在本问题中, 用向量表示状态：一物(或人) 在此岸时相应位置用 1 表示, 在彼岸时用 0 表示. 例如 $(1,0,1,0)$ 表示人和鸡在此岸, 而狗和米则在对岸.

**可取状态：** 根据题意, 并非所有状态都是允许的, 例如 $(0,1,1,0)$ 就是一个不可取的状态(表示狗和鸡在此岸, 人和米在彼岸). 本题中可取状态 (即系统允许的状态)可以用穷举法列出来, 它们是：

| 人在此岸 | 人在对岸 |
|---|---|
| (1, 1, 1, 1) | (0, 0, 0, 0) |
| (1, 1, 1, 0) | (0, 0, 0, 1) |
| (1, 1, 0, 1) | (0, 0, 1, 0) |
| (1, 0, 1, 1) | (0, 1, 0, 0) |
| (1, 0, 1, 0) | (0, 1, 0, 1) |

共有十个可取状态.

因为向量是 4 维向量, 而共有 10 个向量, 向量个数大于向量的维数, 故由推论 3.3 知, 该向量组线性相关.

## 习　题　3.3

一、选择题 (单选题)

1. 设 $\boldsymbol{\alpha}_1, \boldsymbol{\alpha}_2, \cdots, \boldsymbol{\alpha}_m$ 均为 $n$ 维向量, 那么下列结论正确的是 (　　).

(A) 若 $k_1\boldsymbol{\alpha}_1 + k_2\boldsymbol{\alpha}_2 + \cdots + k_m\boldsymbol{\alpha}_m = \mathbf{0}$, 则 $\boldsymbol{\alpha}_1, \boldsymbol{\alpha}_2, \cdots, \boldsymbol{\alpha}_m$ 线性相关

(B) 若对任一组不全为零的数 $k_1, k_2, \cdots, k_m$ 都有 $k_1\boldsymbol{\alpha}_1 + k_2\boldsymbol{\alpha}_2 + \cdots + k_m\boldsymbol{\alpha}_m \neq \mathbf{0}$, 则 $\boldsymbol{\alpha}_1, \boldsymbol{\alpha}_2, \cdots, \boldsymbol{\alpha}_m$ 线性无关

(C) 若 $\boldsymbol{\alpha}_1, \boldsymbol{\alpha}_2, \cdots, \boldsymbol{\alpha}_m$ 线性相关, 则对任一组不全为零的数 $k_1, k_2, \cdots, k_m$ 都有 $k_1\boldsymbol{\alpha}_1 + k_2\boldsymbol{\alpha}_2 + \cdots + k_m\boldsymbol{\alpha}_m = \mathbf{0}$

(D) 若 $0\boldsymbol{\alpha}_1 + 0\boldsymbol{\alpha}_2 + \cdots + 0\boldsymbol{\alpha}_m = \mathbf{0}$, 则 $\boldsymbol{\alpha}_1, \boldsymbol{\alpha}_2, \cdots, \boldsymbol{\alpha}_m$ 线性无关

2. 对任意实数 $a, b, c$, 下列向量组中线性无关的是 (　　).

(A) $(a,1,2), (2,b,c), (0,0,0)$　　(B) $(b,1,1), (1,a,3), (2,3,c), (a,0,c)$

(C) $(1,a,1,1), (1,b,1,0), (1,c,0,0)$　　(D) $(1,1,1,a), (2,2,2,b), (0,0,0,c)$

3. 设向量组 $\boldsymbol{\alpha}_1, \boldsymbol{\alpha}_2, \cdots, \boldsymbol{\alpha}_m$ 是 $m$ 个 $n$ 维列向量 $(m < n)$, 则以下说法正确的是 (　　).

(A) 向量组 $\boldsymbol{\alpha}_1, \boldsymbol{\alpha}_2, \cdots, \boldsymbol{\alpha}_m$ 必线性相关

(B) 向量组 $\boldsymbol{\alpha}_1, \boldsymbol{\alpha}_2, \cdots, \boldsymbol{\alpha}_m$ 可能线性相关, 也可能线性无关

(C) 向量组 $\boldsymbol{\alpha}_1, \boldsymbol{\alpha}_2, \cdots, \boldsymbol{\alpha}_m$ 中必有一向量都可由其余向量的线性表示

(D) 存在不全为零的数 $k_1, k_2, \cdots, k_m$, 使得 $k_1\boldsymbol{\alpha}_1 + k_2\boldsymbol{\alpha}_2 + \cdots + k_m\boldsymbol{\alpha}_m = \mathbf{0}$

4. 设向量组 I: $\boldsymbol{\alpha}_1, \boldsymbol{\alpha}_2, \cdots, \boldsymbol{\alpha}_s$ 能由向量组 II: $\boldsymbol{\beta}_1, \boldsymbol{\beta}_2, \cdots, \boldsymbol{\beta}_t$ 线性表示, 则 (　　).

(A) 当 $s < t$ 时, 向量组 II 必线性相关　　(B) 当 $s > t$ 时, 向量组 II 必线性相关

(C) 当 $s < t$ 时, 向量组 I 必线性相关　　(D) 当 $s > t$ 时, 向量组 I 必线性相关

5. 向量组 $\boldsymbol{\alpha}_1, \boldsymbol{\alpha}_2, \cdots, \boldsymbol{\alpha}_s$ 线性相关的充要条件是 (　　).

(A) $\boldsymbol{\alpha}_1, \boldsymbol{\alpha}_2, \cdots, \boldsymbol{\alpha}_s$ 中有一零向量

(B) $\boldsymbol{\alpha}_1, \boldsymbol{\alpha}_2, \cdots, \boldsymbol{\alpha}_s$ 中任意两个向量的对应分量成比例

(C) $\boldsymbol{\alpha}_1, \boldsymbol{\alpha}_2, \cdots, \boldsymbol{\alpha}_s$ 中有一向量是其余向量的线性组合

(D) $\boldsymbol{\alpha}_1, \boldsymbol{\alpha}_2, \cdots, \boldsymbol{\alpha}_s$ 中任意一个向量均是其余向量的线性组合

6. 已知 $\boldsymbol{\alpha}_1 = (1,2,3)^{\mathrm{T}}, \boldsymbol{\alpha}_2 = (3,-1,2)^{\mathrm{T}}, \boldsymbol{\alpha}_3 = (2,3,x)^{\mathrm{T}}$, 则当 $x =$ (　　) 时, 向量组 $\boldsymbol{\alpha}_1, \boldsymbol{\alpha}_2, \boldsymbol{\alpha}_3$ 线性相关.

(A) 1　　(B) 2　　(C) 4　　(D) 5

二、计算题

1. 判断下列向量组的线性相关性:

(1) $(1,\ 0,\ 1), (2,\ 1,\ -1), (1,\ -1,\ -1)$;

(2) $(1,\ -1,\ 0)^{\mathrm{T}}, (2,\ 3,\ 1)^{\mathrm{T}}, (3,\ 1,\ 1)^{\mathrm{T}}, (5,\ 1,\ 2)^{\mathrm{T}}$;

(3) $(1,\ 1,\ -1,\ 1)^{\mathrm{T}}, (2,\ 3,\ 1,\ -1)^{\mathrm{T}}, (5,\ 3,\ -1,\ 0)^{\mathrm{T}}$;

(4) $(3,\ 2,\ -5,\ 4)^{\mathrm{T}}, (3,\ -1,\ 3,\ -3)^{\mathrm{T}}, (3,\ 5,\ -13,\ 11)^{\mathrm{T}}$.

2. 当 $a, b$ 为何值时, 向量组 $\boldsymbol{\alpha}_1 = (1,\ a+1,\ 1), \boldsymbol{\alpha}_2 = (b-1,\ a,\ 2)$ 线性相关.

3. 问 $a$ 为何值时, 下列向量组线性相关:

$$\boldsymbol{\alpha}_1 = \begin{pmatrix} 1 \\ 1 \\ a \end{pmatrix}, \boldsymbol{\alpha}_2 = \begin{pmatrix} 1 \\ a \\ -1 \end{pmatrix}, \boldsymbol{\alpha}_3 = \begin{pmatrix} a \\ 1 \\ 1 \end{pmatrix}.$$

4. 设向量组 $\boldsymbol{\alpha}_1 = (1,\ k,\ -1), \boldsymbol{\alpha}_2 = (k+1,\ 2,\ 1), \boldsymbol{\alpha}_3 = (1,\ -1,\ k)$,

(1) $k$ 为何值时, $\boldsymbol{\alpha}_1, \boldsymbol{\alpha}_2$ 线性相关？线性无关？

(2) $k$ 为何值时, $\boldsymbol{\alpha}_1, \boldsymbol{\alpha}_2, \boldsymbol{\alpha}_3$ 线性相关？线性无关？

(3) 当 $\boldsymbol{\alpha}_1, \boldsymbol{\alpha}_2, \boldsymbol{\alpha}_3$ 线性相关时, 将 $\boldsymbol{\alpha}_3$ 表示为 $\boldsymbol{\alpha}_1, \boldsymbol{\alpha}_2$ 的线性组合.

5. 当 $k$ 为何值时, 向量组 $\boldsymbol{\alpha}_1 = (1,\ 1,\ 2,\ 1), \boldsymbol{\alpha}_2 = (1,\ -1,\ -2,\ 2), \boldsymbol{\alpha}_3 = (1,\ 3,\ 6,\ k)$ 线性无关？

6. 设 $\boldsymbol{\beta}_1 = \boldsymbol{\alpha}_1 + \boldsymbol{\alpha}_2, \boldsymbol{\beta}_2 = \boldsymbol{\alpha}_2 - \boldsymbol{\alpha}_3, \boldsymbol{\beta}_3 = \boldsymbol{\alpha}_3 + \boldsymbol{\alpha}_4, \boldsymbol{\beta}_4 = \boldsymbol{\alpha}_4 - \boldsymbol{\alpha}_1$, 证明: 向量组 $\boldsymbol{\beta}_1, \boldsymbol{\beta}_2, \boldsymbol{\beta}_3, \boldsymbol{\beta}_4$ 线性相关.

7. 设向量组 $\boldsymbol{\alpha}, \boldsymbol{\beta}, \boldsymbol{\gamma}$ 线性无关, 向量 $\boldsymbol{\delta} \neq \mathbf{0}$. 证明: 若向量组 $\boldsymbol{\alpha}, \boldsymbol{\gamma}, \boldsymbol{\delta}$ 与 $\boldsymbol{\beta}, \boldsymbol{\gamma}, \boldsymbol{\delta}$ 都线性相关, 则存在数 $k \neq 0$, 使得 $\boldsymbol{\delta} = k\boldsymbol{\gamma}$.

三、应用题

住在同一寝室的甲、乙、丙三个大学生, 他们同时分别获得了上个学期的一、二、三等奖学金, 学校决定将他们所得奖学金在这个学期的 3 到 7 月份分 5 个月发放给他们, 具体发放数额如表 3.9. 另外, 三个同学还在暑假的 7, 8 月在外兼职打工, 赚取下个学期的学费(他们就职于相近似的行业), 在这两个月他们每人所获月工资也一起列在表 3.9 中.

表 3.9 三个大学生在各月的收入 元

| | 学期月收入 | 假期月收入 |
|---|---|---|
| 甲同学 | 1200 | 2300 |
| 乙同学 | 1000 | 2000 |
| 丙同学 | 600 | 1700 |

如果不计他们的其他收入,

(1) 试用向量表示他们在学期期间和暑假期间所得收入;

(2) 试问这两个向量是否线性相关? 从这个结果你能得到什么结论?

## 3.4 向量组的秩

前面我们已经知道, 向量组中任何一个向量都能由整个向量组线性表示. 实际上, 我们还可以从向量组中找到一个部分向量组, 使得整个向量组中的每一个向量都能由这个部分向量组线性表示, 而且这个部分组所含向量的个数是唯一确定的. 下面我们来一一解决这两个问题.

### 3.4.1 向量组的极大无关组

**定义 3.5 向量组的极大无关组**

如果 $n$ 维向量组 $A:\boldsymbol{\alpha}_1,\boldsymbol{\alpha}_2,\cdots,\boldsymbol{\alpha}_s$ 中有一个部分向量组 $A_0:\boldsymbol{\alpha}_{j_1},\boldsymbol{\alpha}_{j_2},\cdots,\boldsymbol{\alpha}_{j_r}$ 满足条件:

(1) 部分组 $A_0$ 线性无关;

(2) $A$ 中任何 $r+1$ 个向量(如果有的话)都线性相关,

则称部分组 $A_0$ 是向量组 $A$ 的一个**极大线性无关组** (简称**极大无关组**).

例如, 向量组 $\boldsymbol{\alpha}_1=(1,\ 0)^{\mathrm{T}}$, $\boldsymbol{\alpha}_2=(0,\ 1)^{\mathrm{T}}$, $\boldsymbol{\alpha}_3=(2,\ 1)^{\mathrm{T}}$, $\boldsymbol{\alpha}_4=(0,\ 2)^{\mathrm{T}}$, 因为部分组 $\boldsymbol{\alpha}_1$, $\boldsymbol{\alpha}_2$ 线性无关, 而任何 3 个二维向量都线性相关, 所以向量组 $\boldsymbol{\alpha}_1$, $\boldsymbol{\alpha}_2$, $\boldsymbol{\alpha}_3$, $\boldsymbol{\alpha}_4$ 中任何 3 个都线性相关, 从而知 $\boldsymbol{\alpha}_1$, $\boldsymbol{\alpha}_2$ 是该向量组的一个极大无关组. 容易验证, $\boldsymbol{\alpha}_1$, $\boldsymbol{\alpha}_3$ 也是该向量组的一个极大无关组. 所以向量组的极大无关组可能不止一个.

注意, **只含零向量的向量组没有极大无关组**.

下面的定理是极大无关组的一个等价定义.

**定理 3.10 极大无关组的等价定义**

向量组 $A:\boldsymbol{\alpha}_1,\ \boldsymbol{\alpha}_2,\ \cdots,\ \boldsymbol{\alpha}_s$ 的部分组 $A_0:\boldsymbol{\alpha}_{j_1},\ \boldsymbol{\alpha}_{j_2},\ \cdots,\ \boldsymbol{\alpha}_{j_r}$ 是向量组 $A$ 的极大无关组的充分必要条件是:

(1) 部分组 $A_0$ 线性无关;

(2) 向量组 $A$ 中任何一个向量都可由部分组 $A_0$ 线性表示.

证明 **必要性** 由于 $A_0$ 是 $A$ 的一个极大无关组, 则满足定义 3.5 的条件, 所以 $A_0$ 线性无关, 即条件(1)成立. 现证条件(2)成立. 对 $A$ 中任一向量 $\boldsymbol{\alpha}_j$, 若 $\boldsymbol{\alpha}_j$ 在 $A_0 : \boldsymbol{\alpha}_{j_1}, \boldsymbol{\alpha}_{j_2}, \cdots, \boldsymbol{\alpha}_{j_r}$ 中, 则显然 $\boldsymbol{\alpha}_j$ 可由 $A_0$ 线性表示. 如 $\boldsymbol{\alpha}_j$ 不在 $A_0$ 中, 则向量组 $\boldsymbol{\alpha}_j, \boldsymbol{\alpha}_{j_1}, \boldsymbol{\alpha}_{j_2}, \cdots, \boldsymbol{\alpha}_{j_r}$ 这 $r+1$ 向量线性相关, 由于 $\boldsymbol{\alpha}_{j_1}, \boldsymbol{\alpha}_{j_2}, \cdots, \boldsymbol{\alpha}_{j_r}$ 线性无关, 由定理 3.7 知, $\boldsymbol{\alpha}_j$ 能由 $A_0$ 线性表示(并且表示法唯一).

**充分性** 当定理的两个条件满足时, 由定义 3.5 知, $A_0$ 满足定义的第(1)个条件, 所以只需证明 $A$ 中任何 $r+1$ 个向量均线性相关. 由定理的条件(2)知, $A$ 中任何 $r+1$ 个向量都能由 $A_0$($r$ 个向量)线性表示, 所以由定理 3.9 知 $A$ 中这任意 $r+1$ 个向量线性相关. □

定理 3.10 说明, 向量组与其极大无关组能相互线性表示, 从而等价. 在定理的必要性证明中已经说明, 向量组中任一向量都可由极大无关组唯一线性表示.

另外, 由定理 3.10 知, 向量组的任何两个极大无关组(如果有的话)必等价, 从而知极大无关组中所含向量个数是相同的, 这个相同的数就是向量组的秩(见以下定义 3.6).

容易知道, 线性无关的向量组只有一个极大无关组, 就是向量组本身.

### 3.4.2 向量组的秩

**定义 3.6 向量组的秩**

向量组 $\boldsymbol{\alpha}_1, \boldsymbol{\alpha}_2, \cdots, \boldsymbol{\alpha}_s$ 的极大无关组所含向量的个数, 称为该**向量组的秩**, 记为 $\mathrm{r}(\boldsymbol{\alpha}_1, \boldsymbol{\alpha}_2, \cdots, \boldsymbol{\alpha}_s)$.

例如, 在上面例子中的二维向量组 $\boldsymbol{\alpha}_1 = (1,\ 0)^{\mathrm{T}}$, $\boldsymbol{\alpha}_2 = (0,\ 1)^{\mathrm{T}}$, $\boldsymbol{\alpha}_3 = (2,\ 1)^{\mathrm{T}}$, $\boldsymbol{\alpha}_3 = (0,\ 2)^{\mathrm{T}}$ 的秩 $\mathrm{r}(\boldsymbol{\alpha}_1, \boldsymbol{\alpha}_2, \boldsymbol{\alpha}_3, \boldsymbol{\alpha}_4) = 2$.

我们规定零向量组的秩为 0.

为了求向量组的秩和极大无关组, 还需要引入矩阵的行秩和列秩.

**定义 3.7 矩阵的行秩和列秩**

矩阵 $\boldsymbol{A}$ 的行向量组的秩称为矩阵 $\boldsymbol{A}$ 的**行秩**, 列向量组的秩称为矩阵 $\boldsymbol{A}$ 的**列秩**.

**定理 3.11** 矩阵 $\boldsymbol{A}$ 的秩等于它的行秩, 也等于它的列秩.

*证明 为方便起见, 先证 $\boldsymbol{A}$ 的秩等于 $\boldsymbol{A}$ 的列秩.

设 $\boldsymbol{A}$ 为 $m \times n$ 矩阵, $\mathrm{r}(\boldsymbol{A}) = r$, 将矩阵 $\boldsymbol{A}$ 按列分块, 记 $\boldsymbol{A} = (\boldsymbol{\alpha}_1, \boldsymbol{\alpha}_2, \cdots, \boldsymbol{\alpha}_n)$, 则由 $\mathrm{r}(\boldsymbol{A}) = r$ 知 $\boldsymbol{A}$ 中必有一个 $r$ 阶非零子式 $D_r \neq 0$, 易知 $D_r$ 所在的 $r$ 个列向量必线性无关. 又 $\boldsymbol{A}$ 中任何 $r+1$ 阶子式 (如存在的话)$D_{r+1} = 0$, 所以 $\boldsymbol{A}$ 中任何 $r+1$ 个列向量必线性相关 (否则将与 $D_{r+1} = 0$ 矛盾). 因此, $D_r$ 所在的 $r$ 个列是 $\boldsymbol{A}$ 的列向量组的一个极大无关组, 即 $\boldsymbol{A}$ 的列秩等于 $r$.

由此可以得到

$$\mathrm{r}(\boldsymbol{A}) = \mathrm{r}(\boldsymbol{A}^{\mathrm{T}}) = \boldsymbol{A}^{\mathrm{T}} \text{ 的列秩} = \boldsymbol{A} \text{ 的行秩},$$

所以 $\boldsymbol{A}$ 的行秩也等于 $r$. □

**推论 3.7** 矩阵 $\boldsymbol{A}$ 的行秩与列秩相等.

由定理 3.11 可知, 要求向量组 $\boldsymbol{\alpha}_1, \boldsymbol{\alpha}_2, \cdots, \boldsymbol{\alpha}_s$ 的秩, 只需以这些向量为列(行)向量组成矩阵 $\boldsymbol{A}$, 矩阵 $\boldsymbol{A}$ 的秩就是这个向量组的秩(如果所给向量是行向量, 一般转置为列向量来求解较好).

例 3.17 求向量组 $\boldsymbol{\alpha}_1=(1,2,3,1)$, $\boldsymbol{\alpha}_2=(2,3,5,2)$, $\boldsymbol{\alpha}_3=(1,-3,0,1)$, $\boldsymbol{\alpha}_4=(3,10,6,3)$ 的秩.

解 因为所给向量是行向量, 所以将其转置为列向量组成矩阵 $\boldsymbol{A}=(\boldsymbol{\alpha}_1^{\mathrm{T}},\ \boldsymbol{\alpha}_2^{\mathrm{T}},\ \boldsymbol{\alpha}_3^{\mathrm{T}},\ \boldsymbol{\alpha}_4^{\mathrm{T}})$. 对矩阵 $\boldsymbol{A}$ 进行初等行变换化为阶梯形矩阵有

$$\boldsymbol{A}=(\boldsymbol{\alpha}_1^{\mathrm{T}},\ \boldsymbol{\alpha}_2^{\mathrm{T}},\ \boldsymbol{\alpha}_3^{\mathrm{T}},\ \boldsymbol{\alpha}_4^{\mathrm{T}})=\begin{pmatrix}1&2&1&3\\2&3&-3&10\\3&5&0&6\\1&2&1&3\end{pmatrix}\to\begin{pmatrix}1&2&1&3\\0&1&5&-4\\0&0&2&-7\\0&0&0&0\end{pmatrix},$$

因为有 3 个非零行, 所以 $\mathrm{r}(\boldsymbol{\alpha}_1,\ \boldsymbol{\alpha}_2,\ \boldsymbol{\alpha}_3,\ \boldsymbol{\alpha}_4)=3$.

另外, 利用定理 3.11, 可以得到求向量组的极大无关组的方法.

### 3.4.3 极大无关组的求法

**求向量组 $\boldsymbol{\alpha}_1,\ \boldsymbol{\alpha}_2,\ \cdots,\ \boldsymbol{\alpha}_n$ 的极大无关组的方法:**

以向量 $\boldsymbol{\alpha}_1,\ \boldsymbol{\alpha}_2,\ \cdots,\ \boldsymbol{\alpha}_n$ 为列向量组成矩阵 $\boldsymbol{A}=(\boldsymbol{\alpha}_1,\ \boldsymbol{\alpha}_2,\ \cdots,\ \boldsymbol{\alpha}_n)$, 然后对矩阵 $\boldsymbol{A}$ 进行初等行变换化为阶梯形矩阵 $\boldsymbol{B}=(\boldsymbol{\beta}_1,\ \boldsymbol{\beta}_2,\ \cdots,\ \boldsymbol{\beta}_n)$, 即

$$\boldsymbol{A}=(\boldsymbol{\alpha}_1,\ \boldsymbol{\alpha}_2,\ \cdots,\ \boldsymbol{\alpha}_n)\xrightarrow{\text{初等行变换}}(\boldsymbol{\beta}_1,\ \boldsymbol{\beta}_2,\ \cdots,\ \boldsymbol{\beta}_n)=\boldsymbol{B},$$

则矩阵 $\boldsymbol{B}$ 的非零行的首非零元所在的列向量组 $\boldsymbol{\beta}_{j_1},\ \boldsymbol{\beta}_{j_2},\ \cdots,\ \boldsymbol{\beta}_{j_r}$ 对应到 $\boldsymbol{A}$ 中相同序号的向量组 $\boldsymbol{\alpha}_{j_1},\ \boldsymbol{\alpha}_{j_2},\ \cdots,\ \boldsymbol{\alpha}_{j_r}$, 就是向量组 $\boldsymbol{\alpha}_1,\ \boldsymbol{\alpha}_2,\ \cdots,\ \boldsymbol{\alpha}_n$ 的一个极大无关组.

**注意**, 如果所给向量是行向量, 则转置为列向量组成矩阵 $\boldsymbol{A}$ 来求解.

这一求解过程的原理是: 由上面的求解我们可得

等式 $k_1\boldsymbol{\alpha}_1+k_2\boldsymbol{\alpha}_2+\cdots+k_n\boldsymbol{\alpha}_n=\boldsymbol{0}$ 与 $k_1\boldsymbol{\beta}_1+k_2\boldsymbol{\beta}_2+\cdots+k_n\boldsymbol{\beta}_n=\boldsymbol{0}$ 可以相互推出, 即向量组 $\boldsymbol{\alpha}_1,\ \boldsymbol{\alpha}_2,\ \cdots,\ \boldsymbol{\alpha}_n$ 与向量组 $\boldsymbol{\beta}_1,\ \boldsymbol{\beta}_2,\ \cdots,\ \boldsymbol{\beta}_n$ 的线性相关性及线性表示法完全相同.

这一原理对求解极大无关组的相关问题非常有用, 见例 3.18、例 3.19.

另外容易知道, 化出的阶梯形矩阵 $\boldsymbol{B}$ 的非零行的个数, 就是向量组 $\boldsymbol{\alpha}_1,\ \boldsymbol{\alpha}_2,\ \cdots,\ \boldsymbol{\alpha}_n$ 的秩.

例 3.18 求向量组 $\boldsymbol{\alpha}_1=\begin{pmatrix}1\\2\\3\end{pmatrix}$, $\boldsymbol{\alpha}_2=\begin{pmatrix}1\\3\\2\end{pmatrix}$, $\boldsymbol{\alpha}_3=\begin{pmatrix}1\\1\\4\end{pmatrix}$, $\boldsymbol{\alpha}_4=\begin{pmatrix}3\\7\\8\end{pmatrix}$ 的一个极大无关组, 并将其余向量用该极大无关组线性表示.

解 对矩阵 $\boldsymbol{A}=(\boldsymbol{\alpha}_1,\ \boldsymbol{\alpha}_2,\ \boldsymbol{\alpha}_3,\ \boldsymbol{\alpha}_4)$ 进行初等行变换, 化为行最简形

$$\boldsymbol{A}=(\boldsymbol{\alpha}_1,\ \boldsymbol{\alpha}_2,\ \boldsymbol{\alpha}_3,\ \boldsymbol{\alpha}_4)=\overset{\begin{matrix}\boldsymbol{\alpha}_1&\boldsymbol{\alpha}_2&\boldsymbol{\alpha}_3&\boldsymbol{\alpha}_4\end{matrix}}{\begin{pmatrix}1&1&1&3\\2&3&1&7\\3&2&4&8\end{pmatrix}}\to\begin{pmatrix}1&1&1&3\\0&1&-1&1\\0&-1&1&-1\end{pmatrix}\to\overset{\begin{matrix}\boldsymbol{\beta}_1&\boldsymbol{\beta}_2&\boldsymbol{\beta}_3&\boldsymbol{\beta}_4\end{matrix}}{\begin{pmatrix}1&0&2&2\\0&1&-1&1\\0&0&0&0\end{pmatrix}}=\boldsymbol{B}.$$

因为阶梯形矩阵 $\boldsymbol{B}$ 的非零行的首非零元所在列为 $\boldsymbol{\beta}_1,\ \boldsymbol{\beta}_2$, 所以 $\boldsymbol{A}$ 中的 $\boldsymbol{\alpha}_1,\ \boldsymbol{\alpha}_2$ 即为一个极大无关组. 容易知道 $\mathrm{r}(\boldsymbol{A})=2$, 即向量组 $\boldsymbol{\alpha}_1,\ \boldsymbol{\alpha}_2,\ \boldsymbol{\alpha}_3,\ \boldsymbol{\alpha}_4$ 的秩为 2, 且由 $\boldsymbol{A}$ 的行最简形 $\boldsymbol{B}$ 有

$$\boldsymbol{\alpha}_3=2\boldsymbol{\alpha}_1-\boldsymbol{\alpha}_2,\quad \boldsymbol{\alpha}_4=2\boldsymbol{\alpha}_1+\boldsymbol{\alpha}_2,$$

这是因为将 $\boldsymbol{\alpha}_3$ 表示为 $\boldsymbol{\alpha}_1, \boldsymbol{\alpha}_2$ 的线性组合时, 考虑的是线性方程组 $\boldsymbol{\alpha}_1 x_1 + \boldsymbol{\alpha}_2 x_2 = \boldsymbol{\alpha}_3$, 其增广矩阵是$(\boldsymbol{\alpha}_1, \boldsymbol{\alpha}_2, \boldsymbol{\alpha}_3)$, 所以考查上面矩阵 $\boldsymbol{B}$ 的前 3 列. 而将 $\boldsymbol{\alpha}_4$ 表示为 $\boldsymbol{\alpha}_1, \boldsymbol{\alpha}_2$ 的线性组合时, 考虑的是线性方程组 $\boldsymbol{\alpha}_1 x_1 + \boldsymbol{\alpha}_2 x_2 = \boldsymbol{\alpha}_4$, 这时考查上面矩阵 $\boldsymbol{B}$ 的第 1, 2, 4 列.

例 3.19 已知向量组 $\boldsymbol{\alpha}_1 = \begin{pmatrix} 1 \\ 0 \\ 2 \\ 1 \end{pmatrix}, \boldsymbol{\alpha}_2 = \begin{pmatrix} 1 \\ 1 \\ 3 \\ 2 \end{pmatrix}, \boldsymbol{\alpha}_3 = \begin{pmatrix} 1 \\ 2 \\ 4 \\ a \end{pmatrix}, \boldsymbol{\alpha}_4 = \begin{pmatrix} 2 \\ 3 \\ a+4 \\ 5 \end{pmatrix}$, 当该向量组的秩最小时, 求常数 $a$ 及向量组的一个极大无关组, 并将其余向量用此极大无关组线性表示.

解 以向量 $\boldsymbol{\alpha}_1, \boldsymbol{\alpha}_2, \boldsymbol{\alpha}_3, \boldsymbol{\alpha}_4$ 为列向量组成矩阵 $\boldsymbol{A} = (\boldsymbol{\alpha}_1, \boldsymbol{\alpha}_2, \boldsymbol{\alpha}_3, \boldsymbol{\alpha}_4)$, 对 $\boldsymbol{A}$ 进行初等行变换化为阶梯形矩阵有

$$\boldsymbol{A} = (\boldsymbol{\alpha}_1, \boldsymbol{\alpha}_2, \boldsymbol{\alpha}_3, \boldsymbol{\alpha}_4) = \begin{pmatrix} 1 & 1 & 1 & 2 \\ 0 & 1 & 2 & 3 \\ 2 & 3 & 4 & a+4 \\ 1 & 2 & a & 5 \end{pmatrix} \to \begin{pmatrix} 1 & 0 & -1 & -1 \\ 0 & 1 & 2 & 3 \\ 0 & 0 & a-3 & 0 \\ 0 & 0 & 0 & a-3 \end{pmatrix}.$$

由此可知, 当 $a-3=0$ 即 $a=3$ 时向量组的秩最小(为 2). 此时非零行的首非零元所在的是第 1, 2 列, 所以 $\boldsymbol{\alpha}_1, \boldsymbol{\alpha}_2$ 为极大无关组, 并由上式最后的行最简形矩阵得 $\boldsymbol{\alpha}_3, \boldsymbol{\alpha}_4$ 的如下表示式:

$$\boldsymbol{\alpha}_3 = -\boldsymbol{\alpha}_1 + 2\boldsymbol{\alpha}_2,\ \boldsymbol{\alpha}_4 = -\boldsymbol{\alpha}_1 + 3\boldsymbol{\alpha}_2.$$

下面我们介绍几个关于秩的重要结论.

### 3.4.4 秩的比较定理

**定理 3.12** 若向量组 $B$ 能由向量组 $A$ 线性表示, 则 $\mathrm{r}(B) \leqslant \mathrm{r}(A)$.

证明 记 $A_0$ 是向量组 $A$ 的一个极大无关组, $B_0$ 是向量组 $B$ 的一个极大无关组. 由于向量组与其极大无关组等价, 故 $B_0$ 能由 $B$ 线性表示, $A$ 能由 $A_0$ 线性表示. 由定理条件及线性表示的传递性(定理 3.4)知, $B_0$ 能由 $A_0$ 线性表示, 由推论 3.5 可得 $\mathrm{r}(B_0) \leqslant \mathrm{r}(A_0)$, 由向量组的秩的定义可知, 此不等式就是所需证明的. □

例如, 向量组 $\boldsymbol{\alpha}_1 = \begin{pmatrix} 1 \\ 1 \\ 0 \end{pmatrix}, \boldsymbol{\alpha}_2 = \begin{pmatrix} 1 \\ 1 \\ 1 \end{pmatrix}$ 可由向量组 $\boldsymbol{\varepsilon}_1 = \begin{pmatrix} 1 \\ 0 \\ 0 \end{pmatrix}, \boldsymbol{\varepsilon}_2 = \begin{pmatrix} 0 \\ 1 \\ 0 \end{pmatrix}, \boldsymbol{\varepsilon}_3 = \begin{pmatrix} 0 \\ 0 \\ 1 \end{pmatrix}$ 线性表示, 显然 $2 = \mathrm{r}(\boldsymbol{\alpha}_1, \boldsymbol{\alpha}_2) < \mathrm{r}(\boldsymbol{\varepsilon}_1, \boldsymbol{\varepsilon}_2, \boldsymbol{\varepsilon}_3) = 3$.

由定理 3.12 容易得到以下推论.

**推论 3.8** 若向量组 $B$ 与向量组 $A$ 能相互线性表示, 则 $\mathrm{r}(B) = \mathrm{r}(A)$, 即等价的向量组有相同的秩.

例 3.20 设矩阵 $\boldsymbol{A} = \boldsymbol{A}_{m\times n}$, $\boldsymbol{B} = \boldsymbol{B}_{n\times s}$, 证明: $\mathrm{r}(\boldsymbol{AB}) \leqslant \min\{\mathrm{r}(\boldsymbol{A}), \mathrm{r}(\boldsymbol{B})\}$.

证明 按列分块, 记 $\boldsymbol{A} = (\boldsymbol{\alpha}_1, \boldsymbol{\alpha}_2, \cdots, \boldsymbol{\alpha}_n)$, $\boldsymbol{AB} = (\boldsymbol{\gamma}_1, \boldsymbol{\gamma}_2, \cdots, \boldsymbol{\gamma}_s)$, 则

$(\boldsymbol{\gamma}_1, \boldsymbol{\gamma}_2, \cdots, \boldsymbol{\gamma}_s) = (\boldsymbol{\alpha}_1, \boldsymbol{\alpha}_2, \cdots, \boldsymbol{\alpha}_n)\boldsymbol{B}$, 所以列向量组 $\boldsymbol{\gamma}_1, \boldsymbol{\gamma}_2, \cdots, \boldsymbol{\gamma}_s$ 能由列向量组 $\boldsymbol{\alpha}_1, \boldsymbol{\alpha}_2, \cdots, \boldsymbol{\alpha}_n$ 线性表示, 由定理 3.12 得, $\mathrm{r}(\boldsymbol{\gamma}_1, \boldsymbol{\gamma}_2, \cdots, \boldsymbol{\gamma}_s) \leqslant \mathrm{r}(\boldsymbol{\alpha}_1, \boldsymbol{\alpha}_2, \cdots, \boldsymbol{\alpha}_n)$, 即 $\mathrm{r}(\boldsymbol{AB}) \leqslant \mathrm{r}(\boldsymbol{A})$.

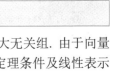

由于 $r(\boldsymbol{AB})=r((\boldsymbol{AB})^{\mathrm{T}})=r(\boldsymbol{B}^{\mathrm{T}}\boldsymbol{A}^{\mathrm{T}})$, 由上述结果得, $r(\boldsymbol{AB})=r(\boldsymbol{B}^{\mathrm{T}}\boldsymbol{A}^{\mathrm{T}})\leqslant r(\boldsymbol{B}^{\mathrm{T}})=r(\boldsymbol{B})$. □

**实际问题 3.10** 钢珠型号的重新组合

小阳的爸爸在淘宝网开钢珠批发零售店, 小阳利用爸爸开店的便利, 按自己的喜好将 A, B, C 三种型号的钢珠按一定数量分成三类盒子分装, 如表 3.10 所示.

表 3.10 小阳存放的钢珠分类表 粒

| | 一类盒 | 二类盒 | 三类盒 |
|---|---|---|---|
| A 型号 | 10 | 10 | 10 |
| B 型号 | 20 | 30 | 40 |
| C 型号 | 70 | 90 | 110 |

现在有个顾客急需 A, B, C 三种型号分别是 40 粒, 110 粒, 340 粒的钢珠若干盒, 但是当时钢珠已脱销, 店里只有小阳自己存的这些钢珠了 (小阳的钢珠存放量很足). 小阳爸爸利用大学学到的数学, 经计算得到, 只需把几个盒子的钢珠合在一起就能轻松解决问题. 在爸爸的劝说下小阳拿出了自己存放的钢珠, 这样他们很快就给顾客发了货.

(1) 请问小阳的爸爸是如何解决此问题的?

(2) 用极大无关组说明可以只用其中两类盒子的钢珠就能满足顾客的需求.

解 我们用向量的线性组合解决第(1)问题, 用向量的极大无关组解决第(2)问题.

我们用向量组 $\boldsymbol{\alpha}_1, \boldsymbol{\alpha}_2, \boldsymbol{\alpha}_3$ 分别表示一、二、三类盒中的钢珠的数量构成, 用向量 $\boldsymbol{\beta}$ 表示顾客所需钢珠的数量构成, 即

$$\boldsymbol{\alpha}_1=\begin{pmatrix}10\\20\\70\end{pmatrix},\quad \boldsymbol{\alpha}_2=\begin{pmatrix}10\\30\\90\end{pmatrix},\quad \boldsymbol{\alpha}_3=\begin{pmatrix}10\\40\\110\end{pmatrix},\quad \boldsymbol{\beta}=\begin{pmatrix}40\\110\\340\end{pmatrix}.$$

(1) 考查线性方程组 $\boldsymbol{\alpha}_1x_1+\boldsymbol{\alpha}_2x_2+\boldsymbol{\alpha}_3x_3=\boldsymbol{\beta}$ 是否有非负整数解, 将增广矩阵 $(\boldsymbol{\alpha}_1, \boldsymbol{\alpha}_2, \boldsymbol{\alpha}_3, \boldsymbol{\beta})$ 化为阶梯形矩阵有

$$(\boldsymbol{\alpha}_1, \boldsymbol{\alpha}_2, \boldsymbol{\alpha}_3, \boldsymbol{\beta})=\begin{pmatrix}10&10&10&40\\20&30&40&110\\70&90&110&340\end{pmatrix}\to\begin{pmatrix}1&0&-1&1\\0&1&2&3\\0&0&0&0\end{pmatrix}. \tag{3.24}$$

因为系数矩阵与增广矩阵的秩都为 2 (<3), 所以方程组有无穷多解, 同解方程组为

$$\begin{cases}x_1=1+x_3,\\x_2=3-2x_3.\end{cases}$$

根据题意, 解为非负整数, 所以应该满足 $0\leqslant x_3\leqslant\dfrac{3}{2}$, 且 $x_3$ 为非负整数. 取 $x_3=0$ 或 1, 我们得到两组解:

$$\begin{cases}x_1=1,\\x_2=3,\\x_3=0,\end{cases}\quad 或 \quad\begin{cases}x_1=2,\\x_2=1,\\x_3=1.\end{cases}$$

由此得, 只需一类盒 1 盒、二类盒 3 盒、不需三类盒, 或用一类盒 2 盒、二类盒 1 盒和三类盒 1 盒就可顺利满足客户的需求.

(2) 这个问题相当于求向量组 $\boldsymbol{\alpha}_1$, $\boldsymbol{\alpha}_2$, $\boldsymbol{\alpha}_3$, $\boldsymbol{\beta}$ 的极大无关组是 $\boldsymbol{\alpha}_1$, $\boldsymbol{\alpha}_2$, $\boldsymbol{\alpha}_3$ 中的某两个, 并且 $\boldsymbol{\beta}$ 由这两个向量线性表示, 其系数为正整数.

从极大无关组的求法知, 只需从式(3.24)来考查. 由式(3.24)得, $\boldsymbol{\alpha}_1$, $\boldsymbol{\alpha}_2$ 是向量组 $\boldsymbol{\alpha}_1$, $\boldsymbol{\alpha}_2$, $\boldsymbol{\alpha}_3$, $\boldsymbol{\beta}$ 的一个极大无关组, 且

$$\boldsymbol{\beta} = \boldsymbol{\alpha}_1 + 3\boldsymbol{\alpha}_2, \tag{3.25}$$

这已经解决了问题.

我们来考查 $\boldsymbol{\beta}$ 还能否由其他极大无关组线性表示. 又由式(3.24)知, $\boldsymbol{\alpha}_3 = -\boldsymbol{\alpha}_1 + 2\boldsymbol{\alpha}_2$, 再由式(3.25)得 $\boldsymbol{\beta} = 5\boldsymbol{\alpha}_2 - \boldsymbol{\alpha}_3$ 或 $\boldsymbol{\beta} = \dfrac{5}{2}\boldsymbol{\alpha}_1 + \dfrac{3}{2}\boldsymbol{\alpha}_3$, 它们都与系数为正整数的要求不符, 所以, 只有式(3.25)是唯一搭配方案.

所以, 如果只用两类盒子拼凑, 则只能用一类盒和二类盒来拼凑.

## 习　题　3.4

一、选择题 (单选题)

1. 假设 $\boldsymbol{A}$ 是 $n$ 阶方阵, 且 $\mathrm{r}(\boldsymbol{A}) = r < n$, 则 $\boldsymbol{A}$ 的 $n$ 个行向量中 (　　).

(A) 必有 $r$ 个行向量线性无关　　(B) 任意 $r$ 个行向量线性无关

(C) 任意 $r$ 个行向量都构成极大无关组　　(D) 任一行向量都不可由其他行向量线性表示

2. 设 $\boldsymbol{A}$ 是 $n$ 阶方阵, 且 $|\boldsymbol{A}| = 0$, 则 (　　).

(A) $\boldsymbol{A}$ 中必有两行的对应元素成比例

(B) $\boldsymbol{A}$ 中任一行向量均是其余各行向量的线性组合

(C) $\boldsymbol{A}$ 中必有一行向量是其余各行向量的线性组合

(D) $\boldsymbol{A}$ 中至少有一行元素全为零

3. 设向量组 $\boldsymbol{\alpha}_1, \boldsymbol{\alpha}_2, \cdots, \boldsymbol{\alpha}_s$ 的秩为 $r$, 则 (　　).

(A) 必有 $r < s$

(B) $\boldsymbol{\alpha}_1, \boldsymbol{\alpha}_2, \cdots, \boldsymbol{\alpha}_s$ 的任意小于 $r$ 个向量的部分组线性无关

(C) 向量组中任意 $r$ 个向量线性无关

(D) 向量组中任意 $r+1$ 个向量线性相关

4. 设 $\boldsymbol{A}$ 为 $n$ 阶方阵, 则 $\mathrm{r}(\boldsymbol{A}) = r < n$ 的充要条件是 (　　).

(A) $\boldsymbol{A}$ 的任意一个 $r$ 阶子式都不等于零

(B) $\boldsymbol{A}$ 的任意一个 $r+1$ 阶子式都等于零

(C) $\boldsymbol{A}$ 的任意 $r$ 个列向量线性无关

(D) $\boldsymbol{A}$ 的任意 $r+1$ 个列向量线性相关, 而有 $r$ 个列向量线性无关

5. 已知 $\mathrm{r}(\boldsymbol{\alpha}_1, \boldsymbol{\alpha}_2, \boldsymbol{\alpha}_3) = 3$, 若 (　　), 则 $\mathrm{r}(\boldsymbol{\beta}_1, \boldsymbol{\beta}_2, \boldsymbol{\beta}_3) < 3$.

(A) $\boldsymbol{\beta}_1 = \boldsymbol{\alpha}_1, \boldsymbol{\beta}_2 = \boldsymbol{\alpha}_1 + \boldsymbol{\alpha}_2, \boldsymbol{\beta}_3 = \boldsymbol{\alpha}_1 + \boldsymbol{\alpha}_2 + \boldsymbol{\alpha}_3$

(B) $\boldsymbol{\beta}_1 = \boldsymbol{\alpha}_1 + \boldsymbol{\alpha}_2, \boldsymbol{\beta}_2 = 7\boldsymbol{\alpha}_1 + 5\boldsymbol{\alpha}_2 + 2\boldsymbol{\alpha}_3, \boldsymbol{\beta}_3 = 3\boldsymbol{\alpha}_1 + 2\boldsymbol{\alpha}_2 + \boldsymbol{\alpha}_3$

(C) $\boldsymbol{\beta}_1 = \boldsymbol{\alpha}_2 + \boldsymbol{\alpha}_3, \boldsymbol{\beta}_2 = 2\boldsymbol{\alpha}_1 + \boldsymbol{\alpha}_2 + 3\boldsymbol{\alpha}_3, \boldsymbol{\beta}_3 = \boldsymbol{\alpha}_1 + 2\boldsymbol{\alpha}_3$

(D) $\boldsymbol{\beta}_1 = \boldsymbol{\alpha}_2 + \boldsymbol{\alpha}_3, \boldsymbol{\beta}_2 = \boldsymbol{\alpha}_3 + \boldsymbol{\alpha}_1, \boldsymbol{\beta}_3 = \boldsymbol{\alpha}_1 + \boldsymbol{\alpha}_2$

6. 当( )时, 向量组 $\boldsymbol{\alpha}_1, \boldsymbol{\alpha}_2, \cdots, \boldsymbol{\alpha}_s$ 的秩为 $s$.

(A) 向量组 $\boldsymbol{\alpha}_1, \boldsymbol{\alpha}_2, \cdots, \boldsymbol{\alpha}_{s-1}$ 能由向量组 $\boldsymbol{\alpha}_1, \boldsymbol{\alpha}_2, \cdots, \boldsymbol{\alpha}_s$ 线性表示

(B) 向量组 $\boldsymbol{\alpha}_1, \boldsymbol{\alpha}_2, \cdots, \boldsymbol{\alpha}_s$ 能由向量组 $\boldsymbol{\alpha}_1, \boldsymbol{\alpha}_2, \cdots, \boldsymbol{\alpha}_{s-1}$ 线性表示

(C) 向量组 $\boldsymbol{\alpha}_1, \boldsymbol{\alpha}_2, \cdots, \boldsymbol{\alpha}_s$ 中至少有一个向量能由其余 $s-1$ 个向量线性表示

(D) 向量组 $\boldsymbol{\alpha}_1, \boldsymbol{\alpha}_2, \cdots, \boldsymbol{\alpha}_s$ 中任一向量都不能由其余 $s-1$ 个向量线性表示

二、计算题

1. 求下列向量组的秩, 并求出一个极大无关组:

(1) $\boldsymbol{\alpha}_1=(2,4,2)^{\mathrm{T}}, \boldsymbol{\alpha}_2=(1,1,0)^{\mathrm{T}}, \boldsymbol{\alpha}_3=(2,3,1)^{\mathrm{T}}, \boldsymbol{\alpha}_4=(3,5,2)^{\mathrm{T}}$;

(2) $\boldsymbol{\alpha}_1=(3,1,-1,2)^{\mathrm{T}}, \boldsymbol{\alpha}_2=(-1,1,2,1)^{\mathrm{T}}, \boldsymbol{\alpha}_3=(-4,0,3,-1)^{\mathrm{T}}, \boldsymbol{\alpha}_4=(4,-1,0,1)^{\mathrm{T}}$.

2. 求下列向量组的一个极大无关组, 并将其余向量用此极大无关组线性表示.

(1) $\boldsymbol{\alpha}_1=(1,0,1)^{\mathrm{T}}, \boldsymbol{\alpha}_2=(0,1,1)^{\mathrm{T}}, \boldsymbol{\alpha}_3=(1,1,0)^{\mathrm{T}}, \boldsymbol{\alpha}_4=(1,2,3)^{\mathrm{T}}$;

(2) $\boldsymbol{\alpha}_1=(2,3,1,1), \boldsymbol{\alpha}_2=(4,5,0,1), \boldsymbol{\alpha}_3=(0,1,2,1), \boldsymbol{\alpha}_4=(4,4,-2,0)$;

(3) $\boldsymbol{\alpha}_1=(1,-1,0,4)^{\mathrm{T}}, \boldsymbol{\alpha}_2=(2,1,5,6)^{\mathrm{T}}, \boldsymbol{\alpha}_3=(1,-1,-2,0)^{\mathrm{T}}, \boldsymbol{\alpha}_4=(3,0,7,14)^{\mathrm{T}}$.

3. 已知向量组

$$\boldsymbol{\alpha}_1=(2,1,2,1)^{\mathrm{T}}, \boldsymbol{\alpha}_2=(-1,1,-5,7)^{\mathrm{T}}, \boldsymbol{\alpha}_3=(1,2,-3,8)^{\mathrm{T}}, \boldsymbol{\alpha}_4=(1,-1,a,6)^{\mathrm{T}}, \boldsymbol{\alpha}_5=(3,0,4,7)^{\mathrm{T}}$$

的秩为 3, 求 $a$ 及该向量组的一个极大无关组.

4. 设向量组 $\boldsymbol{\alpha}_1, \boldsymbol{\alpha}_2, \cdots, \boldsymbol{\alpha}_s$ 线性无关, 向量组 $\boldsymbol{\beta}_1, \boldsymbol{\beta}_2, \cdots, \boldsymbol{\beta}_t$ 可由 $\boldsymbol{\alpha}_1, \boldsymbol{\alpha}_2, \cdots, \boldsymbol{\alpha}_s$ 线性表示为

$$(\boldsymbol{\beta}_1, \boldsymbol{\beta}_2, \cdots, \boldsymbol{\beta}_t)=(\boldsymbol{\alpha}_1, \boldsymbol{\alpha}_2, \cdots, \boldsymbol{\alpha}_s)\boldsymbol{K},$$

其中 $\boldsymbol{K}$ 为 $s\times t$ 矩阵, 证明: (1) $\mathrm{r}(\boldsymbol{\beta}_1, \boldsymbol{\beta}_2, \cdots, \boldsymbol{\beta}_t)=\mathrm{r}(\boldsymbol{K})$; (2) 向量组 $\boldsymbol{\beta}_1, \boldsymbol{\beta}_2, \cdots, \boldsymbol{\beta}_t$ 线性无关的充要条件是 $\mathrm{r}(\boldsymbol{K})=t$.

5. 向量组 $\boldsymbol{\alpha}_1, \boldsymbol{\alpha}_2, \cdots, \boldsymbol{\alpha}_s$ 的秩为 $r$, 若该向量组的任一向量都可由其中的向量 $\boldsymbol{\alpha}_1, \boldsymbol{\alpha}_2, \cdots, \boldsymbol{\alpha}_r$ 线性表示, 证明: 向量组 $\boldsymbol{\alpha}_1, \boldsymbol{\alpha}_2, \cdots, \boldsymbol{\alpha}_r$ 是该向量组的一个极大无关组.

6. 设 $m\times n$ 矩阵 $\boldsymbol{A}=(\boldsymbol{\alpha}_1, \boldsymbol{\alpha}_2, \cdots, \boldsymbol{\alpha}_n)$ 的秩为 $r$, 如果 $\boldsymbol{A}$ 的 $r$ 阶子式 $D_r$ 非零, 证明: $D_r$ 所在的 $r$ 个列向量是矩阵 $\boldsymbol{A}$ 的列向量组的极大无关组.

7. 设矩阵 $\boldsymbol{A}$ 与 $\boldsymbol{B}$ 都是 $m\times n$ 矩阵, 证明: $\mathrm{r}(\boldsymbol{A}+\boldsymbol{B})\leqslant \mathrm{r}(\boldsymbol{A})+\mathrm{r}(\boldsymbol{B})$.

三、应用题

七夕情人节快要到了, 在外打工的甲、乙、丙三个好友准备和各自的女朋友过一个浪漫的情人节. 他们在天猫网店看中了几种浪漫蜡烛套餐, 每种套餐主要是由创意蜡烛、仿真玫瑰、防风杯和花瓣构成(套餐中的其他小配件如点火器、长蜡烛等因为数量少, 所以价钱不在他们考虑之内), 各套餐的构成如表 3.11 所示.

表 3.11 浪漫蜡烛套餐构成 个或朵

| | A 套餐 | B 套餐 | C 套餐 | D 套餐 |
|---|---|---|---|---|
| 创意蜡烛 | 300 | 250 | 200 | 300 |
| 仿真玫瑰 | 150 | 100 | 50 | 50 |
| 防风杯 | 450 | 350 | 250 | 350 |
| 花瓣 | 300 | 300 | 300 | 300 |

从价格偏好方面考虑, 他们想能否从这几种套餐里搭配出自己想要的套餐. 因为甲的数学学得好, 经

过他的计算, 他们准备用 A 套餐和 C 套餐搭配出 2 套 B 套餐. 他们决定, 如果谁喜欢 D 套餐, 可以自己去购买, 因为 D 套餐并不影响他们的搭配方案. 请问甲是怎么计算的, 请你给出解答.

## 3.5　线性方程组解的结构

通过前面几节有关向量的知识准备, 我们就可以来学习线性方程组解的结构. 以下先介绍齐次线性方程解的结构, 然后介绍非齐次线性方程组解的结构.

### 3.5.1　齐次线性方程组解的结构

如果我们将线性方程组的解用向量形式表示, 则称此向量为线性方程组的**解向量**.

对于齐次线性方程组 (3.10):

$$\begin{cases} a_{11}x_1 + a_{12}x_2 + \cdots + a_{1n}x_n = 0, \\ a_{21}x_1 + a_{22}x_2 + \cdots + a_{2n}x_n = 0, \\ \qquad\qquad \vdots \\ a_{m1}x_1 + a_{m2}x_2 + \cdots + a_{mn}x_n = 0, \end{cases}$$

考虑其矩阵形式 (3.11):

$$\boldsymbol{Ax} = \boldsymbol{0}.$$

首先考查齐次线性方程组的解的性质.

**性质 3.1** 若 $\boldsymbol{\xi}_1, \boldsymbol{\xi}_2$ 是齐次线性方程组 $\boldsymbol{Ax} = \boldsymbol{0}$ 的解, 则 $\boldsymbol{\xi}_1 + \boldsymbol{\xi}_2$ 也是 $\boldsymbol{Ax} = \boldsymbol{0}$ 的解.

**证明** 因为 $\boldsymbol{A\xi}_1 = \boldsymbol{0}$, $\boldsymbol{A\xi}_2 = \boldsymbol{0}$, 两式相加有 $\boldsymbol{A}(\boldsymbol{\xi}_1 + \boldsymbol{\xi}_2) = \boldsymbol{0}$. □

**性质 3.2** 若 $\boldsymbol{\xi}$ 是齐次线性方程组 $\boldsymbol{Ax} = \boldsymbol{0}$ 的解, $k$ 为实数, 则 $k\boldsymbol{\xi}$ 也是 $\boldsymbol{Ax} = \boldsymbol{0}$ 的解.

**证明** 因为 $A(k\boldsymbol{\xi}) = kA\boldsymbol{\xi} = \boldsymbol{0}$. □

我们知道, 当齐次线性方程组 $\boldsymbol{Ax} = \boldsymbol{0}$ 有非零解时, 则它的所有解向量组成的向量组一定有极大无关组. 如果能求出齐次方程组 $\boldsymbol{Ax} = \boldsymbol{0}$ 的解向量组的一个极大无关组 $S_0$: $\boldsymbol{\xi}_1, \boldsymbol{\xi}_2, \cdots, \boldsymbol{\xi}_t$, 则齐次线性方程组 $\boldsymbol{Ax} = \boldsymbol{0}$ 的任何一个解 $\boldsymbol{x}$ 都可表示为极大无关组 $S_0$ 的线性组合, 即

$$\boldsymbol{x} = c_1\boldsymbol{\xi}_1 + c_2\boldsymbol{\xi}_2 + \cdots + c_t\boldsymbol{\xi}_t, \tag{3.26}$$

其中 $c_1, c_2, \cdots, c_t$ 为任意常数.

由性质 3.1, 性质 3.2 知, 线性组合 (3.26) 确实是齐次线性方程组 $\boldsymbol{Ax} = \boldsymbol{0}$ 的解, 称式 (3.26) 是齐次线性方程组 $\boldsymbol{Ax} = \boldsymbol{0}$ 的**通解**或**一般解**.

**定义 3.8 基础解系**

齐次线性方程组 $\boldsymbol{Ax} = \boldsymbol{0}$ 的解向量组的一个极大无关组称为该线性方程组的一个**基础解系**.

注意到, 如果齐次线性方程组 $\boldsymbol{Ax} = \boldsymbol{0}$ 有非零解, 则必有无穷多解, 从而必有基础解系.

以下来求齐次线性方程组 $\boldsymbol{Ax} = \boldsymbol{0}$ 的基础解系.

设 $\boldsymbol{A}$ 为 $m \times n$ 矩阵, $\mathrm{r}(\boldsymbol{A}) = r < n$. 由 3.1 节的方法, 假设已将矩阵 $\boldsymbol{A}$ 化为行最简形 (左上角为 $r$ 阶单位矩阵),

$$
\boldsymbol{B}=\begin{pmatrix}
1 & 0 & \cdots & 0 & b_{11} & b_{12} & \cdots & b_{1n-r}\\
0 & 1 & \cdots & 0 & b_{21} & b_{22} & \cdots & b_{2n-r}\\
\vdots & \vdots & & \vdots & \vdots & \vdots & & \vdots\\
0 & 0 & \cdots & 1 & b_{r1} & b_{r2} & \cdots & b_{rn-r}\\
0 & 0 & \cdots & 0 & 0 & 0 & \cdots & 0\\
\vdots & \vdots & & \vdots & \vdots & \vdots & & \vdots\\
0 & 0 & \cdots & 0 & 0 & 0 & \cdots & 0
\end{pmatrix}, \tag{3.27}
$$

于是得线性方程组(3.11)(即式(3.10))的同解方程组

$$
\begin{cases}
x_1=-b_{11}x_{r+1}-b_{12}x_{r+2}-\cdots-b_{1n-r}x_n,\\
x_2=-b_{21}x_{r+1}-b_{22}x_{r+2}-\cdots-b_{2n-r}x_n,\\
\qquad\vdots\\
x_r=-b_{r1}x_{r+1}-b_{r2}x_{r+2}-\cdots-b_{rn-r}x_n,
\end{cases} \tag{3.28}
$$

将方程组(3.28)右边的自由未知量 $x_{r+1}, x_{r+2}, \cdots, x_n$ 分别取为 $c_1, c_2, \cdots, c_{n-r}$, 得方程组(3.11)(即式(3.10))的通解为

$$
\begin{cases}
x_1=-b_{11}c_1-b_{12}c_2-\cdots-b_{1n-r}c_{n-r},\\
x_2=-b_{21}c_1-b_{22}c_2-\cdots-b_{2n-r}c_{n-r},\\
\qquad\vdots\\
x_r=-b_{r1}c_1-b_{r2}c_2-\cdots-b_{rn-r}c_{n-r},\\
x_{r+1}=c_1,\\
x_{r+2}=c_2,\\
\qquad\vdots\\
x_n=c_{n-r},
\end{cases} \tag{3.29}
$$

写成向量形式有

$$
\boldsymbol{x}=\begin{pmatrix}x_1\\x_2\\\vdots\\x_n\end{pmatrix}=c_1\begin{pmatrix}-b_{11}\\-b_{21}\\\vdots\\-b_{r1}\\1\\0\\\vdots\\0\end{pmatrix}+c_2\begin{pmatrix}-b_{12}\\-b_{22}\\\vdots\\-b_{r2}\\0\\1\\\vdots\\0\end{pmatrix}+\cdots+c_{n-r}\begin{pmatrix}-b_{1n-r}\\-b_{2n-r}\\\vdots\\-b_{rn-r}\\0\\0\\\vdots\\1\end{pmatrix}. \tag{3.30}
$$

注意到式(3.30)右侧有 $n-r$ 个任意常数 $c_1, c_2, \cdots, c_{n-r}$, 所以恰有 $n-r$ 个向量, 我们来证明这 $n-r$ 个向量是基础解系. 首先注意到这 $n-r$ 个向量下方的 $n-r$ 个分量刚好构成 $n-r$ 阶单位矩阵, 从而知这 $n-r$ 个向量线性无关. 其次, 由上面的推导过程知, 齐次线性方程组(3.11)的每个解都可由这 $n-r$ 向量线性表示(见式(3.30)). 这说明方程组(3.30)右边的向量

组

$$\boldsymbol{\xi}_1=\begin{pmatrix}-b_{11}\\-b_{21}\\\vdots\\-b_{r1}\\1\\0\\\vdots\\0\end{pmatrix},\ \boldsymbol{\xi}_2=\begin{pmatrix}-b_{12}\\-b_{22}\\\vdots\\-b_{r2}\\0\\1\\\vdots\\0\end{pmatrix},\ \cdots,\ \boldsymbol{\xi}_{n-r}=\begin{pmatrix}-b_{1n-r}\\-b_{2n-r}\\\vdots\\-b_{rn-r}\\0\\0\\\vdots\\1\end{pmatrix}\tag{3.31}$$

满足条件:

(1) $\boldsymbol{\xi}_1,\boldsymbol{\xi}_2,\cdots,\boldsymbol{\xi}_{n-r}$ 线性无关(可参见定理 3.11 的必要性证明);

(2) 方程组 (3.11)的任一解都可表示为 $\boldsymbol{\xi}_1,\boldsymbol{\xi}_2,\cdots,\boldsymbol{\xi}_{n-r}$ 的线性组合(详见式(3.30)).

所以由极大无关组的等价定义(定理 3.10)知, 向量组 $\boldsymbol{\xi}_1,\boldsymbol{\xi}_2,\cdots,\boldsymbol{\xi}_{n-r}$ 是线性方程组 $\boldsymbol{Ax}=\boldsymbol{0}$ 的解向量组的一个极大无关组, 从而是线性方程组(3.11)的一个基础解系. 这样, 线性方程组(3.11)的通解为

$$\boldsymbol{x}=c_1\boldsymbol{\xi}_1+c_2\boldsymbol{\xi}_2+\cdots+c_{n-r}\boldsymbol{\xi}_{n-r},\tag{3.32}$$

其中 $c_1,c_2,\cdots,c_{n-r}$ 为任意常数.

**上述方法**是先求出齐次线性方程组 $\boldsymbol{Ax}=\boldsymbol{0}$ 的通解, 写出向量形式后, 再由 $n-r$ 个任意常数后边的 $n-r$ 个向量得到基础解系. **我们一般只要求用这种方法求出基础解系.**

我们也可以用如下方法来求基础解系.

对自由未知量 $x_{r+1},x_{r+2},\cdots,x_n$ 分别取

$$\begin{pmatrix}x_{r+1}\\x_{r+2}\\\vdots\\x_n\end{pmatrix}=\begin{pmatrix}1\\0\\\vdots\\0\end{pmatrix},\ \begin{pmatrix}0\\1\\\vdots\\0\end{pmatrix},\ \cdots,\ \begin{pmatrix}0\\0\\\vdots\\1\end{pmatrix},\tag{3.33}$$

依次代入式(3.28), 即得基础解系(3.31).

由以上推导可得如下结论.

> **定理 3.13　基础解系存在定理**
> 设 $\boldsymbol{A}$ 是 $m\times n$ 矩阵, $\mathrm{r}(\boldsymbol{A})=r<n$, 则齐次线性方程组 $\boldsymbol{Ax}=\boldsymbol{0}$ 一定有基础解系, 且每个基础解系都含有 $n-r$ 个解向量.

例 3.21　求齐次线性方程组

$$\begin{cases}x_1+\ \ x_2+\ x_3-\ \ x_4=0,\\2x_1+3x_2+\ x_3-\ \ x_4=0,\\3x_1+4x_2+2x_3-2x_4=0\end{cases}$$

的通解和基础解系.

解 **方法1** 对系数矩阵 $\boldsymbol{A}$ 进行初等行变换化为行最简形

$$\boldsymbol{A}=\begin{pmatrix}1&1&1&-1\\2&3&1&-1\\3&4&2&-2\end{pmatrix}\to\begin{pmatrix}1&1&1&-1\\0&1&-1&1\\0&1&-1&1\end{pmatrix}\to\begin{pmatrix}1&0&2&-2\\0&1&-1&1\\0&0&0&0\end{pmatrix}$$

得

$$\begin{cases}x_1=-2x_3+2x_4,\\x_2=x_3-x_4.\end{cases}\tag{3.34}$$

令 $x_3=c_1,x_4=c_2$, 得通解

$$\begin{cases}x_1=-2c_1+2c_2,\\x_2=c_1-c_2,\\x_3=c_1,\\x_4=c_2,\end{cases}\quad 即\begin{pmatrix}x_1\\x_2\\x_3\\x_4\end{pmatrix}=c_1\begin{pmatrix}-2\\1\\1\\0\end{pmatrix}+c_2\begin{pmatrix}2\\-1\\0\\1\end{pmatrix},$$ 其中 $c_1,c_2$ 为任意常数.

所以基础解系为

$$\boldsymbol{\xi}_1=\begin{pmatrix}-2\\1\\1\\0\end{pmatrix},\ \boldsymbol{\xi}_2=\begin{pmatrix}2\\-1\\0\\1\end{pmatrix}.$$

**方法2** 同方法1 得到方程组(3.34), 然后分别取

$$\begin{pmatrix}x_3\\x_4\end{pmatrix}=\begin{pmatrix}1\\0\end{pmatrix},\begin{pmatrix}0\\1\end{pmatrix},$$

代入式(3.34) 得基础解系

$$\boldsymbol{\xi}_1=\begin{pmatrix}-2\\1\\1\\0\end{pmatrix},\ \boldsymbol{\xi}_2=\begin{pmatrix}2\\-1\\0\\1\end{pmatrix}.$$

故通解为 $\boldsymbol{x}=c_1\boldsymbol{\xi}_1+c_2\boldsymbol{\xi}_2$, 其中 $c_1, c_2$ 为任意常数.

### 实际问题 3.11 商品交换的经济模型

在一个原始部落中, 农田耕作记为 $F$, 农具及工具的制作记为 $M$, 织物的编织记为 $C$. 人们之间的贸易是实物交易系统(图 3.1). 由图中可以看出, 农夫将每年的收获留下一半, 分别拿出四分之一给工匠和织布者; 工匠平均分配他们制作的用具给每个组; 织布者则留下四分之一的衣物为自己, 四分之一给工匠, 二分之一给农夫. 也可以用下表表示:

| | $F$ | $M$ | $C$ |
|---|---|---|---|
| $F$ | $\frac{1}{2}$ | $\frac{1}{3}$ | $\frac{1}{2}$ |
| $M$ | $\frac{1}{4}$ | $\frac{1}{3}$ | $\frac{1}{4}$ |
| $C$ | $\frac{1}{4}$ | $\frac{1}{3}$ | $\frac{1}{4}$ |

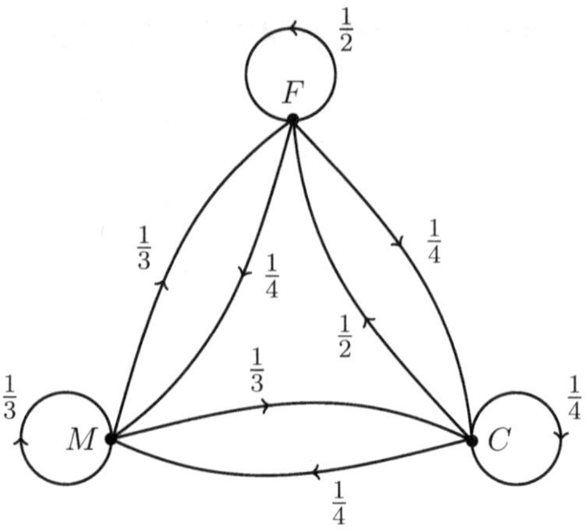


图 3.1　商品交换结构图

随着社会的发展, 实物交易形式需要改为货币交易. 假设没有资本和负债, 那么如何对每类产品定价才能公正地体现原有的实物交易系统?

**解** 令 $x_1$ 为农作物的价值, $x_2$ 为工具的价值, $x_3$ 为织物价值. 那么从图 3.1 或图 3.1 左边表格的第一行得, 农夫生产的价值应该等于他们交换到的产品的价值, 即

$$x_1 = \frac{1}{2}x_1 + \frac{1}{3}x_2 + \frac{1}{2}x_3.$$

同理可以得到工匠和纺织者产品价值的方程

$$x_2 = \frac{1}{3}x_2 + \frac{1}{4}x_1 + \frac{1}{4}x_3, \quad x_3 = \frac{1}{4}x_3 + \frac{1}{4}x_1 + \frac{1}{3}x_2.$$

从而得到下列线性方程组 $\begin{cases} \frac{1}{2}x_1 - \frac{1}{3}x_2 - \frac{1}{2}x_3 = 0, \\ -\frac{1}{4}x_1 + \frac{2}{3}x_2 - \frac{1}{4}x_3 = 0, \\ -\frac{1}{4}x_1 - \frac{1}{3}x_2 + \frac{3}{4}x_3 = 0, \end{cases}$ 利用初等行变换将系数矩阵化为阶梯形矩阵并化为行最简形, 即

$$\boldsymbol{A} \to \begin{pmatrix} 1 & 0 & -\frac{5}{3} \\ 0 & 1 & -1 \\ 0 & 0 & 0 \end{pmatrix}.$$

令 $x_3 = c$ 得通解 $\begin{cases} x_1 = \frac{5}{3}c, \\ x_2 = c, \\ x_3 = c, \end{cases}$ 写成向量形式有 $\begin{pmatrix} x_1 \\ x_2 \\ x_3 \end{pmatrix} = c\begin{pmatrix} \frac{5}{3} \\ 1 \\ 1 \end{pmatrix}.$

所以当农作物价值、工具价值与织物价值的定价之比为 $x_1 : x_2 : x_3 = 5 : 3 : 3$ 时, 才能公正地体现原有的实物交易系统.

### 3.5.2 非齐次线性方程组解的结构

对非齐次线性方程组 (3.1):

$$\begin{cases} a_{11}x_1 + a_{12}x_2 + \cdots + a_{1n}x_n = b_1, \\ a_{21}x_1 + a_{22}x_2 + \cdots + a_{2n}x_n = b_2, \\ \qquad \vdots \\ a_{m1}x_1 + a_{m2}x_2 + \cdots + a_{mn}x_n = b_m, \end{cases}$$

其矩阵形式为 (3.2):

$$\boldsymbol{Ax} = \boldsymbol{b}.$$

非齐次线性方程组 (3.2) 的解具有以下性质.

> 性质 3.3 设 $\boldsymbol{\xi}_1, \boldsymbol{\xi}_2$ 是非齐次线性方程组 $\boldsymbol{Ax} = \boldsymbol{b}$ 的解, 则 $\boldsymbol{\xi}_1 - \boldsymbol{\xi}_2$ 是导出组 $\boldsymbol{Ax} = \boldsymbol{0}$ 的解.

证明 $\boldsymbol{A}(\boldsymbol{\xi}_1 - \boldsymbol{\xi}_2) = \boldsymbol{A\xi}_1 - \boldsymbol{A\xi}_2 = \boldsymbol{b} - \boldsymbol{b} = \boldsymbol{0}.$ □

> 性质 3.4 设 $\boldsymbol{\xi}$ 是齐次线性方程组 $\boldsymbol{Ax} = \boldsymbol{0}$ 的解, 而 $\boldsymbol{\eta}$ 是非齐次线性方程组 $\boldsymbol{Ax} = \boldsymbol{b}$ 的解, 则 $\boldsymbol{\xi}+\boldsymbol{\eta}$ 是非齐次方程组 $\boldsymbol{Ax} = \boldsymbol{b}$ 的解.

证明 $\boldsymbol{A}(\boldsymbol{\xi}+\boldsymbol{\eta}) = \boldsymbol{A\xi}+\boldsymbol{A\eta} = \boldsymbol{0} + \boldsymbol{b} = \boldsymbol{b}.$ □

这样我们可得到非齐次线性方程组解的结构如下.

> **定理 3.14 非齐次线性方程组解的结构**
>
> 如果 $\boldsymbol{\xi}$ 是齐次线性方程组 $\boldsymbol{Ax} = \boldsymbol{0}$ 的通解, 而 $\boldsymbol{\eta}^*$ 是非齐次线性方程组 $\boldsymbol{Ax} = \boldsymbol{b}$ 的一个特解, 则
>
> $$\boldsymbol{x} = \boldsymbol{\xi} + \boldsymbol{\eta}^*$$
>
> 是非齐次线性方程组 $\boldsymbol{Ax} = \boldsymbol{b}$ 的通解.

证明 由性质 3.4 知, $\boldsymbol{\xi}+\boldsymbol{\eta}^*$ 是非齐次线性方程组 $\boldsymbol{Ax} = \boldsymbol{b}$ 的解, 所以只需要证明方程组 $\boldsymbol{Ax} = \boldsymbol{b}$ 的任一解 $\boldsymbol{\eta}$ 都能表示成 $\boldsymbol{Ax} = \boldsymbol{0}$ 的某个解 $\boldsymbol{\xi}_1$ 与 $\boldsymbol{\eta}^*$ 的和.

设 $\boldsymbol{\eta}$ 是非齐次线性方程组 $\boldsymbol{Ax} = \boldsymbol{b}$ 的任一解, 由性质 3.3 知, $\boldsymbol{\eta} - \boldsymbol{\eta}^* = \boldsymbol{\xi}_1$ 是导出组 $\boldsymbol{Ax} = \boldsymbol{0}$ 的一个解, 所以 $\boldsymbol{\eta} = \boldsymbol{\xi}_1 + \boldsymbol{\eta}^*$. □

由这个定理可以得到, **如果 $\boldsymbol{\eta}^*$ 是非齐次线性方程组 $\boldsymbol{Ax} = \boldsymbol{b}$ 的一个特解, 而 $\boldsymbol{\xi}_1, \boldsymbol{\xi}_2, \cdots, \boldsymbol{\xi}_{n-r}$ 是导出组 $\boldsymbol{Ax} = \boldsymbol{0}$ 的一个基础解系 ($n$ 为未知量的个数, $r = \mathrm{r}(\boldsymbol{A})$), 则非齐次线性方程组 $\boldsymbol{Ax} = \boldsymbol{b}$ 的通解为**

$$\boldsymbol{x} = \boldsymbol{\eta}^* + c_1\boldsymbol{\xi}_1 + c_2\boldsymbol{\xi}_2 + \cdots + c_{n-r}\boldsymbol{\xi}_{n-r}, \tag{3.35}$$

**其中 $c_1, c_2, \cdots, c_{n-r}$ 为任意常数.**

这样我们看到, **如果求出了非齐次线性方程组 $\boldsymbol{Ax} = \boldsymbol{b}$ 的向量形式的通解 (3.35), 则任意常数 $c_1, c_2, \cdots, c_{n-r}$ 后的 $n - r$ 个向量就是导出组 $\boldsymbol{Ax} = \boldsymbol{0}$ 的基础解系.**

例 3.22 求下列线性方程组的通解, 并求出其导出组的一个基础解系,

$$\begin{cases} x_1 + x_2 + x_3 + x_4 = 2, \\ 2x_1 + 5x_2 + x_3 - 3x_4 = -5, \\ 5x_1 + 11x_2 + 3x_3 - 5x_4 = -8. \end{cases}$$

解 **方法1** 将增广矩阵化为阶梯形矩阵并化为行最简形(首非零元所在的子块为单位矩阵),

$$(\boldsymbol{A},\ \boldsymbol{b})=\begin{pmatrix}1 & 1 & 1 & 1 & 2\\ 2 & 5 & 1 & -3 & -5\\ 5 & 11 & 3 & -5 & -8\end{pmatrix}\rightarrow\begin{pmatrix}1 & 0 & \frac{4}{3} & \frac{8}{3} & 5\\ 0 & 1 & -\frac{1}{3} & -\frac{5}{3} & -3\\ 0 & 0 & 0 & 0 & 0\end{pmatrix}.$$

由于 $\mathrm{r}(\boldsymbol{A})=\mathrm{r}(\boldsymbol{A},\ \boldsymbol{b})=2<4$, 所以方程组有无穷多解, 其同解方程组为

$$\begin{cases}x_1=5-\dfrac{4}{3}x_3-\dfrac{8}{3}x_4,\\ x_2=-3+\dfrac{1}{3}x_3+\dfrac{5}{3}x_4,\end{cases}\tag{3.36}$$

则其通解为 $\begin{cases}x_1=5-\dfrac{4}{3}c_1-\dfrac{8}{3}c_2,\\ x_2=-3+\dfrac{1}{3}c_1+\dfrac{5}{3}c_2,\\ x_3=c_1,\\ x_4=c_2,\end{cases}$ 写成向量形式有

$$\begin{pmatrix}x_1\\ x_2\\ x_3\\ x_4\end{pmatrix}=\begin{pmatrix}5\\ -3\\ 0\\ 0\end{pmatrix}+c_1\begin{pmatrix}-\frac{4}{3}\\ \frac{1}{3}\\ 1\\ 0\end{pmatrix}+c_2\begin{pmatrix}-\frac{8}{3}\\ \frac{5}{3}\\ 0\\ 1\end{pmatrix},$$

其中 $c_1,c_2$ 为任意常数.

由上式得导出组的基础解系为

$$\boldsymbol{\xi}_1=\begin{pmatrix}-\frac{4}{3}\\ \frac{1}{3}\\ 1\\ 0\end{pmatrix},\quad \boldsymbol{\xi}_2=\begin{pmatrix}-\frac{8}{3}\\ \frac{5}{3}\\ 0\\ 1\end{pmatrix}.\tag{3.37}$$

**方法2** 如同方法 1 得到式(3.36), 取自由未知量

$$\begin{pmatrix}x_3\\ x_4\end{pmatrix}=\begin{pmatrix}1\\ 0\end{pmatrix},\begin{pmatrix}0\\ 1\end{pmatrix},$$

去掉式(3.36)中的常数项然后将上式代入, 则得导出组的基础解系(3.37).

令 $x_3=x_4=0$ 代入式(3.36)得特解 $\boldsymbol{\eta}^*=\begin{pmatrix}5\\ -3\\ 0\\ 0\end{pmatrix}$, 故通解为

$$\boldsymbol{x}=\boldsymbol{\eta}^*+c_1\boldsymbol{\xi}_1+c_2\boldsymbol{\xi}_2,\tag{3.38}$$

其中 $c_1, c_2$ 为任意常数.

**注意** 方法 2 中在求导出组的基础解系时, 一定不能将式(3.36)中的常数项计算在内. 另外, 利用方法 1 求导出组的基础解系是基本要求.

### 实际问题 3.12 交通网络流量分析问题

城市道路网中每条道路、每个交叉路口的车流量调查, 是分析、评价及改善城市交通状况的基础. 根据实际车流量信息可以设计流量控制方案, 必要时设置单行线, 以免大量车辆长时间拥堵.

**【模型准备】** 某城市单行线如图 3.2 所示, 其中的数字表示该路段每小时按箭头方向行驶的车流量(单位: 辆).

(1) 建立确定每条道路流量的线性方程组.

(2) 为了唯一确定未知流量, 还需要增添哪几条道路的流量统计?

(3) 当 $x_4 = 350$ 时, 确定 $x_1$, $x_2$, $x_3$ 的值.

(4) 若 $x_4 = 200$, 则单行线应该如何改动才合理?

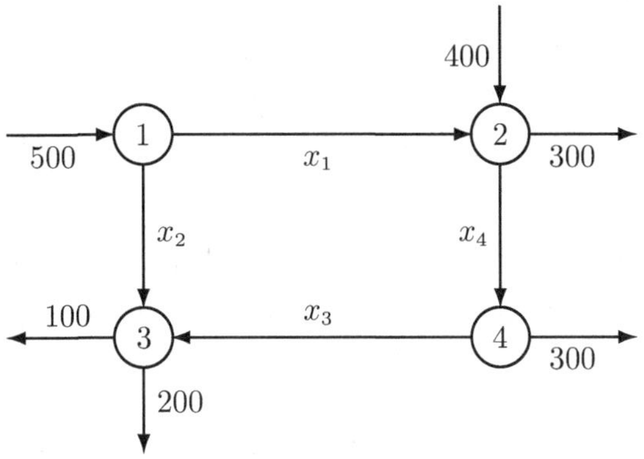


图 3.2 某城市单行线车流量

**【模型假设】** (1) 每条道路都是单行线; (2) 每个交叉路口进入和离开的车辆数目相等.

**【模型建立及求解】** 根据图 3.2 和上述假设, 在 ①、②、③、④ 四个路口进出车辆数目分别满足

$$500 = x_1 + x_2, \qquad ①$$
$$400 + x_1 = x_4 + 300, \qquad ②$$
$$x_2 + x_3 = 100 + 200, \qquad ③$$
$$x_4 = x_3 + 300. \qquad ④$$

(1) 根据上述等式可得如下线性方程组

$$\begin{cases} x_1 + x_2 = 500, \\ x_1 - x_4 = -100, \\ x_2 + x_3 = 300, \\ -x_3 + x_4 = 300. \end{cases}$$

(2) 对增广矩阵进行初等行变换化为行最简形有

$$(\boldsymbol{A},\ \boldsymbol{b})=\begin{pmatrix}1&1&0&0&500\\1&0&0&-1&-100\\0&1&1&0&300\\0&0&-1&1&300\end{pmatrix}\xrightarrow{\text{初等行变换}}\begin{pmatrix}1&0&0&-1&-100\\0&1&0&1&600\\0&0&1&-1&-300\\0&0&0&0&0\end{pmatrix},$$

由此可得

$$\begin{cases}x_1=x_4-100,\\x_2=-x_4+600,\\x_3=x_4-300.\end{cases}$$

由此可知, 为了唯一确定未知流量, 只要增添 $x_4$ 统计的值即可.

(3) 当 $x_4=350$ 时, 可确定 $x_1=250, x_2=250, x_3=50$.

(4) 若 $x_4=200$, 则 $x_1=100, x_2=400, x_3=-100<0$. 这表明单行线“③←④”应该改为“③→④”才合理.

**【模型分析】** (1) 由 $(\boldsymbol{A},\ \boldsymbol{b})$ 的行最简形可见, 上述线性方程组中的最后一个方程是多余的. 这意味着最后一个方程中的数据“300”可以不用统计.

(2) 由 $\begin{cases}x_1=x_4-100,\\x_2=-x_4+600,\\x_3=x_4-300,\end{cases}$ 可得 $\begin{cases}x_2=-x_1+500,\\x_3=x_1-200,\\x_4=x_1+100,\end{cases}$ $\begin{cases}x_1=-x_2+500,\\x_3=-x_2+300,\\x_4=-x_2+600,\end{cases}$ $\begin{cases}x_1=x_3+200,\\x_2=-x_3+300,\\x_4=x_3+300.\end{cases}$

即在 $x_1, x_2, x_3, x_4$ 这四个未知量中, 任意一个未知量的值统计出来之后都可以确定出其他三个未知量的值.

## 习　题　3.5

一、选择题 (单选题)

1. 设 $\boldsymbol{\alpha}_1, \boldsymbol{\alpha}_2, \cdots, \boldsymbol{\alpha}_s$ 是齐次线性方程组 $\boldsymbol{Ax}=\boldsymbol{0}$ 的基础解系, 则 (　　).

(A) $\boldsymbol{\alpha}_1, \boldsymbol{\alpha}_2, \cdots, \boldsymbol{\alpha}_s$ 线性相关　　(B) $\boldsymbol{Ax}=\boldsymbol{0}$ 的任意 $s+1$ 个解向量线性相关

(C) $s-\mathrm{r}(\boldsymbol{A})=n$　　(D) $\boldsymbol{Ax}=\boldsymbol{0}$ 的任意 $s-1$ 个解向量线性相关

2. 设矩阵 $\boldsymbol{A}=(2,\ 0,\ -1)$, 要使 $\boldsymbol{\xi}_1=(1,\ 0,\ 2)^{\mathrm{T}}$, $\boldsymbol{\xi}_2=(2,\ a,\ b)^{\mathrm{T}}$ 是齐次线性方程组 $\boldsymbol{Ax}=\boldsymbol{0}$ 的一个基础解系, 则 $a,b$ 应满足条件 (　　).

(A) $a=0,\ b=4$　　(B) $a=0,\ b\neq 4$　　(C) $a\neq 0,\ b=4$　　(D) $a\neq 0,\ b\neq 4$

3. 设 $\boldsymbol{\xi}_1, \boldsymbol{\xi}_2, \boldsymbol{\xi}_3$ 是 $\boldsymbol{Ax}=\boldsymbol{0}$ 的一个基础解系, 则 (　　)也是 $\boldsymbol{Ax}=\boldsymbol{0}$ 的一基础解系.

(A) $\boldsymbol{\xi}_1-\boldsymbol{\xi}_2, \boldsymbol{\xi}_3, \boldsymbol{\xi}_3+\boldsymbol{\xi}_1$　　(B) $\boldsymbol{\xi}_1-\boldsymbol{\xi}_2+\boldsymbol{\xi}_3, \boldsymbol{\xi}_2, \boldsymbol{\xi}_1+\boldsymbol{\xi}_3$

(C) $\boldsymbol{\xi}_1+\boldsymbol{\xi}_2+\boldsymbol{\xi}_3, \boldsymbol{\xi}_3-\boldsymbol{\xi}_1$　　(D) $\boldsymbol{\xi}_1+\boldsymbol{\xi}_2, \boldsymbol{\xi}_2+\boldsymbol{\xi}_3, \boldsymbol{\xi}_1-\boldsymbol{\xi}_3$

4. 设 $\boldsymbol{\alpha}_1, \boldsymbol{\alpha}_2$ 是 $\boldsymbol{Ax}=\boldsymbol{0}$ 的解, $\boldsymbol{\beta}_1, \boldsymbol{\beta}_2$ 是 $\boldsymbol{Ax}=\boldsymbol{b}$ 的解, 则 (　　).

(A) $2\boldsymbol{\alpha}_1+\boldsymbol{\beta}_1$ 是 $\boldsymbol{Ax}=\boldsymbol{0}$ 的解　　(B) $\boldsymbol{\beta}_1+\boldsymbol{\beta}_2$ 是 $\boldsymbol{Ax}=\boldsymbol{b}$ 的解

(C) $\boldsymbol{\alpha}_1+\boldsymbol{\alpha}_2$ 是 $\boldsymbol{Ax}=\boldsymbol{0}$ 的解　　(D) $\boldsymbol{\beta}_1-\boldsymbol{\beta}_2$ 是 $\boldsymbol{Ax}=\boldsymbol{b}$ 的解

5. 设 $\boldsymbol{A}$ 是 $m\times n$ 阶矩阵, 且 $\mathrm{r}(\boldsymbol{A})=r$, 则线性方程组 $\boldsymbol{Ax}=\boldsymbol{b}$ (　　).

(A) 当 $r=n$ 时有唯一解　　(B) 当有无穷多解时, 通解中有 $r$ 个自由未知量

(C) 当 $\boldsymbol{b}=\boldsymbol{0}$ 时只有零解　　(D) 当有无穷多解时, 通解中有 $n-r$ 个自由未知量

6. 设 $\boldsymbol{\alpha}_1,\boldsymbol{\alpha}_2$ 是非齐次方程组 $\boldsymbol{Ax}=\boldsymbol{b}$ 的解, $\boldsymbol{\beta}$ 是对应的齐次方程组 $\boldsymbol{Ax}=\boldsymbol{0}$ 的解, 则 $\boldsymbol{Ax}=\boldsymbol{b}$ 必有一个解是 (　　).

(A) $\boldsymbol{\alpha}_1+\boldsymbol{\alpha}_2$　　(B) $\boldsymbol{\alpha}_1-\boldsymbol{\alpha}_2$　　(C) $\boldsymbol{\beta}+\boldsymbol{\alpha}_1+\boldsymbol{\alpha}_2$　　(D) $\boldsymbol{\beta}+\dfrac{1}{2}\boldsymbol{\alpha}_1+\dfrac{1}{2}\boldsymbol{\alpha}_2$

二、计算题

1. 求下列线性方程组的通解:

(1) $\begin{cases} x_1+x_2-3x_3-4x_4=0,\\ x_1+2x_2-5x_3-5x_4=0,\\ x_2-2x_3-x_4=0;\end{cases}$　　(2) $\begin{cases} 2x_1+x_2-2x_3+x_4=0,\\ x_1+2x_2+2x_3+x_4=0,\\ 5x_1+4x_2-2x_3+3x_4=0;\end{cases}$

(3) $3x_1-2x_2+x_3-5x_4=0;$　　(4) $\begin{cases} 2x_1-3x_2+3x_3-2x_4=0,\\ x_1-3x_2+2x_3+x_4=0,\\ 5x_1-9x_2+8x_3-3x_4=0,\\ 3x_1-6x_2+5x_3-x_4=0.\end{cases}$

2. 求下列非齐次线性方程组的通解及导出组的基础解系:

(1) $\begin{cases} 4x_1+2x_2-x_3=2,\\ 3x_1-x_2+2x_3=4,\\ 11x_1+3x_2=8;\end{cases}$　　(2) $\begin{cases} 2x_1+x_2+3x_3+3x_4=1,\\ x_1+x_2+x_3+2x_4=0,\\ x_1-2x_2+4x_3+x_4=4;\end{cases}$

(3) $\begin{cases} x_1+x_2-x_3+2x_4=2,\\ 3x_1+6x_2+2x_3+x_4=-2,\\ 2x_1+5x_2+3x_3-x_4=-4;\end{cases}$　　(4) $\begin{cases} x_1+x_2-3x_3-x_4=1,\\ 3x_1-x_2-3x_3+4x_4=4,\\ x_1+5x_2-9x_3-8x_4=0,\\ 2x_1+6x_2-12x_3-9x_4=1.\end{cases}$

3. $n$ 阶矩阵 $\boldsymbol{A}$ 的各行元素之和均为零, 且 $\mathrm{r}(\boldsymbol{A})=n-1$, 求线性方程组 $\boldsymbol{Ax}=\boldsymbol{0}$ 的通解.

4. 设线性方程组

$$\begin{cases} x_1+x_2+x_3=0,\\ x_1+2x_2+ax_3=0,\\ x_1+4x_2+a^2x_3=0\end{cases}$$

与方程

$$x_1+2x_2+x_3=a-1$$

有公共解, 求 $a$ 的值及所有公共解.

5. 已知 $\boldsymbol{\alpha}_1=(1,4,0,2)^{\mathrm{T}}$, $\boldsymbol{\alpha}_2=(2,7,1,3)^{\mathrm{T}}$, $\boldsymbol{\alpha}_3=(0,1,-1,a)^{\mathrm{T}}$, $\boldsymbol{\beta}=(3,10,b,4)^{\mathrm{T}}$, 问:

(1) 当 $a,b$ 为何值时, $\boldsymbol{\beta}$ 不能由 $\boldsymbol{\alpha}_1,\boldsymbol{\alpha}_2,\boldsymbol{\alpha}_3$ 线性表示?

(2) 当 $a,b$ 为何值时, $\boldsymbol{\beta}$ 可由 $\boldsymbol{\alpha}_1,\boldsymbol{\alpha}_2,\boldsymbol{\alpha}_3$ 线性表示? 并写出此表示式.

6. 设向量组 $\boldsymbol{\alpha}_1,\boldsymbol{\alpha}_2,\boldsymbol{\alpha}_3$ 是齐次线性方程组 $\boldsymbol{Ax}=\boldsymbol{0}$ 的一个基础解系, 证明: 向量组 $2\boldsymbol{\alpha}_2-\boldsymbol{\alpha}_1$, $\boldsymbol{\alpha}_3+2\boldsymbol{\alpha}_2$, $\boldsymbol{\alpha}_1-\boldsymbol{\alpha}_3$ 也是线性方程组 $\boldsymbol{Ax}=\boldsymbol{0}$ 的基础解系.

7. 设 $\boldsymbol{A}$ 是 $m\times n$ 矩阵, 向量组 $\boldsymbol{\alpha}_1,\boldsymbol{\alpha}_2,\cdots,\boldsymbol{\alpha}_s$ 是非齐次线性方程组 $\boldsymbol{Ax}=\boldsymbol{0}$ 的一个基础解系, $n$ 维列向量 $\boldsymbol{\beta}$ 是齐次线性方程组 $\boldsymbol{Ax}=\boldsymbol{b}$ 的解, 证明：$\boldsymbol{\alpha}_1+\boldsymbol{\beta},\boldsymbol{\alpha}_2+\boldsymbol{\beta},\cdots,\boldsymbol{\alpha}_s+\boldsymbol{\beta}$ 线性无关.

8. 设 $\boldsymbol{\alpha}_0,\boldsymbol{\alpha}_1,\cdots,\boldsymbol{\alpha}_{n-r}$ 是非齐次线性方程组 $\boldsymbol{Ax}=\boldsymbol{b}$ 的 $n-r+1$ 个线性无关的解向量, 矩阵 $\boldsymbol{A}$ 的秩为 $r$, 证明：$\boldsymbol{\alpha}_1-\boldsymbol{\alpha}_0,\boldsymbol{\alpha}_2-\boldsymbol{\alpha}_0,\cdots,\boldsymbol{\alpha}_{n-r}-\boldsymbol{\alpha}_0$ 是导出组 $\boldsymbol{Ax}=\boldsymbol{0}$ 的基础解系.

三、应用题

1. (点兵问题)韩信点兵. 有兵一队, 人数在 500 至 1000 之内. 三三数之剩二, 五五数之剩三, 七七数之剩二. 问这队士兵有多少人?

2. 某工厂生产甲、乙、丙三种钢制品, 已知甲种产品的钢材利用率为 60%, 乙种产品的钢材利用率为 70%, 丙种产品的钢材利用率为 80%. 年进货钢材总吨位为 100t, 年产品总吨位为 67t. 此外还已知生产甲、乙、丙三种产品每吨可获得利润分别是 1 万元、1.2 万元、2 万元. 问该工厂本年度可获得的最大利润是多少万元? 此时需要这三种钢材各进货多少吨?

3. (1) 求图 3.3 中高速公路网络的交通流量的通解 (流量以车辆数/分钟计算).

(2) 求 $x_4$ 的道路交通封闭时的交通流量的通解.

(3) 当 $x_4=0$ 时, $x_1$ 的最小值是多少?

(以上假设车辆只能在图 3.3 中的公路上进行分流运行)

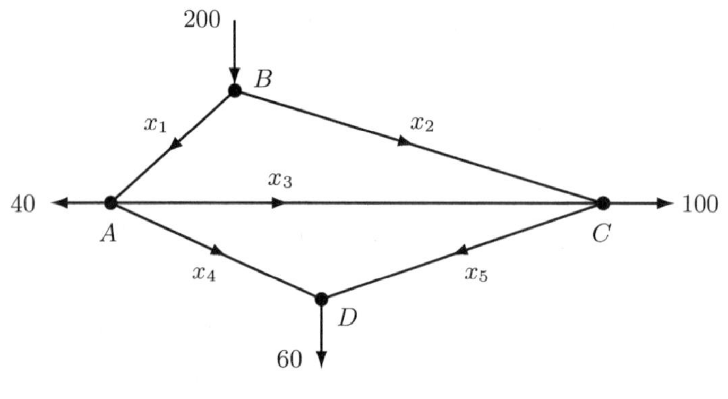


图 3.3 高速公路网络交通流图

# 3.6 线性方程组的经济应用

## 3.6.1 投入产出数学模型

投入产出分析法是由美国经济学家瓦西里 • 列昂惕夫 (Wassily W.Leontief)于 20 世纪 30 年代创立的, 之后被许多国家广泛应用. 其方法主要是应用矩阵方程建立投入产出数学模型, 以此揭示国民经济各部门、再生产各环节之间的内在联系, 并据此进行经济分析、预测和安排预算计划. 此成果于 1973 年获得诺贝尔经济学奖.

投入产出数学模型首先需编制投入产出表, 据此建立线性方程组(矩阵方程), 进而综合分析经济体系各部门之间的相互联系.

投入产出模型分为**实物型模型**和**价值型模型**两种, 这里只简单介绍**价值型投入产出数学模型**.

假设某经济体系有 $n$ 个物质生产部门, 将这 $n$ 个部门同时作为生产(产出)部门和消耗(投入)部门, 每个部门生产的产品分配给其他部门, 同时每个部门又消耗其他部门的产品. 这种关系可用表 3.12 表示如下.

表 3.12 投入产出平衡表

| 部门间流量 \ 部门 | | 消耗部门 | | | | 最终产品 | | | | 总产品 |
|---|---|---|---|---|---|---|---|---|---|---|
| 部门 | | 1 | 2 | $\cdots$ | $n$ | 消费 | 积累 | 净出口 | 合计 | |
| 生产部门 | 1 | $x_{11}$ | $x_{12}$ | $\cdots$ | $x_{1n}$ | | | | $y_1$ | $x_1$ |
| | 2 | $x_{21}$ | $x_{22}$ | $\cdots$ | $x_{2n}$ | | | | $y_2$ | $x_2$ |
| | $\vdots$ | $\vdots$ | $\vdots$ | | $\vdots$ | | | | $\vdots$ | $\vdots$ |
| | $n$ | $x_{n1}$ | $x_{n2}$ | $\cdots$ | $x_{nn}$ | | | | $y_n$ | $x_n$ |
| 净产品价值 | 劳动报酬 | $v_1$ | $v_2$ | $\cdots$ | $v_n$ | | | | | |
| | 社会纯收入 | $m_1$ | $m_2$ | $\cdots$ | $m_n$ | | | | | |
| | 合计 | $z_1$ | $z_2$ | $\cdots$ | $z_n$ | | | | | |
| 总产品价值 | | $x_1$ | $x_2$ | $\cdots$ | $x_n$ | | | | | |

表中各关键指标的含义如下:

$x_i$ —— 第 $i$ 个生产部门的总产品价值( $i=1,2,\cdots,n$);

$y_j$ —— 第 $j$ 个生产部门的最终产品量(社会需求)($j=1,2,\cdots,n$);

$x_{ij}$ —— 第 $j$ 个部门消耗第 $i$ 个部门的产品量($i,j=1,2,\cdots,n$);

$z_k$ —— 第 $k$ 个部门净产值($k=1,2,\cdots,n$), 包括劳动报酬 $v_k$ 和纯收入 $m_k(k=1,2,\cdots,n)$.

由表 3.13 中这些量的含义, 从每一行可得**分配平衡方程组**

$$\sum_{k=1}^{n} x_{jk}+y_j=x_j, j=1,2,\cdots,n, \tag{3.39}$$

从每一列可得**消耗平衡方程组**

$$\sum_{k=1}^{n} x_{kj}+z_j=x_j, j=1,2,\cdots,n. \tag{3.40}$$

从式(3.39)和式(3.40)容易得到

$$\sum_{j=1}^{n} y_j=\sum_{j=1}^{n} z_j, \tag{3.41}$$

即各部门最终产品的总和等于各部门新创造价值的总和(即国民收入).

我们引入**直接消耗系数**

$$a_{kj}=\frac{x_{kj}}{x_j}, 1 \leqslant k \leqslant n, 1 \leqslant j \leqslant n, \tag{3.42}$$

并由此得**直接消耗系数矩阵**

$$\boldsymbol{A}=\begin{pmatrix} a_{11} & a_{12} & \cdots & a_{1n} \\ a_{21} & a_{22} & \cdots & a_{2n} \\ \vdots & \vdots & & \vdots \\ a_{n1} & a_{n2} & \cdots & a_{nn} \end{pmatrix}. \tag{3.43}$$

再引入**总产品向量** $\boldsymbol{X}=(x_1,x_2,\cdots,x_n)^{\mathrm{T}}$, **最终产品向量** $\boldsymbol{Y}=(y_1,y_2,\cdots,y_n)^{\mathrm{T}}$, 则由式(3.39)和式(3.42)得**投入产出矩阵方程**

$$(\boldsymbol{E}-\boldsymbol{A})\boldsymbol{X}=\boldsymbol{Y}, \tag{3.44}$$

可以证明**投入产出矩阵**$(\boldsymbol{E}-\boldsymbol{A})$ 可逆, 由此得

$$\boldsymbol{X}=(\boldsymbol{E}-\boldsymbol{A})^{-1}\boldsymbol{Y}. \tag{3.45}$$

为了研究两个部门之间的关系, 引入矩阵

$$\boldsymbol{C}=(\boldsymbol{E}-\boldsymbol{A})^{-1}-\boldsymbol{E}, \tag{3.46}$$

称为**完全消耗矩阵**, 其中 $(\boldsymbol{E}-\boldsymbol{A})^{-1}$ 称为**列昂惕夫矩阵**. 根据矩阵 $\boldsymbol{A}$ 的性质, 可以证明矩阵 $\boldsymbol{C}$ 的元素非负.

**实际问题 3.13**　经济计划问题

已知某时期一张投入产出表如表 3.13 所示.

表 3.13　　亿元

| 部门间流量 产出/投入 | | 中间产品 | | | 最终产品 | 总产出 |
|---|---|---|---|---|---|---|
| | | 农业 | 工业 | 其他 | | |
| 产出部门 | 农业 | 40 | 80 | 0 | 80 | 200 |
| | 工业 | 40 | 40 | 20 | 300 | 400 |
| | 其他 | 0 | 80 | 20 | 100 | 200 |
| 新创价值 | | 120 | 200 | 160 | | |
| 总产值 | | 200 | 400 | 200 | | |

现要求以此表为基础制定计划, 要求农业、工业、其他三个部门的最终产品 (即计划期内三个部门的非生产性消耗的产品需求量)分别为 90 亿元、300 亿元和 105 亿元. 求计划期内总产品的量.

解 (1) 计算该时期直接消耗系数矩阵 $\boldsymbol{A}$ 和列昂惕夫矩阵 $(\boldsymbol{E}-\boldsymbol{A})^{-1}$, 即

$$\boldsymbol{A}=\begin{pmatrix} 0.2 & 0.2 & 0 \\ 0.2 & 0.1 & 0.1 \\ 0 & 0.2 & 0.1 \end{pmatrix},$$

$$(\boldsymbol{E}-\boldsymbol{A})^{-1}=\begin{pmatrix} 1.3255 & 0.3020 & 0.0336 \\ 0.3020 & 1.2081 & 0.1342 \\ 0.0671 & 0.2685 & 1.1409 \end{pmatrix}.$$

(用 MATLAB 软件求逆矩阵的方法见第 6 章)

(2) 计算计划期内的总产品

因计划期最终产品列向量为

$$\boldsymbol{Y}=\begin{pmatrix}90\\300\\105\end{pmatrix},$$

代入式(3.45)得计划期的总产品向量为

$$\boldsymbol{X}=(\boldsymbol{E}-\boldsymbol{A})^{-1}\boldsymbol{Y}=\begin{pmatrix}1.3255&0.3020&0.0336\\0.3020&1.2081&0.1342\\0.0671&0.2685&1.1409\end{pmatrix}\begin{pmatrix}90\\300\\105\end{pmatrix}=\begin{pmatrix}213.42\\403.70\\206.38\end{pmatrix}.$$

由此可知, 农业、工业、其他三个部门计划期的总产品量分别为

$$x_1=213.42\text{ 亿元},\quad x_2=403.70\text{ 亿元},\quad x_3=206.38\text{ 亿元}.$$

### 3.6.2 线性规划数学模型

线性规划是运筹学的一个重要分支, 它是辅助人们进行科学管理的一种重要数学方法. 线性规划主要用于两类问题：一类是在一定数量的人力、物力、财力资源条件下, 如何使用资源使完成的任务最多；另一类是给定一项任务, 如何以最少的人力、物力、财力等资源来完成这项任务. 线性规划已广泛应用于工业、农业、交通运输、军事和经济管理与决策等领域.

线性规划其实就是线性问题的最大值和最小值问题.

线性规划问题主要有三种解法：(1) 线性方程组解法；(2) 图解法；(3) 单纯形解法.

其中单纯形解法是普遍适用的解法, 目前已经很成熟, 并有单纯形法的标准软件, 可在计算机上求解约束条件和决策变量数达 10000 个以上的线性规划问题. 图解法适合只有两个变量的问题, 在中学数学中已有介绍, 不再重复. 这里讲的线性方程组解法虽具有很大的局限性, 但它却包含了单纯形解法的基本思想. 这里举一个例子来介绍线性方程组解法, 并讲解单纯形解法的基本过程.

**实际问题 3.14** 生产计划问题

某工厂生产甲、乙两种产品, 需消耗 A, B, C 三种材料, 每生产单位产品甲, 可收益 4 万元；每生产单位产品乙, 可收益 5 万元. 生产单位产品甲、乙对材料 A, B, C 的消耗量及材料的供应量如表 3.14 所示. 问如何安排生产能使总收益最大?

表 3.14

| | 甲 | 乙 | 供应量 |
|---|---|---|---|
| A | 1 | 1 | 45 |
| B | 2 | 1 | 80 |
| C | 1 | 3 | 60 |
| 收益 | 4 | 5 | |

解 设在生产期内甲、乙两种产品的产量分别为 $x_1, x_2$. 由于在安排生产时, 必须保证甲、

乙产品所消耗的材料 A, B, C 不能超过其计划供应量, 所以, 应满足的条件如下:

$$\begin{cases} x_1+x_2\leqslant 45, \\ 2x_1+x_2\leqslant 80, \\ x_1+3x_2\leqslant 60, \\ x_1,x_2\geqslant 0. \end{cases} \tag{3.47}$$

我们要求收益最大, 就是求函数

$$z=4x_1+5x_2 \tag{3.48}$$

在条件(3.47)下的最大值. 我们将该问题写成线性规划的形式如下:

$$\begin{aligned} &\max z=4x_1+5x_2, \\ &\text{s.t.} \begin{cases} x_1+x_2\leqslant 45, \\ 2x_1+x_2\leqslant 80, \\ x_1+3x_2\leqslant 60, \\ x_1,x_2\geqslant 0. \end{cases} \end{aligned} \tag{3.49}$$

将此问题化为线性方程组求解.

引入非负变量 $x_3\geqslant 0, x_4\geqslant 0, x_5\geqslant 0$, 代入约束条件(3.49)得线性方程组

$$\begin{cases} x_1+x_2+x_3=45, \\ 2x_1+x_2+x_4=80, \\ x_1+3x_2+x_5=60, \\ x_i\geqslant 0, i=1,2,3,4,5, \end{cases} \tag{3.50}$$

对增广矩阵进行初等行变换化为行最简形得

$$(\boldsymbol{A},\ \boldsymbol{b})=\begin{pmatrix} 1 & 1 & 1 & 0 & 0 & 45 \\ 2 & 1 & 0 & 1 & 0 & 80 \\ 1 & 3 & 0 & 0 & 1 & 60 \end{pmatrix}\to\begin{pmatrix} 1 & 0 & 0 & \frac{3}{5} & -\frac{1}{5} & 36 \\ 0 & 1 & 0 & -\frac{1}{5} & \frac{2}{5} & 8 \\ 0 & 0 & 1 & -\frac{2}{5} & -\frac{1}{5} & 1 \end{pmatrix}.$$

由此得通解

$$\begin{cases} x_1=36-\frac{3}{5}c_1+\frac{1}{5}c_2, \\ x_2=\ 8+\frac{1}{5}c_1-\frac{2}{5}c_2, \\ x_3=\ 1+\frac{2}{5}c_1+\frac{1}{5}c_2, \\ x_4=c_1, \\ x_5=c_2, \end{cases} \tag{3.51}$$

其中 $c_1\geqslant 0, c_2\geqslant 0$.

将 $x_1, x_2$ 代入目标函数 (3.48)得

$$z=184-\frac{7}{5}c_1-\frac{6}{5}c_2, \tag{3.52}$$

由于 $c_1 \geqslant 0, c_2 \geqslant 0$, 所以当 $c_1 = 0, c_2 = 0$ 时 $z = 184$ 最大. 代入式(3.51)得 $x_1 = 36, x_2 = 8$ (此时 $x_3 = 1$ ), 即产品甲的产量为 36, 产品乙的产量为 8 时, 利润最大, 最大利润为 184.

此例题之所以能用线性方程组解法是因为式(3.51)中 $x_1, x_2, x_3$ 的表达式和(3.52)的特点: 自由未知量 $c_1$, $c_2$ 的系数为负数. 本问题中, 这是一种巧合. 不过这也正是单纯形法的基本思想.

下面介绍单纯形解法的基本过程.

首先, 线性规划问题的**标准形**是

$$\max z = c_1x_1 + c_2x_2 + \cdots + c_nx_n, \tag{3.53}$$

$$\text{s.t.} \quad \begin{cases} a_{11}x_1 + a_{12}x_2 + \cdots + a_{1n}x_n = b_1, \\ a_{21}x_1 + a_{22}x_2 + \cdots + a_{2n}x_n = b_2, \\ \qquad\qquad \vdots \\ a_{m1}x_1 + a_{m2}x_2 + \cdots + a_{mn}x_n = b_m, \\ x_1, x_2, \cdots, x_n \geqslant 0, \end{cases} \tag{3.54}$$

其中所有的变量都是非负的, 函数 $z$ 称为**目标函数**, 所有常数 $b_1, b_2, \cdots, b_m$ 均为非负数, $a_{ij}, c_j$ $(i = 1, 2, \cdots, m; j = 1, 2, \cdots, n)$ 都为常数.

满足式(3.54)的解 $\boldsymbol{X} = (x_1, x_2, \cdots, x_n)^{\mathrm{T}}$ 称为线性规划问题的**可行解**. 全体可行解的集合称为线性规划问题的**可行域**. 使目标函数(3.53)达到最大的可行解称为**最优解**.

根据式(3.54)的系数矩阵 $\boldsymbol{A} = (a_{ij})_{m\times n}$(不妨设 $m < n$)确定所谓**基 (基矩阵)**、**基向量**和**基变量**. 然后确定**基本可行解**和**可行基**.

在一定空间, 直线组成的最简单的图形称为**单纯形**. 最优解存在时, 一般都在可行域的顶点取得. 所谓**单纯形法**就是从单纯形的顶点上来寻找线性规划的最优解, 即从单纯形的一个顶点出发, 转到另一个邻接顶点(称为迭代). 经过有限次迭代便可找到最优解. 迭代可以通过表格形式进行, 这种表格称为**单纯形表**.

### 3.6.3 最小二乘法

最小二乘法是数值计算的内容, 在曲线拟合中起着重要的作用, 它在经济领域的应用非常广泛.

先引入两点间的距离(或向量的长度)的定义.

**定义 3.9 两点间的距离(向量的长度)**

空间中的点 $\boldsymbol{X} = (x_1, x_2, \cdots, x_n)$ 与 $\boldsymbol{Y} = (y_1, y_2, \cdots, y_n)$ 之间的距离定义为

$$||\boldsymbol{X} - \boldsymbol{Y}|| = \sqrt{(x_1 - y_1)^2 + (x_2 - y_2)^2 + \cdots + (x_n - y_n)^2}. \tag{3.55}$$

有了距离的定义, 我们引入最小二乘法的内容.

在许多实际问题中, 对已有的数据, 经常会遇到线性方程组 $\boldsymbol{Ax} = \boldsymbol{\beta}$ 无解的情况, 但是问题又需要求出 $\boldsymbol{x}$, 使得用 $\boldsymbol{Ax}$ 来近似代替 $\boldsymbol{\beta}$. 这时一个好的想法是, 如何求出 $\boldsymbol{x}$, 使得 $||\boldsymbol{Ax} - \boldsymbol{\beta}||$ 达到最小.

我们容易证明：对于任何矩阵 $\boldsymbol{A}$, 线性方程组

$$\boldsymbol{A}^{\mathrm{T}}\boldsymbol{A}\hat{\boldsymbol{x}} = \boldsymbol{A}^{\mathrm{T}}\boldsymbol{\beta} \tag{3.56}$$

都有解. 称此方程为**正规方程**(或**法方程**).

当 $\boldsymbol{A}^{\mathrm{T}}\boldsymbol{A}$ 可逆时, 正规方程有唯一解

$$\hat{\boldsymbol{x}} = (\boldsymbol{A}^{\mathrm{T}}\boldsymbol{A})^{-1}\boldsymbol{A}^{\mathrm{T}}\boldsymbol{\beta}, \tag{3.57}$$

此时, $||\boldsymbol{A}\hat{\boldsymbol{x}} - \boldsymbol{\beta}||$ 达到最小, 称为**最小二乘误差**. 所以我们称式(3.57)为**最小二乘解**.

例 3.23　设 $\boldsymbol{A}=\begin{pmatrix}1&3\\2&1\\1&2\end{pmatrix}$, $\boldsymbol{\beta}=\begin{pmatrix}-1\\3\\2\end{pmatrix}$, 求 $\boldsymbol{A}\boldsymbol{x}=\boldsymbol{\beta}$ 的最小二乘解.

解　通过正规方程 $\boldsymbol{A}^{\mathrm{T}}\boldsymbol{A}\hat{\boldsymbol{x}} = \boldsymbol{A}^{\mathrm{T}}\boldsymbol{\beta}$ 来求最小二乘解. 由于

$$\boldsymbol{A}^{\mathrm{T}}\boldsymbol{A}=\begin{pmatrix}1&2&1\\3&1&2\end{pmatrix}\begin{pmatrix}1&3\\2&1\\1&2\end{pmatrix}=\begin{pmatrix}6&7\\7&14\end{pmatrix},\quad \boldsymbol{A}^{\mathrm{T}}\boldsymbol{\beta}=\begin{pmatrix}1&2&1\\3&1&2\end{pmatrix}\begin{pmatrix}-1\\3\\2\end{pmatrix}=\begin{pmatrix}7\\4\end{pmatrix},$$

于是得最小二乘解 $\hat{\boldsymbol{x}}=(\boldsymbol{A}^{\mathrm{T}}\boldsymbol{A})^{-1}\boldsymbol{A}^{\mathrm{T}}\boldsymbol{\beta}=\dfrac{1}{7}\begin{pmatrix}14\\-5\end{pmatrix}$.

**实际问题 3.15**　儿童身高和体重的关系

假设测量 $n$ 个儿童的身高和体重如表 3.15 所示.

表 3.15

| 序号 | 1 | 2 | $\cdots$ | $n$ |
|---|---|---|---|---|
| 身高 | $h_1$ | $h_2$ | $\cdots$ | $h_n$ |
| 体重 | $w_1$ | $w_2$ | $\cdots$ | $w_n$ |

其中 $h_i$ 表示第 $i$ 名儿童的身高, $w_i$ 表示第 $i$ 名儿童的体重. 我们建立近似公式:

$$h = aw + b,$$

其中 $a, b$ 为常数. 试用最小二乘法来选择常数 $a, b$.

解　实际上就是求 $a_0, b_0$, 使得

$$\sum_{i=1}^{n}(a_0w_i + b_0 - h_i)^2$$

达到最小. 为此, 记

$$\boldsymbol{A}=\begin{pmatrix}w_1&1\\w_2&1\\\vdots&\vdots\\w_n&1\end{pmatrix},\quad \boldsymbol{\beta}=\begin{pmatrix}h_1\\h_2\\\vdots\\h_n\end{pmatrix},$$

则最小二乘解应满足式(3.56), 即

$$\boldsymbol{A}^{\mathrm{T}}\boldsymbol{A}\begin{pmatrix}a_0\\b_0\end{pmatrix}=\boldsymbol{A}^{\mathrm{T}}\boldsymbol{\beta},\text{ 代入表中数据得 }\begin{pmatrix}\sum\limits_{i=1}^{n}w_i^2 & \sum\limits_{i=1}^{n}w_i\\ \sum\limits_{i=1}^{n}w_i & n\end{pmatrix}\begin{pmatrix}a_0\\b_0\end{pmatrix}=\begin{pmatrix}\sum\limits_{i=1}^{n}w_ih_i\\ \sum\limits_{i=1}^{n}h_i\end{pmatrix}.$$

当 $n\sum\limits_{i=1}^{n}w_i^2-(\sum\limits_{i=1}^{n}w_i)^2\neq 0$ 时有唯一解.

最小二乘法也可以拟合多项式, 见习题 3.6 中的第 4 题. 另外, 最小二乘法还可以用于多变量线性拟合, 限于篇幅, 这里就不作介绍了.

最小二乘法也可用于非线性拟合, 具体经验函数及相应变换见表 3.16.

表 3.16 经验函数和相应变换

| 曲线拟合方程 | 变换关系 | 变换后拟合方程 |
|---|---|---|
| $y = ax^b$ | $\overline{y} = \ln y,\ \overline{x} = \ln x$ | $\overline{y} = \overline{a} + b\overline{x}(\overline{a} = \ln a)$ |
| $y = ax^\mu + c$ | $\overline{x} = x^\mu$ | $y = a\overline{x} + c$ |
| $y = a\mathrm{e}^{bx}$ | $\overline{y} = \ln y,\ \overline{a} = \ln a$ | $\overline{y} = \overline{a} + bx$ |
| $y = \dfrac{x}{ax+b}$ | $\overline{y} = \dfrac{1}{y},\ \overline{x} = \dfrac{1}{x}$ | $\overline{y} = a + b\overline{x}$ |
| $y = \dfrac{1}{ax+b}$ | $\overline{y} = \dfrac{1}{y}$ | $\overline{y} = b + ax$ |
| $y = \dfrac{x}{ax^2+bx+c}$ | $\overline{y} = \dfrac{x}{y}$ | $\overline{y} = ax^2 + bx + c$ |
| $y = \dfrac{1}{ax^2+bx+c}$ | $\overline{y} = \dfrac{1}{y}$ | $\overline{y} = ax^2 + bx + c$ |

例 3.24 给定数据如下.

表 3.17

| $x$ | 1.0 | 1.4 | 1.8 | 2.2 | 2.6 |
|---|---|---|---|---|---|
| $y$ | 0.931 | 0.473 | 0.297 | 0.224 | 0.168 |

求形如 $y=\dfrac{1}{a+bx}$ 的拟合曲线.

解 令 $\overline{y} = 1/y$, 则拟合函数转化为线性模型: $\overline{y} = a + bx$, 此时数据转化为表 3.18.

表 3.18

| $x$ | 1.0 | 1.4 | 1.8 | 2.2 | 2.6 |
|---|---|---|---|---|---|
| $\overline{y}$ | 1.074 | 2.114 | 3.367 | 4.464 | 5.592 |

用该线性模型拟合上述数据可得

$$\boldsymbol{A}=\begin{pmatrix}1 & 1.0\\ 1 & 1.4\\ 1 & 1.8\\ 1 & 2.2\\ 1 & 2.6\end{pmatrix},\quad \boldsymbol{\beta}=\begin{pmatrix}1.074\\ 2.114\\ 3.367\\ 4.464\\ 5.592\end{pmatrix},$$

相应的正规方程为

$$\begin{pmatrix}5 & 9\\ 9 & 17.8\end{pmatrix}\begin{pmatrix}a\\ b\end{pmatrix}=\begin{pmatrix}16.971\\ 35.3902\end{pmatrix},$$

解得 $a=-2.0535, b=3.0265$, 故所求拟合曲线为: $y=\dfrac{1}{3.0265x-2.0535}$.

我们还应当指出, 采用最小二乘法所做拟合是否满足实际需要, 很多情况下是需要使用概率统计的方法(如利用方差、相关系数、区间估计等进行敏感性分析、显著性分析)做判断, 但限于本课程的范围, 其内容不在这里介绍.

## 习 题 3.6

1. 已知某经济系统在一个生产周期内, 各部门间流量及最终产品价值如表 3.19 所示.

表 3.19

| 部门间流量 投入 \ 产出 | | 消耗部门 I | 消耗部门 Ⅱ | 消耗部门 Ⅲ | 最终产品 | 总产出 |
|---|---|---|---|---|---|---|
| 产出部门 | I | 20 | 15 | 60 | $y_1$ | 200 |
| | Ⅱ | 40 | 30 | 60 | $y_2$ | 150 |
| | Ⅲ | 60 | 60 | 30 | $y_3$ | 300 |
| 新创价值 | | $z_1$ | $z_2$ | $z_3$ | | |
| 总产值 | | 200 | 150 | 300 | | |

求: (1) 各部门最终产品 $y_1$, $y_2$, $y_3$;

(2) 各部门新创造的价值 $z_1$, $z_2$, $z_3$;

(3) 直接消耗系数矩阵 $\boldsymbol{A}$.

2. 某工厂生产甲、乙两种产品, 需要用 A, B, C 三种原料. 已知每生产一件甲产品, 需要三种原料供应为 1, 1, 1 件; 每生产一件产品乙, 需要三种原料分别为 3, 2, 1 件. 每天原料供应是 12, 7, 5 件. 如果生产一件产品甲工厂获利 270 元, 生产一件产品乙工厂获利 490 元, 问工厂应怎样安排计划, 使一天的利润最大(见表 3.20).

表 3.20 件

| 原料 \ 产品 | 甲 | 乙 | 原料供应量 |
|---|---|---|---|
| A | 1 | 3 | 12 |
| B | 1 | 2 | 7 |
| C | 1 | 1 | 5 |
| 利润/元 | 270 | 490 | |

3. 假设关于某设备的使用年限 $x$ 和所支出的维修费用 $y$(万元)有如表 3.21 的统计资料:

表 3.21

| 使用年限 $x$ | 2 | 3 | 4 | 5 | 6 |
|---|---|---|---|---|---|
| 维修费用 $y$ | 2.2 | 3.8 | 5.5 | 6.5 | 7.0 |

若由资料知 $y$ 对 $x$ 呈线性相关关系.

(1) 请画出表 3.22 数据的散点图;

(2) 请根据最小二乘法求出线性回归方程 $\hat{y} = ax + b$ 的回归系数 $a, b$;

(3) 估计使用年限为 10 年时, 维修费用是多少?

4. 在落体运动中, 物体的位移 $s$ 与时间 $t$ 的关系可表为 $s = s_0 + vt + \frac{1}{2}gt^2$ , 其中 $s_0$ 表初始位移, $v$ 表初速度, $g$ 为重力加速度. 在一次落体实验中, 得到如下数据(见表 3.22):

表 3.22

| $t$/s | 0 | 0.1 | 0.2 | 0.3 | 0.4 | 0.5 |
|---|---|---|---|---|---|---|
| $s$/cm | 0.6 | 17.0 | 41.0 | 76.0 | 120.5 | 175.1 |

试根据以上数据确定 $s_0$, $v$ 和 $g$.

(**提示**: 只需求出表达式 $s = a_0 + a_1 t + a_2 t^2$ 中的系数 $a_0, a_1, a_2$ 即可.)

5. 对表 3.23 所给数据, 用最小二乘法分别求下列给定函数形式中的 $a, b$.

表 3.23

| $x$ | $-3$ | $-2$ | $-1$ | 2 | 4 |
|---|---|---|---|---|---|
| $y$ | 14.3 | 8.3 | 4.7 | 8.3 | 22.7 |

(1) $y = ax^2 + b$;

(2) $y = a\mathrm{e}^{bx}$.

## 3.7 典型例题

例 3.25 $\lambda$ 取何值时, 线性方程组

$$\begin{cases} \lambda x_1 + x_2 + x_3 = \lambda - 3, \\ x_1 + \lambda x_2 + x_3 = -2, \\ x_1 + x_2 + \lambda x_3 = -2 \end{cases}$$

有唯一解、无解或有无穷多解? 在有无穷多解时, 求其通解.

解 因为系数矩阵是方阵, 所以可先考虑系数行列式. 因 $D = \begin{vmatrix} \lambda & 1 & 1 \\ 1 & \lambda & 1 \\ 1 & 1 & \lambda \end{vmatrix} = (\lambda+2)(\lambda-1)^2$, 所以,

(1) 当 $\lambda \neq 1$ 且 $\lambda \neq -2$ 时, $D \neq 0$, 由克莱姆法则知, 方程组有唯一解;

(2) 当 $\lambda = -2$ 时, 可求得 $\mathrm{r}(\boldsymbol{A}) = 2$, $\mathrm{r}(\boldsymbol{A},\ \boldsymbol{b}) = 3$, 故方程组无解;

(3) 当 $\lambda = 1$ 时, 同解方程组为 $x_1 + x_2 + x_3 = -2$. 易见 $\mathrm{r}(\boldsymbol{A}) = \mathrm{r}(\boldsymbol{A},\ \boldsymbol{b}) = 1 < 3$, 所以方程组有无穷多解, 其通解为

$$\begin{cases} x_1 = -2 - k_1 - k_2 \\ x_2 = k_1 \\ x_3 = k_2, \end{cases} \quad \text{或} \quad \boldsymbol{x} = \begin{pmatrix} -2 \\ 0 \\ 0 \end{pmatrix} + k_1 \begin{pmatrix} -1 \\ 1 \\ 0 \end{pmatrix} + k_2 \begin{pmatrix} -1 \\ 0 \\ 1 \end{pmatrix} \quad (k_1, k_2 \in \mathbb{R}).$$

例 3.26 设向量组 $\boldsymbol{\beta} = (a, a, 3)$, $\boldsymbol{\alpha}_1 = (a+3, a, 3a+3)$, $\boldsymbol{\alpha}_2 = (1, a-1, a)$, $\boldsymbol{\alpha}_3 = (2, 1, a+3)$. 问 $a$ 取何值时,

(1) $\boldsymbol{\beta}$ 可由 $\boldsymbol{\alpha}_1, \boldsymbol{\alpha}_2, \boldsymbol{\alpha}_3$ 线性表示, 且表示式唯一;

(2) $\boldsymbol{\beta}$ 可由 $\boldsymbol{\alpha}_1, \boldsymbol{\alpha}_2, \boldsymbol{\alpha}_3$ 线性表示, 但表示式不唯一;

(3) $\boldsymbol{\beta}$ 不能由 $\boldsymbol{\alpha}_1, \boldsymbol{\alpha}_2, \boldsymbol{\alpha}_3$ 线性表示.

**分析** 考查非齐次线性方程组 $\boldsymbol{\alpha}_1 x_1 + \boldsymbol{\alpha}_2 x_2 + \boldsymbol{\alpha}_3 x_3 = \boldsymbol{\beta}$ 的解的情况, 对 $a$ 进行讨论, 分别讨论有唯一解、无穷多解和无解的情况.

解 将 $\boldsymbol{\beta}, \boldsymbol{\alpha}_1, \boldsymbol{\alpha}_2, \boldsymbol{\alpha}_3$ 代入 $\boldsymbol{\alpha}_1 x_1 + \boldsymbol{\alpha}_2 x_2 + \boldsymbol{\alpha}_3 x_3 = \boldsymbol{\beta}$, 并比较两端分量得线性方程组

$$\begin{cases} (a+3)x_1 + x_2 + 2x_3 = a, \\ ax_1 + (a-1)x_2 + x_3 = a, \\ (3a+3)x_1 + ax_2 + (a+3)x_3 = 3, \end{cases}$$

其系数行列式

$$D = \begin{vmatrix} a+3 & 1 & 2 \\ a & a-1 & 1 \\ 3a+3 & a & a+3 \end{vmatrix} = a^2(a-1).$$

(1) 当 $a \neq 0$ 且 $a \neq 1$ 时, $D \neq 0$, 由克莱默法则知方程组有唯一解, 故 $\boldsymbol{\beta}$ 可由 $\boldsymbol{\alpha}_1, \boldsymbol{\alpha}_2, \boldsymbol{\alpha}_3$ 线性表示, 且表示式唯一;

(2) 当 $a = 1$ 时, 增广矩阵化为

$$(\boldsymbol{A},\ \boldsymbol{b}) \to \begin{pmatrix} 1 & 0 & 1 & 1 \\ 0 & 1 & -2 & -3 \\ 0 & 0 & 0 & 0 \end{pmatrix},$$

所以 $\mathrm{r}(\boldsymbol{A}) = \mathrm{r}(\boldsymbol{A},\ \boldsymbol{b}) = 2$, 方程组有无穷多解, 故 $\boldsymbol{\beta}$ 可由 $\boldsymbol{\alpha}_1, \boldsymbol{\alpha}_2, \boldsymbol{\alpha}_3$ 线性表示, 但表示式不唯一;

(3) 当 $a = 0$ 时, 增广矩阵化为

$$(\boldsymbol{A},\ \boldsymbol{b}) \to \begin{pmatrix} 1 & 0 & 1 & 1 \\ 0 & 1 & -1 & 0 \\ 0 & 0 & 0 & 3 \end{pmatrix},$$

所以 $\mathrm{r}(\boldsymbol{A}) = 2 \neq \mathrm{r}(\boldsymbol{A},\ \boldsymbol{b}) = 3$, 方程组无解, 故 $\boldsymbol{\beta}$ 不能由 $\boldsymbol{\alpha}_1, \boldsymbol{\alpha}_2, \boldsymbol{\alpha}_3$ 线性表示.

例 3.27 设 $t_1, t_2, \cdots, t_l$ 是互不相同的数, 讨论向量组 $\boldsymbol{\alpha}_i = (1, t_i, t_i^2, \cdots, t_i^{n-1}), i = 1, 2, \cdots, l$ 的线性相关性.

解 当 $l > n$ 时, 由线性相关性的结论知, $l$ 个 $n$ 维向量必线性相关 (向量个数大于维数则向量组线性相关).

当 $l \leqslant n$ 时, 将 $\boldsymbol{\alpha}_1, \boldsymbol{\alpha}_2, \cdots, \boldsymbol{\alpha}_l$ 按行排成矩阵

$$\boldsymbol{A} = \begin{pmatrix} \boldsymbol{\alpha}_1 \\ \boldsymbol{\alpha}_2 \\ \vdots \\ \boldsymbol{\alpha}_l \end{pmatrix} = \begin{pmatrix} 1 & t_1 & t_1^2 & \cdots & t_1^{n-1} \\ 1 & t_2 & t_2^2 & \cdots & t_2^{n-1} \\ \vdots & \vdots & \vdots & & \vdots \\ 1 & t_l & t_l^2 & \cdots & t_l^{n-1} \end{pmatrix},$$

由 $\boldsymbol{A}$ 的前 $l$ 列构成的 $l$ 阶子式是范德蒙德行列式. 由于 $t_1, t_2, \cdots, t_l$ 互不相同, 所以该子式不为零, 所以向量组 $\boldsymbol{\alpha}_1, \boldsymbol{\alpha}_2, \cdots, \boldsymbol{\alpha}_l$ 的秩等于矩阵 $\boldsymbol{A}$ 的秩 (等于 $l$), 故向量组线性无关.

例 3.28 设向量组 $\boldsymbol{\alpha}, \boldsymbol{\beta}, \boldsymbol{\gamma}$ 线性无关, 证明: 向量组 $\boldsymbol{\alpha}+\boldsymbol{\beta}, \boldsymbol{\beta}+\boldsymbol{\gamma}, \boldsymbol{\gamma}+\boldsymbol{\alpha}$ 也线性无关.

证明 **方法 1** 设数 $k_1, k_2, k_3$ 使

$$k_1(\boldsymbol{\alpha}+\boldsymbol{\beta})+k_2(\boldsymbol{\beta}+\boldsymbol{\gamma})+k_3(\boldsymbol{\gamma}+\boldsymbol{\alpha})=\mathbf{0},$$

即

$$(k_1+k_3)\boldsymbol{\alpha}+(k_1+k_2)\boldsymbol{\beta}+(k_2+k_3)\boldsymbol{\gamma}=\mathbf{0}.$$

由于 $\boldsymbol{\alpha}, \boldsymbol{\beta}, \boldsymbol{\gamma}$ 线性无关, 所以上式向量前的系数都为零, 即

$$\begin{cases} k_1+\quad\quad k_3=0, \\ k_1+k_2\quad\quad=0, \\ \quad\quad k_2+k_3=0. \end{cases}$$

由于系数行列式 $\begin{vmatrix} 1 & 0 & 1 \\ 1 & 1 & 0 \\ 0 & 1 & 1 \end{vmatrix}=2\neq 0$, 故方程组只有零解 $k_1=k_2=k_3=0$, 所以 $\boldsymbol{\alpha}+\boldsymbol{\beta}$, $\boldsymbol{\beta}+\boldsymbol{\gamma}$, $\boldsymbol{\gamma}+\boldsymbol{\alpha}$ 线性无关.

**方法 2** 将 $\boldsymbol{\alpha}+\boldsymbol{\beta}$, $\boldsymbol{\beta}+\boldsymbol{\gamma}$, $\boldsymbol{\gamma}+\boldsymbol{\alpha}$ 表示为 $\boldsymbol{\alpha}, \boldsymbol{\beta}, \boldsymbol{\gamma}$ 的线性组合, 即

$$(\boldsymbol{\alpha}+\boldsymbol{\beta},\ \boldsymbol{\beta}+\boldsymbol{\gamma},\ \boldsymbol{\gamma}+\boldsymbol{\alpha})=(\boldsymbol{\alpha},\ \boldsymbol{\beta},\ \boldsymbol{\gamma})\begin{pmatrix} 1 & 0 & 1 \\ 1 & 1 & 0 \\ 0 & 1 & 1 \end{pmatrix},$$

并记矩阵 $\boldsymbol{B}=(\boldsymbol{\alpha}+\boldsymbol{\beta},\ \boldsymbol{\beta}+\boldsymbol{\gamma},\ \boldsymbol{\gamma}+\boldsymbol{\alpha})$, $\boldsymbol{A}=(\boldsymbol{\alpha},\ \boldsymbol{\beta},\ \boldsymbol{\gamma})$, $\boldsymbol{K}=\begin{pmatrix} 1 & 0 & 1 \\ 1 & 1 & 0 \\ 0 & 1 & 1 \end{pmatrix}$, 则有 $\boldsymbol{B}=\boldsymbol{A}\boldsymbol{K}$. 由于 $|\boldsymbol{K}|=\begin{vmatrix} 1 & 0 & 1 \\ 1 & 1 & 0 \\ 0 & 1 & 1 \end{vmatrix}=2\neq 0$, 所以矩阵 $\boldsymbol{K}$ 可逆, 从而由例 2.27 知 $\mathrm{r}(\boldsymbol{B})=\mathrm{r}(\boldsymbol{A})=3=\boldsymbol{B}$ 的列数, 从而由定理 3.5 知, $\boldsymbol{B}$ 的列向量组 $\boldsymbol{\alpha}+\boldsymbol{\beta}$, $\boldsymbol{\beta}+\boldsymbol{\gamma}$, $\boldsymbol{\gamma}+\boldsymbol{\alpha}$ 线性无关. □

例 3.29 已知向量组 $A$: $\boldsymbol{\alpha}_1=(1,\ 1,\ 2)^{\mathrm{T}}$, $\boldsymbol{\alpha}_2=(1,\ 2,\ -1)^{\mathrm{T}}$, $\boldsymbol{\alpha}_3=(3,\ 1,\ a)^{\mathrm{T}}$ 线性相关, 并且向量组 $B$: $\boldsymbol{\beta}_1=(2,\ 6,\ b)^{\mathrm{T}}$, $\boldsymbol{\beta}_2=(3,\ 4,\ c)^{\mathrm{T}}$ 能由向量组 $A$ 线性表示. (1) 求常数 $a,\ b,\ c$ 的值; (2) 问向量组 $A$ 能否由向量组 $B$ 线性表示, 试说明理由.

解 设矩阵 $\boldsymbol{A}=(\boldsymbol{\alpha}_1,\boldsymbol{\alpha}_2,\boldsymbol{\alpha}_3)$, $\boldsymbol{B}=(\boldsymbol{\beta}_1,\boldsymbol{\beta}_2)$. 对矩阵 $(\boldsymbol{A},\ \boldsymbol{B})$ 进行初等行变换化为阶梯形矩阵有

$$(\boldsymbol{A},\ \boldsymbol{B})=\begin{pmatrix} 1 & 1 & 3 & 2 & 3 \\ 1 & 2 & 1 & 6 & 4 \\ 2 & -1 & a & b & c \end{pmatrix}\to\begin{pmatrix} 1 & 1 & 3 & 2 & 3 \\ 0 & 1 & -2 & 4 & 1 \\ 0 & 0 & a-12 & b+8 & c-3 \end{pmatrix}.$$

(1) 由于向量组 $A$ 线性相关, 所以 $a-12=0$, 得 $a=12$. 由于向量组 $B$ 能由 $A$ 线性表示, 所以线性方程组 $\boldsymbol{A}\boldsymbol{x}=\boldsymbol{B}$ 有解, 从而有 $\mathrm{r}(\boldsymbol{A})=\mathrm{r}(\boldsymbol{A},\ \boldsymbol{B})=2$, 所以有 $b+8=0, c-3=0$, 即 $b=-8, c=3$.

(2) 由于矩阵 $\boldsymbol{B}$ 中有二阶子式 $\begin{vmatrix} 2 & 3 \\ 6 & 4 \end{vmatrix}=-10\neq 0$, 知 $\mathrm{r}(\boldsymbol{B})=\mathrm{r}(\boldsymbol{A},\ \boldsymbol{B})=2$, 所以线性方程

组 $\boldsymbol{Bx}=\boldsymbol{A}$ 有解, 从而向量组 $A$ 能由向量组 $B$ 线性表示.

由此得向量组 $A$ 与 $B$ 等价.

实际上, 我们有

**命题 3.1** 线性方程组 $\boldsymbol{Ax}=\boldsymbol{B}$ 有解的充要条件是 $\mathrm{r}(\boldsymbol{A})=\mathrm{r}(\boldsymbol{A},\ \boldsymbol{B})$.

**命题 3.2** 向量组 $A$ 与 $B$ 等价的充要条件是, 它们构成的矩阵满足 $\mathrm{r}(\boldsymbol{A})=\mathrm{r}(\boldsymbol{B})=\mathrm{r}(\boldsymbol{A},\ \boldsymbol{B})$.

例 3.30 设向量组 I: $\boldsymbol{\alpha}_1,\boldsymbol{\alpha}_2,\cdots,\boldsymbol{\alpha}_s$ 和向量组 Ⅱ: $\boldsymbol{\beta}_1,\boldsymbol{\beta}_2,\cdots,\boldsymbol{\beta}_t$ 的秩分别为 $r_1$ 和 $r_2$, 而向量组Ⅲ: $\boldsymbol{\alpha}_1,\boldsymbol{\alpha}_2,\cdots,\boldsymbol{\alpha}_s,\boldsymbol{\beta}_1,\boldsymbol{\beta}_2,\cdots,\boldsymbol{\beta}_t$ 的秩为 $r$, 证明: $r\leqslant r_1+r_2$.

证明 若 $r_1$ 和 $r_2$ 中至少有一个为零, 显然有 $r=r_1+r_2$, 结论成立; 若 $r_1$ 和 $r_2$ 都不为零, 不妨设向量组 I 的极大无关组为 $\boldsymbol{\alpha}_1,\boldsymbol{\alpha}_2,\cdots,\boldsymbol{\alpha}_{r_1}$, 向量组 Ⅱ 的极大无关组为 $\boldsymbol{\beta}_1,\boldsymbol{\beta}_2,\cdots,\boldsymbol{\beta}_{r_2}$, 则向量组 I 可由 $\boldsymbol{\alpha}_1,\boldsymbol{\alpha}_2,\cdots,\boldsymbol{\alpha}_{r_1}$ 线性表示, 向量组 Ⅱ 可由 $\boldsymbol{\beta}_1,\boldsymbol{\beta}_2,\cdots,\boldsymbol{\beta}_{r_2}$ 线性表示, 于是向量组 Ⅲ 可由向量组 $\boldsymbol{\alpha}_1,\boldsymbol{\alpha}_2,\cdots,\boldsymbol{\alpha}_{r_1},\boldsymbol{\beta}_1,\boldsymbol{\beta}_2,\cdots,\boldsymbol{\beta}_{r_2}$ 线性表示, 故由定理 3.12 知, $r\leqslant \mathrm{r}\big(\boldsymbol{\alpha}_1,\ \cdots\boldsymbol{\alpha}_{r_1},\ \boldsymbol{\beta}_1,\cdots,\ \boldsymbol{\beta}_{r_2}\big)\leqslant r_1+r_2$. □

(上例证明了: 对矩阵 $\boldsymbol{A}$, $\boldsymbol{B}$, 有 $\mathrm{r}(\boldsymbol{A},\ \boldsymbol{B})\leqslant \mathrm{r}(\boldsymbol{A})+\mathrm{r}(\boldsymbol{B})$)

例 3.31 已知方阵 $\boldsymbol{A}=\begin{pmatrix}1 & 2 & -2\\ 2 & -1 & \lambda\\ 3 & 1 & -1\end{pmatrix}$, 三阶方阵 $\boldsymbol{B}\neq\boldsymbol{O}$ 满足 $\boldsymbol{AB}=\boldsymbol{O}$, 试求 $\lambda$ 的值.

**分析** 由 $\boldsymbol{AB}=\boldsymbol{O}$ 知, $\boldsymbol{B}$ 的列向量都是齐次线性方程组 $\boldsymbol{Ax}=\boldsymbol{0}$ 的解向量, 而 $\boldsymbol{B}\neq\boldsymbol{O}$ 表明 $\boldsymbol{B}$ 中至少有一个非零列向量, 故 $\boldsymbol{Ax}=\boldsymbol{0}$ 有非零解.

解 将 $\boldsymbol{B}$ 按列分块 $\boldsymbol{B}=(\boldsymbol{\beta}_1,\boldsymbol{\beta}_2,\boldsymbol{\beta}_3)$, 则 $\boldsymbol{AB}=\boldsymbol{O}$ 等价于 $\boldsymbol{A\beta}_j=\boldsymbol{0}\ (j=1,2,3)$, 由 $\boldsymbol{B}\neq\boldsymbol{O}$ 知 $\boldsymbol{Ax}=\boldsymbol{0}$ 有非零解, 故必有 $|\boldsymbol{A}|=0$. 由此解得 $\lambda=1$.

例 3.32 设 $\boldsymbol{A}=\begin{pmatrix}1 & 1 & 2\\ 2 & 2 & 4\\ 3 & 3 & 6\end{pmatrix}$, 求一秩为 2 的三阶方阵 $\boldsymbol{B}$ 使 $\boldsymbol{AB}=\boldsymbol{O}$.

**分析** 可求得 $\mathrm{r}(\boldsymbol{A})=1$, 于是 $\boldsymbol{Ax}=\boldsymbol{0}$ 的基础解系中有 $3-1=2$ 个线性无关解向量, 故可取 $\boldsymbol{Ax}=\boldsymbol{0}$ 的两个线性无关的解向量(即基础解系)作为 $\boldsymbol{B}$ 的前两列, 而 $\boldsymbol{B}$ 的第 3 列可取 $\boldsymbol{Ax}=\boldsymbol{0}$ 的任一解向量(如零向量), 此时 $\mathrm{r}(\boldsymbol{B})=2$.

解 方程组 $\boldsymbol{Ax}=\boldsymbol{0}$ 的基础解系为 $\begin{pmatrix}-1\\ 1\\ 0\end{pmatrix}$, $\begin{pmatrix}-2\\ 0\\ 1\end{pmatrix}$, 故所求矩阵为 $\boldsymbol{B}=\begin{pmatrix}-1 & -2 & 0\\ 1 & 0 & 0\\ 0 & 1 & 0\end{pmatrix}$(不唯一).

例 3.33 设 $\boldsymbol{A}$ 为 $m\times n$ 矩阵, $\boldsymbol{B}$ 为 $n\times s$ 矩阵, 且 $\boldsymbol{AB}=\boldsymbol{O}$, 证明 $\mathrm{r}(\boldsymbol{A})+\mathrm{r}(\boldsymbol{B})\leqslant n$.

证明 设 $\boldsymbol{B}=(\boldsymbol{\beta}_1,\boldsymbol{\beta}_2,\cdots,\boldsymbol{\beta}_s)$, 则 $\boldsymbol{AB}=\boldsymbol{A}(\boldsymbol{\beta}_1,\boldsymbol{\beta}_2,\cdots,\boldsymbol{\beta}_s)=(\boldsymbol{A\beta}_1,\boldsymbol{A\beta}_2,\cdots,\boldsymbol{A\beta}_s)$, 由 $\boldsymbol{AB}=\boldsymbol{O}$ 得 $\boldsymbol{A\beta}_i=\boldsymbol{0}$, $i=1,2,\cdots,s$, 所以矩阵 $\boldsymbol{B}$ 的列向量都是方程组 $\boldsymbol{Ax}=\boldsymbol{0}$ 的解.

设 $\mathrm{r}(\boldsymbol{A})=r$, 如 $r=n$, 则方程组仅有零解, 故 $\boldsymbol{B}=\boldsymbol{O}$, 从而有 $\mathrm{r}(\boldsymbol{A})+\mathrm{r}(\boldsymbol{B})=n$. 如 $r<n$, 则方程组 $\boldsymbol{Ax}=\boldsymbol{0}$ 的基础解系中有 $n-r$ 个线性无关解向量. 由于 $\boldsymbol{B}$ 的列都能由基础解系线性表示, 由定理 3.12 知 $\mathrm{r}(\boldsymbol{B})\leqslant n-r$, 所以有 $\mathrm{r}(\boldsymbol{A})+\mathrm{r}(\boldsymbol{B})\leqslant r+(n-r)=n$. □

例 3.34 证明: 对任何矩阵 $\boldsymbol{A}$, 有 $\mathrm{r}(\boldsymbol{A}^{\mathrm{T}}\boldsymbol{A})=\mathrm{r}(\boldsymbol{A})$.

证明 设 $\boldsymbol{A}$ 是 $m\times n$ 矩阵, $\boldsymbol{x}$ 为 $n$ 维列向量, $\mathrm{r}(\boldsymbol{A})=r,\mathrm{r}(\boldsymbol{A}^{\mathrm{T}}\boldsymbol{A})=r_1$.

显然由 $\boldsymbol{Ax}=\boldsymbol{0}$ 可得 $\boldsymbol{A}^{\mathrm{T}}\boldsymbol{Ax}=\boldsymbol{0}$, 即 $(\boldsymbol{A}^{\mathrm{T}}\boldsymbol{A})\boldsymbol{x}=\boldsymbol{0}$. 反之, 如果 $(\boldsymbol{A}^{\mathrm{T}}\boldsymbol{A})\boldsymbol{x}=\boldsymbol{0}$, 则 $\boldsymbol{x}^{\mathrm{T}}(\boldsymbol{A}^{\mathrm{T}}\boldsymbol{A})\boldsymbol{x}=\boldsymbol{0}$, 即 $(\boldsymbol{Ax})^{\mathrm{T}}(\boldsymbol{Ax})=\boldsymbol{0}$, 从而 $\boldsymbol{Ax}=\boldsymbol{0}$, 所以方程组 $\boldsymbol{Ax}=\boldsymbol{0}$ 与 $(\boldsymbol{A}^{\mathrm{T}}\boldsymbol{A})\boldsymbol{x}=\boldsymbol{0}$ 同解, 于是该两方程组的基础解系相同, 进而含有的向量个数相同, 即 $n-r=n-r_1$, 所以 $r=r_1$. □

例 3.35 矩阵 $\boldsymbol{A}=\begin{pmatrix}3&1&1\\2&-1&1\\1&-3&1\end{pmatrix}$ 可通过初等行变换化为矩阵 $\boldsymbol{B}=\begin{pmatrix}3&-4&2\\1&2&0\\0&-5&1\end{pmatrix}$, 求可逆矩阵 $\boldsymbol{P}$, 使 $\boldsymbol{PA}=\boldsymbol{B}$.

**分析** 可用初等行变换将 $\boldsymbol{A}$ 化为 $\boldsymbol{B}$, 从而求出 $\boldsymbol{P}$, 但我们下面用线性方程组求出更一般的可逆矩阵 $\boldsymbol{P}$.

解 只需解线性方程组 $\boldsymbol{XA}=\boldsymbol{B}$, 即 $\boldsymbol{A}^{\mathrm{T}}\boldsymbol{X}^{\mathrm{T}}=\boldsymbol{B}^{\mathrm{T}}$, 且 $\boldsymbol{X}$ 可逆. 对增广矩阵 $(\boldsymbol{A}^{\mathrm{T}},\ \boldsymbol{B}^{\mathrm{T}})$ 进行初等行变换化为行最简形有

$$(\boldsymbol{A}^{\mathrm{T}},\ \boldsymbol{B}^{\mathrm{T}})=\begin{pmatrix}3&2&1&3&1&0\\1&-1&-3&-4&2&-5\\1&1&1&2&0&1\end{pmatrix}\to\begin{pmatrix}1&0&-1&-1&1&-2\\0&1&2&3&-1&3\\0&0&0&0&0&0\end{pmatrix},$$

记 $\boldsymbol{X}^{\mathrm{T}}=(\boldsymbol{x}_1,\boldsymbol{x}_2,\boldsymbol{x}_3)$, $\boldsymbol{B}^{\mathrm{T}}=(\boldsymbol{b}_1,\boldsymbol{b}_2,\boldsymbol{b}_3)$, 由命题 3.1, 分别解线性方程组 $\boldsymbol{A}^{\mathrm{T}}\boldsymbol{x}_i=\boldsymbol{b}_i, i=1,2,3$, 由上面的矩阵有

$$\boldsymbol{x}_1=\begin{pmatrix}-1+k_1\\3-2k_1\\k_1\end{pmatrix},\quad \boldsymbol{x}_2=\begin{pmatrix}1+k_2\\-1-2k_2\\k_2\end{pmatrix},\quad \boldsymbol{x}_3=\begin{pmatrix}-2+k_3\\3-2k_3\\k_3\end{pmatrix},$$

其中 $k_1,k_2,k_3$ 为任意常数, 从而得

$$\boldsymbol{P}=\boldsymbol{X}=(\boldsymbol{x}_1,\boldsymbol{x}_2,\boldsymbol{x}_3)^{\mathrm{T}}=\begin{pmatrix}-1+k_1&3-2k_1&k_1\\1+k_2&-1-2k_2&k_2\\-2+k_3&3-2k_3&k_3\end{pmatrix},\tag{3.58}$$

由 $\boldsymbol{P}$ 可逆知 $|\boldsymbol{P}|\neq 0$, 从而得 $k_1\neq 3k_2+2k_3$, 所以 $\boldsymbol{P}$ 如 (3.58)式且满足 $k_1\neq 3k_2+2k_3$.

例 3.36 设三元非齐次线性方程组 $\boldsymbol{Ax}=\boldsymbol{b}$ 的系数矩阵 $\boldsymbol{A}$ 的秩为 2, 且它的三个解向量 $\boldsymbol{\eta}_1,\boldsymbol{\eta}_2,\boldsymbol{\eta}_3$ 满足 $\boldsymbol{\eta}_1+\boldsymbol{\eta}_2=(3,\ 1,\ -1)^{\mathrm{T}}$, $\boldsymbol{\eta}_1+\boldsymbol{\eta}_3=(2,\ 0,\ -2)^{\mathrm{T}}$, 求 $\boldsymbol{Ax}=\boldsymbol{b}$ 的通解.

**分析** 由 $\mathrm{r}(\boldsymbol{A})=2$ 知, $\boldsymbol{Ax}=\boldsymbol{0}$ 的基础解系中有 $3-2=1$ 个解向量, 因此它的任一非零解都可作为基础解系. 若再求出 $\boldsymbol{Ax}=\boldsymbol{b}$ 的一个特解, 即可求得它的通解.

解 记 $\boldsymbol{\xi}=(\boldsymbol{\eta}_1+\boldsymbol{\eta}_2)-(\boldsymbol{\eta}_1+\boldsymbol{\eta}_3)=(1,\ 1,\ 1)^{\mathrm{T}}$, $\boldsymbol{\eta}^*=\dfrac{1}{2}(\boldsymbol{\eta}_1+\boldsymbol{\eta}_3)=(1,\ 0,\ -1)^{\mathrm{T}}$, 则由解的性质 3.3 知 $\boldsymbol{\xi}$ 是 $\boldsymbol{Ax}=\boldsymbol{0}$ 的解向量, 且容易验证 $\boldsymbol{\eta}^*$ 是 $\boldsymbol{Ax}=\boldsymbol{b}$ 的解向量. 由 $\mathrm{r}(\boldsymbol{A})=2$ 知, $\boldsymbol{\xi}$ 是 $\boldsymbol{Ax}=\boldsymbol{0}$ 的基础解系, 从而 $\boldsymbol{Ax}=\boldsymbol{b}$ 的通解为 $\boldsymbol{x}=\boldsymbol{\eta}^*+k\boldsymbol{\xi}$, 其中 $k$ 为任意常数.

# 复 习 题 3

一、填空题

1. 设 $\boldsymbol{A}=\begin{pmatrix}1&1&2\\1&2&3\\0&1&1\end{pmatrix}$, $\boldsymbol{B}=\begin{pmatrix}3&0&1\\1&3&-2\\-2&k&-k\end{pmatrix}$, 如果存在三阶矩阵 $\boldsymbol{X}$ 使 $\boldsymbol{AX}=\boldsymbol{B}$, 则 $k=$ ________.

2. 设线性方程组 $\begin{cases}\lambda x_1+x_2+x_3=1,\\x_1+\lambda x_2+x_3=\lambda,\\x_1+x_2+\lambda x_3=\lambda^2,\end{cases}$ 则当 $\lambda$ ________时, 方程组有唯一解; 当 $\lambda$ ________时, 方程组有无穷多解; 当 $\lambda$ ________时, 方程组无解.

3. 若 $\boldsymbol{\beta}=(0,k,k^2)$ 能由 $\boldsymbol{\alpha}_1=(1+k,1,1)$, $\boldsymbol{\alpha}_2=(1,1+k,1)$, $\boldsymbol{\alpha}_3=(1,1,1+k)$ 唯一线性表示, 则 $k$ 满足________.

4. 设三阶矩阵 $\boldsymbol{A}=(\boldsymbol{\alpha}_1,\boldsymbol{\alpha}_2,\boldsymbol{\alpha}_3)$, 其中 $\boldsymbol{\alpha}_i\,(i=1,2,3)$ 为 $\boldsymbol{A}$ 的列向量, 且 $|\boldsymbol{A}|=2$, 则行列式 $|\boldsymbol{\alpha}_1+\boldsymbol{\alpha}_2,\boldsymbol{\alpha}_2,\boldsymbol{\alpha}_1+\boldsymbol{\alpha}_2-\boldsymbol{\alpha}_3|=$ ________.

5. 设有向量组 $\boldsymbol{\beta}_1$, $\boldsymbol{\beta}_2$, 又 $\boldsymbol{\alpha}_1=\boldsymbol{\beta}_1-\boldsymbol{\beta}_2$, $\boldsymbol{\alpha}_2=\boldsymbol{\beta}_1+3\boldsymbol{\beta}_2$, $\boldsymbol{\alpha}_3=3\boldsymbol{\beta}_1-2\boldsymbol{\beta}_2$, 则向量组 $\boldsymbol{\alpha}_1$, $\boldsymbol{\alpha}_2$, $\boldsymbol{\alpha}_3$ 的线性相关性是线性________.

6. 设 $\boldsymbol{A}$ 为三阶矩阵, $\boldsymbol{\alpha}_1$, $\boldsymbol{\alpha}_2$, $\boldsymbol{\alpha}_3$ 为线性无关的向量组, 若 $\boldsymbol{A\alpha}_1=\boldsymbol{\alpha}_1+\boldsymbol{\alpha}_2$, $\boldsymbol{A\alpha}_2=\boldsymbol{\alpha}_2+\boldsymbol{\alpha}_3$, $\boldsymbol{A\alpha}_3=\boldsymbol{\alpha}_1+\boldsymbol{\alpha}_3$, 则 $|\boldsymbol{A}|=$ ________.

7. 设向量 $\boldsymbol{\alpha}_1=(a,b,0)$, $\boldsymbol{\alpha}_2=(a,2b,1)$, $\boldsymbol{\alpha}_3=(1,2,3)$, $\boldsymbol{\alpha}_4=(2,4,6)$, 若 $\boldsymbol{\alpha}_1,\boldsymbol{\alpha}_2,\boldsymbol{\alpha}_3,\boldsymbol{\alpha}_4$ 的秩为 3, 则 $a,b$ 应满足条件________.

8. 设向量组 $\boldsymbol{\alpha}_1,\boldsymbol{\alpha}_2,\cdots,\boldsymbol{\alpha}_s$ 线性无关, 且可以由向量组 $\boldsymbol{\beta}_1,\boldsymbol{\beta}_2,\cdots,\boldsymbol{\beta}_t$ 线性表示, 则 $s$ 与 $t$ 的大小关系为________.

9. 设矩阵 $\boldsymbol{A}=\begin{pmatrix}1&2&-2\\2&1&2\\3&0&4\end{pmatrix}$, 向量 $\boldsymbol{\alpha}=\begin{pmatrix}b\\1\\1\end{pmatrix}$, 如果向量组 $\boldsymbol{\alpha},\boldsymbol{A\alpha}$ 线性相关, 则 $b=$ ________.

10. 若 $\boldsymbol{\alpha}_1$, $\boldsymbol{\alpha}_2$, $\boldsymbol{\alpha}_3$ 线性无关, 则 $\boldsymbol{\alpha}_1+\boldsymbol{\alpha}_2$, $\boldsymbol{\alpha}_2+\boldsymbol{\alpha}_3$, $\boldsymbol{\alpha}_1+\boldsymbol{\alpha}_3$ 线性________.

11. 设三阶矩阵 $\boldsymbol{A}=(a_{ij})$ 满足 $a_{ij}=i-j\ (i,j=1,2,3)$, 而 $\boldsymbol{\alpha}_1$, $\boldsymbol{\alpha}_2$, $\boldsymbol{\alpha}_3$ 为线性无关的三维列向量组, 则向量组 $\boldsymbol{A\alpha}_1$, $\boldsymbol{A\alpha}_2$, $\boldsymbol{A\alpha}_3$ 的秩为________.

12. 向量组 $\boldsymbol{\alpha}_1$, $\boldsymbol{\alpha}_2$, $\boldsymbol{\alpha}_3$ 的秩为 3, 则向量组 $\boldsymbol{\alpha}_1$, $\boldsymbol{\alpha}_2-\boldsymbol{\alpha}_3$ 的秩为________.

13. 设 $\boldsymbol{A}=\begin{pmatrix}1&2&-2\\2&-1&\lambda\\3&1&-1\end{pmatrix}$, $\boldsymbol{B}$ 为三阶非零矩阵, 且 $\boldsymbol{AB}=\boldsymbol{O}$, 则 $\lambda=$ ________, $\mathrm{r}(\boldsymbol{B})=$ ________.

14. 设 $\boldsymbol{A}$ 是 $m\times n$ 矩阵, 且 $\mathrm{r}(\boldsymbol{A})=n-1$, 已知 $\boldsymbol{\xi}_1,\boldsymbol{\xi}_2$ 是线性方程组 $\boldsymbol{Ax}=\boldsymbol{b}$ 的两个不同的解, 则 $\boldsymbol{Ax}=\boldsymbol{0}$ 的通解是________.

15. 已知线性方程组 $\begin{cases} x_1+2x_2-x_3+x_4=0, \\ 2x_1+3x_2+\quad 4x_4=0 \end{cases}$ 与 $\begin{cases} x_1+2x_2-x_3+\quad x_4=0, \\ 2x_1+3x_2+\qquad 4x_4=0, \\ 3x_1+ax_2+bx_3+x_4=0 \end{cases}$ 为同解方程组, 则 $a=$ ________, $b=$ ________.

二、选择题 (单选题)

1. 设 $\boldsymbol{A}$ 是 $m\times n$ 矩阵, $\boldsymbol{Ax}=\mathbf{0}$ 是非齐次线性方程组 $\boldsymbol{Ax}=\boldsymbol{b}$ 的导出组, 则下列结论正确的是(　　).

(A) 若 $\boldsymbol{Ax}=\mathbf{0}$ 仅有零解, 则 $\boldsymbol{Ax}=\boldsymbol{b}$ 有唯一解

(B) 若 $\boldsymbol{Ax}=\mathbf{0}$ 有非零解, 则 $\boldsymbol{Ax}=\boldsymbol{b}$ 有无穷多个解

(C) 若 $\boldsymbol{Ax}=\boldsymbol{b}$ 有无穷多个解, 则 $\boldsymbol{Ax}=\mathbf{0}$ 仅有零解

(D) 若 $\boldsymbol{Ax}=\boldsymbol{b}$ 有无穷多个解, 则 $\boldsymbol{Ax}=\mathbf{0}$ 有非零解

2. 设 $\boldsymbol{A}$ 是 $m\times n$ 矩阵, 且 $\mathrm{r}(\boldsymbol{A})=r$, 则线性方程组 $\boldsymbol{Ax}=\boldsymbol{b}$ (　　).

(A) 当 $r=m$ 时, 有解　　(B) 当 $r=n$ 时, 有唯一解

(C) 当 $m=n$ 时, 有唯一解　　(D) 当 $r<n$ 时, 有无穷多解

3. 若在 $m\times n$ 矩阵 $\boldsymbol{A}=(\boldsymbol{\alpha}_1,\boldsymbol{\alpha}_2,\cdots,\boldsymbol{\alpha}_n)$ 的下方添加 $k$ 行得矩阵 $\boldsymbol{B}=(\boldsymbol{\beta}_1,\boldsymbol{\beta}_2,\cdots,\boldsymbol{\beta}_n)$, 则不正确的是 (　　).

(A) 若 $\boldsymbol{A}$ 的列向量组线性无关, 则 $\boldsymbol{B}$ 的列向量组也线性无关

(B) 若 $\boldsymbol{Ax}=\mathbf{0}$ 仅有零解, 则 $\boldsymbol{Bx}=\mathbf{0}$ 也仅有零解

(C) $\boldsymbol{Ax}=\mathbf{0}$ 与 $\boldsymbol{Bx}=\mathbf{0}$ 是同解方程组

(D) 若 $\boldsymbol{Bx}=\mathbf{0}$ 有非零解, 则 $\boldsymbol{Ax}=\mathbf{0}$ 也有非零解

4. 设 $n$ 维向量 $\boldsymbol{\beta}$ 可由 $n$ 维向量组 $\boldsymbol{\alpha}_1,\boldsymbol{\alpha}_2,\cdots,\boldsymbol{\alpha}_s$ 线性表示, $\boldsymbol{\beta}=k_1\boldsymbol{\alpha}_1+k_2\boldsymbol{\alpha}_2+\cdots+k_s\boldsymbol{\alpha}_s$, 则 (　　).

(A) $\boldsymbol{\alpha}_1,\boldsymbol{\alpha}_2,\cdots,\boldsymbol{\alpha}_s$ 必线性相关

(B) $\boldsymbol{\alpha}_1,\boldsymbol{\alpha}_2,\cdots,\boldsymbol{\alpha}_s$ 必线性无关

(C) $\boldsymbol{\beta}$ 可由向量组 $\boldsymbol{\alpha}_1,\boldsymbol{\alpha}_2,\cdots,\boldsymbol{\alpha}_{s-1}$ 线性表示

(D) $\boldsymbol{\beta}$ 可由向量组 $\boldsymbol{\alpha}_1,\boldsymbol{\alpha}_2,\cdots,\boldsymbol{\alpha}_{s+1}$ 线性表示, 其中 $\boldsymbol{\alpha}_{s+1}$ 也是 $n$ 维向量

5. 设有向量组 $A$: $\boldsymbol{\alpha}_1,\boldsymbol{\alpha}_2,\boldsymbol{\alpha}_3,\boldsymbol{\alpha}_4$, 其中 $\boldsymbol{\alpha}_1,\boldsymbol{\alpha}_2,\boldsymbol{\alpha}_3$ 线性无关, 则 (　　).

(A) $\boldsymbol{\alpha}_1,\boldsymbol{\alpha}_3$ 线性无关　　(B) $\boldsymbol{\alpha}_1,\boldsymbol{\alpha}_2,\boldsymbol{\alpha}_3,\boldsymbol{\alpha}_4$ 线性无关

(C) $\boldsymbol{\alpha}_2,\boldsymbol{\alpha}_3,\boldsymbol{\alpha}_4$ 线性相关　　(D) $\boldsymbol{\alpha}_2,\boldsymbol{\alpha}_3,\boldsymbol{\alpha}_4$ 线性无关

6. 如果 $\mathrm{r}(\boldsymbol{\alpha}_1,\boldsymbol{\alpha}_2,\cdots,\boldsymbol{\alpha}_s)=4$, 则下列正确的是 (　　).

(A) 如果向量组 $\boldsymbol{\alpha}_1,\boldsymbol{\alpha}_2,\cdots,\boldsymbol{\alpha}_s$ 的一个部分组线性无关, 则所含向量的个数一定不超过 4

(B) $\boldsymbol{\alpha}_1,\boldsymbol{\alpha}_2,\boldsymbol{\alpha}_3,\boldsymbol{\alpha}_4$ 是向量组 $\boldsymbol{\alpha}_1,\boldsymbol{\alpha}_2,\cdots,\boldsymbol{\alpha}_s$ 的一个极大线性无关组

(C) $\boldsymbol{\alpha}_1,\boldsymbol{\alpha}_2,\cdots,\boldsymbol{\alpha}_s$ 的一个部分组如果包含的向量个数少于 4, 则该部分组一定线性无关

(D) $\boldsymbol{\alpha}_1,\boldsymbol{\alpha}_2,\cdots,\boldsymbol{\alpha}_s$ 的线性相关的部分组一定包含多于 4 个的向量

7. 设向量组 Ⅰ: $\boldsymbol{\alpha}_1,\boldsymbol{\alpha}_2,\cdots,\boldsymbol{\alpha}_r$, 向量组 Ⅱ: $\boldsymbol{\alpha}_1,\boldsymbol{\alpha}_2,\cdots,\boldsymbol{\alpha}_r,\boldsymbol{\alpha}_{r+1},\cdots,\boldsymbol{\alpha}_s$, 则必有 (　　).

(A) 若 Ⅰ 线性无关, 则 Ⅱ 线性无关　　(B) 若 Ⅱ 线性无关, 则 Ⅰ 线性无关

(C) 若 Ⅰ 线性无关, 则 Ⅱ 线性相关　　(D) 若 Ⅱ 线性相关, 则 Ⅰ 线性相关

8. 设 $\boldsymbol{A}$ 为 $m\times n$ 矩阵, 则非齐次线性方程组 $\boldsymbol{Ax}=\boldsymbol{b}$ 有唯一解的充分必要条件是 (　　).

(A) $m=n$

(B) $\boldsymbol{Ax}=\boldsymbol{0}$ 只有零解

(C) 向量 $\boldsymbol{b}$ 可由 $\boldsymbol{A}$ 的列向量组线性表示

(D) $\boldsymbol{A}$ 的列向量组线性无关, 而增广矩阵 $\overline{\boldsymbol{A}}$ 的列向量组线性相关

9. 设 $\boldsymbol{A}$ 为 $m\times n$ 矩阵, 线性方程组 $\boldsymbol{Ax}=\boldsymbol{0}$ 仅有零解的充分必要条件是 (　　).

(A) $\boldsymbol{A}$ 的行向量组线性无关　　(B) $\boldsymbol{A}$ 的行向量组线性相关

(C) $\boldsymbol{A}$ 的列向量组线性无关　　(D) $\boldsymbol{A}$ 的列向量组线性相关

10. 已知 $\boldsymbol{\beta}_1$, $\boldsymbol{\beta}_2$ 是非齐次方程组 $\boldsymbol{Ax}=\boldsymbol{b}$ 的解, $\boldsymbol{\alpha}_1, \boldsymbol{\alpha}_2$ 是对应的齐次方程组 $\boldsymbol{Ax}=\boldsymbol{0}$ 的基础解系, $k_1$, $k_2$ 是任意常数, 则线性方程组 $\boldsymbol{Ax}=\boldsymbol{b}$ 的通解(一般解)必为 (　　).

(A) $k_1\boldsymbol{\alpha}_1+k_2(\boldsymbol{\alpha}_1+\boldsymbol{\alpha}_2)+\dfrac{\boldsymbol{\beta}_1-\boldsymbol{\beta}_2}{2}$　　(B) $k_1\boldsymbol{\alpha}_1+k_2(\boldsymbol{\alpha}_1-\boldsymbol{\alpha}_2)+\dfrac{\boldsymbol{\beta}_1+\boldsymbol{\beta}_2}{2}$

(C) $k_1\boldsymbol{\alpha}_1+k_2(\boldsymbol{\beta}_1+\boldsymbol{\beta}_2)+\dfrac{\boldsymbol{\beta}_1-\boldsymbol{\beta}_2}{2}$　　(D) $k_1\boldsymbol{\alpha}_1+k_2(\boldsymbol{\beta}_1-\boldsymbol{\beta}_2)+\dfrac{\boldsymbol{\beta}_1+\boldsymbol{\beta}_2}{2}$

11. 设向量组 $\boldsymbol{\alpha}_1,\boldsymbol{\alpha}_2,\boldsymbol{\alpha}_3$ 线性无关, 则下列向量组线性无关的是 (　　).

(A) $\boldsymbol{\alpha}_1, \boldsymbol{\alpha}_2, \boldsymbol{\alpha}_1+\boldsymbol{\alpha}_2$　　(B) $\boldsymbol{\alpha}_1, \boldsymbol{\alpha}_2, \boldsymbol{\alpha}_1-\boldsymbol{\alpha}_2$

(C) $\boldsymbol{\alpha}_1-\boldsymbol{\alpha}_2, \boldsymbol{\alpha}_2-\boldsymbol{\alpha}_3, \boldsymbol{\alpha}_3-\boldsymbol{\alpha}_1$　　(D) $\boldsymbol{\alpha}_1+\boldsymbol{\alpha}_2, \boldsymbol{\alpha}_2+\boldsymbol{\alpha}_3, \boldsymbol{\alpha}_3+\boldsymbol{\alpha}_1$

12. 设 $\boldsymbol{A}$ 是 $m\times n$ 矩阵, $\boldsymbol{B}$ 是 $n\times m$ 矩阵, 则以下正确的是 (　　).

(A) 当 $m>n$ 时, 必有行列式 $|\boldsymbol{AB}|\neq 0$　　(B) 当 $m>n$ 时, 必有行列式 $|\boldsymbol{AB}|=0$

(C) 当 $m<n$ 时, 必有行列式 $|\boldsymbol{AB}|\neq 0$　　(D) 当 $m<n$ 时, 必有行列式 $|\boldsymbol{AB}|=0$

13. 已知向量组$\boldsymbol{\alpha}_1$, $\boldsymbol{\alpha}_2$, $\boldsymbol{\alpha}_3$ 线性无关,$\boldsymbol{\alpha}_1$, $\boldsymbol{\alpha}_2$, $\boldsymbol{\alpha}_3$, $\boldsymbol{\beta}$ 线性相关, 则 (　　).

(A) $\boldsymbol{\alpha}_1$ 必能由$\boldsymbol{\alpha}_2, \boldsymbol{\alpha}_3, \boldsymbol{\beta}$ 线性表出　　(B) $\boldsymbol{\alpha}_2$ 必能由$\boldsymbol{\alpha}_1, \boldsymbol{\alpha}_3, \boldsymbol{\beta}$ 线性表出

(C) $\boldsymbol{\alpha}_3$ 必能由$\boldsymbol{\alpha}_1, \boldsymbol{\alpha}_2, \boldsymbol{\beta}$ 线性表出　　(D) $\boldsymbol{\beta}$ 必能由$\boldsymbol{\alpha}_1, \boldsymbol{\alpha}_2, \boldsymbol{\alpha}_3$ 线性表出

14. 已知 $\boldsymbol{\beta}_1=3\boldsymbol{\alpha}_1-\boldsymbol{\alpha}_2$, $\boldsymbol{\beta}_2=\boldsymbol{\alpha}_1+5\boldsymbol{\alpha}_2$, $\boldsymbol{\beta}_3=-\boldsymbol{\alpha}_1+4\boldsymbol{\alpha}_2$, 而 $\boldsymbol{\alpha}_1, \boldsymbol{\alpha}_2$ 线性无关, 则向量组 $\boldsymbol{\beta}_1, \boldsymbol{\beta}_2, \boldsymbol{\beta}_3$ 的秩为 (　　).

(A) 0　　(B) 1　　(C) 2　　(D) 3

15. 若线性方程组 $\begin{cases} x_1+x_2+2x_3=0, \\ x_1+2x_2+x_3=0, \\ 2x_1+x_2+\lambda x_3=0 \end{cases}$ 存在基础解系, 则 $\lambda$ 等于 (　　).

(A) 2　　(B) 3　　(C) 4　　(D) 5

16. 设 $\boldsymbol{A}$ 为 $m\times n$ 矩阵, 齐次线性方程组 $\boldsymbol{Ax}=\boldsymbol{0}$ 有非零解的充分必要条件是 (　　).

(A) $\boldsymbol{A}$ 的列向量组线性相关　　(B) $\boldsymbol{A}$ 的列向量组线性无关

(C) $\boldsymbol{A}$ 的行向量组线性相关　　(D) $\boldsymbol{A}$ 的行向量组线性无关

17. 设 $\boldsymbol{\alpha}_1, \boldsymbol{\alpha}_2, \boldsymbol{\alpha}_3, \boldsymbol{\alpha}_4$ 是一个四维向量组, 若已知 $\boldsymbol{\alpha}_4$ 可以表示为 $\boldsymbol{\alpha}_1, \boldsymbol{\alpha}_2, \boldsymbol{\alpha}_3$ 的线性组合, 且表示法唯一, 则向量组 $\boldsymbol{\alpha}_1, \boldsymbol{\alpha}_2, \boldsymbol{\alpha}_3, \boldsymbol{\alpha}_4$ 的秩为 (　　).

(A) 1　　(B) 2　　(C) 3　　(D) 4

18. 设 $m\times n$ 矩阵 $\boldsymbol{A}=(\boldsymbol{\alpha}_1, \boldsymbol{\alpha}_2, \cdots, \boldsymbol{\alpha}_n)$, $\boldsymbol{\beta}$ 为 $m$ 维列向量, 且方程组 $\boldsymbol{Ax}=\boldsymbol{\beta}$ 有唯一解, 则不正确的是 (　　).

(A) 向量组 $\boldsymbol{\alpha}_1, \boldsymbol{\alpha}_2, \cdots, \boldsymbol{\alpha}_n$ 线性无关, 向量组 $\boldsymbol{\alpha}_1, \boldsymbol{\alpha}_2, \cdots, \boldsymbol{\alpha}_n, \boldsymbol{\beta}$ 线性相关

(B) 向量组 $\boldsymbol{\alpha}_1, \boldsymbol{\alpha}_2, \cdots, \boldsymbol{\alpha}_n$ 能由向量组 $\boldsymbol{\alpha}_1, \boldsymbol{\alpha}_2, \cdots, \boldsymbol{\alpha}_n, \boldsymbol{\beta}$ 唯一线性表示

(C) 向量组 $\boldsymbol{\alpha}_1, \boldsymbol{\alpha}_2, \cdots, \boldsymbol{\alpha}_n, \boldsymbol{\beta}$ 能由向量组 $\boldsymbol{\alpha}_1, \boldsymbol{\alpha}_2, \cdots, \boldsymbol{\alpha}_n$ 唯一线性表示

(D) 方程组 $\boldsymbol{A}^{\mathrm{T}}\boldsymbol{A}\boldsymbol{x} = \boldsymbol{A}^{\mathrm{T}}\boldsymbol{\beta}$ 有唯一解

19. 设 $\boldsymbol{A}$ 是 $5 \times 4$ 矩阵, $\boldsymbol{A} = (\boldsymbol{\alpha}_1, \boldsymbol{\alpha}_2, \boldsymbol{\alpha}_3, \boldsymbol{\alpha}_4)$, 已知 $\boldsymbol{\eta}_1 = (0,2,0,4)^{\mathrm{T}}, \boldsymbol{\eta}_2 = (3,2,5,4)^{\mathrm{T}}$ 是 $\boldsymbol{A}\boldsymbol{x} = \boldsymbol{0}$ 的基础解系, 则 (　　).

(A) $\boldsymbol{\alpha}_1, \boldsymbol{\alpha}_3$ 线性无关

(B) $\boldsymbol{\alpha}_4$ 能被 $\boldsymbol{\alpha}_2, \boldsymbol{\alpha}_3$ 线性表示

(C) $\boldsymbol{\alpha}_1$ 不能被 $\boldsymbol{\alpha}_3, \boldsymbol{\alpha}_4$ 线性表示

(D) $\boldsymbol{\alpha}_2, \boldsymbol{\alpha}_4$ 线性无关

20. 对于 $n$ 元线性方程组, 正确的命题是 (　　).

(A) 如 $\boldsymbol{A}\boldsymbol{x} = \boldsymbol{0}$ 只有零解, 则 $\boldsymbol{A}\boldsymbol{x} = \boldsymbol{b}$ 有唯一解

(B) 如 $\boldsymbol{A}\boldsymbol{x} = \boldsymbol{0}$ 有非零解, 则 $\boldsymbol{A}\boldsymbol{x} = \boldsymbol{b}$ 有无穷解

(C) $\boldsymbol{A}\boldsymbol{x} = \boldsymbol{b}$ 有唯一解的充要条件是 $|\boldsymbol{A}| \neq 0$

(D) 如 $\boldsymbol{A}\boldsymbol{x} = \boldsymbol{b}$ 有两个不同的解, 则 $\boldsymbol{A}\boldsymbol{x} = \boldsymbol{b}$ 有无穷多解

三、计算题

1. $\lambda$ 取何值时, 下列线性方程组有唯一解, 无解或有无穷多解, 在有无穷多解时, 求出其通解.

$$\begin{cases} (2-\lambda)x_1 + 2x_2 - 2x_3 = 1, \\ 2x_1 + (5-\lambda)x_2 - 4x_3 = 2, \\ 2x_1 + 4x_2 - (5-\lambda)x_3 = \lambda + 1. \end{cases}$$

2. 已知线性方程组

$$\begin{cases} x_1 + x_2 + 2x_3 + 3x_4 = 1, \\ x_1 + 3x_2 + 6x_3 + x_4 = 3, \\ 3x_1 - x_2 - ax_3 + 15x_4 = 3, \\ x_1 - 5x_2 - 10x_3 + 12x_4 = b, \end{cases}$$

问 $a$ 与 $b$ 各取何值时方程组无解、有唯一解、有无穷多解? 有无穷多解时求其一般解.

3. 设向量 $\boldsymbol{\alpha}_1 = (1,\ 1,\ 0)^{\mathrm{T}}$, $\boldsymbol{\alpha}_2 = (0,\ 1,\ 1)^{\mathrm{T}}$, $\boldsymbol{\alpha}_3 = (1,\ 0,\ 1)^{\mathrm{T}}$, 若三阶矩阵 $\boldsymbol{A}$ 满足

$$\boldsymbol{A}\boldsymbol{\alpha}_1 = \boldsymbol{\alpha}_1 - \boldsymbol{\alpha}_2,\ \boldsymbol{A}\boldsymbol{\alpha}_2 = 2\boldsymbol{\alpha}_2 - 3\boldsymbol{\alpha}_3,\ \boldsymbol{A}\boldsymbol{\alpha}_3 = \boldsymbol{\alpha}_3 - \boldsymbol{\alpha}_1,$$

(1) 将向量 $\boldsymbol{\alpha}_3$ 表示为 $\boldsymbol{A}\boldsymbol{\alpha}_1$, $\boldsymbol{A}\boldsymbol{\alpha}_2$, $\boldsymbol{A}\boldsymbol{\alpha}_3$ 的线性组合; (2) 求出矩阵 $\boldsymbol{A}$.

4. 设有向量组 $\boldsymbol{\alpha}_1 = (a,\ 2,\ 10)^{\mathrm{T}}$, $\boldsymbol{\alpha}_2 = (-2,\ 1,\ 5)^{\mathrm{T}}$, $\boldsymbol{\alpha}_3 = (-1,\ 1,\ 4)^{\mathrm{T}}$, 及 $\boldsymbol{\beta} = (1,\ b,\ -1)^{\mathrm{T}}$, 问 $a$, $b$ 为何值时,

(1) 向量 $\boldsymbol{\beta}$ 不能由向量组 $\boldsymbol{\alpha}_1, \boldsymbol{\alpha}_2, \boldsymbol{\alpha}_3$ 线性表示;

(2) 向量 $\boldsymbol{\beta}$ 能由向量组 $\boldsymbol{\alpha}_1, \boldsymbol{\alpha}_2, \boldsymbol{\alpha}_3$ 线性表示, 且表示式唯一;

(3) 向量 $\boldsymbol{\beta}$ 能由向量组 $\boldsymbol{\alpha}_1, \boldsymbol{\alpha}_2, \boldsymbol{\alpha}_3$ 线性表示, 但表示式不唯一, 并求一般表示式.

5. 已知 $\boldsymbol{\alpha}_1 = (1,\ 0,\ 2,\ 3)$, $\boldsymbol{\alpha}_2 = (1,\ 1,\ 3,\ 5)$, $\boldsymbol{\alpha}_3 = (1,\ -1,\ a+2,\ 1)$, $\boldsymbol{\alpha}_4 = (1,\ 2,\ 4,\ a+8)$ 和 $\boldsymbol{\beta} = (1,\ 1,\ b+3,\ 5)$, 问:

(1) $a, b$ 为何值时, $\boldsymbol{\beta}$ 不能表示成 $\boldsymbol{\alpha}_1$, $\boldsymbol{\alpha}_2$, $\boldsymbol{\alpha}_3$, $\boldsymbol{\alpha}_4$ 的线性组合?

(2) $a, b$ 为何值时, $\boldsymbol{\beta}$ 能由 $\boldsymbol{\alpha}_1$, $\boldsymbol{\alpha}_2$, $\boldsymbol{\alpha}_3$, $\boldsymbol{\alpha}_4$ 唯一线性表示? 并写出表示式.

6. 已知 $\boldsymbol{A}=\begin{pmatrix}2&-1&t\\5&-3&3\\-1&0&2\end{pmatrix}$, $\boldsymbol{\alpha}=\begin{pmatrix}1\\s\\-1\end{pmatrix}$, 若向量组 $\boldsymbol{\alpha}$, $A\boldsymbol{\alpha}$ 线性相关, 试确定 $s$, $t$ 之值.

7. 设向量组 $\boldsymbol{\alpha}_1=(1,2,1,3)^{\mathrm{T}}$, $\boldsymbol{\alpha}_2=(1,1,1,2)^{\mathrm{T}}$, $\boldsymbol{\alpha}_3=(2,-1,1,1)^{\mathrm{T}}$, $\boldsymbol{\alpha}_4=(2,3,2,5)^{\mathrm{T}}$. 问 $a$ 为何值时, 向量 $\boldsymbol{\beta}=(6,-3,2,a)^{\mathrm{T}}$ 能由向量组 $\boldsymbol{\alpha}_1,\boldsymbol{\alpha}_2,\boldsymbol{\alpha}_3,\boldsymbol{\alpha}_4$ 的极大无关组线性表示, 并写出表示式.

8. 设向量组 $\boldsymbol{\alpha}_1=(1,3,0,5)^{\mathrm{T}}$, $\boldsymbol{\alpha}_2=(1,2,1,4)^{\mathrm{T}}$, $\boldsymbol{\alpha}_3=(1,1,2,3)^{\mathrm{T}}$, $\boldsymbol{\alpha}_4=(1,0,3,k)^{\mathrm{T}}$, 试确定 $k$ 的值, 使向量组的秩最大, 并求该向量组的一个极大线性无关组, 且将其余向量表示为该极大无关组的线性组合.

9. 设向量组 $\boldsymbol{\alpha}_1$, $\boldsymbol{\alpha}_2$, $\boldsymbol{\alpha}_3$ 线性无关, 令 $\boldsymbol{\beta}_1=-\boldsymbol{\alpha}_1+\boldsymbol{\alpha}_3$, $\boldsymbol{\beta}_2=2\boldsymbol{\alpha}_2+t\boldsymbol{\alpha}_3$, $\boldsymbol{\beta}_3=2\boldsymbol{\alpha}_1-5\boldsymbol{\alpha}_2+3\boldsymbol{\alpha}_3$, 对不同的 $t$ 讨论向量组 $\boldsymbol{\beta}_1$, $\boldsymbol{\beta}_2$, $\boldsymbol{\beta}_3$ 的线性相关性, 并相应地求出向量组 $\boldsymbol{\beta}_1$, $\boldsymbol{\beta}_2$, $\boldsymbol{\beta}_3$ 的秩.

10. 设四元非齐次线性方程组的系数矩阵的秩为 3, 已知 $\boldsymbol{\eta}_1$, $\boldsymbol{\eta}_2$, $\boldsymbol{\eta}_3$ 是它的 3 个解向量. 且 $\boldsymbol{\eta}_1=(2,3,4,5)^{\mathrm{T}}$, $\boldsymbol{\eta}_2+\boldsymbol{\eta}_3=(1,2,3,4)^{\mathrm{T}}$, 求该方程组的通解.

11. 已知 $a$ 为常数, 且矩阵 $\boldsymbol{A}=\begin{pmatrix}1&2&a\\1&3&0\\2&7&-a\end{pmatrix}$ 可经初等变换化为矩阵 $\boldsymbol{B}=\begin{pmatrix}1&a&2\\0&1&1\\-1&1&1\end{pmatrix}$.

(I) 求 $a$; (II) 求满足 $\boldsymbol{AP}=\boldsymbol{B}$ 的可逆矩阵 $\boldsymbol{P}$.

12. 设 $n$ 阶矩阵 $\boldsymbol{A}=\begin{pmatrix}3a&2&0&\cdots&0&0\\a^2&3a&2&\cdots&0&0\\\vdots&\vdots&\vdots&&\vdots&\vdots\\0&0&0&\cdots&3a&2\\0&0&0&\cdots&a^2&3a\end{pmatrix}$, $n$ 维向量 $\boldsymbol{x}=(x_1,x_2,\cdots,x_n)^{\mathrm{T}}$, $\boldsymbol{b}=(2,0,0,\cdots,0)^{\mathrm{T}}$, 方程组 $\boldsymbol{A}^{\mathrm{T}}\boldsymbol{A}\boldsymbol{x}=\boldsymbol{A}^{\mathrm{T}}\boldsymbol{b}$.

(1) 证明: $|\boldsymbol{A}|=(2^{n+1}-1)a^n$; (2) 证明: 方程组一定有解; (3) $a$ 为何值时, 方程组有唯一解, 并求 $x_1$; (4) $a$ 为何值时, 方程组有无穷多解, 并求出其所有解.

13. 已知三阶矩阵 $\boldsymbol{A}$ 与三维列向量 $\boldsymbol{x}$ 满足 $\boldsymbol{A}^3\boldsymbol{x}=3\boldsymbol{A}\boldsymbol{x}-\boldsymbol{A}^2\boldsymbol{x}$, 且向量组 $\boldsymbol{x},\boldsymbol{A}\boldsymbol{x},\boldsymbol{A}^2\boldsymbol{x}$ 线性无关.

(1) 记 $\boldsymbol{y}=\boldsymbol{A}\boldsymbol{x},\boldsymbol{z}=\boldsymbol{A}\boldsymbol{y},\boldsymbol{P}=(\boldsymbol{x},\boldsymbol{y},\boldsymbol{z})$, 求三阶矩阵 $\boldsymbol{B}$, 使 $\boldsymbol{AP}=\boldsymbol{PB}$; (2) 求 $|\boldsymbol{A}|$.

14. 已知向量组

$A$: $\boldsymbol{\alpha}_1=(0,1,1)^{\mathrm{T}}$, $\boldsymbol{\alpha}_2=(1,1,0)^{\mathrm{T}}$;

$B$: $\boldsymbol{\beta}_1=(-1,0,1)^{\mathrm{T}}$, $\boldsymbol{\beta}_2=(1,2,1)^{\mathrm{T}}$, $\boldsymbol{\beta}_3=(3,2,-1)^{\mathrm{T}}$.

证明: 向量组 $A$ 与 $B$ 等价.

15. 已知向量组 $\boldsymbol{\alpha}_1$, $\boldsymbol{\alpha}_2$, $\boldsymbol{\alpha}_3$ 线性无关, 证明: 向量组 $\boldsymbol{\alpha}_1+2\boldsymbol{\alpha}_2$, $2\boldsymbol{\alpha}_2+3\boldsymbol{\alpha}_3$, $3\boldsymbol{\alpha}_3+2\boldsymbol{\alpha}_1$ 线性无关.

16. 已知向量组 $\boldsymbol{\alpha}_1,\boldsymbol{\alpha}_2,\cdots,\boldsymbol{\alpha}_r$ 线性无关, 且 $\boldsymbol{\beta}_1=\boldsymbol{\alpha}_1+\boldsymbol{\alpha}_2$, $\boldsymbol{\beta}_2=\boldsymbol{\alpha}_2+\boldsymbol{\alpha}_3$, $\cdots$, $\boldsymbol{\beta}_r=\boldsymbol{\alpha}_r+\boldsymbol{\alpha}_1$. 证明: 当 $r$ 为奇数时, 向量组 $\boldsymbol{\beta}_1,\boldsymbol{\beta}_2,\cdots,\boldsymbol{\beta}_r$ 线性无关; 当 $r$ 为偶数时, 向量组 $\boldsymbol{\beta}_1,\boldsymbol{\beta}_2,\cdots,\boldsymbol{\beta}_r$ 线性相关.

17. 设 $\boldsymbol{A}$ 是 $m\times n$ 矩阵, $\boldsymbol{B}$ 为 $n\times s$ 矩阵, 若 $\mathrm{r}(\boldsymbol{AB})=\mathrm{r}(\boldsymbol{B})$, 证明: 线性方程组 $\boldsymbol{AB}\boldsymbol{x}=\boldsymbol{0}$ 与 $\boldsymbol{B}\boldsymbol{x}=\boldsymbol{0}$ 是同解方程组.

18. 设 $\boldsymbol{A}$ 是 $m\times n$ 矩阵, $\mathrm{r}(\boldsymbol{A})=n\,(n<m)$, 矩阵 $\boldsymbol{B}$ 的列向量组为线性方程组 $\boldsymbol{A}^{\mathrm{T}}x=\boldsymbol{0}$ 的基础解系, 证明: 矩阵 $(\boldsymbol{A},\boldsymbol{B})$ 是可逆矩阵.

# 第 4 章　特征值与特征向量

**学习目标与要求**

1. 理解矩阵的特征值与特征向量的概念，会求矩阵的特征值与特征向量.
2. 了解相似矩阵的概念和性质.
3. 了解矩阵对角化的充要条件和对角化的方法.
4. 了解向量内积的定义，掌握线性无关向量组的正交化方法.
5. 了解正交矩阵的定义及主要性质.
6. 掌握将实对称矩阵化为对角阵的方法.

本章介绍矩阵的特征值和特征向量, 以及矩阵相似对角化初步. 这些理论和方法在经济管理、工程技术、计算机科学等领域的研究实践中有着广泛的应用.

## 4.1　矩阵的特征值与特征向量

### 4.1.1　特征值与特征向量的概念

**定义 4.1　矩阵的特征值与特征向量**

设 $\boldsymbol{A}$ 是 $n$ 阶矩阵, 如果数 $\lambda$ 和非零向量 $\boldsymbol{\alpha}$ 满足

$$\boldsymbol{A\alpha}=\lambda\boldsymbol{\alpha}, \tag{4.1}$$

则称 $\lambda$ 是矩阵 $\boldsymbol{A}$ 的**特征值**, 非零向量 $\boldsymbol{\alpha}$ 称为矩阵 $\boldsymbol{A}$ 的属于特征值 $\lambda$ 的**特征向量**.

此定义说明只有方阵才有特征值与特征向量, 并且特征向量一定是非零向量.

例如, 对于矩阵 $\boldsymbol{A}=\begin{pmatrix}1&2\\4&3\end{pmatrix}$, $\lambda=5$, $\boldsymbol{\alpha}=\begin{pmatrix}1\\2\end{pmatrix}$, 容易验证 $\boldsymbol{A\alpha}=\lambda\boldsymbol{\alpha}$ 成立, 所以 $\lambda=5$ 是矩阵 $\boldsymbol{A}$ 的特征值, 非零向量 $\boldsymbol{\alpha}$ 是矩阵 $\boldsymbol{A}$ 的属于特征值 $\lambda=5$ 的特征向量.

下面讨论特征值与特征向量的求法.

由于式(4.1)可写为 $(\lambda\boldsymbol{E}-\boldsymbol{A})\boldsymbol{\alpha}=\boldsymbol{0}$, 所以特征向量 $\boldsymbol{\alpha}$ 是齐次线性方程组 $(\lambda\boldsymbol{E}-\boldsymbol{A})\boldsymbol{x}=\boldsymbol{0}$ 的非零解. 由于该齐次线性方程组有非零解的充要条件是 $|\lambda\boldsymbol{E}-\boldsymbol{A}|=0$, 所以方阵 $\boldsymbol{A}$ 的特征值 $\lambda$ 是方程 $|\lambda\boldsymbol{E}-\boldsymbol{A}|=0$ 的解. 将一元 $n$ 次多项式 $f(\lambda)=|\lambda\boldsymbol{E}-\boldsymbol{A}|$ 称为矩阵 $\boldsymbol{A}$ 的**特征多项式**, $n$ 次方程 $|\lambda\boldsymbol{E}-\boldsymbol{A}|=0$ 称为矩阵 $\boldsymbol{A}$ 的**特征方程**, 所以矩阵 $\boldsymbol{A}$ 的特征值就是矩阵 $\boldsymbol{A}$ 的特征方程的根.

这说明, 任何方阵都有特征值与特征向量.

下面介绍求矩阵 $\boldsymbol{A}$ 的某个特征值的所有特征向量的步骤.

**求**矩阵 $\boldsymbol{A}$ 的属于**特征值** $\lambda=\lambda_0$ **的特征向量的步骤**如下：

求出齐次线性方程组

$$(\lambda_0\boldsymbol{E}-\boldsymbol{A})\boldsymbol{x}=\boldsymbol{0} \tag{4.2}$$

的一个基础解系 $\boldsymbol{p}_1,\boldsymbol{p}_2,\cdots,\boldsymbol{p}_s$, 则属于 $\lambda_0$ 的全部特征向量为

$$k_1\boldsymbol{p}_1+k_2\boldsymbol{p}_2+\cdots+k_s\boldsymbol{p}_s, \tag{4.3}$$

其中 $k_1,k_2,\cdots,k_s$ 是不全为 0 的任意常数.

例 4.1　求矩阵 $\boldsymbol{A}=\begin{pmatrix}4&6&0\\-3&-5&0\\-3&-6&1\end{pmatrix}$ 的所有特征值与特征向量.

解　$|\lambda\boldsymbol{E}-\boldsymbol{A}|=\begin{vmatrix}\lambda-4&-6&0\\3&\lambda+5&0\\3&6&\lambda-1\end{vmatrix}=(\lambda-1)\begin{vmatrix}\lambda-4&-6\\3&\lambda+5\end{vmatrix}=(\lambda-1)^2(\lambda+2)$,

所以特征值为 $\lambda_1=\lambda_2=1,\lambda_3=-2$.

对 $\lambda_1=\lambda_2=1$, 解齐次线性方程组 $(\boldsymbol{E}-\boldsymbol{A})\boldsymbol{x}=\boldsymbol{0}$, 将系数矩阵化为行最简形,

$$\boldsymbol{E}-\boldsymbol{A}=\begin{pmatrix}-3&-6&0\\3&6&0\\3&6&0\end{pmatrix}\to\begin{pmatrix}1&2&0\\0&0&0\\0&0&0\end{pmatrix},$$

得同解方程组 $x_1=-2x_2$, 于是得通解

$\begin{cases}x_1=-2c_1,\\x_2=c_1,\\x_3=c_2,\end{cases}$ 写成向量形式为 $\begin{pmatrix}x_1\\x_2\\x_3\end{pmatrix}=c_1\begin{pmatrix}-2\\1\\0\end{pmatrix}+c_2\begin{pmatrix}0\\0\\1\end{pmatrix}$, 其中 $c_1,c_2$ 为任意常数.

于是得基础解系 $\boldsymbol{p}_1=\begin{pmatrix}-2\\1\\0\end{pmatrix}$, $\boldsymbol{p}_2=\begin{pmatrix}0\\0\\1\end{pmatrix}$, 所以属于 $\lambda_1=\lambda_2=1$ 的所有特征向量为

$$k_1\boldsymbol{p}_1+k_2\boldsymbol{p}_2,$$

其中 $k_1,k_2$ 是不同时为零的任意常数.

对于 $\lambda_3=-2$, 解齐次线性方程组 $(-2\boldsymbol{E}-\boldsymbol{A})\boldsymbol{x}=\boldsymbol{0}$, 将系数矩阵化为行最简形有

$$-2\boldsymbol{E}-\boldsymbol{A}=\begin{pmatrix}-6&-6&0\\3&3&0\\3&6&-3\end{pmatrix}\to\begin{pmatrix}1&0&1\\0&1&-1\\0&0&0\end{pmatrix},$$

得同解方程组 $\begin{cases} x_1 = -x_3, \\ x_2 = x_3, \end{cases}$ 由此得通解 $\begin{cases} x_1 = -c, \\ x_2 = c, \\ x_3 = c, \end{cases}$ 写成向量形式为 $\begin{pmatrix} x_1 \\ x_2 \\ x_3 \end{pmatrix} = c\begin{pmatrix} -1 \\ 1 \\ 1 \end{pmatrix}$, 其中 $c$ 为任意常数. 于是得基础解系 $\boldsymbol{p}_3 = \begin{pmatrix} -1 \\ 1 \\ 1 \end{pmatrix}$, 从而 $\lambda_3 = -2$ 的所有特征向量为

$$k_3\boldsymbol{p}_3, \text{其中 } k_3 \text{ 为任意非零常数.}$$

例 4.2 求矩阵 $\boldsymbol{A} = \begin{pmatrix} 1 & -3 & 3 \\ 3 & -5 & 3 \\ 6 & -6 & 4 \end{pmatrix}$ 的特征值与特征向量.

解 $|\lambda\boldsymbol{E}-\boldsymbol{A}| = \begin{vmatrix} \lambda-1 & 3 & -3 \\ -3 & \lambda+5 & -3 \\ -6 & 6 & \lambda-4 \end{vmatrix} = \begin{vmatrix} \lambda-1 & 3 & 0 \\ -3 & \lambda+5 & \lambda+2 \\ -6 & 6 & \lambda+2 \end{vmatrix} = \begin{vmatrix} \lambda-1 & 3 & 0 \\ 3 & \lambda-1 & 0 \\ -6 & 6 & \lambda+2 \end{vmatrix}$

$= (\lambda-4)(\lambda+2)^2$,

所以特征值为 $\lambda_1 = 4, \lambda_2 = \lambda_3 = -2$.

对 $\lambda_1 = 4$, 解方程组 $(4\boldsymbol{E}-\boldsymbol{A})\boldsymbol{x} = \boldsymbol{0}$, 由

$$4\boldsymbol{E}-\boldsymbol{A} = \begin{pmatrix} 3 & 3 & -3 \\ -3 & 9 & -3 \\ -6 & 6 & 0 \end{pmatrix} \to \begin{pmatrix} 1 & 0 & -\frac{1}{2} \\ 0 & 1 & -\frac{1}{2} \\ 0 & 0 & 0 \end{pmatrix},$$

得同解方程组 $\begin{cases} x_1 = \frac{1}{2}x_3, \\ x_2 = \frac{1}{2}x_3, \end{cases}$ 从而得基础解系 $\boldsymbol{p}_1 = \begin{pmatrix} 1 \\ 1 \\ 2 \end{pmatrix}$(取 $x_3 = 2c$ 以避免出现分数), 所以属于 $\lambda_1 = 4$ 的所有特征向量为

$$k_1\boldsymbol{p}_1, \text{其中 } k_1 \text{ 为任意非零常数.}$$

对 $\lambda_2 = \lambda_3 = -2$, 解方程组 $(-2\boldsymbol{E}-\boldsymbol{A})\boldsymbol{x} = \boldsymbol{0}$, 由

$$-2\boldsymbol{E}-\boldsymbol{A} = \begin{pmatrix} -3 & 3 & -3 \\ -3 & 3 & -3 \\ -6 & 6 & -6 \end{pmatrix} \to \begin{pmatrix} 1 & -1 & 1 \\ 0 & 0 & 0 \\ 0 & 0 & 0 \end{pmatrix},$$

得同解方程组 $x_1 = x_2 - x_3$, 所以得通解

$\begin{cases} x_1 = c_1 - c_2, \\ x_2 = c_1, \\ x_3 = c_2, \end{cases}$ 即 $\begin{pmatrix} x_1 \\ x_2 \\ x_3 \end{pmatrix} = c_1\begin{pmatrix} 1 \\ 1 \\ 0 \end{pmatrix} + c_2\begin{pmatrix} -1 \\ 0 \\ 1 \end{pmatrix}$, 其中 $c_1, c_2$ 为任意常数. 由此得基础解

系 $\boldsymbol{p}_2=\begin{pmatrix}1\\1\\0\end{pmatrix}$, $\boldsymbol{p}_3=\begin{pmatrix}-1\\0\\1\end{pmatrix}$, 所以属于 $\lambda_2=\lambda_3=-2$ 的所有特征向量为

$$k_2\boldsymbol{p}_2+k_3\boldsymbol{p}_3,\ \text{其中 } k_2, k_3 \text{ 是不同时为零的任意常数.}$$

式(4.1)(包括 $\alpha\neq 0$ 在内)非常重要, 它包含了特征值与特征向量的定义, 对解决许多特征值与特征向量的相关问题起着关键的作用.

**例 4.3** 求矩阵 $\boldsymbol{A}=\begin{pmatrix}2&1&1\\1&-1&-2\\1&1&4\end{pmatrix}$ 的所有特征值.

**解** 本题用行列式因式分解的方法较好.

$$|\lambda\boldsymbol{E}-\boldsymbol{A}|=\begin{vmatrix}\lambda-2&-1&-1\\-1&\lambda+1&2\\-1&-1&\lambda-4\end{vmatrix}=\begin{vmatrix}0&0&-1\\2\lambda-5&\lambda-1&2\\\lambda^2-6\lambda+7&3-\lambda&\lambda-4\end{vmatrix}=-\begin{vmatrix}2\lambda-5&\lambda-1\\\lambda^2-6\lambda+7&3-\lambda\end{vmatrix}$$

$$\xlongequal{c_1+c_2}-\begin{vmatrix}3\lambda-6&\lambda-1\\\lambda^2-7\lambda+10&3-\lambda\end{vmatrix}=-(\lambda-2)\begin{vmatrix}3&\lambda-1\\\lambda-5&3-\lambda\end{vmatrix}=(\lambda-2)(\lambda+1)(\lambda-4),$$

所以特征值为 $-1,\ 2,\ 4$.

**例 4.4** 已知矩阵 $\boldsymbol{A}=\begin{pmatrix}20&30\\-12&x\end{pmatrix}$ 有一个特征向量 $\boldsymbol{\alpha}=\begin{pmatrix}-5\\3\end{pmatrix}$, 求 $x$ 的值.

**解** 设特征向量 $\boldsymbol{\alpha}$ 相应于特征值 $\lambda$, 则由定义 4.1 知 $\boldsymbol{A\alpha}=\lambda\boldsymbol{\alpha}$, 代入已知条件有

$$\begin{pmatrix}20&30\\-12&x\end{pmatrix}\begin{pmatrix}-5\\3\end{pmatrix}=\lambda\begin{pmatrix}-5\\3\end{pmatrix},$$

由此得方程组: $\begin{cases}-10=-5\lambda,\\60+3x=3\lambda,\end{cases}$ 解得 $\begin{cases}\lambda=2,\\x=-18.\end{cases}$

### 4.1.2 特征值与特征向量的性质

> **定理 4.1 特征值的性质 1**
> 设 $\lambda$ 是方阵 $\boldsymbol{A}$ 的特征值, 则
> (1) $\lambda$ 是 $\boldsymbol{A}^{\mathrm{T}}$ 的特征值;
> (2) $\lambda^m$ 是矩阵 $\boldsymbol{A}^m$ 的特征值($m$ 为正整数);
> (3) 当 $\boldsymbol{A}$ 可逆时, $\dfrac{1}{\lambda}$ 是 $\boldsymbol{A}^{-1}$ 的特征值, $\dfrac{|\boldsymbol{A}|}{\lambda}$ 是 $\boldsymbol{A}^*$ 的特征值.

**证明** (1) 因为 $|\lambda\boldsymbol{E}-\boldsymbol{A}^{\mathrm{T}}|=|(\lambda\boldsymbol{E}-\boldsymbol{A})^{\mathrm{T}}|=|\lambda\boldsymbol{E}-\boldsymbol{A}|=0$.

(2) 设 $\boldsymbol{\alpha}$ 是 $\boldsymbol{A}$ 的属于特征值 $\lambda$ 的特征向量, 则 $\boldsymbol{A\alpha}=\lambda\boldsymbol{\alpha}$, 所以

$$\boldsymbol{A}^2\boldsymbol{\alpha}=\boldsymbol{A}(\boldsymbol{A\alpha})=\boldsymbol{A}(\lambda\boldsymbol{\alpha})=\lambda(\boldsymbol{A\alpha})=\lambda(\lambda\boldsymbol{\alpha})=\lambda^2\boldsymbol{\alpha}.$$

由归纳法, 依次递推有

$$A^m\alpha = A(A^{m-1}\alpha) = A(\lambda^{m-1}\alpha) = \lambda^{m-1}(A\alpha) = \lambda^{m-1}(\lambda\alpha) = \lambda^m\alpha.$$

(3) 先证明**可逆矩阵的特征值都不为零**.

用反证法. 对可逆阵 $A$, 如果 $A$ 有特征值 $\lambda = 0$, 设 $\alpha$ 为相应的特征向量, 则 $A\alpha = \lambda\alpha = \mathbf{0}$, 由于 $\alpha$ 是非零向量, 所以齐次线性方程组 $Ax = \mathbf{0}$ 有非零解, 从而 $|A| = 0$, 这与 $A$ 可逆矛盾. 这就证明了可逆阵 $A$ 的任何特征值 $\lambda$ 都非零.

于是对可逆矩阵 $A$, 用 $A^{-1}$ 左乘 $A\alpha = \lambda\alpha$, 化简得 $A^{-1}\alpha = \dfrac{1}{\lambda}\alpha$, 得知 $\dfrac{1}{\lambda}$ 是 $A^{-1}$ 的特征值.

以 $A^*$ 左乘 $A\alpha = \lambda\alpha$ 得 $A^*A\alpha = \lambda A^*\alpha$, 再由恒等式 $A^*A = AA^* = |A|E$ 得 $\lambda A^*\alpha = |A|\alpha$, 由 $\lambda \neq 0$ 即得 $A^*\alpha = \dfrac{|A|}{\lambda}\alpha$, 所以 $\dfrac{|A|}{\lambda}$ 是 $A^*$ 的特征值. □

例 4.5 设 $n$ 阶方阵 $A$ 满足方程 $A^2 - 3A + 2E = O$, 求矩阵 $A$ 的特征值.

解 设 $\lambda$ 是矩阵 $A$ 的任一特征值, 对应的特征向量为 $\alpha$, 则有 $A\alpha = \lambda\alpha$. 由定理 4.1 的(2)知, $A^2\alpha = \lambda^2\alpha$, 从而有

$$\begin{aligned}\mathbf{0} &= (A^2 - 3A + 2E)\alpha = A^2\alpha - 3A\alpha + 2\alpha = \lambda^2\alpha - 3\lambda\alpha + 2\alpha \\ &= (\lambda^2 - 3\lambda + 2)\alpha.\end{aligned}$$

因为 $\alpha \neq 0$, 所以得 $\lambda^2 - 3\lambda + 2 = 0$, 从而 $A$ 的特征值为 $1, 2$.

本题也可用 4.3 节中的定理 4.7 的(2)来求解.

> 定理 4.2 **特征值的性质 2**
> 设 $n$ 阶矩阵 $A = (a_{ij})$ 的特征值为 $\lambda_1, \lambda_2, \cdots, \lambda_n$, 则
> (1) $\lambda_1 + \lambda_2 + \cdots + \lambda_n = a_{11} + a_{22} + \cdots + a_{nn} = \mathrm{tr}A$;
> (2) $\lambda_1\lambda_2\cdots\lambda_n = |A|$.

证明 略.

将 $a_{11} + a_{22} + \cdots + a_{nn}$ 称为矩阵 $A$ 的**迹**, 记为 $\mathrm{tr}A$, 即 $\mathrm{tr}A = a_{11} + a_{22} + \cdots + a_{nn}$. 所以由定理 4.2 知, 矩阵的所有特征值之和等于矩阵的迹.

由于矩阵 $A$ 可逆相当于 $A$ 非奇异 (即 $|A| \neq 0$), 故由定理 4.2 知, 矩阵 $A$ 不可逆的充要条件是 0 为 $A$ 的特征值. 以下例子从另一角度证明此结论.

例 4.6 方阵 $A$ 不可逆的充要条件是, 0 为 $A$ 的特征值.

证明 如果 $n$ 阶方阵 $A$ 不可逆, 则 $|A| = 0$, 从而 $|0 \cdot E - A| = |-A| = (-1)^n|A| = 0$, 所以 0 为 $A$ 的特征值.

反之, 如果 0 为 $A$ 的特征值, 设对应的特征向量为 $\alpha$, 则 $A\alpha = \mathbf{0}$, 因为 $\alpha \neq \mathbf{0}$, 所以 $|A| = 0$, 即 $A$ 不可逆. □

例 4.7 设矩阵 $A = \begin{pmatrix} 1 & -1 & 1 \\ 2 & 4 & -2 \\ -3 & x & 5 \end{pmatrix}$, 已知 $A$ 有特征值 $\lambda_1 = 6, \lambda_2 = 2$ , 求 $x$ 及 $A$ 的第三个特征值.

解 设 $A$ 的第三个特征值为 $\lambda_3$, 则由定理 4.2 可得方程组

$$\begin{cases} 6 + 2 + \lambda_3 = 1 + 4 + 5, \\ 6 \cdot 2 \cdot \lambda_3 = 36 + 4x, \end{cases}$$

解得 $x = -3, \lambda_3 = 2$.

> **定理 4.3　特征向量的性质**
> $n$ 阶矩阵 $\boldsymbol{A}$ 的不同特征值对应的特征向量线性无关.

证明　设 $\lambda_1, \lambda_2, \cdots, \lambda_m$ 是矩阵 $\boldsymbol{A}$ 的两两互异特征值, $\boldsymbol{p}_1, \boldsymbol{p}_2, \cdots, \boldsymbol{p}_m$ 分别是对应的特征向量, 则有

$$\boldsymbol{A}\boldsymbol{p}_i = \lambda_i \boldsymbol{p}_i,\ i = 1, 2, \cdots, m. \tag{4.4}$$

以下用数学归纳法证明向量组 $\boldsymbol{p}_1, \boldsymbol{p}_2, \cdots, \boldsymbol{p}_m$ 线性无关.

当 $m = 1$ 时, 由 $\boldsymbol{p}_1 \neq 0$ 知向量组 $\boldsymbol{p}_1$ 线性无关.

假设对 $m-1$ 结论成立, 则对 $m$, 设常数 $k_1, k_2, \cdots, k_{m-1}, k_m$ 使得

$$k_1\boldsymbol{p}_1 + k_2\boldsymbol{p}_2 + \cdots + k_{m-1}\boldsymbol{p}_{m-1} + k_m\boldsymbol{p}_m = \boldsymbol{0}, \tag{4.5}$$

以矩阵 $\boldsymbol{A}$ 左乘上式两端有

$$k_1\boldsymbol{A}\boldsymbol{p}_1 + k_2\boldsymbol{A}\boldsymbol{p}_2 + \cdots + k_m\boldsymbol{A}\boldsymbol{p}_m = \boldsymbol{0},$$

将式(4.4)代入式(4.5)有

$$k_1\lambda_1\boldsymbol{p}_1 + k_2\lambda_2\boldsymbol{p}_2 + \cdots + k_{m-1}\lambda_{m-1}\boldsymbol{p}_{m-1} + k_m\lambda_m\boldsymbol{p}_m = \boldsymbol{0}, \tag{4.6}$$

式(4.6) $-\lambda_m \times$ 式(4.5)有

$$k_1(\lambda_1 - \lambda_m)\boldsymbol{p}_1 + k_2(\lambda_2 - \lambda_m)\boldsymbol{p}_2 + \cdots + k_{m-1}(\lambda_{m-1} - \lambda_m)\boldsymbol{p}_{m-1} = 0.$$

由归纳假设 $\boldsymbol{p}_1, \boldsymbol{p}_2, \cdots, \boldsymbol{p}_{m-1}$ 线性无关得

$$k_1(\lambda_1 - \lambda_m) = k_2(\lambda_2 - \lambda_m) = \cdots = k_{m-1}(\lambda_{m-1} - \lambda_m) = 0,$$

由于 $\lambda_1, \lambda_2, \cdots, \lambda_m$ 互不相同, 故上式括号内的数均非零, 所以必有

$$k_1 = k_2 = \cdots = k_{m-1} = 0,$$

代入式(4.5)得 $k_m\boldsymbol{p}_m = 0$, 由于 $\boldsymbol{p}_m \neq 0$, 所以 $k_m = 0$, 从而有 $k_1 = k_2 = \cdots = k_{m-1} = k_m = 0$. 所以向量组 $\boldsymbol{p}_1, \boldsymbol{p}_2, \cdots, \boldsymbol{p}_m$ 线性无关. □

定理 4.3 的另一证明方法见 4.3 节中的例 4.17.

### 4.1.3　特征值与特征向量在经济管理中的应用

#### 一、主成分分析法简介

**主成分分析法**属于多指标综合评价方法, 已经在自然科学、工农业、统计医学、经济管理等各个领域得到了成功应用. 虽然这个方法属于多元统计的范畴, 但是特征值与特征向量在其中起到了重要的不可替代的作用.

主成分分析法是将研究问题中较多的因素(随机变量)按相关性进行分类, 归纳出几乎可以包含所有信息的少数几个综合变量(因素), 然后依照原来的因素(随机变量)求出协方差矩阵或相关系数矩阵, 之后求出特征值与特征向量, 按特征值的大小排序寻找主成分(主要因素), 从而做出对研究问题较客观的综合评价.

比如, 在社会经济的研究中, 为了全面系统地分析和研究问题, 必须考虑许多经济指标, 这些指标能从不同的侧面反映我们所研究的对象的特征, 但在某种程度上存在信息的重叠, 具有一定的相关性.

主成分分析试图在力保数据信息丢失最少的原则下, 对这种多变量的数据进行最佳综合简化, 也就是减少变量的个数 (降维处理), 以此降低研究问题的难度, 使主要因素得以充分展现.

具体说来, 假设我们所讨论的实际问题中有 $p$ 个指标, 把这 $p$ 个指标看作 $p$ 个随机变量, 记

为 $X_1, X_2, \cdots, X_p$. 考虑这 $p$ 个指标的线性组合, 得到新的指标 $F_1, F_2, \cdots, F_k(k < p)$, 按照保留主要信息量的原则充分反映原指标的信息, 并且互不相关.

我们先找到 $p$ 个这样的随机变量 $F_i$, 然后按保留主要信息量的原则减少个数.

**1. 寻找原指标的线性组合**

令

$$\begin{cases} F_1 = u_{11}X_1 + u_{21}X_2 + \cdots + u_{p1}X_p, \\ F_2 = u_{12}X_1 + u_{22}X_2 + \cdots + u_{p2}X_p, \\ \qquad\qquad\vdots \\ F_p = u_{1p}X_1 + u_{2p}X_2 + \cdots + u_{pp}X_p, \end{cases} \tag{4.7}$$

满足如下条件:

(1) $u_{1i}^2 + u_{2i}^2 + \cdots + u_{pi}^2 = 1,\ i = 1, 2, \cdots, p$;

(2) 主成分之间互不相关, 即无重叠的信息, 即

$$\operatorname{cov}(F_i, F_j) = 0,\ i \neq j,\ i, j = 1, 2, \cdots, p;$$

(3) 主成分的方差依次减少, 重要性依次递减, 即

$$\operatorname{var}(F_1) \geqslant \operatorname{var}(F_2) \geqslant \cdots \geqslant \operatorname{var}(F_p).$$

满足上面这三个条件的 $F_1, F_2, \cdots, F_p$ 分别称为**第一主成分**, **第二主成分**, $\cdots$.

**2. 主成分的推导**

(1) 第一主成分 $F_1$

记 $\boldsymbol{X} = (X_1, X_2, \cdots, X_p)^{\mathrm{T}}$, 设 $\boldsymbol{X}$ 的协方差矩阵为

$$\boldsymbol{\Sigma_X} = \begin{pmatrix} \sigma_1^2 & \sigma_{12} & \cdots & \sigma_{1p} \\ \sigma_{21} & \sigma_2^2 & \cdots & \sigma_{2p} \\ \vdots & \vdots & & \vdots \\ \sigma_{p1} & \sigma_{p2} & \cdots & \sigma_p^2 \end{pmatrix}. \tag{4.8}$$

由于 $\boldsymbol{\Sigma_X}$ 为半正定的对称阵(如果方阵 $\boldsymbol{A}$ 是对称矩阵, 且其特征值全非负, 则 $\boldsymbol{A}$ 为**半正定矩阵**), 则必存在正交阵 $\boldsymbol{U}$(当 $\boldsymbol{U}^{\mathrm{T}}\boldsymbol{U} = \boldsymbol{E}$ 时, 称方阵 $\boldsymbol{U}$ 为**正交矩阵**)

$$\boldsymbol{U} = (\boldsymbol{u}_1, \cdots, \boldsymbol{u}_p) = \begin{pmatrix} u_{11} & u_{12} & \cdots & u_{1p} \\ u_{21} & u_{22} & \cdots & u_{2p} \\ \vdots & \vdots & & \vdots \\ u_{p1} & u_{p2} & \cdots & u_{pp} \end{pmatrix}, \tag{4.9}$$

使得

$$\boldsymbol{U}^{\mathrm{T}}\boldsymbol{\Sigma_X}\boldsymbol{U} = \begin{pmatrix} \lambda_1 & & 0 \\ & \ddots & \\ 0 & & \lambda_p \end{pmatrix}, \tag{4.10}$$

其中 $\lambda_1, \lambda_2, \cdots, \lambda_p$ 为 $\boldsymbol{\Sigma_X}$ 的特征值, 不妨假设 $\lambda_1 \geqslant \lambda_2 \geqslant \cdots \geqslant \lambda_p$, 而 $\boldsymbol{U}$ 恰好是由特征值相对应的特征向量所组成的正交阵.

注意到, 式(4.7)中主成分 $F_i$ 表达式中的系数, 恰是正交矩阵 $\boldsymbol{U}$ 的第 $i$ 列, 并且可以证明, 特征值 $\lambda_i$ 恰是主成分 $F_i$ 的方差, 所以式(4.7)中的 $F_1, F_2, \cdots$ 就分别成为第一主成分, 第二主成分, $\cdots$.

所以第一主成分为

$$F_1 = u_{11}X_1 + u_{21}X_2 + \cdots + u_{p1}X_p, \tag{4.11}$$

其中右端的系数为正交阵 (4.9) 的第一列.

如果第一主成分的信息不够, 则需要寻找第二主成分.

(2) 第二主成分 $F_2$

在约束条件 $\text{cov}(F_1, F_2) = 0$ 下, 寻找第二主成分

$$F_2 = u_{12}X_1 + \cdots + u_{p2}X_p, \tag{4.12}$$

其右端的系数恰是正交矩阵 $\boldsymbol{U}$ 的第二列.

如还需寻找其他主成分 $F_i$, 则类似地, $F_i$ 表达式中的系数, 恰是正交矩阵 $\boldsymbol{U}$ 的第 $i$ 列, 依次类推.

**3. 精度分析**

(1) **贡献率**: 第 $i$ 个主成分的方差在全部方差中所占比重 $\lambda_i \Big/ \sum\limits_{i=1}^{p} \lambda_i$, 称为贡献率, 反映了原来 $p$ 个指标的信息中, 主成分 $F_i$ 有多大的综合能力.

(2) **累积贡献率**: 前 $k$ 个主成分共有多大的综合能力, 用这 $k$ 个主成分的方差之和在全部方差中所占比重 $\sum\limits_{i=1}^{k} \lambda_i \Big/ \sum\limits_{i=1}^{p} \lambda_i$ 来描述, 称为累积贡献率.

我们进行主成分分析的目的之一是希望用尽可能少的主成分 $F_1, F_2, \cdots, F_k\,(k < p)$代替原来的 $p$ 个指标. 到底应该选择多少个主成分, 在实际工作中, 主成分个数的多少取决于能够反映原来变量 85% 以上的信息量为依据, 即当累积贡献率 $\geqslant$85% 时的主成分的个数就足够了, 最常见的情况是主成分为 2 到 3 个.

在解决实际问题中, 是用概率统计的方法来计算的, 其细节就不在这里介绍了.

例 4.8 设 $x_1, x_2, x_3$ 的协方差矩阵为

$$\boldsymbol{\Sigma} = \begin{pmatrix} 1 & -2 & 0 \\ -2 & 5 & 0 \\ 0 & 0 & 2 \end{pmatrix},$$

解得特征值为 $\lambda_1 = 5.8284$, $\lambda_2 = 2.0000$, $\lambda_3 = 0.1716$, 相应的特征向量为

$$\boldsymbol{U}_1 = \begin{pmatrix} 0.3827 \\ -0.9239 \\ 0.0000 \end{pmatrix}, \quad \boldsymbol{U}_2 = \begin{pmatrix} 0 \\ 0 \\ 1 \end{pmatrix}, \quad \boldsymbol{U}_3 = \begin{pmatrix} 0.9239 \\ 0.3827 \\ 0.0000 \end{pmatrix},$$

得主成分 $F_1 = 0.3824x_1 - 0.9239x_2$, $F_2 = x_3$, $F_3 = 0.9239x_1 + 0.3827x_2$.

第一和第二主成分的累计贡献率: $(5.8284 + 2)/(5.8284 + 2 + 0.1716) = 0.9786$, 由此可将以前的三元(维)问题降维为两维问题. 第一和第二主成分包含了以前变量的绝大部分信息 (97.86%).

另外, 当问题中的变量的量纲不同时, 可先把随机变量标准化, 然后用相关系数矩阵来求解问题 (因为相关系数就是标准化后的协方差, 无量纲), 其方法和步骤与上面相同.

### 实际问题 4.1 企业经济效益综合分析

用 5 个经济指标进行考核. 用相关系数矩阵法求解主成分, 其中计算出的相关系数矩阵为

$$\boldsymbol{\rho}=\begin{pmatrix} 1 & 0.4532 & -0.7536 & -0.3475 & 0.5621 \\ 0.4532 & 1 & -0.4545 & 0.4244 & 0.7316 \\ -0.7536 & -0.4545 & 1 & 0.3668 & -0.4168 \\ -0.3475 & 0.4244 & 0.3668 & 1 & 0.4990 \\ 0.5621 & 0.7316 & -0.4168 & 0.4990 & 1 \end{pmatrix},$$

计算其特征值:

$$\lambda_1=2.6945,\quad \lambda_2=1.7209,\quad \lambda_3=0.3307,\quad \lambda_4=0.2069,\quad \lambda_5=0.0465.$$

各特征值的累计方差贡献率为

$$\sum_{i=1}^{k}\lambda_i\Big/\sum_{i=1}^{p}\lambda_i:\qquad 0.5390,\quad 0.8832,\quad 0.9493,\quad 0.9907,\quad 1.0000,$$

从以上方差贡献率看, $k=2$ 时主成分个数较为合适. $\lambda_1$ 和 $\lambda_2$ 对应的特征向量为

$$\boldsymbol{u}_1=(0.5003,\quad 0.5031,\quad -0.4691,\quad 0.0751,\quad 0.5205),$$
$$\boldsymbol{u}_2=(-0.3493,\quad 0.2830,\quad 0.3888,\quad 0.7441,\quad 0.3052),$$

建立第一和第二主成分:

$$F_1=0.5003x_1^*+0.5031x_2^*-0.4691x_3^*+0.0751x_4^*+0.5205x_5^*,$$
$$F_2=-0.3493x_1^*+0.2830x_2^*+0.3888x_3^*+0.7441x_4^*+0.3052x_5^*.$$

### 实际问题 4.2 统计学家的著名工作

美国的统计学家斯通 (Stone)在 1947 年关于国民经济的研究中, 利用美国 1929 — 1938 年各年的数据, 得到了 17 个反映国民收入与支出的变量要素, 例如雇主补贴、消费资料和生产资料、纯公共支出、净增库存、股息、利息外贸平衡等.

在进行主成分分析后, 竟以 97.4%的精度, 用三个新变量就取代了原 17 个变量. 根据经济学知识, 斯通给这三个新变量分别命名为总收入 $F_1$、总收入变化率 $F_2$ 和经济发展或衰退的趋势 $F_3$. 更有意思的是, 这三个变量其实都是可以直接测量的. 斯通将他得到的主成分与实际测量的总收入 $I$、总收入变化率 $\Delta I$ 以及时间 $t$ 因素做相关分析, 得到下列矩阵:

$$\begin{array}{ccccccc} F_1 & F_2 & F_3 & I & \Delta I & t & \end{array}$$
$$\boldsymbol{\rho}=\begin{pmatrix} 1 & & & & & \\ 0 & 1 & & & & \\ 0 & 0 & 1 & & & \\ 0.995 & -0.041 & 0.057 & 1 & & \\ -0.056 & 0.948 & -0.124 & -0.102 & 1 & \\ -0.369 & -0.282 & -0.836 & -0.414 & -0.112 & 1 \end{pmatrix}\begin{array}{c} F_1 \\ F_2 \\ F_3 \\ I \\ \Delta I \\ t \end{array}$$

(注：因为相关系数矩阵为对称矩阵, 所以这里只写成下三角矩阵, 其他数字省略不写)

## 二、层次分析法简介

**层次分析法** (AHP)也是一种多因素综合评价方法, 它是美国运筹学家匹茨堡大学教授萨蒂(T.L.Saaty)于 20 世纪 70 年代初提出的一种层次权重决策分析方法.

这种方法的特点是在对复杂的决策问题的本质、影响因素及其内在关系等进行深入分析的基础上, 利用较少的定量信息使决策的思维过程数学化, 从而为多目标, 多准则或无结构特性的复杂决策问题提供简便的决策方法. 它是可以对难于完全定量的复杂系统作出决策的模型和方法.

这个方法中要引入一个正互反矩阵, 通过计算该矩阵的特征值和特征向量来进行决策, 这是我们介绍该方法的主要原因.

该方法自 1982 年介绍到我国以来, 以其定性与定量相结合地处理各种决策因素的特点, 以及其系统灵活简洁的优点, 迅速地在我国社会经济各个领域内, 如工程计划、资源分配、方案排序、政策制定、冲突问题、性能评价、能源系统分析、城市规划、经济管理、科研评价等方面, 得到了广泛的重视和应用.

以下我们只讲一个简单的例子来介绍这个方法的大意, 其理论不在这里详细讲述.

**实际问题 4.3** 选择旅游景点的决策问题

假期到了, 甲、乙、丙、丁四个大学生相约, 准备出去旅游, 但是面对想去的几个景点: 苏杭、黄山和庐山, 他们不知道应该做哪种选择. 这时丁同学拿出纸和笔在一边做了简单的计算后认为去苏杭是明智选择.

让我们看看丁同学是如何计算的(图 4.1).

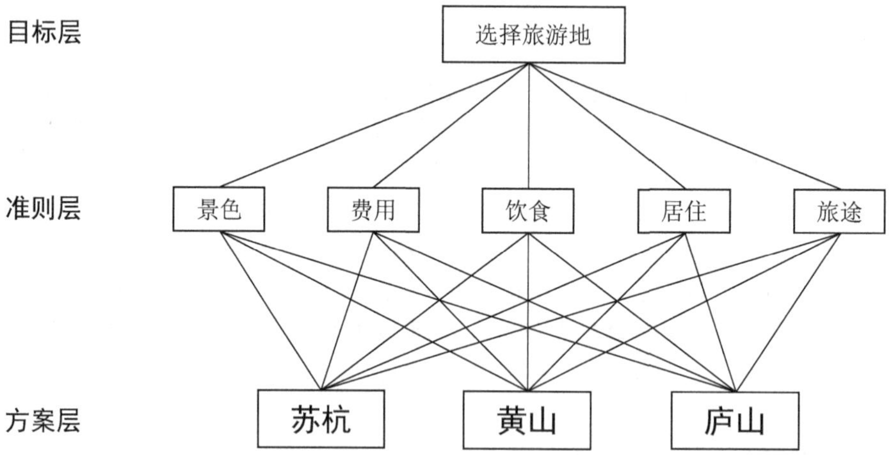


图 4.1　层次分析法结构图

图 4.1 是该问题的层次分析法结构图. 第一层(选择旅游地)称为**目标层**, 第二层(旅游的倾向)称为**准则层**, 第三层(旅游地点)称为**方案层**. 要依据我们的喜好对这三个层次进行相互比较, 判断综合, 在三个旅游地中确定出一个作为最佳地点.

具体做法是通过相互比较, 确定准则层五个因素对最上层选择旅游地(目标层)的权重和各方案对于每一准则的权重. 首先在准则层对方案层进行赋权. 我们认为费用应占最大的比重(因为我们是学生), 其次是风景(我们主要是旅游), 再者是旅途, 至于吃住对我们年轻人来说就不太重要. 我们采取两两比较判断法.

表 4.1 旅游决策准则层对目标层的两两比较表

| | 景色 | 费用 | 饮食 | 居住 | 旅途 |
|---|---|---|---|---|---|
| 景色 | 1 | 1/2 | 5 | 5 | 3 |
| 费用 | 2 | 1 | 7 | 7 | 5 |
| 饮食 | 1/5 | 1/7 | 1 | 1/2 | 1/3 |
| 居住 | 1/5 | 1/7 | 2 | 1 | 1/2 |
| 旅途 | 1/3 | 1/5 | 3 | 2 | 1 |

表 4.1 中 $a_{12}=1/2$ 表示景色与费用对选择旅游地这个目标来说的重要之比为 1/2(景色比费用稍微不重要), 而 $a_{21}=2$ 则表示费用与景色对选择旅游地这个目标重要之比为 2(费用比景色稍微重要); $a_{13}=5$ 表示景色与饮食对选择旅游地这个目标来说的重要之比为 5(景色比饮食明显重要), 而 $a_{31}=1/5$ 则表示饮食与景色对选择旅游地这个目标来说的重要之比为 1/5(饮食比景色明显不重要); $a_{23}=7$ 表示费用与饮食对选择旅游地这个目标来说重要之比为 7(费用比饮食强烈重要), 而 $a_{32}=1/7$ 则表示饮食与费用对选择旅游地这个目标来说的重要之比为 1/7(饮食比景色强烈不重要). 由此可见, 在进行两两比较时, 我们只需要进行 $1+2+3+4=10$ 次比较即可.

由表 4.1 我们得到一个比较判断矩阵

$$\boldsymbol{A}=\begin{pmatrix}1 & 1/2 & 5 & 5 & 3\\ 2 & 1 & 7 & 7 & 5\\ 1/5 & 1/7 & 1 & 1/2 & 1/3\\ 1/5 & 1/7 & 2 & 1 & 1/2\\ 1/3 & 1/5 & 3 & 2 & 1\end{pmatrix},$$

并称之为**正互反矩阵**. $n$ 阶正互反矩阵 $\boldsymbol{A}=(a_{ij})_{n\times n}$ 满足条件

$$a_{ij}>0, a_{ji}=1/a_{ij},\ i,j=1,2,\cdots,n.$$

那么怎样利用正互反矩阵来确定诸因素对目标层的权重呢? 佩罗(Perron)定理已经证明, 正互反矩阵一定存在一个最大的正特征值 $\lambda_{\max}$, 并且 $\lambda_{\max}$ 对其所有特征向量 $\boldsymbol{X}$ 都可取为正向量(每个分量都是正数的向量), 即 $\boldsymbol{AX}=\lambda_{\max}\boldsymbol{X}$, 将 $\boldsymbol{X}$ 归一化(各分量之和等于 1)作为权重 $\boldsymbol{W}$, 即满足 $\boldsymbol{AW}=\lambda_{\max}\boldsymbol{W}$ (向量 $\boldsymbol{X}$ 的每一个分量除以它的所有分量的和即归一化).

可以求出最大特征值 $\lambda_{\max}=5.0976$ (可利用 MATLAB 软件求解), 对应的特征向量归一化得, $\boldsymbol{W}=(0.2863,0.4810,0.0485,0.0685,0.1157)^{\mathrm{T}}$ 就是准则层对目标层的排序向量. 用同样的方法, 给出第三层(方案层)对第二层(准则层)的每一准则比较判断矩阵, 由此求出各排序向量(最大特征值所对应的特征向量并归一化)

$$\boldsymbol{B}_1(\text{景色})=\begin{pmatrix}1 & 1/3 & 1/2\\ 3 & 1 & 1/2\\ 2 & 2 & 1\end{pmatrix},\quad \boldsymbol{P}_1=\begin{pmatrix}0.1677\\ 0.3487\\ 0.4836\end{pmatrix},$$

$$\boldsymbol{B}_2(\text{费用})=\begin{pmatrix}1 & 3 & 2\\ 1/3 & 1 & 2\\ 1/2 & 1/2 & 1\end{pmatrix},\quad \boldsymbol{P}_2=\begin{pmatrix}0.5472\\ 0.2631\\ 0.1897\end{pmatrix},$$

$$\boldsymbol{B}_3(\text{饮食})=\begin{pmatrix}1 & 4 & 3\\ 1/4 & 1 & 2\\ 1/3 & 1/2 & 1\end{pmatrix},\quad \boldsymbol{P}_3=\begin{pmatrix}0.6301\\ 0.2184\\ 0.1515\end{pmatrix},$$

$$\boldsymbol{B}_4(\text{居住})=\begin{pmatrix}1 & 3 & 2\\ 1/3 & 1 & 2\\ 1/2 & 1/2 & 1\end{pmatrix},\quad \boldsymbol{P}_4=\begin{pmatrix}0.5472\\ 0.2631\\ 0.1897\end{pmatrix},$$

$$\boldsymbol{B}_5(\text{旅途})=\begin{pmatrix}1 & 2 & 3\\ 1/2 & 1 & 1/2\\ 1/3 & 2 & 1\end{pmatrix},\quad \boldsymbol{P}_5=\begin{pmatrix}0.5472\\ 0.1897\\ 0.2631\end{pmatrix}.$$

最后, 我们将由各准则对目标的权向量 $\boldsymbol{W}$ 和各方案对每一准则的权向量, 计算各方案对目标的权向量, 称为组合权向量. 对于方案 1(苏杭), 它在景色等 5 个准则中的权重都用第一个分量表示, 即 $0.1677, 0.5472, 0.6301, 0.5472, 0.5472$, 而 5 个准则对目标的权重用权向量 $\boldsymbol{W}=(0.2863, 0.4810, 0.0485, 0.0685, 0.1157)^{\mathrm{T}}$ 表示, 因此方案 1(苏杭)在目标中的组合权重等于它们相对应项的乘积之和, 即 $0.2863\times 0.1677+0.4810\times 0.5472+0.0485\times 0.6301+0.0685\times 0.5472+0.1157\times 0.5472=0.4425$.

同样可以算出方案 2(黄山), 方案 3(庐山)在目标中的组合权重分别为 0.2769 与 0.2806. 于是组合权向量为 $(0.4425, 0.2769, 0.2806)^{\mathrm{T}}$.

若记

$$\boldsymbol{P}=\begin{pmatrix}0.1677 & 0.5472 & 0.6301 & 0.5472 & 0.5472\\ 0.3487 & 0.2631 & 0.2184 & 0.2631 & 0.1897\\ 0.4836 & 0.1897 & 0.1515 & 0.1897 & 0.2631\end{pmatrix},\quad \boldsymbol{W}=\begin{pmatrix}0.2863\\ 0.4810\\ 0.0485\\ 0.0685\\ 0.1157\end{pmatrix},$$

则由矩阵的乘法运算可得

$$\boldsymbol{K}=\begin{pmatrix}k_1\\ k_2\\ k_3\end{pmatrix}=\boldsymbol{PW}=\begin{pmatrix}0.4425\\ 0.2769\\ 0.2806\end{pmatrix}.$$

以上结果表明, 方案 1(苏杭)在旅游选择中占的权重为 0.4425, 远大于方案 2(黄山, 权重为 0.2769)、方案 3(庐山, 权重 0.2806), 因此我们应该去苏杭.

听了丁同学的解释, 大家都拍手称快, 于是决定去苏杭旅游.

层次分析法应用很广, 再比如大学生的择业决策、科技人员要选择研究课题、医生要为疑难病确定治疗方案、经理要从若干个应试者中挑选秘书等, 都可以用这种方法. 目前已有层次分析法的相关软件问世.

## 习 题 4.1

一、选择题 (单选题)

1. 设 $\boldsymbol{A}$ 为 $n$ 阶方阵, 以下结论中成立的是 (　　).

(A) 若 $\boldsymbol{A}$ 可逆, 则矩阵 $\boldsymbol{A}$ 与矩阵 $\boldsymbol{A}^{-1}$ 有相同的特征向量

(B) $\boldsymbol{A}$ 的特征向量是方程组 $(\lambda\boldsymbol{E}-\boldsymbol{A})\boldsymbol{x}=\boldsymbol{0}$ 的全部解

(C) $\boldsymbol{A}$ 的特征向量的线性组合仍为 $\boldsymbol{A}$ 的特征向量

(D) $\boldsymbol{A}$ 与 $\boldsymbol{A}^{\mathrm{T}}$ 有相同的特征向量

2. 设 $\boldsymbol{A}=\begin{pmatrix}1&2&3\\-1&x&2\\0&0&1\end{pmatrix}$, 已知 $\boldsymbol{A}$ 的特征值为 2, 1, $a$, 则 $x=$(　　).

(A) $-2$　　(B) 3　　(C) 4　　(D) $-1$

3. 已知矩阵 $\begin{pmatrix}22&30\\12&x\end{pmatrix}$ 有一个特征向量 $\begin{pmatrix}-5\\3\end{pmatrix}$, 则 $x=$(　　).

(A) 18　　(B) 20　　(C) 22　　(D) 24

4. 设 $\boldsymbol{A}$ 为三阶矩阵, 其特征值为 $1,-1,2$, 则下列矩阵中可逆的是 (　　).

(A) $\boldsymbol{E}-\boldsymbol{A}$　　(B) $\boldsymbol{E}+\boldsymbol{A}$　　(C) $2\boldsymbol{E}-\boldsymbol{A}$　　(D) $2\boldsymbol{E}+\boldsymbol{A}$

5. 已知 $-2$ 是 $\boldsymbol{A}=\begin{pmatrix}0&-2&-2\\2&x&-2\\-2&2&b\end{pmatrix}$ 的特征值, 其中 $b\neq0$ 为任意常数, 则 $x=$(　　).

(A) $-2$　　(B) $-4$　　(C) 2　　(D) 4

二、计算题

1. 求下列矩阵的特征值与特征向量:

(1) $\begin{pmatrix}2&-3\\4&-5\end{pmatrix}$;　　(2) $\begin{pmatrix}1&0&-2\\0&1&0\\-2&0&1\end{pmatrix}$;　　(3) $\begin{pmatrix}3&-1&-2\\2&0&-2\\2&-1&-1\end{pmatrix}$;

(4) $\begin{pmatrix}1&2&2\\2&1&-2\\-2&-2&1\end{pmatrix}$;　　(5) $\begin{pmatrix}1&-2&2\\-2&-2&4\\2&4&-2\end{pmatrix}$;　　(6) $\begin{pmatrix}2&1&1\\1&3&2\\3&-2&3\end{pmatrix}$.

2. 设矩阵 $\boldsymbol{A}=\begin{pmatrix}k&1&0\\1&2&1\\0&1&k\end{pmatrix}$ 有一个特征向量为 $\begin{pmatrix}1\\-2\\1\end{pmatrix}$, 求 $k$ 及 $\boldsymbol{A}$ 的三个特征值.

3. 已知三阶矩阵 $\boldsymbol{A}$ 满足 $|\boldsymbol{A}|=0$, 且 $\boldsymbol{A}+\boldsymbol{E}$ 与 $\boldsymbol{A}-2\boldsymbol{E}$ 都不可逆, 求 $\boldsymbol{A}$ 的三个特征值.

4. 已知三阶方阵 $\boldsymbol{A}$ 有一个特征值是 3, 且 $\mathrm{tr}(\boldsymbol{A})=|\boldsymbol{A}|=6$, 求 $\boldsymbol{A}$ 的所有特征值.

5. 设 $\boldsymbol{A}$ 为 $n$ 阶矩阵, $|\boldsymbol{A}|=2$, 且 $\boldsymbol{A}+2\boldsymbol{E}$ 不可逆, 求 $\boldsymbol{A}$ 的伴随矩阵 $\boldsymbol{A}^*$ 的一个特征值.

6. 设矩阵 $\boldsymbol{A}=\begin{pmatrix}1&2&2\\-1&4&-2\\1&-2&a\end{pmatrix}$ 的特征值有重实根, 试求常数 $a$ 的值及矩阵 $\boldsymbol{A}$ 的特征值与特征向量.

7. 设 $\lambda_1,\lambda_2$ 是 $n$ 阶方阵 $\boldsymbol{A}$ 的两个互异特征值, $\boldsymbol{p}_1,\boldsymbol{p}_2$ 是相应的特征向量, 证明: $\boldsymbol{p}_1+\boldsymbol{p}_2$ 不是矩阵 $\boldsymbol{A}$ 的特征向量.

8. 试证: 对任何两个 $n$ 阶方阵 $\boldsymbol{A}$, $\boldsymbol{B}$, 矩阵 $\boldsymbol{AB}$ 与 $\boldsymbol{BA}$ 的特征值完全相同.

## 4.2 矩阵的相似对角化

### 1. 相似矩阵

**定义 4.2 相似矩阵**

设 $\boldsymbol{A},\boldsymbol{B}$ 都是 $n$ 阶矩阵, 若存在可逆矩阵 $\boldsymbol{P}$, 使得

$$\boldsymbol{P}^{-1}\boldsymbol{AP}=\boldsymbol{B}, \tag{4.13}$$

则称**矩阵 $\boldsymbol{A}$ 与 $\boldsymbol{B}$ 相似.**

对矩阵 $\boldsymbol{A}$ 进行 $\boldsymbol{P}^{-1}\boldsymbol{AP}$ 运算称为对矩阵 $\boldsymbol{A}$ 进行**相似变换**, 可逆矩阵 $\boldsymbol{P}$ 称为**相似变换矩阵**.

**矩阵的相似**关系具有如下**性质**:

(1) **反身性**: 矩阵 $\boldsymbol{A}$ 与 $\boldsymbol{A}$ 自身相似.

(2) **对称性**: 如果矩阵 $\boldsymbol{A}$ 与 $\boldsymbol{B}$ 相似, 则矩阵 $\boldsymbol{B}$ 与 $\boldsymbol{A}$ 也相似.

这是因为, 由 $\boldsymbol{P}^{-1}\boldsymbol{AP}=\boldsymbol{B}$, 有 $(\boldsymbol{P}^{-1})^{-1}\boldsymbol{BP}^{-1}=\boldsymbol{A}$.

(3) **传递性**: 如果矩阵 $\boldsymbol{A}$ 与 $\boldsymbol{B}$ 相似, 矩阵 $\boldsymbol{B}$ 与 $\boldsymbol{C}$ 相似, 则矩阵 $\boldsymbol{A}$ 与 $\boldsymbol{C}$ 相似.

这是因为由 $\boldsymbol{P}^{-1}\boldsymbol{AP}=\boldsymbol{B}$, $\boldsymbol{Q}^{-1}\boldsymbol{BQ}=\boldsymbol{C}$ 有 $(\boldsymbol{PQ})^{-1}\boldsymbol{A}(\boldsymbol{PQ})=\boldsymbol{C}$.

**定理 4.4 相似矩阵的性质**

设 $\boldsymbol{A},\boldsymbol{B}$ 是 $n$ 阶方阵, 若 $\boldsymbol{A}$ 与 $\boldsymbol{B}$ 相似, 则

(1) $\boldsymbol{A}$ 与 $\boldsymbol{B}$ 的行列式相等;

(2) $\boldsymbol{A}$ 与 $\boldsymbol{B}$ 有相同的秩, 即 $\mathrm{r}(\boldsymbol{A})=\mathrm{r}(\boldsymbol{B})$;

(3) $\boldsymbol{A}$ 与 $\boldsymbol{B}$ 的特征多项式相同, 进而 $\boldsymbol{A}$ 与 $\boldsymbol{B}$ 的特征值相同;

(4) $\boldsymbol{A}$ 与 $\boldsymbol{B}$ 有相同的迹, 即 $\mathrm{tr}\boldsymbol{A}=\mathrm{tr}\boldsymbol{B}$.

证明 因为 $\boldsymbol{A}$ 与 $\boldsymbol{B}$ 相似, 则存在可逆矩阵 $\boldsymbol{P}$, 使 $\boldsymbol{P}^{-1}\boldsymbol{AP}=\boldsymbol{B}$, 则有

(1) $|\boldsymbol{B}|=|\boldsymbol{P}^{-1}\boldsymbol{AP}|=|\boldsymbol{P}^{-1}||\boldsymbol{A}||\boldsymbol{P}|=|\boldsymbol{P}^{-1}||\boldsymbol{P}||\boldsymbol{A}|=|\boldsymbol{P}^{-1}\boldsymbol{P}||\boldsymbol{A}|=|\boldsymbol{A}|$.

(2) $\mathrm{r}(\boldsymbol{A})=\mathrm{r}(\boldsymbol{P}^{-1}\boldsymbol{AP})=\mathrm{r}(\boldsymbol{B})$.

(3) $|\lambda \boldsymbol{E}-\boldsymbol{B}|=|\lambda \boldsymbol{E}-\boldsymbol{P}^{-1}\boldsymbol{A}\boldsymbol{P}|=|\boldsymbol{P}^{-1}(\lambda \boldsymbol{E}-\boldsymbol{A})\boldsymbol{P}|=|\lambda \boldsymbol{E}-\boldsymbol{A}|$, 所以 $\boldsymbol{A}$ 与 $\boldsymbol{B}$ 的特征多项式相同, 从而特征值相同.

(4) 由(3)知 $\boldsymbol{A}$ 与 $\boldsymbol{B}$ 的特征值相同, 则由定理 4.2 的(1)即知 $\mathrm{tr}\boldsymbol{A}=\mathrm{tr}\boldsymbol{B}$. □

**2. 矩阵的相似对角化**

**定义 4.3 矩阵的对角化**

如果 $n$ 阶方阵 $\boldsymbol{A}$ 相似于对角矩阵, 则称 $\boldsymbol{A}$ **可相似对角化**, 简称 $\boldsymbol{A}$ **可对角化**.

定理 4.5 **矩阵可对角化条件 1**

$n$ 阶矩阵 $\boldsymbol{A}$ 可相似对角化的充分必要条件是：矩阵 $\boldsymbol{A}$ 有 $n$ 个线性无关的特征向量.

证明 **必要性** 设矩阵 $\boldsymbol{A}$ 与对角阵 $\boldsymbol{\Lambda}=\mathrm{diag}(\lambda_1,\lambda_2,\cdots,\lambda_n)$ 相似, 则存在可逆矩阵 $\boldsymbol{P}$, 使得 $\boldsymbol{P}^{-1}\boldsymbol{A}\boldsymbol{P}=\boldsymbol{\Lambda}$, 所以有 $\boldsymbol{A}\boldsymbol{P}=\boldsymbol{P}\boldsymbol{\Lambda}$.

我们将 $\boldsymbol{P}$ 按列分块, 记 $\boldsymbol{P}=(\boldsymbol{p}_1,\boldsymbol{p}_2,\cdots,\boldsymbol{p}_n)$, 则由 $\boldsymbol{A}\boldsymbol{P}=\boldsymbol{P}\boldsymbol{\Lambda}$, 并按分块矩阵计算有

$$\boldsymbol{A}(\boldsymbol{p}_1,\boldsymbol{p}_2,\cdots,\boldsymbol{p}_n)=(\boldsymbol{p}_1,\boldsymbol{p}_2,\cdots,\boldsymbol{p}_n)\begin{pmatrix}\lambda_1 & & & \\ & \lambda_2 & & \\ & & \ddots & \\ & & & \lambda_n\end{pmatrix}=(\lambda_1\boldsymbol{p}_1,\lambda_2\boldsymbol{p}_2,\cdots,\lambda_n\boldsymbol{p}_n),$$

由矩阵相等得 $\boldsymbol{A}\boldsymbol{p}_i=\lambda\boldsymbol{p}_i, i=1,2,\cdots,n.$

由于 $\boldsymbol{P}$ 可逆, 从而它的列 $\boldsymbol{p}_i\neq 0, i=1,2,\cdots,n$, 所以由上式知 $\boldsymbol{p}_1,\ \boldsymbol{p}_2,\ \cdots,\ \boldsymbol{p}_n$ 是 $\boldsymbol{A}$ 的 $n$ 个特征向量. 由于 $\mathrm{r}(\boldsymbol{p}_1,\ \boldsymbol{p}_2,\ \cdots,\ \boldsymbol{p}_n)=\mathrm{r}(\boldsymbol{P})=n$, 故向量组 $\boldsymbol{p}_1,\boldsymbol{p}_2,\ \cdots,\ \boldsymbol{p}_n$ 线性无关.

**充分性** 设 $\boldsymbol{p}_1,\boldsymbol{p}_2,\cdots,\boldsymbol{p}_n$ 是 $\boldsymbol{A}$ 的 $n$ 个线性无关的特征向量, 相应的特征值为 $\lambda_1,\lambda_2,\cdots,\lambda_n$, 则 $\boldsymbol{A}\boldsymbol{p}_i=\lambda\boldsymbol{p}_i, i=1,2,\cdots,n$, 从而

$$\boldsymbol{A}(\boldsymbol{p}_1,\boldsymbol{p}_2,\cdots,\boldsymbol{p}_n)=(\lambda_1\boldsymbol{p}_1,\ \lambda_2\boldsymbol{p}_2,\ \cdots,\ \lambda_n\boldsymbol{p}_n)=(\boldsymbol{p}_1,\boldsymbol{p}_2,\cdots,\boldsymbol{p}_n)\begin{pmatrix}\lambda_1 & & & \\ & \lambda_2 & & \\ & & \ddots & \\ & & & \lambda_n\end{pmatrix}.$$

记矩阵 $\boldsymbol{P}=(\boldsymbol{p}_1,\boldsymbol{p}_2,\cdots,\boldsymbol{p}_n)$, $\boldsymbol{\Lambda}=\begin{pmatrix}\lambda_1 & & & \\ & \lambda_2 & & \\ & & \ddots & \\ & & & \lambda_n\end{pmatrix}$, 则由上式有

$$\boldsymbol{A}\boldsymbol{P}=\boldsymbol{P}\boldsymbol{\Lambda},$$

由于向量组 $\boldsymbol{p}_1,\ \boldsymbol{p}_2,\ \cdots,\ \boldsymbol{p}_n$ 线性无关, 则方阵 $\boldsymbol{P}$ 可逆, 所以由上式得 $\boldsymbol{P}^{-1}\boldsymbol{A}\boldsymbol{P}=\boldsymbol{\Lambda}$. □

从定理的证明看出, 相似变换矩阵 $\boldsymbol{P}$ 是由 $\boldsymbol{A}$ 的特征向量构成的矩阵, 而对角矩阵 $\boldsymbol{\Lambda}$ 的主对角线元素恰是方阵 $\boldsymbol{A}$ 的 $n$ 个特征值.

由定理 4.3 知, 不同特征值对应的特征向量线性无关, 故由定理 4.5 得

推论 4.1 如果 $n$ 阶方阵 $\boldsymbol{A}$ 有 $n$ 个不同的特征值, 则矩阵 $\boldsymbol{A}$ 可相似对角化.

注意, 该推论的逆命题不成立.

例 4.9 判断矩阵 $\boldsymbol{A}=\begin{pmatrix}1 & -3\\ 3 & 7\end{pmatrix}$ 能否相似对角化.

解 容易求出 $\boldsymbol{A}$ 的特征值为 $\lambda_1 = \lambda_2 = 4$, 且对应的特征向量为 $\boldsymbol{p}_1 = \begin{pmatrix} 1 \\ -1 \end{pmatrix}$. 由于 $\boldsymbol{A}$ 只有一个线性无关的特征向量, 由定理 4.5 知, $\boldsymbol{A}$ 不可对角化.

例 4.10 在上节的例 4.2 中, 如取矩阵 $\boldsymbol{P} = (\boldsymbol{p}_1, \boldsymbol{p}_2, \boldsymbol{p}_3) = \begin{pmatrix} 1 & 1 & -1 \\ 1 & 1 & 0 \\ 2 & 0 & 1 \end{pmatrix}$, 则有

$\boldsymbol{P}^{-1} = \begin{pmatrix} \frac{1}{2} & -\frac{1}{2} & \frac{1}{2} \\ -\frac{1}{2} & \frac{3}{2} & -\frac{1}{2} \\ -1 & 1 & 0 \end{pmatrix}$, 从而得 $\boldsymbol{P}^{-1}\boldsymbol{A}\boldsymbol{P} = \begin{pmatrix} 4 & & \\ & -2 & \\ & & -2 \end{pmatrix}$, 这就验证了定理 4.5 的正确性.

**注意** 在例 4.2 中, 如取 $\boldsymbol{P} = (\boldsymbol{p}_2, \boldsymbol{p}_1, \boldsymbol{p}_3)$, 则 $\boldsymbol{P}^{-1}\boldsymbol{A}\boldsymbol{P} = \begin{pmatrix} -2 & & \\ & 4 & \\ & & -2 \end{pmatrix}$, 即对角阵 $\boldsymbol{\Lambda}$ 中特征值的排列顺序与矩阵 $\boldsymbol{A}$ 的特征向量 $\boldsymbol{p}_1, \boldsymbol{p}_2, \boldsymbol{p}_3$ 的排列顺序相对应.

> 定理 4.6 **矩阵可对角化条件2**
> 设 $n$ 阶矩阵 $\boldsymbol{A}$ 的所有不同特征值为 $\lambda_1, \lambda_2, \cdots, \lambda_s$, 且其重数分别为 $n_1, n_2, \cdots, n_s$, 则矩阵 $\boldsymbol{A}$ 相似于对角矩阵的充分必要条件是
> $$\mathrm{r}(\lambda_i \boldsymbol{E} - \boldsymbol{A}) = n - n_i, \ i = 1, 2, \cdots, s. \tag{4.14}$$

证明 (略). 本定理也可叙述为

> $n$ **阶方阵** $\boldsymbol{A}$ **可对角化的充要条件是: 对** $\boldsymbol{A}$ **的任一特征值** $\lambda$**, 都有** $\mathrm{r}(\lambda \boldsymbol{E} - \boldsymbol{A}) = n - \lambda$ **的重数.**

例 4.11 判断矩阵 $\boldsymbol{A} = \begin{pmatrix} 1 & 0 & 1 \\ 0 & 1 & 0 \\ 0 & 0 & 0 \end{pmatrix}$ 能否相似对角化.

解 显然 $n = 3$. 由于

$$|\lambda \boldsymbol{E} - \boldsymbol{A}| = \begin{vmatrix} \lambda - 1 & 0 & -1 \\ 0 & \lambda - 1 & 0 \\ 0 & 0 & \lambda \end{vmatrix} = \lambda (\lambda - 1)^2,$$

则有 $\lambda_1 = 0, n_1 = 1; \lambda_2 = 1, n_2 = 2$($\lambda_2 = 1$ 是二重根, 重数看因子 $(\lambda - 1)$ 的指数( 特征值的重数都这样得到). 因

$$\lambda_1 \boldsymbol{E} - \boldsymbol{A} = 0 \cdot \boldsymbol{E} - \boldsymbol{A} = \begin{pmatrix} -1 & 0 & -1 \\ 0 & -1 & 0 \\ 0 & 0 & 0 \end{pmatrix},$$

则 $\mathrm{r}(\lambda_1 \boldsymbol{E} - \boldsymbol{A}) = 2 = 3 - 1 = n - n_1$, 而又得

$$\lambda_2\boldsymbol{E}-\boldsymbol{A}=1\cdot\boldsymbol{E}-\boldsymbol{A}=\begin{pmatrix}0&0&-1\\0&0&0\\0&0&1\end{pmatrix}\to\begin{pmatrix}0&0&1\\0&0&0\\0&0&0\end{pmatrix},$$

得 $\mathrm{r}(\lambda_2\boldsymbol{E}-\boldsymbol{A})=1=3-2=n-n_2$, 满足定理 4.6 的可对角化条件, 所以 $\boldsymbol{A}$ 可对角化.

又如例 4.9, 仅有特征值 $\lambda_1=4$, 且 $n_1=2$, 容易验证 $\mathrm{r}(\lambda_1\boldsymbol{E}-\boldsymbol{A})=1\neq n-n_1$, 故由定理4.6 知 $\boldsymbol{A}$ 不能对角化, 这与例 4.9 所得结果一致.

如果 $n$ 阶矩阵 $\boldsymbol{A}$ 可对角化, 由定理 4.5 的证明可归纳出**矩阵对角化的步骤**如下:

(1) 求出矩阵 $\boldsymbol{A}$ 的所有不同特征值 $\lambda_1,\lambda_2,\cdots,\lambda_s$;

(2) 求出每一个特征值 $\lambda_i$ 对应的 $n_i$ 个线性无关的特征向量;

(3) 将得到的所有特征向量(共 $n$ 个) $\boldsymbol{p}_1,\boldsymbol{p}_2,\cdots,\boldsymbol{p}_n$ 作为列向量构成方阵 $\boldsymbol{P}=(\boldsymbol{p}_1,\boldsymbol{p}_2,\cdots,\boldsymbol{p}_n)$, 则 $\boldsymbol{P}^{-1}\boldsymbol{AP}=\boldsymbol{\Lambda}$ 即为对角矩阵.

从上面对角化步骤看出, 矩阵 $\boldsymbol{P}$ 是由矩阵 $\boldsymbol{A}$ 的 $n$ 个线性无关的特征向量构成的方阵.

例 4.12 判断矩阵 $\boldsymbol{A}=\begin{pmatrix}1&-1&1\\2&4&-2\\-3&-3&5\end{pmatrix}$ 能否相似对角化? 如能, 试求矩阵 $\boldsymbol{P}$, 使 $\boldsymbol{P}^{-1}\boldsymbol{AP}$ 为对角阵.

解 **方法 1** 容易得到

$$|\lambda\boldsymbol{E}-\boldsymbol{A}|=\begin{vmatrix}\lambda-1&1&-1\\-2&\lambda-4&2\\3&3&\lambda-5\end{vmatrix}=\begin{vmatrix}\lambda-2&1&-1\\2-\lambda&\lambda-4&2\\0&3&\lambda-5\end{vmatrix}=(\lambda-2)^2(\lambda-6),$$

可得特征值 $\lambda_1=\lambda_2=2,\lambda_3=6$.

对于 $\lambda_1=\lambda_2=2$, 由 $2\boldsymbol{E}-\boldsymbol{A}=\begin{pmatrix}1&1&-1\\-2&-2&2\\3&3&-3\end{pmatrix}\to\begin{pmatrix}1&1&-1\\0&0&0\\0&0&0\end{pmatrix}$,

得对应特征向量 $\boldsymbol{p}_1=\begin{pmatrix}-1\\1\\0\end{pmatrix},\boldsymbol{p}_2=\begin{pmatrix}1\\0\\1\end{pmatrix}$.

对于 $\lambda_3=6$, 由

$$6\boldsymbol{E}-\boldsymbol{A}=\begin{pmatrix}5&1&-1\\-2&2&2\\3&3&1\end{pmatrix}\to\begin{pmatrix}1&-1&-1\\0&3&2\\0&0&0\end{pmatrix}\to\begin{pmatrix}1&0&-\frac{1}{3}\\0&1&\frac{2}{3}\\0&0&0\end{pmatrix},$$

得对应特征向量 $\boldsymbol{p}_3=\begin{pmatrix}1\\-2\\3\end{pmatrix}$.

容易验证 $\boldsymbol{p}_1, \boldsymbol{p}_2, \boldsymbol{p}_3$ 线性无关, 所以 $\boldsymbol{A}$ 可对角化. 令 $\boldsymbol{P}=(\boldsymbol{p}_1, \boldsymbol{p}_2, \boldsymbol{p}_3)=\begin{pmatrix}-1&1&1\\1&0&-2\\0&1&3\end{pmatrix}$, 则 $\boldsymbol{P}$ 可逆, 且 $\boldsymbol{P}^{-1}\boldsymbol{AP}=\begin{pmatrix}2&&\\&2&\\&&6\end{pmatrix}$.

**方法 2** 和方法 1 一样, 先得到特征值及其重数, $\lambda_1=2, n_1=2; \lambda_2=6, n_2=1$. 容易验证 $\mathrm{r}(\lambda_1\boldsymbol{E}-\boldsymbol{A})=1=3-2=n-n_1, \mathrm{r}(\lambda_2\boldsymbol{E}-\boldsymbol{A})=2=3-1=n-n_2$, 所以由定理 4.6 知, $\boldsymbol{A}$ 可相似对角化. 然后同方法 1, 求出 $\lambda_1=2$ 的两个线性无关特征向量 $\boldsymbol{p}_1, \boldsymbol{p}_2$, 以及 $\lambda_2=6$ 的特征向量 $\boldsymbol{p}_3$, 同样可得 $\boldsymbol{P}=(\boldsymbol{p}_1, \boldsymbol{p}_2, \boldsymbol{p}_3)=\begin{pmatrix}-1&1&1\\1&0&-2\\0&1&3\end{pmatrix}$, 使得 $\boldsymbol{P}^{-1}\boldsymbol{AP}=\begin{pmatrix}2&&\\&2&\\&&6\end{pmatrix}$.

以下我们介绍如何利用矩阵对角化求矩阵的 $n$ 次幂.

例 4.13 已知矩阵 $\boldsymbol{A}=\begin{pmatrix}2&-1&1\\2&-1&2\\2&-2&3\end{pmatrix}$. (1) 求可逆矩阵 $\boldsymbol{P}$, 使 $P^{-1}\boldsymbol{AP}=\boldsymbol{\Lambda}$ 为对角矩阵; (2) 求 $\boldsymbol{A}^n$, 其中 $n$ 为正整数.

解 (1) 由于

$$|\lambda\boldsymbol{E}-\boldsymbol{A}|=\begin{vmatrix}\lambda-2&1&-1\\-2&\lambda+1&-2\\-2&2&\lambda-3\end{vmatrix}=\begin{vmatrix}\lambda-1&1&-1\\\lambda-1&\lambda+1&-2\\0&2&\lambda-3\end{vmatrix}$$

$$=\begin{vmatrix}\lambda-1&1&-1\\0&\lambda&-1\\0&2&\lambda-3\end{vmatrix}=(\lambda-1)^2(\lambda-2),$$

所以 $\lambda_1=1, n_1=2; \lambda_2=2, n_2=1$.

对 $\lambda_1=1$, 解齐次方程组 $(1\cdot\boldsymbol{E}-\boldsymbol{A})\boldsymbol{x}=\boldsymbol{0}$ 得特征向量 (基础解系) $\boldsymbol{p}_1=\begin{pmatrix}1\\1\\0\end{pmatrix}, \boldsymbol{p}_2=\begin{pmatrix}-1\\0\\1\end{pmatrix}$.

对于 $\lambda_2=2$, 解齐次方程组 $(2\boldsymbol{E}-\boldsymbol{A})\boldsymbol{x}=\boldsymbol{0}$ 得特征向量 (基础解系) $\boldsymbol{p}_3=\begin{pmatrix}1\\2\\2\end{pmatrix}$.

令 $\boldsymbol{P}=(\boldsymbol{p}_1, \boldsymbol{p}_2, \boldsymbol{p}_3)=\begin{pmatrix}1&-1&1\\1&0&2\\0&1&2\end{pmatrix}$, 则有 $\boldsymbol{P}^{-1}\boldsymbol{AP}=\boldsymbol{\Lambda}=\begin{pmatrix}1&&\\&1&\\&&2\end{pmatrix}$.

(2) 容易得到: $\boldsymbol{A}=\boldsymbol{P\Lambda P}^{-1}$. 验证得

$$\boldsymbol{A}^2=\boldsymbol{AA}=\left(\boldsymbol{P\Lambda P}^{-1}\right)\left(\boldsymbol{P\Lambda P}^{-1}\right)=\boldsymbol{P\Lambda}\left(\boldsymbol{P}^{-1}\boldsymbol{P}\right)\boldsymbol{\Lambda P}^{-1}=\boldsymbol{P\Lambda}^2\boldsymbol{P}^{-1}.$$

以此类推可得 $\boldsymbol{A}^n=\boldsymbol{P\Lambda}^n\boldsymbol{P}^{-1}$.

可以求得 $\boldsymbol{P}^{-1}=\begin{pmatrix}-2&3&-2\\-2&2&-1\\1&-1&1\end{pmatrix}$, 所以得

$$\boldsymbol{A}^n=\boldsymbol{P\Lambda}^n\boldsymbol{P}^{-1}=\begin{pmatrix}1&-1&1\\1&0&2\\0&1&2\end{pmatrix}\begin{pmatrix}1^n&&\\&1^n&\\&&2^n\end{pmatrix}\begin{pmatrix}-2&3&-2\\-2&2&-1\\1&-1&1\end{pmatrix}$$

$$=\begin{pmatrix}2^n&1-2^n&-1+2^n\\-2+2^{n+1}&3-2^{n+1}&-2+2^{n+1}\\-2+2^{n+1}&2-2^{n+1}&-1+2^{n+1}\end{pmatrix}.$$

**实际问题 4.4** 金融公司支付基金的流动问题

**【问题背景】**金融机构为保证现金充分支付, 设立一笔总额为 5400 万的基金, 分开放置在位于 $A$ 城和 $B$ 城的两家公司, 基金在平时可以使用, 但每周末结算时必须确保总额仍然为 5400 万. 经过相当长的一段时期的现金流动, 发现每过一周, 各公司的支付基金在流通过程中多数还留在自己的公司内, 而 $A$ 城公司有 10%支付基金流动到 $B$ 城公司, $B$ 城公司则有 12%支付基金流动到 $A$ 城公司. 起初 $A$ 城公司基金为 2600 万, $B$ 城公司基金为 2800 万. 按此规律, 两公司支付基金数额变化趋势如何? 如果金融专家认为每个公司的支付基金不能少于 2200 万, 那么是否需要在必要时调动基金?

**【模型建立】**设第 $k+1$ 周末结算时, $A$ 城公司、$B$ 城公司支付基金数分别为 $a_{k+1}, b_{k+1}$(单位: 万元), 则由题意易得

$$\begin{cases}a_{k+1}=0.9a_k+0.12b_k,\\ b_{k+1}=0.1a_k+0.88b_k,\end{cases}\tag{4.15}$$

且 $a_0=2600, b_0=2800$.

原问题转化为

(1) 把 $a_{k+1}, b_{k+1}$ 表示为 $k$ 的函数, 并确定 $\lim\limits_{k\to+\infty}a_k$ 和 $\lim\limits_{k\to+\infty}b_k$,

(2) 考查 $\lim\limits_{k\to+\infty}a_k$ 和 $\lim\limits_{k\to+\infty}b_k$ 是否小于 2200.

**【模型求解】**由式(4.15)可得

$$\begin{pmatrix}a_{k+1}\\b_{k+1}\end{pmatrix}=\begin{pmatrix}0.9&0.12\\0.1&0.88\end{pmatrix}\begin{pmatrix}a_k\\b_k\end{pmatrix}=\begin{pmatrix}0.9&0.12\\0.1&0.88\end{pmatrix}^2\begin{pmatrix}a_{k-1}\\b_{k-1}\end{pmatrix}=\cdots=\begin{pmatrix}0.9&0.12\\0.1&0.88\end{pmatrix}^{k+1}\begin{pmatrix}a_0\\b_0\end{pmatrix}.$$

令 $\boldsymbol{A}=\begin{pmatrix}0.9&0.12\\0.1&0.88\end{pmatrix}$, 则

$$\begin{pmatrix}a_{k+1}\\b_{k+1}\end{pmatrix}=\boldsymbol{A}^{k+1}\begin{pmatrix}a_0\\b_0\end{pmatrix}=\boldsymbol{A}^{k+1}\begin{pmatrix}2600\\2800\end{pmatrix}.$$

为了计算 $\boldsymbol{A}^{k+1}$, 将矩阵 $\boldsymbol{A}$ 对角化, $\boldsymbol{A}=\boldsymbol{P}\boldsymbol{\Lambda}\boldsymbol{P}^{-1}$, 其中 $\boldsymbol{\Lambda}$ 为对角阵. 求出 $\boldsymbol{A}$ 的特征值为 $\lambda_1=1,\lambda_2=0.78$, 其对应的特征向量分别是

$$\boldsymbol{p}_1=\begin{pmatrix}0.7682\\0.6402\end{pmatrix},\boldsymbol{p}_2=\begin{pmatrix}-0.7071\\0.7071\end{pmatrix}.$$

所以 $\boldsymbol{\Lambda}=\begin{pmatrix}1&0\\0&0.78\end{pmatrix}$, $\boldsymbol{P}=(\boldsymbol{p}_1,\boldsymbol{p}_2)=\begin{pmatrix}0.7682&-0.7071\\0.6402&0.7071\end{pmatrix}$, 由此得

$$\boldsymbol{A}^{k+1}=\boldsymbol{P}\boldsymbol{\Lambda}^{k+1}\boldsymbol{P}^{-1}=\boldsymbol{P}\begin{pmatrix}1&0\\0&0.78^{k+1}\end{pmatrix}\boldsymbol{P}^{-1},$$

$$\begin{pmatrix}a_{k+1}\\b_{k+1}\end{pmatrix}=\boldsymbol{A}^{k+1}\begin{pmatrix}2600\\2800\end{pmatrix}=\boldsymbol{P}\begin{pmatrix}1&0\\0&0.78^{k+1}\end{pmatrix}\boldsymbol{P}^{-1}\begin{pmatrix}2600\\2800\end{pmatrix}$$

$$=\begin{pmatrix}\dfrac{32400}{11}-\dfrac{3800}{11}\times\left(\dfrac{39}{50}\right)^{k+1}\\\dfrac{27000}{11}+\dfrac{3800}{11}\times\left(\dfrac{39}{50}\right)^{k+1}\end{pmatrix}.$$

可见 $\{a_k\}$ 单调递增, $\{b_k\}$ 单调减少, 并且

$$\lim_{k\to+\infty}a_k=\frac{32400}{11},\lim_{k\to+\infty}b_k=\frac{27000}{11}.$$

因 $\dfrac{32400}{11}\approx2945.5,\dfrac{27000}{11}\approx2454.5$, 两者都大于 2200, 所以不需要调动基金.

## 习　题　4.2

一、选择题 (单选题)

1. 设 $\boldsymbol{A},\boldsymbol{B}$ 为 $n$ 阶矩阵, 且 $\boldsymbol{A}$ 与 $\boldsymbol{B}$ 相似, 则 (　　).

(A) $\lambda\boldsymbol{E}-\boldsymbol{A}=\lambda\boldsymbol{E}-\boldsymbol{B}$　　(B) $\boldsymbol{A}$ 与 $\boldsymbol{B}$ 相似于同一个对角矩阵

(C) $\boldsymbol{A}$ 与 $\boldsymbol{B}$ 有相同的特征值和特征向量　　(D) 对任意的常数 $\lambda$, $\lambda\boldsymbol{E}-\boldsymbol{A}$ 与 $\lambda\boldsymbol{E}-\boldsymbol{B}$ 相似

2. 设矩阵 $\boldsymbol{A}$ 与 $\boldsymbol{B}$ 相似, 且 $\boldsymbol{A}=\begin{pmatrix}1&-1&1\\2&4&-2\\-3&-3&a\end{pmatrix}$, $\boldsymbol{B}=\begin{pmatrix}2&&\\&2&\\&&b\end{pmatrix}$, 则 (　　).

(A) $a=5,b=0$　　(B) $a=5,b=6$　　(C) $a=6,b=5$　　(D) $a=0,b=5$

3. 下列矩阵中, 不可对角化的仅是 (　　).

(A) $\begin{pmatrix}0&-8\\-2&0\end{pmatrix}$　　(B) $\begin{pmatrix}1&1\\1&1\end{pmatrix}$　　(C) $\begin{pmatrix}-1&0\\-1&-1\end{pmatrix}$　　(D) $\begin{pmatrix}0&1\\-2&3\end{pmatrix}$

4. $n$ 阶矩阵 $\boldsymbol{A}$ 与对角矩阵相似的充分必要条件是 (　　).

(A) $\boldsymbol{A}$ 有 $n$ 个不全相同的特征值　　(B) $\boldsymbol{A}^{\mathrm{T}}$ 有 $n$ 个不全相同的特征值
(C) $\boldsymbol{A}$ 有 $n$ 个不相同的特征值　　(D) $\boldsymbol{A}$ 有 $n$ 个线性无关的特征向量

5. 若 $n$ 阶矩阵 $\boldsymbol{A}$ 与 $\boldsymbol{B}$ 相似, 则不正确的是 (　　).

(A) $|\lambda\boldsymbol{E}-\boldsymbol{A}|=|\lambda\boldsymbol{E}-\boldsymbol{B}|$　　(B) $\mathrm{tr}(\boldsymbol{A})=\mathrm{tr}(\boldsymbol{B})$
(C) $|\boldsymbol{A}|=|\boldsymbol{B}|$　　(D) $\boldsymbol{A}$ 与 $\boldsymbol{B}$ 都有 $n$ 个线性无关的特征向量

二、计算题

1. 设矩阵 $\boldsymbol{A}=\begin{pmatrix}1&0&1\\2&a&-1\\3&3&2\end{pmatrix}$ 与 $\boldsymbol{B}=\begin{pmatrix}2&0&0\\0&1&0\\0&0&b\end{pmatrix}$ 相似, 求 $a,b$ 的值.

2. 判断下列矩阵能否相似对角化.

(1) $\begin{pmatrix}3&0&0\\1&3&0\\0&0&5\end{pmatrix}$;　(2) $\begin{pmatrix}1&-3&3\\0&-1&2\\0&-3&4\end{pmatrix}$;　(3) $\begin{pmatrix}2&4&0\\3&3&0\\3&3&1\end{pmatrix}$;

(4) $\begin{pmatrix}2&1&-1\\-1&3&1\\2&-1&-1\end{pmatrix}$;　(5) $\begin{pmatrix}1&3&2\\2&1&1\\-3&1&0\end{pmatrix}$.

3. 设矩阵 $\boldsymbol{A}=\begin{pmatrix}2&0&1\\3&1&x\\2&0&3\end{pmatrix}$ 可相似对角化, 求 $x$.

4. 对下列矩阵 $\boldsymbol{A}$, 求可逆矩阵 $\boldsymbol{P}$, 使 $\boldsymbol{P}^{-1}\boldsymbol{A}\boldsymbol{P}$ 是对角矩阵:

(1) $\begin{pmatrix}2&1&-1\\1&2&-1\\1&1&0\end{pmatrix}$;　(2) $\begin{pmatrix}0&-2&-2\\2&-4&-2\\-2&2&0\end{pmatrix}$;　(3) $\begin{pmatrix}1&3&3\\-3&-5&-3\\3&3&1\end{pmatrix}$.

5. 对下列矩阵 $\boldsymbol{A}$, 先将 $\boldsymbol{A}$ 对角化, 然后求 $\boldsymbol{A}^n(n\in\mathbb{N})$:

(1) $\boldsymbol{A}=\begin{pmatrix}1&5\\2&4\end{pmatrix}$;　(2) $\boldsymbol{A}=\begin{pmatrix}1&1&1\\1&1&-1\\-1&1&3\end{pmatrix}$.

6. 设矩阵 $\boldsymbol{A}=\begin{pmatrix}1&-1&1\\x&4&y\\-3&-3&5\end{pmatrix}$, 已知 $\boldsymbol{A}$ 可以对角化, 且 $\lambda=2$ 是二重特征值.

(1) 求 $x,y$ 的值; (2) 求可逆阵 $\boldsymbol{P}$, 使 $\boldsymbol{P}^{-1}\boldsymbol{A}\boldsymbol{P}$ 为对角矩阵.

7. 设 $\boldsymbol{A},\boldsymbol{B}$ 都是 $n$ 阶方阵, 且 $\boldsymbol{A}$ 可逆, 证明: 矩阵 $\boldsymbol{A}\boldsymbol{B}$ 与 $\boldsymbol{B}\boldsymbol{A}$ 相似.

8. 设二阶实矩阵 $\boldsymbol{A}=\begin{pmatrix} a & b \\ c & d \end{pmatrix}$, 证明: 当 $bc>0$ 时, $\boldsymbol{A}$ 一定可对角化.

三、应用题

1. (学生就餐问题)假设在某一高校里只有两类餐厅: 一类是学校公办餐厅, 一类是私人承包餐厅. 通过调查发现, 在公办餐厅就餐的学生有 60%的回头率, 而在承包餐厅有 50%的回头率. 试建立数学模型求解学生在每一类餐厅长期就餐的百分比. 由此得到什么结论?

## 4.3 向量的内积

向量的内积是线性代数中的一个重要概念, 在实对称矩阵的对角化中必不可少.

### 4.3.1 向量的内积的概念

**定义 4.4 向量的内积**

设有 $n$ 维向量

$$\boldsymbol{x}=\begin{pmatrix} x_1 \\ x_2 \\ \vdots \\ x_n \end{pmatrix}, \boldsymbol{y}=\begin{pmatrix} y_1 \\ y_2 \\ \vdots \\ y_n \end{pmatrix}, \tag{4.16}$$

称数 $x_1y_1+x_2y_2+\cdots+x_ny_n$ 为向量 $\boldsymbol{x}$ 与 $\boldsymbol{y}$ 的**内积**, 记为 $[\boldsymbol{x}, \boldsymbol{y}]$, 即

$$[\boldsymbol{x}, \boldsymbol{y}]=\boldsymbol{x}^{\mathrm{T}}\boldsymbol{y}=x_1y_1+x_2y_2+\cdots+x_ny_n. \tag{4.17}$$

例如, 向量 $\boldsymbol{\alpha}=(1,\ 2,\ 1,\ 0)$ 与 $\boldsymbol{\beta}=(0,\ -1,\ 3,\ 2)^{\mathrm{T}}$ 的内积为

$$[\boldsymbol{\alpha}, \boldsymbol{\beta}]=1\times 0+2\times(-1)+1\times 3+0\times 2=1.$$

容易验证, **向量的内积**有如下**性质** ($\boldsymbol{x}, \boldsymbol{y}, \boldsymbol{z}$ 为 $n$ 维向量, $k$ 为实数):

(1) $[\boldsymbol{x}, \boldsymbol{y}]=[\boldsymbol{y}, \boldsymbol{x}]$;

(2) $[k\boldsymbol{x}, \boldsymbol{y}]=k[\boldsymbol{x}, \boldsymbol{y}]$;

(3) $[\boldsymbol{x}+\boldsymbol{y}, \boldsymbol{z}]=[\boldsymbol{x}, \boldsymbol{z}]+[\boldsymbol{y}, \boldsymbol{z}]$;

(4) $[\boldsymbol{x}, \boldsymbol{x}]\geqslant 0$, 当且仅当 $\boldsymbol{x}=\boldsymbol{0}$ 时等号成立.

**定义 4.5 向量的长度**

令

$$||\boldsymbol{x}||=\sqrt{[\boldsymbol{x}, \boldsymbol{x}]}=\sqrt{x_1^2+x_2^2+\cdots+x_n^2}, \tag{4.18}$$

称为 $n$ 维向量 $\boldsymbol{x}$ 的**长度**(或**范数**).

**向量的长度**具有如下**性质** ($\boldsymbol{x}, \boldsymbol{y}$ 为 $n$ 维向量, $k$ 为实数):

(1) $||\boldsymbol{x}||\geqslant 0$, 当且仅当 $\boldsymbol{x}=\boldsymbol{0}$ 时, $||\boldsymbol{x}||=0$;

(2) $||k\boldsymbol{x}||=|k|||\boldsymbol{x}||$;

(3) $||\boldsymbol{x}+\boldsymbol{y}|| \leqslant ||\boldsymbol{x}||+||\boldsymbol{y}||$; (三角不等式)

(4) 对任意 $n$ 维向量 $\boldsymbol{x}, \boldsymbol{y}$, 有 $\left|[\boldsymbol{x}, \boldsymbol{y}]\right| \leqslant ||\boldsymbol{x}|| \cdot ||\boldsymbol{y}||$ . (柯西 –布涅可夫斯基不等式)

由性质 (4), 令 $\boldsymbol{x}=(x_1, x_2, \cdots, x_n)^{\mathrm{T}}, \boldsymbol{y}=(y_1, y_2, \cdots, y_n)^{\mathrm{T}}$, 有如下不等式

$$\left|\sum_{i=1}^{n} x_i y_i\right| \leqslant \sqrt{\sum_{i=1}^{n} x_i^2} \cdot \sqrt{\sum_{i=1}^{n} y_i^2}. \tag{4.19}$$

当 $||\boldsymbol{x}||=1$ 时, 称 $\boldsymbol{x}$ 为**单位向量**.

对任一非零向量 $\boldsymbol{x}$, 可以得到单位向量 $\boldsymbol{\alpha}=\dfrac{\boldsymbol{x}}{||\boldsymbol{x}||}\left(\text{因为}\left\|\dfrac{\boldsymbol{x}}{||\boldsymbol{x}||}\right\|=\dfrac{1}{||\boldsymbol{x}||} \cdot ||\boldsymbol{x}||=1\right)$, 称为将**向量 $\boldsymbol{x}$ 单位化**.

**定义 4.6 正交向量**

若两向量 $\boldsymbol{x}$ 与 $\boldsymbol{y}$ 的内积等于零, 即

$$[\boldsymbol{x}, \boldsymbol{y}]=\boldsymbol{x}^{\mathrm{T}} \boldsymbol{y}=0, \tag{4.20}$$

则称向量 $\boldsymbol{x}$ 与 $\boldsymbol{y}$ **相互正交**, 记为 $\boldsymbol{x} \perp \boldsymbol{y}$.

例如, 向量 $\boldsymbol{\alpha}=(1, 2, 1)^{\mathrm{T}}$ 与 $\boldsymbol{\beta}=(1,-1, 1)^{\mathrm{T}}$ 是相互正交的.

注意, 零向量与任何向量都正交.

**定义 4.7 正交向量组**

若 $n$ 维非零向量组 $\boldsymbol{\alpha}_1, \boldsymbol{\alpha}_2, \cdots, \boldsymbol{\alpha}_r$ 中的向量两两正交, 即

$$[\boldsymbol{\alpha}_i, \boldsymbol{\alpha}_j]=0,\ i \neq j,\ i, j=1, 2, \cdots, r, \tag{4.21}$$

则称该向量组为**正交向量组**.

**定理 4.7** 正交向量组必线性无关.

**证明** 设 $n$ 维向量组 $\boldsymbol{\alpha}_1, \boldsymbol{\alpha}_2, \cdots, \boldsymbol{\alpha}_r$ 是正交向量组, 即 $\boldsymbol{\alpha}_i \neq \mathbf{0}$, 且

$$[\boldsymbol{\alpha}_i, \boldsymbol{\alpha}_j]=\boldsymbol{\alpha}_i^{\mathrm{T}} \boldsymbol{\alpha}_j=0,\ i \neq j,\ i, j=1, 2, \cdots, r.$$

设有数 $k_1, k_2, \cdots, k_r$, 使

$$k_1 \boldsymbol{\alpha}_1+k_2 \boldsymbol{\alpha}_2+\cdots+k_r \boldsymbol{\alpha}_r=0,$$

等式两端左乘 $\boldsymbol{\alpha}_i^{\mathrm{T}}$, 由正交性假设得

$$k_i \boldsymbol{\alpha}_i^{\mathrm{T}} \boldsymbol{\alpha}_i=0, i=1, 2, \cdots, r.$$

由于 $\boldsymbol{\alpha}_i^{\mathrm{T}} \boldsymbol{\alpha}_i \neq 0$ , 则必有 $k_i=0, i=1, 2, \cdots, r$, 所以向量组 $\boldsymbol{\alpha}_1, \boldsymbol{\alpha}_2, \cdots, \boldsymbol{\alpha}_r$ 线性无关. □

**例 4.14** 已知向量 $\boldsymbol{\alpha}_1=(1, 2, 1)^{\mathrm{T}}, \boldsymbol{\alpha}_2=(1,-1, 1)^{\mathrm{T}}$, 求向量 $\boldsymbol{\alpha}_3$, 使向量组 $\boldsymbol{\alpha}_1, \boldsymbol{\alpha}_1, \boldsymbol{\alpha}_3$ 为正交向量组.

**解** 令 $\boldsymbol{\alpha}_3=(x_1, x_2, x_3)^{\mathrm{T}}$, 由 $\boldsymbol{\alpha}_3$ 与 $\boldsymbol{\alpha}_1, \boldsymbol{\alpha}_2$ 正交有 $\boldsymbol{\alpha}_1^{\mathrm{T}} \boldsymbol{\alpha}_3=0,\ \boldsymbol{\alpha}_2^{\mathrm{T}} \boldsymbol{\alpha}_3=0$ , 得线性方程组

$$\begin{cases} x_1+2 x_2+x_3=0, \\ x_1-\ \ x_2+x_3=0, \end{cases}$$

解得基础解系 $\boldsymbol{p}=(1, 0,-1)^{\mathrm{T}}$, 取 $\boldsymbol{\alpha}_3=(1, 0,-1)^{\mathrm{T}}$.

**定义 4.8 规范正交向量组**

设向量组 $\boldsymbol{e}_1, \boldsymbol{e}_2, \cdots, \boldsymbol{e}_r$ 为正交向量组, 且其中每个向量都是单位向量, 则称该向量组为**规范 (标准) 正交向量组**.

例如, $n$ 阶单位矩阵 $\boldsymbol{E}_n$ 的 $n$ 个列向量是一个规范正交向量组. 向量组

$$\boldsymbol{e}_1=\begin{pmatrix}0\\ \dfrac{1}{\sqrt{2}}\\ \dfrac{1}{\sqrt{2}}\end{pmatrix},\quad \boldsymbol{e}_2=\begin{pmatrix}0\\ \dfrac{1}{\sqrt{2}}\\ -\dfrac{1}{\sqrt{2}}\end{pmatrix},\quad \boldsymbol{e}_3=\begin{pmatrix}1\\0\\0\end{pmatrix}$$

也是规范正交向量组.

### 4.3.2 施密特正交化方法

一般情况下, 线性无关的向量组不一定是正交向量组, 但是通过一定的方法, 可以得到与该向量组能相互表示 (等价) 的正交向量组. 下面介绍的**施密特 (Schmidt) 正交化方法**就是这样一种方法.

设 $n$ 维向量组 $\boldsymbol{\alpha}_1, \boldsymbol{\alpha}_2, \cdots, \boldsymbol{\alpha}_r$ 线性无关, 令

$$\begin{aligned}
\boldsymbol{\beta}_1&=\boldsymbol{\alpha}_1,\\
\boldsymbol{\beta}_2&=\boldsymbol{\alpha}_2-\frac{[\boldsymbol{\alpha}_2,\boldsymbol{\beta}_1]}{[\boldsymbol{\beta}_1,\boldsymbol{\beta}_1]}\boldsymbol{\beta}_1,\\
\boldsymbol{\beta}_3&=\boldsymbol{\alpha}_3-\frac{[\boldsymbol{\alpha}_3,\boldsymbol{\beta}_1]}{[\boldsymbol{\beta}_1,\boldsymbol{\beta}_1]}\boldsymbol{\beta}_1-\frac{[\boldsymbol{\alpha}_3,\boldsymbol{\beta}_2]}{[\boldsymbol{\beta}_2,\boldsymbol{\beta}_2]}\boldsymbol{\beta}_2,\\
&\ \ \vdots\\
\boldsymbol{\beta}_r&=\boldsymbol{\alpha}_r-\frac{[\boldsymbol{\alpha}_r,\boldsymbol{\beta}_1]}{[\boldsymbol{\beta}_1,\boldsymbol{\beta}_1]}\boldsymbol{\beta}_1-\frac{[\boldsymbol{\alpha}_r,\boldsymbol{\beta}_2]}{[\boldsymbol{\beta}_2,\boldsymbol{\beta}_2]}\boldsymbol{\beta}_2-\cdots-\frac{[\boldsymbol{\alpha}_r,\boldsymbol{\beta}_{r-1}]}{[\boldsymbol{\beta}_{r-1},\boldsymbol{\beta}_{r-1}]}\boldsymbol{\beta}_{r-1},
\end{aligned}\tag{4.22}$$

则向量组 $\boldsymbol{\beta}_1, \boldsymbol{\beta}_2, \cdots, \boldsymbol{\beta}_r$ 为正交向量组, 且与向量组 $\boldsymbol{\alpha}_1, \boldsymbol{\alpha}_2, \cdots, \boldsymbol{\alpha}_r$ 能相互线性表示.

将向量组 $\boldsymbol{\beta}_1, \boldsymbol{\beta}_2, \cdots, \boldsymbol{\beta}_r$ 单位化, 则得规范 (标准) 正交向量组:

$$\boldsymbol{e}_1=\frac{\boldsymbol{\beta}_1}{||\boldsymbol{\beta}_1||},\ \boldsymbol{e}_2=\frac{\boldsymbol{\beta}_2}{||\boldsymbol{\beta}_2||},\ \cdots,\ \boldsymbol{e}_r=\frac{\boldsymbol{\beta}_r}{||\boldsymbol{\beta}_r||}.\tag{4.23}$$

例 4.15 将向量组 $\boldsymbol{\alpha}_1=\begin{pmatrix}1\\1\\1\end{pmatrix}, \boldsymbol{\alpha}_2=\begin{pmatrix}1\\2\\2\end{pmatrix}, \boldsymbol{\alpha}_3=\begin{pmatrix}2\\1\\-1\end{pmatrix}$ 正交规范化.

解 由施密特正交化方法, 令

$$\boldsymbol{\beta}_1=\boldsymbol{\alpha}_1,$$

$$\boldsymbol{\beta}_2=\boldsymbol{\alpha}_2-\frac{[\boldsymbol{\alpha}_2,\boldsymbol{\beta}_1]}{[\boldsymbol{\beta}_1,\boldsymbol{\beta}_1]}\boldsymbol{\beta}_1=\begin{pmatrix}1\\2\\2\end{pmatrix}-\frac{5}{3}\begin{pmatrix}1\\1\\1\end{pmatrix}=\frac{1}{3}\begin{pmatrix}-2\\1\\1\end{pmatrix},$$

$$\boldsymbol{\beta}_3 = \boldsymbol{\alpha}_3 - \frac{[\boldsymbol{\alpha}_3, \boldsymbol{\beta}_1]}{[\boldsymbol{\beta}_1, \boldsymbol{\beta}_1]}\boldsymbol{\beta}_1 - \frac{[\boldsymbol{\alpha}_3, \boldsymbol{\beta}_2]}{[\boldsymbol{\beta}_2, \boldsymbol{\beta}_2]}\boldsymbol{\beta}_2 = \begin{pmatrix} 2 \\ 1 \\ -1 \end{pmatrix} - \frac{2}{3}\begin{pmatrix} 1 \\ 1 \\ 1 \end{pmatrix} - \frac{-4}{6}\begin{pmatrix} -2 \\ 1 \\ 1 \end{pmatrix} = \begin{pmatrix} 0 \\ 1 \\ -1 \end{pmatrix},$$

再将它们单位化有

$$\boldsymbol{e}_1 = \frac{\boldsymbol{\beta}_1}{||\boldsymbol{\beta}_1||} = \frac{1}{\sqrt{3}}\begin{pmatrix} 1 \\ 1 \\ 1 \end{pmatrix}, \boldsymbol{e}_2 = \frac{\boldsymbol{\beta}_2}{||\boldsymbol{\beta}_2||} = \frac{1}{\sqrt{6}}\begin{pmatrix} -2 \\ 1 \\ 1 \end{pmatrix}, \boldsymbol{e}_3 = \frac{\boldsymbol{\beta}_3}{||\boldsymbol{\beta}_3||} = \frac{1}{\sqrt{2}}\begin{pmatrix} 0 \\ 1 \\ -1 \end{pmatrix},$$

则 $\boldsymbol{e}_1, \boldsymbol{e}_2, \boldsymbol{e}_3$ 为所求.

例 4.16 设 $\boldsymbol{\alpha}_1 = (1, 1, 1)^{\mathrm{T}}$, 求向量 $\boldsymbol{\alpha}_2, \boldsymbol{\alpha}_3$, 使向量组 $\boldsymbol{\alpha}_1, \boldsymbol{\alpha}_2, \boldsymbol{\alpha}_3$ 是正交向量组.

解 $\boldsymbol{\alpha}_2, \boldsymbol{\alpha}_3$ 应满足方程组 $\boldsymbol{\alpha}_1^{\mathrm{T}}\boldsymbol{x} = 0$, 设其解为 $\boldsymbol{x} = (x_1, x_2, x_3)^{\mathrm{T}}$, 得方程组 $x_1 + x_2 + x_3 = 0$, 共通解为 $\begin{cases} x_1 = -c_1 - c_2, \\ x_2 = \quad c_1, \\ x_3 = \quad c_2, \end{cases}$ 可得基础解系 $\boldsymbol{\xi}_1 = \begin{pmatrix} -1 \\ 1 \\ 0 \end{pmatrix}, \boldsymbol{\xi}_2 = \begin{pmatrix} -1 \\ 0 \\ 1 \end{pmatrix}$. 取

$$\boldsymbol{\alpha}_2 = \boldsymbol{\xi}_1,$$

$$\boldsymbol{\alpha}_3 = \boldsymbol{\xi}_2 - \frac{[\boldsymbol{\xi}_2, \boldsymbol{\alpha}_2]}{[\boldsymbol{\alpha}_2, \boldsymbol{\alpha}_2]}\boldsymbol{\alpha}_2 = \frac{1}{2}\begin{pmatrix} -1 \\ -1 \\ 2 \end{pmatrix},$$

则 $\boldsymbol{\alpha}_1, \boldsymbol{\alpha}_2, \boldsymbol{\alpha}_3$ 两两正交.

### 4.3.3 正交矩阵

**定义 4.9 正交矩阵**

若方阵 $\boldsymbol{A}$ 满足 $\boldsymbol{A}^{\mathrm{T}}\boldsymbol{A} = \boldsymbol{A}\boldsymbol{A}^{\mathrm{T}} = \boldsymbol{E}$, 则称方阵 $\boldsymbol{A}$ 为**正交矩阵**.

容易验证, 矩阵 $\begin{pmatrix} \cos x & -\sin x \\ \sin x & \cos x \end{pmatrix}$ 是正交矩阵.

假设 $\boldsymbol{A}$ 是 $n$ 阶正交矩阵, 按列分块, 记 $\boldsymbol{A} = (\boldsymbol{\alpha}_1, \boldsymbol{\alpha}_2, \cdots, \boldsymbol{\alpha}_n)$, 由定义有 $\boldsymbol{A}^{\mathrm{T}}\boldsymbol{A} = \boldsymbol{E}$, 则有

$$\begin{pmatrix} \boldsymbol{\alpha}_1^{\mathrm{T}}\boldsymbol{\alpha}_1 & \boldsymbol{\alpha}_1^{\mathrm{T}}\boldsymbol{\alpha}_2 & \cdots & \boldsymbol{\alpha}_1^{\mathrm{T}}\boldsymbol{\alpha}_n \\ \boldsymbol{\alpha}_2^{\mathrm{T}}\boldsymbol{\alpha}_1 & \boldsymbol{\alpha}_2^{\mathrm{T}}\boldsymbol{\alpha}_2 & \cdots & \boldsymbol{\alpha}_2^{\mathrm{T}}\boldsymbol{\alpha}_n \\ \vdots & \vdots & & \vdots \\ \boldsymbol{\alpha}_n^{\mathrm{T}}\boldsymbol{\alpha}_1 & \boldsymbol{\alpha}_n^{\mathrm{T}}\boldsymbol{\alpha}_2 & \cdots & \boldsymbol{\alpha}_n^{\mathrm{T}}\boldsymbol{\alpha}_n \end{pmatrix} = \begin{pmatrix} 1 & 0 & \cdots & 0 \\ 0 & 1 & \cdots & 0 \\ \vdots & \vdots & & \vdots \\ 0 & 0 & \cdots & 1 \end{pmatrix},$$

可得

$$\boldsymbol{\alpha}_i^{\mathrm{T}}\boldsymbol{\alpha}_j = \delta_{ij} = \begin{cases} 1, & i \neq j, \\ 0, & i = j, \end{cases} \quad i, j = 1, 2, \cdots, n.$$

$\boldsymbol{A}$ 的行向量组也可得到类似结论, 于是得到

**定理 4.8 正交矩阵的条件**
方阵 $\boldsymbol{A}$ 是正交矩阵的充分必要条件是: $\boldsymbol{A}$ 的列(行)向量组是规范正交向量组.

**正交矩阵**具有以下**性质**:

(1) 若 $\boldsymbol{A}$ 是正交矩阵, 则 $\boldsymbol{A}^{-1}=\boldsymbol{A}^{\mathrm{T}}$ 也是正交矩阵;

(2) 若 $\boldsymbol{A}$, $\boldsymbol{B}$ 都是正交矩阵, 则 $\boldsymbol{AB}$ 也是正交矩阵;

(3) 正交矩阵 $\boldsymbol{A}$ 的行列式为 1 或 $-1$;

(4) 正交矩阵 $\boldsymbol{A}$ 的列(行)向量组是规范正交向量组.

**定义 4.10 正交变换**
若 $\boldsymbol{P}$ 是正交矩阵, 则线性变换 $\boldsymbol{y}=\boldsymbol{Px}$ 称为**正交变换**.

**正交变换的性质**:

(1) 正交变换不改变向量的长度;

(2) 正交变换不改变向量的内积.

证明 (1) 设 $\boldsymbol{y}=\boldsymbol{Px}$ 为正交变换, 则 $\|\boldsymbol{y}\|=\sqrt{[\boldsymbol{y},\boldsymbol{y}]}=\sqrt{\boldsymbol{y}^{\mathrm{T}}\boldsymbol{y}}=\sqrt{\boldsymbol{x}^{\mathrm{T}}\boldsymbol{P}^{\mathrm{T}}\boldsymbol{Px}}=\sqrt{\boldsymbol{x}^{\mathrm{T}}\boldsymbol{x}}=\|\boldsymbol{x}\|$.

(2) 设 $\boldsymbol{P}$ 为正交矩阵, 则 $\boldsymbol{y}_1=\boldsymbol{Px}_1$, $\boldsymbol{y}_2=\boldsymbol{Px}_2$ 为正交变换, 于是 $[\boldsymbol{y}_1,\boldsymbol{y}_2]=\boldsymbol{y}_1^{\mathrm{T}}\boldsymbol{y}_2=\boldsymbol{x}_1^{\mathrm{T}}\boldsymbol{P}^{\mathrm{T}}\boldsymbol{Px}_2=[\boldsymbol{x}_1,\boldsymbol{x}_2]$. □

## 习 题 4.3

一、选择题 (单选题)

1. 设 $\boldsymbol{\alpha}$, $\boldsymbol{\beta}$ 是非零向量, 则在下列(    )的条件下, 向量 $\boldsymbol{\alpha}$ 与 $\boldsymbol{\beta}$ 不可能相互正交.

(A) $\big[[\boldsymbol{\alpha},\boldsymbol{\beta}]\boldsymbol{\alpha}-[\boldsymbol{\beta},\boldsymbol{\alpha}]\boldsymbol{\beta},\ \boldsymbol{\alpha}\big]=0$  (B) $\big[[\boldsymbol{\alpha},\boldsymbol{\beta}]\boldsymbol{\alpha}-[\boldsymbol{\beta},\boldsymbol{\alpha}]\boldsymbol{\beta},\ \boldsymbol{\beta}\big]=0$

(C) $\big[[\boldsymbol{\alpha},\boldsymbol{\alpha}]\boldsymbol{\beta}-[\boldsymbol{\beta},\boldsymbol{\beta}]\boldsymbol{\alpha},\ \boldsymbol{\beta}\big]=0$  (D) $[\boldsymbol{\alpha}+\boldsymbol{\beta},\ \boldsymbol{\alpha}-\boldsymbol{\beta}]=0$

2. 设 $\boldsymbol{A}$ 是正交矩阵, 则下列结论错误的是 (    ).

(A) $|\boldsymbol{A}|^2$ 必为 1  (B) $|\boldsymbol{A}|$ 必为 1

(C) $\boldsymbol{A}^{-1}=\boldsymbol{A}^{\mathrm{T}}$  (D) $\boldsymbol{A}$ 的行(列)向量组是规范正交向量组

二、计算题

1. 已知向量 $\boldsymbol{\alpha}=(1,2,1)^{\mathrm{T}}$, $\boldsymbol{\beta}=\left(-2,1,\dfrac{1}{2}\right)^{\mathrm{T}}$, $\boldsymbol{\gamma}=(2,-2,2)^{\mathrm{T}}$,

(1) 求内积 $[\boldsymbol{\alpha},\boldsymbol{\beta}]$, $[\boldsymbol{\beta},\boldsymbol{\gamma}]$; (2) 将向量 $\boldsymbol{\alpha}$ 单位化.

2. 设 $\boldsymbol{\alpha}_1,\boldsymbol{\alpha}_2,\boldsymbol{\alpha}_3$ 是一个规范正交向量组, 求 $\|3\boldsymbol{\alpha}_1-5\boldsymbol{\alpha}_2+6\boldsymbol{\alpha}_3\|$.

3. 用施密特正交规范化方法把下列向量组化为规范正交向量组:

(1) $\boldsymbol{\alpha}_1=(1,1,1)^{\mathrm{T}}$, $\boldsymbol{\alpha}_2=(1,2,3)^{\mathrm{T}}$, $\boldsymbol{\alpha}_3=(1,4,9)^{\mathrm{T}}$ ;

(2) $\boldsymbol{\alpha}_1=(1,2,-1)^{\mathrm{T}}$, $\boldsymbol{\alpha}_2=(-1,3,1)^{\mathrm{T}}$, $\boldsymbol{\alpha}_3=(4,-1,0)^{\mathrm{T}}$ ;

(3) $\boldsymbol{\alpha}_1=(1,1,1,1)^{\mathrm{T}}$, $\boldsymbol{\alpha}_2=(1,2,2,1)^{\mathrm{T}}$, $\boldsymbol{\alpha}_3=(2,3,1,6)^{\mathrm{T}}$.

4. 求一单位向量, 使它与向量 $\boldsymbol{\alpha}_1=(1,1,-1)^{\mathrm{T}}$, $\boldsymbol{\alpha}_2=(1,-1,-1)^{\mathrm{T}}$, $\boldsymbol{\alpha}_3=(1,0,-1)^{\mathrm{T}}$ 都正交.

5. 设向量组 $\boldsymbol{\alpha}_1,\boldsymbol{\alpha}_2,\boldsymbol{\alpha}_3$ 线性无关, 向量 $\boldsymbol{\beta}\neq\mathbf{0}$, 满足 $[\boldsymbol{\alpha}_i,\boldsymbol{\beta}]=0$, $i=1,2,3$, 判断向量组 $\boldsymbol{\alpha}_1,\boldsymbol{\alpha}_2,\boldsymbol{\alpha}_3,\boldsymbol{\beta}$ 的线性相关性.

6. 判断下列矩阵是不是正交矩阵.

(1) $\begin{pmatrix} \dfrac{1}{\sqrt{2}} & \dfrac{1}{\sqrt{6}} & -\dfrac{1}{\sqrt{3}} \\ \dfrac{1}{\sqrt{2}} & -\dfrac{1}{\sqrt{6}} & \dfrac{1}{\sqrt{3}} \\ 0 & \dfrac{2}{\sqrt{6}} & \dfrac{1}{\sqrt{3}} \end{pmatrix}$;　　(2) $\begin{pmatrix} 1 & \dfrac{1}{\sqrt{6}} & \dfrac{1}{3} \\ -\dfrac{1}{2} & 1 & \dfrac{1}{2} \\ \dfrac{1}{3} & \dfrac{1}{2} & -1 \end{pmatrix}$.

7. 设 $\boldsymbol{X}$ 为 $n$ 维列向量, 满足 $\boldsymbol{X}^{\mathrm{T}}\boldsymbol{X}=1$, 令 $\boldsymbol{H}=\boldsymbol{E}-2\boldsymbol{X}\boldsymbol{X}^{\mathrm{T}}$, 证明: $\boldsymbol{H}$ 是对称的正交矩阵.

8. 设 $\boldsymbol{A}$ 是正交矩阵, 证明 $\boldsymbol{A}^*$ 也是正交矩阵.

## 4.4 实对称矩阵的相似对角化

**定理 4.9** 实对称矩阵的特征值都是实数.

**证明** 设 $\lambda$ 是实对称矩阵 $\boldsymbol{A}$ 的特征值, $\boldsymbol{p}$ 是对应的特征向量, 则 $\boldsymbol{A}\boldsymbol{p}=\lambda\boldsymbol{p}$, 两边取共轭有

$$\overline{\boldsymbol{A}}\overline{\boldsymbol{p}}=\overline{\lambda}\overline{\boldsymbol{p}},$$

由于 $\boldsymbol{A}$ 为实数矩阵, 则 $\overline{\boldsymbol{A}}=\boldsymbol{A}$ , 所以 $\boldsymbol{A}\overline{\boldsymbol{p}}=\overline{\lambda}\overline{\boldsymbol{p}}$, 从而有

$$\overline{\boldsymbol{p}}^{\mathrm{T}}\boldsymbol{A}\boldsymbol{p}=(\boldsymbol{A}\overline{\boldsymbol{p}})^{\mathrm{T}}\boldsymbol{p}=\overline{\lambda}\overline{\boldsymbol{p}}^{\mathrm{T}}\boldsymbol{p}.$$

另一方面,

$$\overline{\boldsymbol{p}}^{\mathrm{T}}\boldsymbol{A}\boldsymbol{p}=\overline{\boldsymbol{p}}^{\mathrm{T}}\lambda\boldsymbol{p}=\lambda\overline{\boldsymbol{p}}^{\mathrm{T}}\boldsymbol{p},$$

由以上两式左边相同得到 $\overline{\lambda}\overline{\boldsymbol{p}}^{\mathrm{T}}\boldsymbol{p}=\lambda\overline{\boldsymbol{p}}^{\mathrm{T}}\boldsymbol{p}$, 即 $(\overline{\lambda}-\lambda)\overline{\boldsymbol{p}}^{\mathrm{T}}\boldsymbol{p}=0$. 由于 $\boldsymbol{p}\neq\boldsymbol{0}$ 知 $\overline{\boldsymbol{p}}^{\mathrm{T}}\boldsymbol{p}>0$, 所以得 $\overline{\lambda}-\lambda=0$, 即 $\overline{\lambda}=\lambda$, 故 $\lambda$ 为实数. □

由此定理知, 如果 $\lambda$ 是实对称矩阵 $\boldsymbol{A}$ 的特征值, 则线性方程组 $(\lambda\boldsymbol{E}-\boldsymbol{A})\boldsymbol{x}=\boldsymbol{0}$ 必有实的基础解系.

**定理 4.10** 实对称矩阵属于不同特征值的特征向量相互正交.

**证明** 设 $\lambda_1$ 与 $\lambda_2$ 是实对称矩阵 $\boldsymbol{A}$ 的两个特征值, $\lambda_1\neq\lambda_2$, 其对应的特征向量分别为 $\boldsymbol{p}_1,\boldsymbol{p}_2$, 则

$$\boldsymbol{A}\boldsymbol{p}_1=\lambda_1\boldsymbol{p}_1,\ \boldsymbol{A}\boldsymbol{p}_2=\lambda_2\boldsymbol{p}_2,$$

于是, $(\lambda_1\boldsymbol{p}_1)^{\mathrm{T}}\boldsymbol{p}_2=(\boldsymbol{A}\boldsymbol{p}_1)^{\mathrm{T}}\boldsymbol{p}_2=\boldsymbol{p}_1^{\mathrm{T}}\boldsymbol{A}\boldsymbol{p}_2=\boldsymbol{p}_1^{\mathrm{T}}\lambda_2\boldsymbol{p}_2=\lambda_2\boldsymbol{p}_1^{\mathrm{T}}\boldsymbol{p}_2$, 又 $(\lambda_1\boldsymbol{p}_1)^{\mathrm{T}}\boldsymbol{p}_2=\lambda_1\boldsymbol{p}_1^{\mathrm{T}}\boldsymbol{p}_2$ , 从而有 $\lambda_2\boldsymbol{p}_1^{\mathrm{T}}\boldsymbol{p}_2=\lambda_1\boldsymbol{p}_1^{\mathrm{T}}\boldsymbol{p}_2$, 所以 $(\lambda_1-\lambda_2)\boldsymbol{p}_1^{\mathrm{T}}\boldsymbol{p}_2=0$, 由于 $\lambda_1\neq\lambda_2$, 所以 $\boldsymbol{p}_1^{\mathrm{T}}\boldsymbol{p}_2=0$, 即 $\boldsymbol{p}_1$ 与 $\boldsymbol{p}_2$ 正交. □

**定理 4.11** 设 $\boldsymbol{A}$ 是 $n$ 阶实对称矩阵, $\lambda$ 是 $\boldsymbol{A}$ 的 $r$ 重特征值, 则 $\mathrm{r}(\lambda\boldsymbol{E}-\boldsymbol{A})=n-r$.

**证明** 略.

由定理 4.11, 利用定理 4.6 知, 实对称矩阵必能相似对角化.

**定理 4.12** 设 $\boldsymbol{A}$ 是实对称矩阵, 则必存在正交矩阵 $\boldsymbol{P}$, 使

$$\boldsymbol{P}^{-1}\boldsymbol{A}\boldsymbol{P}=\boldsymbol{\Lambda},$$

其中 $\boldsymbol{\Lambda}$ 为对角矩阵, 其对角线元素恰为 $\boldsymbol{A}$ 所有特征值(重根按重数计).

*证明　设 $n$ 阶实对称矩阵 $\boldsymbol{A}$ 的相异特征值为 $\lambda_1, \lambda_2, \cdots, \lambda_s$, 重数分别为

$$n_1, n_2, \cdots, n_s, \ (n_1+n_2+\cdots+n_s=n).$$

由定理 4.11 知, 特征值 $\lambda_i\ (i=1, 2, \cdots, s)$ 恰有 $n_i$ 个线性无关的特征向量, 将它们正交化且单位化, 即得 $n_i$ 个正交单位向量. 这样, 由于 $n_1+n_2+\cdots+n_s=n$, 就得到 $n$ 个单位向量. 又由定理 4.10 知, 这 $n$ 个单位向量是两两正交的, 以它们为列向量组成一个正交矩阵 $\boldsymbol{P}$, 则有

$$\boldsymbol{P}^{-1}\boldsymbol{AP}=\boldsymbol{\Lambda},$$

而 $\boldsymbol{\Lambda}$ 的对角线元素恰为 $\boldsymbol{A}$ 的 $n$ 个特征值(有 $n_i$ 个 $\lambda_i$, $1\leqslant i\leqslant s$, 共有 $n_1+n_2+\cdots+n_s=n$ 个特征值). □

**用正交矩阵 $\boldsymbol{P}$ 将 $n$ 阶实对称矩阵 $\boldsymbol{A}$ 对角化的步骤**如下:

(1) 求出矩阵 $\boldsymbol{A}$ 的全部相异特征值 $\lambda_1, \lambda_2, \cdots, \lambda_s$;

(2) 对每个特征值 $\lambda_i$, 解线性方程组 $(\lambda_i\boldsymbol{E}-\boldsymbol{A})\boldsymbol{x}=\boldsymbol{0}$, 求出基础解系;

(3) 将基础解系正交化, 单位化, 得规范正交向量组;

(4) 将规范正交向量组作为列向量构成矩阵 $\boldsymbol{P}$, 则 $\boldsymbol{P}$ 即为所求正交矩阵, 且 $\boldsymbol{P}^{-1}\boldsymbol{AP}=\boldsymbol{\Lambda}$.

与上节对角化问题类似, 正交矩阵 $\boldsymbol{P}$ 中的列向量(特征向量)的次序与 $\boldsymbol{\Lambda}$ 中特征值的次序相对应.

例 4.17　设 $\boldsymbol{A}=\begin{pmatrix}1&2&2\\2&1&-2\\2&-2&1\end{pmatrix}$, 求正交矩阵 $\boldsymbol{P}$, 使 $\boldsymbol{P}^{-1}\boldsymbol{AP}$ 为对角阵.

解　由 $|\lambda\boldsymbol{E}-\boldsymbol{A}|=\begin{vmatrix}\lambda-1&-2&-2\\-2&\lambda-1&2\\-2&2&\lambda-1\end{vmatrix}=(\lambda-3)^2(\lambda+3)$, 得特征值 $\lambda_1=\lambda_2=3$, $\lambda_3=-3$.

对 $\lambda_1=\lambda_2=3$, 解齐次线性方程组 $(3\boldsymbol{E}-\boldsymbol{A})\boldsymbol{x}=\boldsymbol{0}$, 得基础解系 $\boldsymbol{\xi}_1=\begin{pmatrix}1\\1\\0\end{pmatrix}$, $\boldsymbol{\xi}_2=\begin{pmatrix}1\\0\\1\end{pmatrix}$,

将 $\boldsymbol{\xi}_1, \boldsymbol{\xi}_2$ 正交化, 取

$$\boldsymbol{\eta}_1=\boldsymbol{\xi}_1,$$

$$\boldsymbol{\eta}_2=\boldsymbol{\xi}_2-\frac{[\boldsymbol{\xi}_2, \boldsymbol{\eta}_1]}{[\boldsymbol{\eta}_1, \boldsymbol{\eta}_1]}\boldsymbol{\eta}_1=\frac{1}{2}\begin{pmatrix}1\\-1\\2\end{pmatrix},$$

对 $\lambda_3=-3$, 解齐次方程组 $(-3\boldsymbol{E}-\boldsymbol{A})\boldsymbol{x}=\boldsymbol{0}$, 得基础解系 $\boldsymbol{\eta}_3=\begin{pmatrix}-1\\1\\1\end{pmatrix}$, 则 $\boldsymbol{\eta}_1$, $\boldsymbol{\eta}_2$, $\boldsymbol{\eta}_3$ 两两正交,

将它们单位化有

$$\boldsymbol{p}_1=\frac{\boldsymbol{\eta}_1}{||\boldsymbol{\eta}_1||}=\frac{1}{\sqrt{2}}\begin{pmatrix}1\\1\\0\end{pmatrix}, \boldsymbol{p}_2=\frac{\boldsymbol{\eta}_2}{||\boldsymbol{\eta}_2||}=\frac{1}{\sqrt{6}}\begin{pmatrix}1\\-1\\2\end{pmatrix}, \boldsymbol{p}_3=\frac{\boldsymbol{\eta}_3}{||\boldsymbol{\eta}_3||}=\frac{1}{\sqrt{3}}\begin{pmatrix}-1\\1\\1\end{pmatrix},$$

则 $\boldsymbol{P}=(\boldsymbol{p}_1,\ \boldsymbol{p}_2,\ \boldsymbol{p}_3)=\begin{pmatrix}\frac{1}{\sqrt{2}} & \frac{1}{\sqrt{6}} & -\frac{1}{\sqrt{3}}\\ \frac{1}{\sqrt{2}} & -\frac{1}{\sqrt{6}} & \frac{1}{\sqrt{3}}\\ 0 & \frac{2}{\sqrt{6}} & \frac{1}{\sqrt{3}}\end{pmatrix}$ 为正交矩阵, 且使 $\boldsymbol{P}^{-1}\boldsymbol{AP}=\begin{pmatrix}3 & & \\ & 3 & \\ & & -3\end{pmatrix}$.

注意: 如果不要求用正交矩阵将对称矩阵 $\boldsymbol{A}$ 对角化, 则用基础解系中的向量 $\boldsymbol{\xi}_1, \boldsymbol{\xi}_2, \boldsymbol{\eta}_3$ 组成的矩阵即可将 $\boldsymbol{A}$ 对角化.

## 习 题 4.4

一、选择题 (单选题)

1. 设三阶实对称矩阵 $\boldsymbol{A}$ 的特征值为 $\lambda_1=1,\ \lambda_2=\lambda_3=-1$, 则下列矩阵中, (  )的三个列不可能是这三个特征值对应的特征向量.

(A) $\begin{pmatrix}1 & 1 & 1\\ 1 & 1 & -1\\ 2 & -1 & 0\end{pmatrix}$　(B) $\begin{pmatrix}1 & 1 & -1\\ 1 & 1 & 2\\ 2 & 1 & 1\end{pmatrix}$　(C) $\begin{pmatrix}1 & 1 & 0\\ 1 & 1 & 2\\ 2 & -1 & -1\end{pmatrix}$　(D) $\begin{pmatrix}1 & -1 & 2\\ 1 & -1 & 0\\ 2 & 1 & -1\end{pmatrix}$

2. 设 $\boldsymbol{\alpha}$ 是 $n$ 阶实对称矩阵 $\boldsymbol{A}$ 的属于特征值 $\lambda$ 的特征向量, $\boldsymbol{P}$ 是 $n$ 阶可逆矩阵, 则矩阵 $(\boldsymbol{P}^{-1}\boldsymbol{AP})^{\mathrm{T}}$ 的属于特征值 $\lambda$ 的特征向量为 (  ).

(A) $\boldsymbol{P}^{\mathrm{T}}\boldsymbol{\alpha}$　(B) $\boldsymbol{P}^{-1}\boldsymbol{\alpha}$　(C) $\boldsymbol{P\alpha}$　(D) $(\boldsymbol{P}^{-1})^{\mathrm{T}}\boldsymbol{\alpha}$

二、计算题

1. 设矩阵 $\boldsymbol{A}=\begin{pmatrix}-1 & 0 & 2\\ 0 & 1 & 2\\ 2 & 2 & 0\end{pmatrix}$,

(1) 求可逆矩阵 $\boldsymbol{P}$, 使 $\boldsymbol{P}^{-1}\boldsymbol{AP}$ 为对角矩阵; (2) 求正交矩阵 $\boldsymbol{Q}$, 使 $\boldsymbol{Q}^{-1}\boldsymbol{AQ}$ 为对角矩阵.

2. 试求一个正交相似矩阵, 将下列实对称矩阵化为对角矩阵:

(1) $\begin{pmatrix}1 & 2 & 2\\ 2 & 1 & 2\\ 2 & 2 & 1\end{pmatrix}$;　(2) $\begin{pmatrix}4 & 2 & 0\\ 2 & 3 & -2\\ 0 & -2 & 2\end{pmatrix}$;　(3) $\begin{pmatrix}2 & -2 & 0\\ -2 & 1 & -2\\ 0 & -2 & 0\end{pmatrix}$.

3. 设矩阵 $\boldsymbol{A}$ 与 $\boldsymbol{B}$ 相似, 其中

$$\boldsymbol{A}=\begin{pmatrix}1 & a & 1\\ a & 1 & b\\ 1 & b & 1\end{pmatrix},\quad \boldsymbol{B}=\begin{pmatrix}0 & 0 & 0\\ 0 & 1 & 0\\ 0 & 0 & 2\end{pmatrix},$$

(1) 求 $a,\ b$ 的值; (2) 求正交矩阵 $\boldsymbol{P}$, 使 $\boldsymbol{P}^{-1}\boldsymbol{AP}$ 为对角矩阵.

4. 设三阶实对称矩阵 $\boldsymbol{A}$ 的特征值为 $\lambda_1=1,\ \lambda_2=-1,\ \lambda_3=0$, 对应的特征向量依次为

$$\boldsymbol{p}_1 = (1,\ 2,\ 2)^{\mathrm{T}},\ \boldsymbol{p}_2 = (2,\ 1,\ -2)^{\mathrm{T}},\ \boldsymbol{p}_3 = (2,\ -2,\ 1)^{\mathrm{T}},$$

求矩阵 $\boldsymbol{A}$.

5. 设 $\boldsymbol{A}$ 是 $n$ 阶实对称矩阵, 且 $\boldsymbol{A}^2 = \boldsymbol{O}$, 证明 $\boldsymbol{A} = \boldsymbol{O}$.

## 4.5 典型例题

首先介绍一个结论:

> **定理 4.13 矩阵多项式的特征值**
> 如果 $\varphi(x) = a_0x^m + a_1x^{m-1} + \cdots + a_{m-1}x + a_m$ 是 $m$ 次多项式, 则有
> (1) 若 $\lambda$ 是 $n$ 阶方阵 $\boldsymbol{A}$ 的特征值, 则 $\varphi(\lambda)$ 是方阵 $\varphi(\boldsymbol{A})$ 的特征值;
> (2) 如果 $n$ 阶方阵 $\boldsymbol{A}$ 满足方程 $\varphi(\boldsymbol{A}) = \boldsymbol{0}$, 则方阵 $\boldsymbol{A}$ 的特征值是方程 $\varphi(\lambda) = 0$ 的根.

证明 略. (事实上, 例 4.4 已给出了本定理的证明思路.)

例 4.18 已知三阶方阵 $\boldsymbol{A}$ 的特征值为 $1, -1, 2$, 求矩阵 $\boldsymbol{A}^2 - 2\boldsymbol{A} + 3\boldsymbol{E}$ 的特征值及行列式 $|\boldsymbol{A}^2 - 2\boldsymbol{A} + 3\boldsymbol{E}|$.

解 由定理 4.7, 令 $\varphi(\lambda) = \lambda^2 - 2\lambda + 3$, 则矩阵 $\boldsymbol{A}^2 - 2\boldsymbol{A} + 3\boldsymbol{E}$ 的特征值为 $\varphi(1) = 2, \varphi(-1) = 6, \varphi(2) = 3$, 所以由定理 4.2 的 (2)知, $|\boldsymbol{A}^2 - 2\boldsymbol{A} + 3\boldsymbol{E}| = \varphi(1)\varphi(-1)\varphi(2) = 2 \times 6 \times 3 = 36$.

例 4.19 已知向量 $\boldsymbol{\alpha} = \begin{pmatrix} 1 \\ k \\ 1 \end{pmatrix}$ 是矩阵 $\boldsymbol{A} = \begin{pmatrix} 2 & 1 & 1 \\ 1 & 2 & 1 \\ 1 & 1 & 2 \end{pmatrix}$ 的逆矩阵 $\boldsymbol{A}^{-1}$ 的特征向量, 试求常数 $k$ 的值.

解 **方法 1** 易知：若 $\boldsymbol{\alpha}$ 是 $\boldsymbol{A}^{-1}$ 的特征向量, 则 $\boldsymbol{\alpha}$ 也是 $\boldsymbol{A}$ 的特征向量.

可求得 $|\lambda\boldsymbol{E} - \boldsymbol{A}| = (\lambda - 1)^2(\lambda - 4)$, 所以 $\boldsymbol{A}$ 的特征值为 $\lambda_1 = \lambda_2 = 1, \lambda_3 = 4$, 由 $\boldsymbol{A}\boldsymbol{\alpha} = \boldsymbol{\alpha}$ 解得 $k = -2$, 而由 $\boldsymbol{A}\boldsymbol{\alpha} = 4\boldsymbol{\alpha}$ 解得 $k = 1$. 故 $k = -2$ 或 $k = 1$.

**方法 2** 设 $\lambda$ 是 $\boldsymbol{A}^{-1}$ 对应于 $\boldsymbol{\alpha}$ 的特征值, 则 $\boldsymbol{A}^{-1}\boldsymbol{\alpha} = \lambda\boldsymbol{\alpha}$, 两边同乘以 $\boldsymbol{A}$ 得 $\boldsymbol{\alpha} = \lambda\boldsymbol{A}\boldsymbol{\alpha}$, 所以代入 $\boldsymbol{A}, \boldsymbol{\alpha}$ 得

$$\begin{pmatrix} 1 \\ k \\ 1 \end{pmatrix} = \lambda \begin{pmatrix} 2 & 1 & 1 \\ 1 & 2 & 1 \\ 1 & 1 & 2 \end{pmatrix} \begin{pmatrix} 1 \\ k \\ 1 \end{pmatrix},$$

故得方程组

$$\begin{cases} \lambda(3 + k) = 1, \\ \lambda(2 + 2k) = k, \\ \lambda(3 + k) = 1, \end{cases} \text{解得} \begin{cases} \lambda_1 = 1, \\ k_1 = -2, \end{cases} \text{或} \begin{cases} \lambda_2 = \dfrac{1}{4}, \\ k_2 = 1, \end{cases} \text{所以 } k = -2 \text{ 或 } k = 1.$$

例 4.20 已知向量 $\boldsymbol{x} = \begin{pmatrix} a \\ 1 \\ -1 \end{pmatrix}$ 是矩阵 $\boldsymbol{A} = \begin{pmatrix} 2 & -1 & 2 \\ 5 & b & 3 \\ -1 & 0 & -2 \end{pmatrix}$ 的特征值 $\lambda_0$ 的特征向量.

(1) 确定参数 $a$, $b$, $\lambda_0$ 的值；(2) 对应于(1)中 $a<2$ 的那组参数, 求矩阵 $\boldsymbol{A}$ 的所有特征值与特征向量.

解 (1) 由题意得, $\boldsymbol{Ax}=\lambda_0\boldsymbol{x}$, 所以有 $\begin{cases}2a-3=a\lambda_0,\\5a+b-3=\lambda_0,\\-a+2=-\lambda_0,\end{cases}$ 解得 $\begin{cases}\lambda_0=-1,\\a=1,\\b=-3,\end{cases}$ 或 $\begin{cases}\lambda_0=1,\\a=3,\\b=-11.\end{cases}$

(2) 对应于 $a=1(<2)$ , $\boldsymbol{A}=\begin{pmatrix}2&-1&2\\5&-3&3\\-1&0&-2\end{pmatrix}$, 由 $|\lambda\boldsymbol{E}-\boldsymbol{A}|=(\lambda+1)^3=0$ 得特征值 $\lambda_1=\lambda_2=\lambda_3=-1$.

解方程组 $(-\boldsymbol{E}-\boldsymbol{A})\boldsymbol{x}=\boldsymbol{0}$, 由 $-\boldsymbol{E}-\boldsymbol{A}=\begin{pmatrix}-3&1&-2\\-5&2&-3\\1&0&1\end{pmatrix}\to\begin{pmatrix}1&0&1\\0&1&1\\0&0&0\end{pmatrix}$ 得 $\lambda_1=\lambda_2=\lambda_3=-1$ 的所有特征向量为 $\boldsymbol{p}=k\begin{pmatrix}1\\1\\-1\end{pmatrix}$, 其中 $k$ 为任意非零常数.

例 4.21 设 $\boldsymbol{\alpha}=(a_1,a_2,\cdots,a_n)^{\mathrm{T}}$, $\boldsymbol{\beta}=(b_1,b_2,\cdots,b_n)^{\mathrm{T}}$ 都是非零向量, 且 $\boldsymbol{\alpha}^{\mathrm{T}}\boldsymbol{\beta}\neq0$, 记 $n$ 阶矩阵 $\boldsymbol{A}=\boldsymbol{\alpha\beta}^{\mathrm{T}}$, 证明: 0 是矩阵 $\boldsymbol{A}$ 的 $n-1$ 重特征值.

证明 设 $\boldsymbol{\alpha}^{\mathrm{T}}\boldsymbol{\beta}=a\ (\neq0)$, 则有 $\boldsymbol{A\alpha}=\boldsymbol{\alpha\beta}^{\mathrm{T}}\boldsymbol{\alpha}=(\boldsymbol{\beta}^{\mathrm{T}}\boldsymbol{\alpha})\boldsymbol{\alpha}=a\boldsymbol{\alpha}$, 所以 $\lambda=a$ 是 $\boldsymbol{A}$ 的非零特征值, $\boldsymbol{\alpha}$ 为对应的特征向量. 由 $\mathrm{r}(\boldsymbol{A})=1$ 知齐次线性方程组 $\boldsymbol{Ax}=0$ 有非零解, 所以 0 是矩阵 $\boldsymbol{A}$ 的特征值, 且特征值 0 对应有 $n-1$ 个线性无关的特征向量 $\boldsymbol{\eta}_1,\cdots,\boldsymbol{\eta}_{n-1}$ ($\boldsymbol{Ax}=0$ 的一个基础解系), 容易证明向量组 $\boldsymbol{\alpha},\boldsymbol{\eta}_1,\cdots,\boldsymbol{\eta}_{n-1}$ 线性无关, 所以矩阵 $\boldsymbol{A}$ 可对角化. 由 $\mathrm{r}(\boldsymbol{A})=1$ 知 $\boldsymbol{A}$ 相似于对角矩阵 $\mathrm{diag}(a,0,\cdots,0)$, 所以 0 是矩阵 $\boldsymbol{A}$ 的 $n-1$ 重特征值. □

例 4.22 设 $\lambda_1,\lambda_2,\cdots,\lambda_m$ 是 $n$ 阶矩阵 $\boldsymbol{A}$ 的 $m$ 个互异特征值, $\boldsymbol{p}_1,\boldsymbol{p}_2,\cdots,\boldsymbol{p}_m$ 是对应的特征向量. 证明: 向量组 $\boldsymbol{p}_1,\boldsymbol{p}_2,\cdots,\boldsymbol{p}_m$ 线性无关.

证明 设数 $k_1,k_2,\cdots,k_m$ 满足

$$k_1\boldsymbol{p}_1+k_2\boldsymbol{p}_2+\cdots+k_m\boldsymbol{p}_m=\boldsymbol{0}. \tag{4.24}$$

由题意有

$$\boldsymbol{Ap}_i=\lambda_i\boldsymbol{p}_i,\quad i=1,2,\cdots,m. \tag{4.25}$$

以矩阵 $\boldsymbol{A}$ 左乘式(4.16)并将式(4.17)代入得

$$k_1\lambda_1\boldsymbol{p}_1+k_2\lambda_2\boldsymbol{p}_2+\cdots+k_m\lambda_m\boldsymbol{p}_m=\boldsymbol{0},$$

再以矩阵 $\boldsymbol{A}$ 左乘上式并将式(4.17)代入得

$$k_1\lambda_1^2\boldsymbol{p}_1+k_2\lambda_2^2\boldsymbol{p}_2+\cdots+k_m\lambda_m^2\boldsymbol{p}_m=\boldsymbol{0},$$

这样依次类推即可得

$$k_1\lambda_1^s\boldsymbol{p}_1+k_2\lambda_2^s\boldsymbol{p}_2+\cdots+k_m\lambda_m^s\boldsymbol{p}_m=\boldsymbol{0}, \tag{4.26}$$

其中 $s$ 为任意正整数.

在式(4.18)中取 $s=1,2,\cdots,m-1$ 可得以下矩阵方程

$$\left(k_1\boldsymbol{p}_1,\ k_2\boldsymbol{p}_2,\ \cdots,\ k_m\boldsymbol{p}_m\right)\begin{pmatrix}1 & \lambda_1 & \lambda_1^2 & \cdots & \lambda_1^{m-1}\\ 1 & \lambda_2 & \lambda_2^2 & \cdots & \lambda_2^{m-1}\\ \vdots & \vdots & \vdots & & \vdots\\ 1 & \lambda_m & \lambda_m^2 & \cdots & \lambda_m^{m-1}\end{pmatrix}=\mathbf{0}. \tag{4.27}$$

将上式等号左边右旁的方阵记为 $V_m$, 其行列式 $\left|V_m\right|$ 为 $m$ 阶范德蒙德行列式. 由范德蒙德行列式(1.21)知, 当 $\lambda_1,\lambda_2,\cdots,\lambda_m$ 互异时, $\left|V_m\right|\neq 0$, 从而方阵 $V_m$ 可逆. 以 $V_m^{-1}$ 右乘式(4.27)的两边可得

$$\left(k_1\boldsymbol{p}_1,\ k_2\boldsymbol{p}_2,\ \cdots,\ k_m\boldsymbol{p}_m\right)=\mathbf{0},$$

从而得

$$k_i\boldsymbol{p}_i=\mathbf{0},\quad i=1,2,\cdots,m.$$

由于 $\boldsymbol{p}_i\neq\mathbf{0},\ i=1,2,\cdots,m$, 所以必有 $k_i=0,\ i=1,2,\cdots,m$, 这正是所要证明的. □

例 4.23 设方阵 $\boldsymbol{A}=\begin{pmatrix}2 & 0 & 0\\ 0 & 0 & 1\\ 0 & 1 & x\end{pmatrix}$ 与 $\boldsymbol{B}=\begin{pmatrix}2 & 0 & 0\\ 0 & y & 0\\ 0 & 0 & -1\end{pmatrix}$ 相似, 求 $x,y$ 之值, 并求可逆阵 $\boldsymbol{P}$, 使 $\boldsymbol{P}^{-1}\boldsymbol{A}\boldsymbol{P}=\boldsymbol{B}$.

解 由定理 4.4, 因为 $\boldsymbol{A}$ 与 $\boldsymbol{B}$ 相似, 所以有 $\begin{cases}|\boldsymbol{A}|=|\boldsymbol{B}|,\\ \operatorname{tr}(\boldsymbol{A})=\operatorname{tr}(\boldsymbol{B}),\end{cases}$ 即得 $\begin{cases}-2=-2y,\\ 2+x=2+y+(-1),\end{cases}$ 解得 $\begin{cases}x=0,\\ y=1.\end{cases}$

由定理 4.4 的(3)知, $\boldsymbol{A}$ 与 $\boldsymbol{B}$ 的特征值相同, 所以 $\boldsymbol{A}$ 的特征值分别是:$\lambda_1=2,\lambda_2=1,\lambda_3=-1$.

可得 $\lambda_1=2$ 对应的特征向量为: $k\begin{pmatrix}1\\0\\0\end{pmatrix}(k\neq 0)$; $\lambda_2=1$ 对应的特征向量为: $k\begin{pmatrix}0\\1\\1\end{pmatrix}(k\neq 0)$; $\lambda_3=-1$ 对应的特征向量为: $k\begin{pmatrix}0\\1\\-1\end{pmatrix}(k\neq 0)$. 可取 $\boldsymbol{P}=\begin{pmatrix}1 & 0 & 0\\ 0 & 1 & 1\\ 0 & 1 & -1\end{pmatrix}$, 则有 $\boldsymbol{P}^{-1}\boldsymbol{A}\boldsymbol{P}=\boldsymbol{B}$.

例 4.24 已知方阵 $\boldsymbol{A}=\begin{pmatrix}1 & -1 & 1\\ x & 4 & y\\ -3 & -3 & 5\end{pmatrix}$ 与对角矩阵相似, 且 $\lambda=2$ 是 $\boldsymbol{A}$ 的二重特征值. 求:

(1) $x$ 与 $y$ 的值;

(2) 可逆矩阵 $\boldsymbol{P}$ 使 $\boldsymbol{P}^{-1}\boldsymbol{A}\boldsymbol{P}$ 为对角矩阵.

解 (1) 由定理 4.6 知, 应有 $\mathrm{r}(2\boldsymbol{E}-\boldsymbol{A})=3-2=1$. 由于

$$2\boldsymbol{E}-\boldsymbol{A}=\begin{pmatrix}1 & 1 & -1\\ -x & -2 & -y\\ 3 & 3 & -3\end{pmatrix}\to\begin{pmatrix}1 & 1 & -1\\ 0 & 2-x & y+x\\ 0 & 0 & 0\end{pmatrix},$$

所以必有 $2-x=0, y+x=0$, 从而 $x=2, y=-2$.

(2) 求另一个特征值 $\lambda_3$. 由定理 4.2 的(2)得 $|\boldsymbol{A}|=24=2^2\times\lambda_3$, 所以得 $\lambda_3=6$.

解齐次方程组 $(2\boldsymbol{E}-\boldsymbol{A})\boldsymbol{x}=\boldsymbol{0}$ 得基础解系(见下面 $\boldsymbol{P}$ 的前两列), 解 $(6\boldsymbol{E}-\boldsymbol{A})\boldsymbol{x}=\boldsymbol{0}$ 得基础解系 (见下面 $\boldsymbol{P}$ 的第三列)(也可详见例 4.12), 所以有

$$\boldsymbol{P}=\begin{pmatrix}1&1&1\\-1&0&-2\\0&1&3\end{pmatrix},\quad \boldsymbol{P}^{-1}\boldsymbol{AP}=\begin{pmatrix}2&&\\&2&\\&&6\end{pmatrix}.$$

例 4.25 判断矩阵 $\boldsymbol{A}=\begin{pmatrix}3&0&0\\0&3&0\\0&0&3\end{pmatrix}$ 与 $\boldsymbol{B}=\begin{pmatrix}3&1&0\\0&3&1\\0&0&3\end{pmatrix}$ 是否相似.

解 $\boldsymbol{A}$ 是一个对角矩阵, 特征值为 3(三重), $\boldsymbol{B}$ 也有三重特征值 3, 所以只要检验 $\boldsymbol{B}$ 是否与对角矩阵相似. 由于

$$3\boldsymbol{E}-\boldsymbol{B}=\begin{pmatrix}0&-1&0\\0&0&-1\\0&0&0\end{pmatrix},$$

所以 $\mathrm{r}(3\boldsymbol{E}-\boldsymbol{B})=2$, 则齐次方程组 $(3\boldsymbol{E}-\boldsymbol{B})\boldsymbol{x}=\boldsymbol{0}$ 的基础解析中有 $3-2=1$ 个特征向量, 即属于特征值 3 的线性无关特征向量只有 1 个, 所以 $\boldsymbol{B}$ 不能相似对角化, 故 $\boldsymbol{A}$ 与 $\boldsymbol{B}$ 不相似.

例 4.26 设三阶实对称矩阵 $\boldsymbol{A}$ 的特征值为 $\lambda_1=-1,\ \lambda_2=\lambda_3=1$, 属于 $\lambda_1$ 的特征向量为 $\boldsymbol{\xi}_1=(0,\ 1,\ 1)^{\mathrm{T}}$, 求矩阵 $\boldsymbol{A}$.

解 **方法 1** 设属于 $\lambda_2=\lambda_3=1$ 的特征向量为 $\boldsymbol{\xi}=(x_1,\ x_2,\ x_3)^{\mathrm{T}}$, 则 $\boldsymbol{\xi}$ 与 $\boldsymbol{\xi}_1$ 正交, 由此得线性方程组 $x_2+x_3=0$, 解得基础解系 $\boldsymbol{\xi}_2=(1,-1,\ 1)^{\mathrm{T}}, \boldsymbol{\xi}_3=(0,-1,\ 1)^{\mathrm{T}}$, 令 $\boldsymbol{P}=(\boldsymbol{\xi}_1,\boldsymbol{\xi}_2,\boldsymbol{\xi}_3)$, 则有 $\boldsymbol{AP}=\boldsymbol{P\Lambda}$, 其中 $\boldsymbol{\Lambda}=\mathrm{diag}(-1,\ 1,\ 1)$, 所以

$$\boldsymbol{A}=\boldsymbol{P\Lambda P}^{-1}=\begin{pmatrix}0&1&0\\1&-1&-1\\1&1&1\end{pmatrix}\begin{pmatrix}-1&&\\&1&\\&&1\end{pmatrix}\begin{pmatrix}0&\frac{1}{2}&\frac{1}{2}\\1&0&0\\-1&-\frac{1}{2}&\frac{1}{2}\end{pmatrix}=\begin{pmatrix}1&0&0\\0&0&-1\\0&-1&0\end{pmatrix}.$$

**方法 2** 设属于 $\lambda_2=\lambda_3=1$ 的相互正交的特征向量为 $\boldsymbol{\xi}_2=(x_1,x_2,x_3)^{\mathrm{T}}, \boldsymbol{\xi}_3=(y_1,y_2,y_3)^{\mathrm{T}}$. 由 $\boldsymbol{\xi}_1$ 与 $\boldsymbol{\xi}_2$ 相互正交得线性方程组 $x_2+x_3=0$, 取(基础解系)$\boldsymbol{\xi}_2=(0,\ -1,\ 1)^{\mathrm{T}}$. 由 $\boldsymbol{\xi}_3$ 与 $\boldsymbol{\xi}_1$, $\boldsymbol{\xi}_2$ 都正交得线性方程组 $\begin{cases}y_2+y_3=0,\\y_2-y_3=0,\end{cases}$ 取(基础解系)$\boldsymbol{\xi}_3=(1,\ 0,\ 0)^{\mathrm{T}}$, 令 $\boldsymbol{Q}=(\boldsymbol{\xi}_1,\boldsymbol{\xi}_2,\boldsymbol{\xi}_3)$, 则 $\boldsymbol{AQ}=\boldsymbol{Q\Lambda}$, 其中 $\boldsymbol{\Lambda}=\mathrm{diag}(-1,\ 1,\ 1)$, 所以 $\boldsymbol{A}=\boldsymbol{Q\Lambda Q}^{-1}$, 经计算, 所得结果与方法 1 中相同.

例 4.27 设三阶实对称矩阵 $\boldsymbol{A}$ 按列分块为 $\boldsymbol{A}=(\boldsymbol{\alpha}_1,\boldsymbol{\alpha}_2,\boldsymbol{\alpha}_3)$, 满足 $\boldsymbol{\alpha}_1-\boldsymbol{\alpha}_2=\boldsymbol{0}$. 如果 $\boldsymbol{A}$ 的每行元素之和都为 2, 且 $\mathrm{tr}\boldsymbol{A}=0$, 求矩阵 $\boldsymbol{A}$.

**分析** 若要 $\boldsymbol{A}$ 的每行元素相加, 只要以向量$(1,1,1)^{\mathrm{T}}$ 右乘 $\boldsymbol{A}$.

解　由 $\boldsymbol{\alpha}_1-\boldsymbol{\alpha}_2=\mathbf{0}$ 有 $(\boldsymbol{\alpha}_1,\boldsymbol{\alpha}_2,\boldsymbol{\alpha}_3)\begin{pmatrix}1\\-1\\0\end{pmatrix}=\mathbf{0}$, 则 $\boldsymbol{\xi}_1=\begin{pmatrix}1\\-1\\0\end{pmatrix}$ 是 $\boldsymbol{A}$ 的特征向量, 对应于特征值 $\lambda_1=0$.

由 $\boldsymbol{A}$ 的每行元素之和为 2 知 $\boldsymbol{\xi}_2=\begin{pmatrix}1\\1\\1\end{pmatrix}$ 是 $\boldsymbol{A}$ 特征向量, 满足 $\boldsymbol{A}\boldsymbol{\xi}_2=2\boldsymbol{\xi}_2$, 且 $\boldsymbol{\xi}_2$ 对应于特征值 $\lambda_2=2$.

由 $\mathrm{tr}\boldsymbol{A}=0$ 可得 $\boldsymbol{A}$ 的第三个特征值为 $\lambda_3=\mathrm{tr}\boldsymbol{A}-\lambda_1-\lambda_2=-2$. 由于 $\boldsymbol{A}$ 实对称, 则 $\boldsymbol{A}$ 的第三个特征向量 $\boldsymbol{\xi}_3$ 与 $\boldsymbol{\xi}_1,\boldsymbol{\xi}_2$ 都正交, 可得 $\boldsymbol{\xi}_3=\begin{pmatrix}1\\1\\-2\end{pmatrix}$. 令 $\boldsymbol{P}=(\boldsymbol{\xi}_1,\boldsymbol{\xi}_2,\boldsymbol{\xi}_3)$, $\boldsymbol{\Lambda}=\mathrm{diag}(0,\ 2,-2)$, 则 $\boldsymbol{AP}=\boldsymbol{P\Lambda}$, 于是有

$$\boldsymbol{A}=\boldsymbol{P\Lambda P}^{-1}=\frac{1}{3}\begin{pmatrix}1&1&4\\1&1&4\\4&4&-2\end{pmatrix}.$$

例 4.28　设 $n$ 阶矩阵 $\boldsymbol{A}$ 满足方程 $\boldsymbol{A}^2-3\boldsymbol{A}+2\boldsymbol{E}=\boldsymbol{O}$, 证明矩阵 $\boldsymbol{A}$ 可相似对角化.

证明　令 $\mathrm{r}(\boldsymbol{A}-\boldsymbol{E})=r_1,\mathrm{r}(\boldsymbol{A}-2\boldsymbol{E})=r_2$. 设 $\lambda$ 为 $\boldsymbol{A}$ 的任一特征值, 由条件得 $\lambda^2-3\lambda+2=0$, 所以, $\lambda_1=1,\lambda_2=2$, 令特征值 $\lambda_1=1,\lambda_2=2$ 的重数分别为 $n_1,\ n_2$, 所以只需证明 $\mathrm{r}(\boldsymbol{E}-\boldsymbol{A})=n-n_1$, $\mathrm{r}(2\boldsymbol{E}-\boldsymbol{A})=n-n_2$.

由条件可得$(\boldsymbol{A}-\boldsymbol{E})(\boldsymbol{A}-2\boldsymbol{E})=\boldsymbol{O}$, 所以 $\mathrm{r}(\boldsymbol{A}-\boldsymbol{E})+\mathrm{r}(\boldsymbol{A}-2\boldsymbol{E})\leqslant n$. 另一方面, 由于 $\mathrm{r}(\boldsymbol{A}-\boldsymbol{E})+\mathrm{r}(\boldsymbol{A}-2\boldsymbol{E})=\mathrm{r}(\boldsymbol{E}-\boldsymbol{A})+\mathrm{r}(\boldsymbol{A}-2\boldsymbol{E})\geqslant\mathrm{r}\big[(\boldsymbol{E}-\boldsymbol{A})+(\boldsymbol{A}-2\boldsymbol{E})\big]=\mathrm{r}(-\boldsymbol{E})=n$, 所以有 $\mathrm{r}(\boldsymbol{A}-\boldsymbol{E})+\mathrm{r}(\boldsymbol{A}-2\boldsymbol{E})=n$, 从而 $r_1+r_2=n$.

另外, 由于几何重数不大于代数重数(即对矩阵 $\boldsymbol{A}$ 的任一特征值 $\lambda_i$, 方程组 $(\lambda_i\boldsymbol{E}-\boldsymbol{A})\boldsymbol{x}=\boldsymbol{O}$ 的基础解系中向量的个数不大于特征值 $\lambda_i$ 的重数), 所以有 $n-r_1\leqslant n_1$, $n-r_2\leqslant n_2$. 由以上证明可得 $n=2n-(r_1+r_2)=(n-r_1)+(n-r_2)\leqslant n_1+n_2=n$. 这样得到 $n-r_1=n_1$, $n-r_2=n_2$, 故有 $\mathrm{r}(\boldsymbol{E}-\boldsymbol{A})=n-n_1$, $\mathrm{r}(2\boldsymbol{E}-\boldsymbol{A})=n-n_2$. □

## 复　习　题　4

一、填空题

1. 设 $\boldsymbol{\alpha}=(a_1,a_2,\cdots,a_n)^{\mathrm{T}}$, $\boldsymbol{\beta}=(b_1,b_2,\cdots,b_n)^{\mathrm{T}}$ 为非零向量, 矩阵 $\boldsymbol{A}=\boldsymbol{\alpha}\boldsymbol{\beta}^{\mathrm{T}}$, 若 $\boldsymbol{\alpha}^{\mathrm{T}}\boldsymbol{\beta}=\mathbf{0}$, 则 $\boldsymbol{A}^2=$ ________, 矩阵 $\boldsymbol{A}$ 的所有特征值为________, 由 $\boldsymbol{A}\boldsymbol{\alpha}=0$ 可得 $\boldsymbol{A}$ 的一个特征向量为________; 可以得到线性方程组 $\boldsymbol{A}\boldsymbol{x}=\mathbf{0}$ 的解满足 $\boldsymbol{\beta}^{\mathrm{T}}\boldsymbol{x}=$ ________.

2. 若三阶方阵$\boldsymbol{A}$按列分块为 $\boldsymbol{A}=\big(\boldsymbol{\alpha}_1,\boldsymbol{\alpha}_2,\boldsymbol{\alpha}_3\big)$, 且满足 $\boldsymbol{\alpha}_1-\boldsymbol{\alpha}_2+\boldsymbol{\alpha}_3=\mathbf{0}$, 则矩阵$\boldsymbol{A}$有特征值________, 对应的特征向量为________.

3. 已知矩阵 $\boldsymbol{A}=\begin{pmatrix}3&-2&1\\a&-a&a\\3&-6&5\end{pmatrix}$, $\lambda_0$ 是 $\boldsymbol{A}$ 的 3 重特征值, 则 $a=$________, $\lambda_0=$________.

4. 设三阶矩阵 $\boldsymbol{A}$ 的特征值为 1, −1, −2, 则矩阵 $\boldsymbol{A}^2+2\boldsymbol{A}+2\boldsymbol{E}$ 的特征值为________, 行列式 $|\boldsymbol{A}^2+2\boldsymbol{A}+2\boldsymbol{E}|=$________, 行列式 $|\boldsymbol{A}^*+2\boldsymbol{A}+2\boldsymbol{E}|=$________.

5. 设矩阵 $\boldsymbol{A}=\begin{pmatrix}3&1&1\\1&3&1\\1&1&3\end{pmatrix}$, $\boldsymbol{P}=\begin{pmatrix}1&0&0\\1&1&0\\0&1&2\end{pmatrix}$, $\boldsymbol{B}=\boldsymbol{P}^{-1}\boldsymbol{A}^*\boldsymbol{P}$, 其中 $\boldsymbol{A}^*$ 为矩阵 $\boldsymbol{A}$ 的伴随矩阵, 则矩阵 $\boldsymbol{B}-2\boldsymbol{E}$ 的特征值为________.

6. 设向量 $\boldsymbol{\alpha}=(1,\ 0,\ k)^{\mathrm{T}}$, 矩阵 $\boldsymbol{A}=\boldsymbol{\alpha}\boldsymbol{\alpha}^{\mathrm{T}}$, 若 $\boldsymbol{A}$ 与矩阵 $\boldsymbol{P}=\begin{pmatrix}2&0&0\\0&0&0\\0&0&0\end{pmatrix}$ 相似, 且 $k<0$, 则 $k=$________.

7. 若 $n$ 阶矩阵 $\boldsymbol{A}$ 的每行元素之和都为 $a$, 则 $\boldsymbol{A}$ 有特征值________, 其对应的特征向量为________, $\boldsymbol{A}$ 的所有元素之和为________.

8. 设 4 阶矩阵 $\boldsymbol{A}$ 满足条件 $|\boldsymbol{A}+3\boldsymbol{E}|=0$, $\boldsymbol{A}\boldsymbol{A}^{\mathrm{T}}=2\boldsymbol{E}$, $|\boldsymbol{A}|<0$, 则 $\boldsymbol{A}^*$ 的一个特征值为________.

9. 设 $\boldsymbol{A}$ 为三阶矩阵, 已知 $\boldsymbol{A}^{-1}$ 有特征值 1, 2, 3, 而 $A_{ij}$ 为 $|\boldsymbol{A}|$ 中元素 $a_{ij}$ 的代数余子式, 则 $A_{11}+A_{22}+A_{33}=$________.

10. 设 $n$ 阶方阵 $\boldsymbol{A}$ 有 $n$ 个特征值 0, 1, 2, $\cdots$, $n-1$, 且方阵 $\boldsymbol{B}$ 与 $\boldsymbol{A}$ 相似, 则 $|\boldsymbol{B}+\boldsymbol{E}|=$________.

11. 设三阶矩阵 $\boldsymbol{A}$ 与 $\boldsymbol{B}$ 相似, $\boldsymbol{A}$ 的特征值为 $\dfrac{1}{2}$, $\dfrac{1}{3}$, $\dfrac{1}{4}$, 则 $\begin{vmatrix}\boldsymbol{B}^{-1}-\boldsymbol{E}&\boldsymbol{E}\\\boldsymbol{O}&\boldsymbol{A}^{-1}\end{vmatrix}=$________.

12. 设 $\boldsymbol{A}$ 为三阶实对称矩阵, 且 $\boldsymbol{A}^2+\boldsymbol{A}=\boldsymbol{O}$, 若 $\mathrm{r}(\boldsymbol{A})=2$, 则 $\boldsymbol{A}$ 的相似标准形为________.

13. 设 $\boldsymbol{A}$ 为三阶矩阵, $\boldsymbol{P}$ 为三阶可逆矩阵, 且 $\boldsymbol{P}^{-1}\boldsymbol{A}\boldsymbol{P}=\begin{pmatrix}1&0&0\\0&1&0\\0&0&2\end{pmatrix}$, 若 $\boldsymbol{P}=(\boldsymbol{\alpha}_1,\ \boldsymbol{\alpha}_2,\ \boldsymbol{\alpha}_3)$, $\boldsymbol{Q}=(\boldsymbol{\alpha}_1,\ \boldsymbol{\alpha}_1+\boldsymbol{\alpha}_2,\ \boldsymbol{\alpha}_3)$, 则 $\boldsymbol{Q}^{-1}\boldsymbol{A}\boldsymbol{Q}=$________.

二、选择题 (单选题)

1. 设三阶矩阵 $\boldsymbol{A}=\begin{pmatrix}3&0&1\\4&-2&7\\-4&0&-1\end{pmatrix}$, 则下列向量中是 $\boldsymbol{A}$ 的特征向量的是 (　　).

(A) $(1,\ 0,\ 0)^{\mathrm{T}}$　(B) $(0,\ 0,\ 1)^{\mathrm{T}}$　(C) $(0,\ 1,\ 0)^{\mathrm{T}}$　(D) $(1,\ 1,\ 1)^{\mathrm{T}}$

2. 设 $(1,\ 2,-1)^{\mathrm{T}}$ 是矩阵 $\boldsymbol{A}=\begin{pmatrix}3&0&1\\2&a&2\\-5&1&-1\end{pmatrix}$ 的特征向量, 则常数 $a=$(　　).

(A) 1　　(B) $-1$　　(C) 2　　(D) $-2$

3. 设 $\boldsymbol{A}$ 是 $n$ 阶矩阵, $\lambda_1$ 与 $\lambda_2$ 是 $\boldsymbol{A}$ 的特征值, $\boldsymbol{\xi}_1$ 与 $\boldsymbol{\xi}_2$ 是相应的特征向量, 则 (　　).

(A) 当 $\lambda_1=\lambda_2$ 时, $\boldsymbol{\xi}_1$ 与 $\boldsymbol{\xi}_2$ 一定成比例

(B) 当 $\lambda_1=\lambda_2$ 时, $\boldsymbol{\xi}_1$ 与 $\boldsymbol{\xi}_2$ 一定不成比例

(C) 当 $\lambda_1\neq\lambda_2$ 时, $\boldsymbol{\xi}_1$ 与 $\boldsymbol{\xi}_2$ 一定成比例

(D) 当 $\lambda_1\neq\lambda_2$ 时, $\boldsymbol{\xi}_1$ 与 $\boldsymbol{\xi}_2$ 一定不成比例

4. 设 $\lambda=2$ 是可逆矩阵 $\boldsymbol{A}$ 的一个特征值, 则 $\left(\dfrac{1}{3}\boldsymbol{A}^2\right)^{-1}+\boldsymbol{E}$ ($\boldsymbol{E}$ 是单位矩阵)的一个特征值是 (　　).

(A) $-\dfrac{7}{3}$　　(B) $\dfrac{7}{4}$　　(C) $\dfrac{3}{4}$　　(D) $\dfrac{4}{3}$

5. 设矩阵 $\boldsymbol{A}=\begin{pmatrix}1&-1&1\\2&4&a\\-3&-3&5\end{pmatrix}$ 有特征值 $\lambda=6$, 则 (　　).

(A) $\boldsymbol{A}$ 可相似对角化　　(B) $\boldsymbol{A}$ 不可相似对角化　　(C) $\boldsymbol{A}$ 的特征值互异　　(D) $\boldsymbol{A}$ 有三重特征值

6. 设 $\boldsymbol{A}$ 是三阶矩阵, $\mathrm{r}(\boldsymbol{A})=1$, 则其特征值 $\lambda=0$(　　).

(A) 必是 $\boldsymbol{A}$ 的二重特征值　　(B) 至少是 $\boldsymbol{A}$ 的二重特征值

(C) 至多是 $\boldsymbol{A}$ 的二重特征值　　(D) 是 $\boldsymbol{A}$ 的一重、二重、三重特征值都可能

7. 已知 $\boldsymbol{\xi}_1$, $\boldsymbol{\xi}_2$ 是线性方程组 $(\lambda\boldsymbol{E}-\boldsymbol{A})\boldsymbol{x}=0$ 的两个不同的解向量, 则下列向量中必是 $\boldsymbol{A}$ 的对应于特征值 $\lambda$ 的特征向量是 (　　).

(A) $\boldsymbol{\xi}_1$　　(B) $\boldsymbol{\xi}_2$　　(C) $\boldsymbol{\xi}_1-\boldsymbol{\xi}_2$　　(D) $\boldsymbol{\xi}_1+\boldsymbol{\xi}_2$

8. 设 $\lambda_1$ 与 $\lambda_2$ 是 $n$ 阶方阵 $\boldsymbol{A}$ 的两个不同特征值, $\boldsymbol{p}_1$ 与 $\boldsymbol{p}_2$ 是 $\boldsymbol{A}$ 分别属于 $\lambda_1$ 与 $\lambda_2$ 的特征向量, 当 (　　)时, $\boldsymbol{\alpha}=k_1\boldsymbol{p}_1+k_2\boldsymbol{p}_2$ 必是 $\boldsymbol{A}$ 的特征向量.

(A) $k_1=0$ 且 $k_2=0$　　(B) $k_1\neq0,\ k_2\neq0$　　(C) $k_1k_2=0$　　(D) $k_1\neq0$ 而 $k_2=0$

9. 设 $\lambda_1$ 与 $\lambda_2$ 是方阵 $\boldsymbol{A}$ 的两个不同特征值, $\boldsymbol{\alpha}_1$ 与 $\boldsymbol{\alpha}_2$ 是对应的特征向量, 则 $\boldsymbol{\alpha}_1$, $\boldsymbol{A}(\boldsymbol{\alpha}_1+\boldsymbol{\alpha}_2)$ 线性无关的充分必要条件是 (　　)

(A) $\lambda_1\neq0$　　(B) $\lambda_2\neq0$　　(C) $\lambda_1=0$　　(D) $\lambda_2=0$

10. 设向量 $\boldsymbol{\alpha}=(a_1,a_2,\cdots,a_n)^{\mathrm{T}}$, $\boldsymbol{\beta}=(b_1,b_2,\cdots,b_n)^{\mathrm{T}}$ $(n\geqslant2)$ 都是非零向量, 且满足 $\boldsymbol{\alpha}^{\mathrm{T}}\boldsymbol{\beta}=0$, 记 $n$ 阶矩阵 $\boldsymbol{A}=\boldsymbol{\alpha}\boldsymbol{\beta}^{\mathrm{T}}$, 则 (　　).

(A) $\boldsymbol{A}$ 的特征值全是 0　　(B) $\boldsymbol{A}^2$ 不是非零矩阵

(C) $\boldsymbol{A}$ 是可逆矩阵　　(D) $\boldsymbol{A}$ 的特征值全不是 0

11. 设矩阵 $\boldsymbol{A}=\begin{pmatrix}1&0&0\\0&0&1\\0&1&x\end{pmatrix}$, $\boldsymbol{B}=\begin{pmatrix}1&0&0\\0&y&0\\0&0&-1\end{pmatrix}$, 已知 $\boldsymbol{A}$ 与 $\boldsymbol{B}$ 相似, 则 (　　).

(A) $x=1,\ y=-1$　　(B) $x=0,\ y=0$　　(C) $x=0,\ y=1$　　(D) $x=1,\ y=0$

12. 设矩阵 $\boldsymbol{A}$ 与 $\boldsymbol{B}$ 为 $n$ 阶实对称矩阵, 且 $|\lambda\boldsymbol{E}-\boldsymbol{A}|=|\lambda\boldsymbol{E}-\boldsymbol{B}|$, 则下列结论不正确的是 (　　).

(A) 对任何实数 $\lambda$, 都有 $\mathrm{r}(\lambda\boldsymbol{E}-\boldsymbol{A})=\mathrm{r}(\lambda\boldsymbol{E}-\boldsymbol{B})$ (B) $\boldsymbol{A}$ 与 $\boldsymbol{B}$ 相似于同一对角矩阵

(C) $\mathrm{r}(\boldsymbol{A})=\mathrm{r}(\boldsymbol{B})$ (D) $\boldsymbol{A}$ 与 $\boldsymbol{B}$ 的 $n$ 个特征向量两两正交

13. 设矩阵 $\boldsymbol{A}=\begin{pmatrix}1&0&0\\0&1&0\\0&0&2\end{pmatrix}$, 在下列矩阵中, 与矩阵 $\boldsymbol{A}$ 相似的是 (　　).

(A) $\boldsymbol{B}_1=\begin{pmatrix}1&0&0\\0&2&0\\0&0&2\end{pmatrix}$ (B) $\boldsymbol{B}_2=\begin{pmatrix}1&1&0\\0&1&0\\0&0&2\end{pmatrix}$

(C) $\boldsymbol{B}_3=\begin{pmatrix}1&0&0\\0&1&1\\0&0&2\end{pmatrix}$ (D) $\boldsymbol{B}_4=\begin{pmatrix}1&0&1\\0&2&0\\0&0&2\end{pmatrix}$

14. 矩阵 $\begin{pmatrix}1&a&1\\a&b&a\\1&a&1\end{pmatrix}$ 与 $\begin{pmatrix}2&0&0\\0&b&0\\0&0&0\end{pmatrix}$ 相似的充分必要条件是 (　　).

(A) $a=0,\ b=2$ (B) $a=0$, $b$ 为任意数

(C) $a=2,\ b=0$ (D) $a=2$, $b$ 为任意数

15. 在下列矩阵中, 与矩阵 $\begin{pmatrix}1&1&0\\0&1&1\\0&0&1\end{pmatrix}$ 相似的是 (　　).

(A) $\begin{pmatrix}1&1&-1\\0&1&1\\0&0&1\end{pmatrix}$ (B) $\begin{pmatrix}1&0&-1\\0&1&1\\0&0&1\end{pmatrix}$

(C) $\begin{pmatrix}1&1&-1\\0&1&0\\0&0&1\end{pmatrix}$ (D) $\begin{pmatrix}1&0&-1\\0&1&0\\0&0&1\end{pmatrix}$

16. 设 $\boldsymbol{A}$ 与 $\boldsymbol{B}$ 是可逆矩阵, 且 $\boldsymbol{A}$ 与 $\boldsymbol{B}$ 相似, 则下列结论错误的是 (　　).

(A) $\boldsymbol{A}^{\mathrm{T}}$ 与 $\boldsymbol{B}^{\mathrm{T}}$ 相似 (B) $\boldsymbol{A}^{-1}$ 与 $\boldsymbol{B}^{-1}$ 相似

(C) $\boldsymbol{A}+\boldsymbol{A}^{\mathrm{T}}$ 与 $\boldsymbol{B}+\boldsymbol{B}^{\mathrm{T}}$ 相似 (D) $\boldsymbol{A}+\boldsymbol{A}^{-1}$ 与 $\boldsymbol{B}+\boldsymbol{B}^{-1}$ 相似

三、计算题

1. 设 $\boldsymbol{A}$ 为三阶矩阵, $\boldsymbol{\alpha}_1,\ \boldsymbol{\alpha}_2,\ \boldsymbol{\alpha}_3$ 是线性无关的三维列向量, 且满足

$$\boldsymbol{A\alpha}_1=\boldsymbol{\alpha}_1+\boldsymbol{\alpha}_2+\boldsymbol{\alpha}_3,\ \boldsymbol{A\alpha}_2=2\boldsymbol{\alpha}_2+\boldsymbol{\alpha}_3,\ \boldsymbol{A\alpha}_3=2\boldsymbol{\alpha}_2+3\boldsymbol{\alpha}_3,$$

(1) 求矩阵 $\boldsymbol{B}$, 使得 $\boldsymbol{A}(\boldsymbol{\alpha}_1,\ \boldsymbol{\alpha}_2,\ \boldsymbol{\alpha}_3)=(\boldsymbol{\alpha}_1,\ \boldsymbol{\alpha}_2,\ \boldsymbol{\alpha}_3)\boldsymbol{B}$;

(2) 求矩阵 $\boldsymbol{A}$ 的特征值.

2. 设三阶实对称矩阵 $\boldsymbol{A}$ 的秩为 2, $\lambda_1=\lambda_2=6$ 是 $\boldsymbol{A}$ 的二重特征值, 若 $\boldsymbol{\alpha}_1=(1,\ 1,\ 0)^{\mathrm{T}}$, $\boldsymbol{\alpha}_2=(2,\ 1,\ 1)^{\mathrm{T}}$ 都是 $\boldsymbol{A}$ 的属于特征值 6 的特征向量. 求:

(1) $\boldsymbol{A}$ 的另一特征值和对应的特征向量;

(2) 矩阵 $\boldsymbol{A}$.

3. 设 $\boldsymbol{A}$ 是三阶矩阵, $\boldsymbol{A}$ 有 3 个不同的特征值, 对应的特征向量依次为 $\boldsymbol{\alpha}_1$, $\boldsymbol{\alpha}_2$, $\boldsymbol{\alpha}_3$, 令 $\boldsymbol{\beta}=\boldsymbol{\alpha}_1+\boldsymbol{\alpha}_2+\boldsymbol{\alpha}_3$, 证明: $\boldsymbol{\beta}$, $\boldsymbol{A\beta}$, $\boldsymbol{A}^2\boldsymbol{\beta}$ 线性无关.

4. 设矩阵 $\boldsymbol{A}=\begin{pmatrix}-1 & b & c\\ a & 5 & 3\\ 0 & 1+c & b\end{pmatrix}$, 其行列式 $|\boldsymbol{A}|=-1$, 又 $\boldsymbol{A}$ 的伴随矩阵 $\boldsymbol{A}^*$ 有一个特征值 $\lambda_0$, 属于 $\lambda_0$ 的一个特征向量为 $\boldsymbol{\alpha}=(-1,\ 1,-1)^{\mathrm{T}}$, 求 $a$, $b$, $c$ 和 $\lambda_0$ 的值.

5. 设 $\boldsymbol{A}$, $\boldsymbol{B}$ 均为 $n$ 阶方阵, 且 $\mathrm{r}(\boldsymbol{A})+\mathrm{r}(\boldsymbol{B})<n$, 证明 $\boldsymbol{A}$, $\boldsymbol{B}$ 有公共的特征向量.

6. 设三阶实对称矩阵 $\boldsymbol{A}$ 的秩 $\mathrm{r}(\boldsymbol{A})=2$, 且满足 $\boldsymbol{A}^2=2\boldsymbol{A}$, 求 $|4\boldsymbol{E}-\boldsymbol{A}|$ 的值.

7. 设 $\boldsymbol{A}$ 为三阶矩阵, $\boldsymbol{A}=\boldsymbol{E}+\boldsymbol{\alpha\beta}^{\mathrm{T}}$, 其中 $\boldsymbol{\alpha}=(a_1,\ a_2,\ a_3)^{\mathrm{T}}$, $\boldsymbol{\beta}=(b_1,\ b_2,\ b_3)^{\mathrm{T}}$ 均为非零向量, 且 $\boldsymbol{\alpha}^{\mathrm{T}}\boldsymbol{\beta}=2$, 求 $\boldsymbol{A}$ 的特征值与特征向量.

8. 设 $\boldsymbol{\alpha}=(a_1,a_2,\cdots,a_n)^{\mathrm{T}}$, $\boldsymbol{\beta}=(b_1,b_2,\cdots,b_n)^{\mathrm{T}}$ 都是非零向量, 且 $\boldsymbol{\alpha}^{\mathrm{T}}\boldsymbol{\beta}=0$, 记 $n$ 阶矩阵 $\boldsymbol{A}=\boldsymbol{\alpha\beta}^{\mathrm{T}}$. 试求: (1) $\boldsymbol{A}^2$; (2) 矩阵 $\boldsymbol{A}$ 的特征值与特征向量.

9. 设 $\boldsymbol{\alpha}$, $\boldsymbol{\beta}$ 是 $n$ 维列向量, 且 $\boldsymbol{\alpha}\neq\boldsymbol{0}$, $\boldsymbol{\beta}\neq\boldsymbol{0}$, $\boldsymbol{A}=\boldsymbol{\alpha\beta}^{\mathrm{T}}$, 证明: 当 $\boldsymbol{\alpha}^{\mathrm{T}}\boldsymbol{\beta}\neq 0$ 时, $\boldsymbol{A}$ 可对角化; 当 $\boldsymbol{\alpha}^{\mathrm{T}}\boldsymbol{\beta}=0$ 时, $\boldsymbol{A}$ 不可对角化.

10. 设矩阵 $\boldsymbol{A}=\begin{pmatrix}1 & 2 & -3\\ -1 & 4 & -3\\ 1 & a & 5\end{pmatrix}$ 有一个二重特征值, 求 $a$ 的值, 并讨论 $\boldsymbol{A}$ 能否对角化.

11. 已知矩阵 $\boldsymbol{A}=\begin{pmatrix}0 & -1 & 1\\ 2 & -3 & 0\\ 0 & 0 & 0\end{pmatrix}$. (Ⅰ) 求 $\boldsymbol{A}^{99}$; (Ⅱ) 设三阶矩阵 $\boldsymbol{B}=(\boldsymbol{\alpha}_1,\boldsymbol{\alpha}_2,\boldsymbol{\alpha}_3)$ 满足 $\boldsymbol{B}^2=\boldsymbol{BA}$, 记 $\boldsymbol{B}^{100}=(\boldsymbol{\beta}_1,\boldsymbol{\beta}_2,\boldsymbol{\beta}_3)$, 将 $\boldsymbol{\beta}_1,\boldsymbol{\beta}_2,\boldsymbol{\beta}_3$ 分别表示为 $\boldsymbol{\alpha}_1,\boldsymbol{\alpha}_2,\boldsymbol{\alpha}_3$ 的线性组合.

12. 设三阶矩阵 $\boldsymbol{A}=(\boldsymbol{\alpha}_1,\boldsymbol{\alpha}_2,\boldsymbol{\alpha}_3)$ 有 3 个不同的特征值, 且 $\boldsymbol{\alpha}_3=\boldsymbol{\alpha}_1+2\boldsymbol{\alpha}_2$.
(Ⅰ) 证明 $\mathrm{r}(\boldsymbol{A})=2$; (Ⅱ) 若 $\boldsymbol{\beta}=\boldsymbol{\alpha}_1+\boldsymbol{\alpha}_2+\boldsymbol{\alpha}_3$, 求方程组 $\boldsymbol{Ax}=\boldsymbol{\beta}$ 的通解.

13. 设 $\boldsymbol{A}=\begin{pmatrix}3 & 2 & -2\\ -k & -1 & k\\ 4 & 2 & -3\end{pmatrix}$, 问 $k$ 为何值时, 存在可逆阵 $\boldsymbol{P}$, 使得 $\boldsymbol{P}^{-1}\boldsymbol{AP}$ 为对角矩阵, 并求 $\boldsymbol{P}$ 及相应的对角矩阵.

14. 设矩阵 $\boldsymbol{A}=\begin{pmatrix}2 & 1 & 2\\ 1 & 2 & 2\\ 2 & 2 & 1\end{pmatrix}$, 求 $\varphi(\boldsymbol{A})=\boldsymbol{A}^{10}-6\boldsymbol{A}^9+5\boldsymbol{A}^8$.

15. 设 $n$ 阶矩阵 $\boldsymbol{A}$ 满足条件 $\boldsymbol{A}^2+2\boldsymbol{A}=3\boldsymbol{E}$, 证明: $\boldsymbol{A}$ 相似于对角矩阵.

四、应用题

某公司对所生产的产品通过市场营销调查得到的统计资料表明, 已经使用本公司的产品的客户中有60%表示仍会继续购买该公司的产品, 在尚未使用该产品的被调查者中, 25%的客户表示将购买该产品. 目前该产品市场占有率为 60%, 能否预测几年后该产品的市场情况?

# 第 5 章 二 次 型

**学习目标与要求**

1. 掌握二次型的矩阵表示, 了解二次型的秩的概念.

2. 了解合同变换和合同矩阵的概念.

3. 了解二次型的标准形、规范形等概念.

4. 了解惯性定理的条件和结论, 会用正交变换和配方法化二次型为标准形.

5. 理解正定(负定)二次型、正定(负定)矩阵的概念, 掌握正定矩阵的基本性质, 了解二次型在极值问题中的应用.

## 5.1 二次型及其矩阵表示

利用矩阵理论研究二次齐次多项式(二次型)具有重要的意义. 在数学的许多分支, 工程技术以及经济领域, 二次型都有广泛的应用.

**定义 5.1 二次型**

含有 $n$ 个变量 $x_1, x_2, \cdots, x_n$ 的二次多项式

$$\begin{aligned} f(x_1,x_2,\cdots,x_n) = & a_{11}x_1^2 + a_{22}x_2^2 + \cdots + a_{nn}x_n^2 \\ & +2a_{12}x_1x_2 + 2a_{13}x_1x_3 + \cdots + 2a_{n-1n}x_{n-1}x_n \end{aligned} \tag{5.1}$$

称为 $n$ 元**二次型**. 当系数 $a_{ij}$ 中有虚数时, 称为**复二次型**; 当 $a_{ij}$ 都为实数时, 称为**实二次型**.

本书只讨论实二次型.

为方便起见, 令 $a_{ij} = a_{ji}$, 则 $2a_{ij} = a_{ij} + a_{ji}$, 于是式(5.1)可写成:

$$\begin{aligned} f = & a_{11}x_1^2 + a_{12}x_1x_2 + \cdots + a_{1n}x_1x_n \\ & +a_{21}x_2x_1 + a_{22}x_2^2 + \cdots + a_{2n}x_2x_n \\ & \qquad \vdots \\ & +a_{n1}x_nx_1 + a_{n2}x_nx_2 + \cdots + a_{nn}x_n^2 = \sum_{i=1}^{n}\sum_{j=1}^{n} a_{ij}x_ix_j \\ = & x_1(a_{11}x_1 + a_{12}x_2 + \cdots + a_{1n}x_n) \\ & +x_2(a_{21}x_1 + a_{22}x_2 + \cdots + a_{2n}x_n) \\ & \qquad \vdots \\ & +x_n(a_{n1}x_1 + a_{n2}x_2 + \cdots + a_{nn}x_n) \end{aligned}$$

$$= (x_1,\ x_2,\ \cdots,\ x_n)\begin{pmatrix} a_{11}x_1 + a_{12}x_2 + \cdots + a_{1n}x_n \\ a_{21}x_1 + a_{22}x_2 + \cdots + a_{2n}x_n \\ \vdots \\ a_{n1}x_1 + a_{n2}x_2 + \cdots + a_{nn}x_n \end{pmatrix}$$

$$= (x_1,\ x_2,\ \cdots,\ x_n)\begin{pmatrix} a_{11} & a_{12} & \cdots & a_{1n} \\ a_{21} & a_{22} & \cdots & a_{2n} \\ \vdots & \vdots & & \vdots \\ a_{n1} & a_{n2} & \cdots & a_{nn} \end{pmatrix}\begin{pmatrix} x_1 \\ x_2 \\ \vdots \\ x_n \end{pmatrix} = \boldsymbol{x}^{\mathrm{T}}\boldsymbol{A}\boldsymbol{x}, \tag{5.2}$$

其中

$$\boldsymbol{A} = \begin{pmatrix} a_{11} & a_{12} & \cdots & a_{1n} \\ a_{21} & a_{22} & \cdots & a_{2n} \\ \vdots & \vdots & & \vdots \\ a_{n1} & a_{n2} & \cdots & a_{nn} \end{pmatrix},\quad \boldsymbol{x} = \begin{pmatrix} x_1 \\ x_2 \\ \vdots \\ x_n \end{pmatrix}. \tag{5.3}$$

式 (5.2)称为二次型 $f$ 的**矩阵形式**, 实对称矩阵 $\boldsymbol{A}$ 称为**二次型 $f$ 的矩阵**, $f$ 称为实对称**矩阵 $\boldsymbol{A}$ 的二次型**, 实对称矩阵 $\boldsymbol{A}$ 的秩称为**二次型 $f$ 的秩**.

例 5.1　求二次型 $f(x_1,\ x_2,\ x_3) = x_1^2 + x_2^2 - 3x_3^2 + 2x_1x_2 + 6x_1x_3 - 2x_2x_3$ 的秩.

解　二次型的矩阵为 $\boldsymbol{A} = \begin{pmatrix} 1 & 1 & 3 \\ 1 & 1 & -1 \\ 3 & -1 & -3 \end{pmatrix}$, 对 $\boldsymbol{A}$ 进行初等变换有 $\boldsymbol{A} \to \begin{pmatrix} 1 & 1 & 3 \\ 0 & 1 & 3 \\ 0 & 0 & 1 \end{pmatrix}$, 得 $\mathrm{r}(\boldsymbol{A}) = 3$, 所以二次型 $f$ 的秩为 3 .

## 习　题　5.1

一、选择题 (单选题)

1. 已知二次型 $f(x_1,\ x_2,\ x_3) = a(x_1^2 + x_2^2 + x_3^2) + 2(x_1x_2 + x_1x_3 + x_2x_3)$ 的秩为 2, 则 $a =$(　　).

(A) 0　　(B) 1　　(C) $-2$　　(D) 2

2. 二次型 $f(x_1, x_2, x_3) = \sum\limits_{i=1}^{3}(a_{i1}x_1 + a_{i2}x_2 + a_{i3}x_3)^2$, 如果记 $\boldsymbol{A} = \begin{pmatrix} a_{11} & a_{12} & a_{13} \\ a_{21} & a_{22} & a_{23} \\ a_{31} & a_{32} & a_{33} \end{pmatrix}$, 则二次型 $f$ 的矩阵为 (　　).

(A) $\boldsymbol{A}$　　(B) $\boldsymbol{A}^{\mathrm{T}}$　　(C) $\boldsymbol{A}\boldsymbol{A}^{\mathrm{T}}$　　(D) $\boldsymbol{A}^{\mathrm{T}}\boldsymbol{A}$

二、计算题

1. 写出下列二次型的矩阵，并指出它们的秩.

(1) $f(x_1,x_2,x_3)=(x_1,x_2,x_3)\begin{pmatrix}1&1&3\\2&0&3\\-1&2&1\end{pmatrix}\begin{pmatrix}x_1\\x_2\\x_3\end{pmatrix}$;

(2) $f(x_1,x_2,x_3)=x_1^2+x_2^2-7x_3^2-2x_1x_2-4x_1x_3-4x_2x_3$;

(3) $f(x_1,x_2,x_3)=x_1^2+2x_2^2+5x_3^2+2x_1x_2+4x_1x_3+2x_2x_3$;

(4) $f(x_1,x_2,x_3,x_4)=2x_1x_2+2x_2x_3+2x_3x_4+2x_4x_1$;

(5) $f(x_1,x_2,x_3)=(x_1+x_2+2x_3)^2+(x_1+2x_2+2x_3)^2$.

2. 写出下列对称矩阵的二次型:

(1) $\begin{pmatrix}-1&4&6\\4&2&-5\\6&-5&-3\end{pmatrix}$; (2) $\begin{pmatrix}1&-1&2&3\\-1&0&1&1\\2&1&-1&2\\3&1&2&-1\end{pmatrix}$.

3. 设二次型 $f(x_1,x_2,x_3)=x_1^2+ax_2^2+ax_3^2+2x_1x_2+6x_1x_3$ 的秩为 2, 求常数 $a$ 的值.

4. 求 $n$ 阶矩阵 $\boldsymbol{A}=\begin{pmatrix}0&1&\cdots&1\\1&0&\cdots&1\\\vdots&\vdots&&\vdots\\1&1&\cdots&0\end{pmatrix}$ 所对应的二次型.

5. 设二次型 $f(x_1,x_2,x_3)=\sum\limits_{i=1}^{3}(a_{i1}x_1+a_{i2}x_2+a_{i3}x_3)^2$, 记 $\boldsymbol{A}=\begin{pmatrix}a_{11}&a_{12}&a_{13}\\a_{21}&a_{22}&a_{23}\\a_{31}&a_{32}&a_{33}\end{pmatrix}$, 证明: 二次型 $f$ 的秩等于 $\mathrm{r}(\boldsymbol{A})$.

6. 设 $f(x_1,\ x_2,\ \cdots,\ x_n)=\boldsymbol{x}^{\mathrm{T}}\boldsymbol{A}\boldsymbol{x}$ 为 $n$ 元实二次型, 其中 $\boldsymbol{A}$ 不是对称矩阵. 证明如果对任意向量 $\boldsymbol{x}$ 都有 $\boldsymbol{x}^{\mathrm{T}}\boldsymbol{A}\boldsymbol{x}=0$, 则 $\boldsymbol{A}$ 为反对称矩阵.

## 5.2 化二次型为标准形

化二次型为标准形是研究二次型的重要方法.

### 5.2.1 二次型的标准形

记 $n$ 阶矩阵 $\boldsymbol{C}=(c_{ij})$, 向量 $\boldsymbol{x}=(x_1,x_2,\cdots,x_n)^{\mathrm{T}}$, $\boldsymbol{y}=(y_1,y_2,\cdots,y_n)^{\mathrm{T}}$, 作线性变换 $\boldsymbol{x}=\boldsymbol{C}\boldsymbol{y}$, 即

$$\begin{cases} x_1 = c_{11}y_1 + c_{12}y_2 + \cdots + c_{1n}y_n, \\ x_2 = c_{21}y_1 + c_{22}y_2 + \cdots + c_{2n}y_n, \\ \qquad \vdots \\ x_n = c_{n1}y_1 + c_{n2}y_2 + \cdots + c_{nn}y_n, \end{cases} \tag{5.4}$$

称 $\boldsymbol{C}$ 为**线性变换矩阵**. 如果 $\boldsymbol{C}$ 可逆, 则称该变换为**可逆线性变换**.

将可逆线性变换 $\boldsymbol{x} = \boldsymbol{C}\boldsymbol{y}$ 代入二次型 $f = \boldsymbol{x}^{\mathrm{T}}\boldsymbol{A}\boldsymbol{x}$ 中有

$$f = \boldsymbol{x}^{\mathrm{T}}\boldsymbol{A}\boldsymbol{x} = (\boldsymbol{C}\boldsymbol{y})^{\mathrm{T}}\boldsymbol{A}(\boldsymbol{C}\boldsymbol{y}) = \boldsymbol{y}^{\mathrm{T}}(\boldsymbol{C}^{\mathrm{T}}\boldsymbol{A}\boldsymbol{C})\boldsymbol{y},$$

由于 $\boldsymbol{C}^{\mathrm{T}}\boldsymbol{A}\boldsymbol{C}$ 仍为对称矩阵, 且 $\mathrm{r}(\boldsymbol{C}^{\mathrm{T}}\boldsymbol{A}\boldsymbol{C}) = \mathrm{r}(\boldsymbol{A})$, 所以二次型 $f$ 经可逆线性变换 $\boldsymbol{x} = \boldsymbol{C}\boldsymbol{y}$ 后, 其矩阵 $\boldsymbol{A}$ 变为 $\boldsymbol{C}^{\mathrm{T}}\boldsymbol{A}\boldsymbol{C}$, 且变换后二次型的秩不变.

**定义 5.2 矩阵的合同**

设 $\boldsymbol{A}$, $\boldsymbol{B}$ 都是 $n$ 阶矩阵, 如果存在可逆矩阵 $\boldsymbol{C}$, 使得 $\boldsymbol{C}^{\mathrm{T}}\boldsymbol{A}\boldsymbol{C} = \boldsymbol{B}$, 则称**矩阵** $\boldsymbol{A}$ **与** $\boldsymbol{B}$ **合同**, 或称**矩阵** $\boldsymbol{A}$ **合同于矩阵** $\boldsymbol{B}$.

**矩阵的合同**是一种等价关系, 即它有以下三个**性质**:

(1) 自反性: 矩阵 $\boldsymbol{A}$ 与 $\boldsymbol{A}$ 合同;

(2) 对称性: 如果矩阵 $\boldsymbol{A}$ 与 $\boldsymbol{B}$ 合同, 则矩阵 $\boldsymbol{B}$ 与 $\boldsymbol{A}$ 合同;

(3) 传递性: 若矩阵 $\boldsymbol{A}$ 与 $\boldsymbol{B}$ 合同, 矩阵 $\boldsymbol{B}$ 与 $\boldsymbol{C}$ 合同, 则矩阵 $\boldsymbol{A}$ 与 $\boldsymbol{C}$ 合同.

若二次型 $f(x_1, x_2, \cdots, x_n)$ 经过可逆线性变换 $\boldsymbol{x} = \boldsymbol{C}\boldsymbol{y}$ 化为

$$b_1y_1^2 + b_2y_2^2 + \cdots + b_ny_n^2, \tag{5.5}$$

则称式(5.5)为二次型 $f(x_1, x_2, \cdots, x_n)$ 的**标准形.**

所以, 在可逆线性变换 $\boldsymbol{x} = \boldsymbol{C}\boldsymbol{y}$ 下, 二次型 $f(x_1, x_2, \cdots, x_n) = \boldsymbol{x}^{\mathrm{T}}\boldsymbol{A}\boldsymbol{x}$ 化为 $f = \boldsymbol{y}^{\mathrm{T}}(\boldsymbol{C}^{\mathrm{T}}\boldsymbol{A}\boldsymbol{C})\boldsymbol{y}$, 如果 $\boldsymbol{C}^{\mathrm{T}}\boldsymbol{A}\boldsymbol{C}$ 为对角矩阵

$$\begin{pmatrix} b_1 & 0 & \cdots & 0 \\ 0 & b_2 & \cdots & 0 \\ \vdots & \vdots & & \vdots \\ 0 & 0 & \cdots & b_n \end{pmatrix},$$

则二次型 $f(x_1, x_2, \cdots, x_n)$ 就化为标准形(5.5).

### 5.2.2 正交变换法

由 4.4 节实对称矩阵对角化知, 对于实对称矩阵 $\boldsymbol{A}$, 存在正交矩阵 $\boldsymbol{P}$, 使 $\boldsymbol{P}^{-1}\boldsymbol{A}\boldsymbol{P} = \boldsymbol{P}^{\mathrm{T}}\boldsymbol{A}\boldsymbol{P}$ 成为对角矩阵, 这样, 在正交变换 $\boldsymbol{x} = \boldsymbol{P}\boldsymbol{y}$ 下, 二次型 $f(x_1, x_2, \cdots, x_n) = \boldsymbol{x}^{\mathrm{T}}\boldsymbol{A}\boldsymbol{x}$ 就化为标准形:

$$\lambda_1y_1^2 + \lambda_2y_2^2 + \cdots + \lambda_ny_n^2, \tag{5.6}$$

其中 $\lambda_1$, $\lambda_2$, $\cdots$, $\lambda_n$ 为矩阵 $\boldsymbol{A}$ 的 $n$ 个特征值.

**定理 5.1 主轴定理**

任何 $n$ 元实二次型 $f = \boldsymbol{x}^{\mathrm{T}}\boldsymbol{A}\boldsymbol{x}$ 都可通过正交变换 $\boldsymbol{x} = \boldsymbol{P}\boldsymbol{y}$ 化为标准形

$$\lambda_1y_1^2 + \lambda_2y_2^2 + \cdots + \lambda_ny_n^2,$$

其中 $\lambda_1, \lambda_2, \cdots, \lambda_n$ 为二次型 $f$ 的矩阵 $\boldsymbol{A}=(a_{ij})$ 的 $n$ 个特征值, $\boldsymbol{P}$ 是正交矩阵.

证明 略.

**用正交变换 $\boldsymbol{x}=\boldsymbol{P}\boldsymbol{y}$ 化二次型为标准形的步骤**如下:

(1) 求出二次型 $f=\boldsymbol{x}^{\mathrm{T}}\boldsymbol{A}\boldsymbol{x}$ 的矩阵 $\boldsymbol{A}$;

(2) 求出矩阵 $\boldsymbol{A}$ 的所有特征值 $\lambda_1, \lambda_2, \cdots, \lambda_n$;

(3) 求出对应于各特征值的特征向量 $\boldsymbol{\xi}_1, \boldsymbol{\xi}_2, \cdots, \boldsymbol{\xi}_n$;

(4) 将 $\boldsymbol{\xi}_1, \boldsymbol{\xi}_2, \cdots, \boldsymbol{\xi}_n$ 正交化, 单位化, 得规范正交向量组 $\boldsymbol{p}_1, \boldsymbol{p}_2, \cdots, \boldsymbol{p}_n$, 记

$$\boldsymbol{P}=(\boldsymbol{p}_1, \boldsymbol{p}_2, \cdots, \boldsymbol{p}_n),$$

(5) 作正交变换 $\boldsymbol{x}=\boldsymbol{P}\boldsymbol{y}$, 则得标准形 $f=\lambda_1 y_1^2+\lambda_2 y_2^2+\cdots+\lambda_n y_n^2$.

例 5.2 用正交变换将二次型 $f(x_1,x_2,x_3)=x_1^2+x_2^2+x_3^2-4x_1x_2+4x_1x_3-4x_2x_3$ 化为标准形.

解 二次型的矩阵为

$$\boldsymbol{A}=\begin{pmatrix}1&-2&2\\-2&1&-2\\2&-2&1\end{pmatrix}.$$

由 $|\lambda\boldsymbol{E}-\boldsymbol{A}|=\begin{vmatrix}\lambda-1&2&-2\\2&\lambda-1&2\\-2&2&\lambda-1\end{vmatrix}=(\lambda+1)^2(\lambda-5)$, 得特征值 $\lambda_1=\lambda_2=-1,\ \lambda_3=5$.

对 $\lambda_1=\lambda_2=-1$, 解方程组 $(-\boldsymbol{E}-\boldsymbol{A})\boldsymbol{x}=\boldsymbol{0}$, 由

$$-\boldsymbol{E}-\boldsymbol{A}=\begin{pmatrix}-2&2&-2\\2&-2&2\\-2&2&-2\end{pmatrix}\to\begin{pmatrix}1&-1&1\\0&0&0\\0&0&0\end{pmatrix}$$

得基础解系 $\boldsymbol{\xi}_1=\begin{pmatrix}1\\1\\0\end{pmatrix},\ \boldsymbol{\xi}_2=\begin{pmatrix}-1\\0\\1\end{pmatrix}$. 将 $\boldsymbol{\xi}_1, \boldsymbol{\xi}_2$ 正交化, 令

$$\boldsymbol{\eta}_1=\boldsymbol{\xi}_1,$$

$$\boldsymbol{\eta}_2=\boldsymbol{\xi}_2-\frac{[\boldsymbol{\xi}_2,\boldsymbol{\eta}_1]}{[\boldsymbol{\eta}_1,\boldsymbol{\eta}_1]}\boldsymbol{\eta}_1=\begin{pmatrix}-1\\0\\1\end{pmatrix}+\frac{1}{2}\begin{pmatrix}1\\1\\0\end{pmatrix}=\frac{1}{2}\begin{pmatrix}-1\\1\\2\end{pmatrix},$$

再将 $\boldsymbol{\eta}_1, \boldsymbol{\eta}_2$ 单位化, 令

$$\boldsymbol{p}_1=\frac{\boldsymbol{\eta}_1}{||\boldsymbol{\eta}_1||}=\frac{1}{\sqrt{2}}\begin{pmatrix}1\\1\\0\end{pmatrix}, \boldsymbol{p}_2=\frac{\boldsymbol{\eta}_2}{||\boldsymbol{\eta}_2||}=\frac{1}{\sqrt{6}}\begin{pmatrix}-1\\1\\2\end{pmatrix}.$$

对 $\lambda_3=5$, 解方程组 $(5\boldsymbol{E}-\boldsymbol{A})\boldsymbol{x}=\boldsymbol{0}$, 由

$$5\boldsymbol{E}-\boldsymbol{A}=\begin{pmatrix}4&2&-2\\2&4&2\\-2&2&4\end{pmatrix}\to\begin{pmatrix}1&0&-1\\0&1&1\\0&0&0\end{pmatrix}$$

得基础解系 $\boldsymbol{\xi}_3=\begin{pmatrix}1\\-1\\1\end{pmatrix}$, 将它单位化得: $\boldsymbol{p}_3=\dfrac{\boldsymbol{\xi}_3}{||\boldsymbol{\xi}_3||}=\dfrac{1}{\sqrt{3}}\begin{pmatrix}1\\-1\\1\end{pmatrix}$, 以向量 $\boldsymbol{p}_1$, $\boldsymbol{p}_2$, $\boldsymbol{p}_3$ 为列组成正交矩阵, 得所求的正交变换

$$\boldsymbol{x}=\begin{pmatrix}\dfrac{1}{\sqrt{2}}&-\dfrac{1}{\sqrt{6}}&\dfrac{1}{\sqrt{3}}\\\dfrac{1}{\sqrt{2}}&\dfrac{1}{\sqrt{6}}&-\dfrac{1}{\sqrt{3}}\\0&\dfrac{2}{\sqrt{6}}&\dfrac{1}{\sqrt{3}}\end{pmatrix}\boldsymbol{y},$$

在此正交变换下, 二次型化为标准形 $f=-y_1^2-y_2^2+5y_3^2$.

### 5.2.3　配方法

二次型可用配方法化为标准形. 事实上, 我们有

**定理 5.2**　任何二次型都可通过可逆线性变换化为标准形.

证明　略.

可以归纳出**用配方法化二次型为标准形的一般步骤**如下:

(1) 如果二次型含有 $x_i^2$ 项, 则将所有含 $x_i$ 的项集中, 凑出完全平方, 然后对其余变量重复这一过程, 直到化成标准形为止;

(2) 如果二次型不含有平方项, 则对其中某一乘积项 $a_{ij}x_ix_j$ 作可逆变换:

$$\begin{cases}x_i=y_i-y_j,\\x_j=y_i+y_j,\ (k=1,\ 2,\cdots,\ n,\ k\neq i,\ k\neq j)\\x_k=y_k,\end{cases}\tag{5.7}$$

化为含有 $y_i^2$ 和 $y_j^2$ 的二次型，然后用(1)中的方法配方.

例 5.3　用配方法化二次型 $f(x_1,x_2,x_3)=x_1^2+3x_2^2-x_3^2+4x_1x_2+2x_1x_3+6x_2x_3$ 为标准形, 并求所用的变换矩阵.

解　
$$\begin{aligned}f(x_1,x_2,x_3)&=x_1^2+2x_1(2x_2+x_3)+3x_2^2+6x_2x_3-x_3^2\\&=[x_1+(2x_2+x_3)]^2-(2x_2+x_3)^2+3x_2^2+6x_2x_3-x_3^2\\&=(x_1+2x_2+x_3)^2-x_2^2+2x_2x_3-2x_3^2\\&=(x_1+2x_2+x_3)^2-(x_2-x_3)^2-x_3^2,\end{aligned}$$

令 $\begin{cases}y_1=x_1+2x_2+x_3,\\y_2=x_2-x_3,\\y_3=x_3,\end{cases}$ 得到 $\begin{cases}x_1=y_1-2y_2-3y_3,\\x_2=y_2+y_3,\\x_3=y_3,\end{cases}$ 所用变换矩阵为 $\boldsymbol{C}=\begin{pmatrix}1&-2&-3\\0&1&1\\0&0&1\end{pmatrix}$,

$f$ 化为标准形:

$$y_1^2-y_2^2-y_3^2.$$

**例 5.4** 化二次型 $f(x_1,x_2,x_3)=x_1x_2+x_1x_3+x_2x_3$ 为标准形, 并求出所用的可逆线性变换.

**解** 令 $\begin{cases} x_1=y_1-y_2, \\ x_2=y_1+y_2, \\ x_3=y_3, \end{cases}$ 即 $\begin{pmatrix} x_1\\x_2\\x_3 \end{pmatrix}=\begin{pmatrix} 1&-1&0\\1&1&0\\0&0&1 \end{pmatrix}\begin{pmatrix} y_1\\y_2\\y_3 \end{pmatrix}$,

则 $f(x_1,x_2,x_3)=y_1^2-y_2^2+2y_1y_3=(y_1+y_3)^2-y_2^2-y_3^2=z_1^2-z_2^2-z_3^2$, 其中

$$\begin{cases} z_1=y_1+y_3, \\ z_2=y_2, \\ z_3=y_3, \end{cases} \quad \text{有} \quad \begin{pmatrix} y_1\\y_2\\y_3 \end{pmatrix}=\begin{pmatrix} 1&0&1\\0&1&0\\0&0&1 \end{pmatrix}^{-1}\begin{pmatrix} z_1\\z_2\\z_3 \end{pmatrix}=\begin{pmatrix} 1&0&-1\\0&1&0\\0&0&1 \end{pmatrix}\begin{pmatrix} z_1\\z_2\\z_3 \end{pmatrix},$$

故所求可逆变换为

$$\begin{pmatrix} x_1\\x_2\\x_3 \end{pmatrix}=\begin{pmatrix} 1&-1&0\\1&1&0\\0&0&1 \end{pmatrix}\begin{pmatrix} 1&0&-1\\0&1&0\\0&0&1 \end{pmatrix}\begin{pmatrix} z_1\\z_2\\z_3 \end{pmatrix}=\begin{pmatrix} 1&-1&-1\\1&1&-1\\0&0&1 \end{pmatrix}\begin{pmatrix} z_1\\z_2\\z_3 \end{pmatrix}.$$

**注意**, 一个二次型的标准形不是唯一的, 它与所用的可逆变换有关.

### *5.2.4　初等变换法

假设通过可逆变换 $\boldsymbol{x}=\boldsymbol{C}\boldsymbol{y}$, 二次型 $f(x_1, x_2, \cdots, x_n)=\boldsymbol{x}^{\mathrm{T}}\boldsymbol{A}\boldsymbol{x}$ 化为标准形 $\boldsymbol{y}^{\mathrm{T}}\boldsymbol{\Lambda}\boldsymbol{y}$, 则 $\boldsymbol{C}^{\mathrm{T}}\boldsymbol{A}\boldsymbol{C}=\boldsymbol{\Lambda}$. 由于可逆矩阵可表示为若干个初等矩阵的乘积, 所以存在初等矩阵 $\boldsymbol{P}_1, \boldsymbol{P}_2, \cdots, \boldsymbol{P}_s$, 使 $\boldsymbol{C}=\boldsymbol{P}_1\boldsymbol{P}_2\cdots\boldsymbol{P}_s=\boldsymbol{E}\boldsymbol{P}_1\boldsymbol{P}_2\cdots\boldsymbol{P}_s$, 从而

$$\boldsymbol{C}^{\mathrm{T}}\boldsymbol{A}\boldsymbol{C}=\boldsymbol{P}_s^{\mathrm{T}}\cdots\boldsymbol{P}_2^{\mathrm{T}}\boldsymbol{P}_1^{\mathrm{T}}\boldsymbol{A}\boldsymbol{P}_1\boldsymbol{P}_2\cdots\boldsymbol{P}_s=\boldsymbol{\Lambda}.$$

这说明, 对实对称矩阵 $\boldsymbol{A}$ 施以若干次初等列变换, 同时施以同样的初等行变换, 矩阵 $\boldsymbol{A}$ 就合同于一个对角矩阵. 并且, 同时对单位矩阵 $\boldsymbol{E}$ 施以同样的初等列变换, $\boldsymbol{E}$ 就化为矩阵 $\boldsymbol{C}$.

由此可得**化二次型为标准形的初等变换法**:

(1) 构造 $2n\times n$ 阶矩阵 $\begin{pmatrix} \boldsymbol{A}\\ \boldsymbol{E} \end{pmatrix}$, 对 $\begin{pmatrix} \boldsymbol{A}\\ \boldsymbol{E} \end{pmatrix}$ 每进行一次初等列变换, 同时对 $\boldsymbol{A}$ 进行一次相同的初等行变换;

(2) 当 $\boldsymbol{A}$ 化为对角矩阵 $\boldsymbol{\Lambda}$ 时, 单位矩阵 $\boldsymbol{E}$ 就化为可逆矩阵 $\boldsymbol{C}$;

(3) 得到可逆线性变换 $\boldsymbol{x}=\boldsymbol{C}\boldsymbol{y}$, 并得到二次型的标准形 $\boldsymbol{y}^{\mathrm{T}}\boldsymbol{\Lambda}\boldsymbol{y}$.

**注意**, 也可以将上面步骤(1)改为: 对 $\boldsymbol{A}$ 每进行一次初等行变换, 同时对 $\begin{pmatrix} \boldsymbol{A}\\ \boldsymbol{E} \end{pmatrix}$ 进行一次相同的初等列变换, 而步骤(2), (3)不变.

**另外**, 若 $\boldsymbol{A}$ 的左上角元素为零, 则应先使用初等变换 $c_i+kc_j$ 和 $r_i+kr_j$ 将其化为非零.

**例 5.5** 用初等变换法将二次型 $f(x_1,x_2,x_3)=x_1^2+x_2^2+2x_3^2+2x_1x_2-4x_1x_3$ 化为标准形, 并求所作的可逆线性变换.

解 二次型 $f$ 的矩阵为 $\boldsymbol{A}=\begin{pmatrix}1&1&-2\\1&1&0\\-2&0&2\end{pmatrix}$, 于是

$$\begin{pmatrix}\boldsymbol{A}\\\boldsymbol{E}\end{pmatrix}=\begin{pmatrix}1&1&-2\\1&1&0\\-2&0&2\\1&0&0\\0&1&0\\0&0&1\end{pmatrix}\xrightarrow[r_2-r_1]{c_2-c_1}\begin{pmatrix}1&0&-2\\0&0&2\\-2&2&2\\1&-1&0\\0&1&0\\0&0&1\end{pmatrix}\xrightarrow[r_3+2r_1]{c_3+2c_1}\begin{pmatrix}1&0&0\\0&0&2\\0&2&-2\\1&-1&2\\0&1&0\\0&0&1\end{pmatrix}\xrightarrow[r_2+r_3]{c_2+c_3}\begin{pmatrix}1&0&0\\0&2&0\\0&0&-2\\1&1&2\\0&1&0\\0&1&1\end{pmatrix},$$

令 $\boldsymbol{C}=\begin{pmatrix}1&1&2\\0&1&0\\0&1&1\end{pmatrix}$, 有 $\boldsymbol{C}^{\mathrm{T}}\boldsymbol{A}\boldsymbol{C}=\begin{pmatrix}1&0&0\\0&2&0\\0&0&-2\end{pmatrix}$, 得可逆线性变换 $\boldsymbol{x}=\boldsymbol{C}\boldsymbol{y}$, 将二次型化为标准形

$$y_1^2+2y_2^2-2y_3^2.$$

### 5.2.5 规范形与惯性定理

将二次型 $f(x_1,x_2,\cdots,x_n)=\boldsymbol{x}^{\mathrm{T}}\boldsymbol{A}\boldsymbol{x}$ 化为仅含平方项的标准形后, 如有必要, 可按系数的正负号重新排序 (相当于作一次可逆线性变换), 使标准形为

$$d_1y_1^2+d_2y_2^2+\cdots+d_py_p^2-d_{p+1}y_{p+1}^2-d_{p+2}y_{p+2}^2-\cdots-d_ry_r^2, \tag{5.8}$$

其中 $d_i>0\,(i=1,2,\cdots,r)$, $r$ 为二次型的秩.

例如, 二次型 $2y_1^2-y_2^2+\dfrac{1}{2}y_3^2$ 可通过可逆线性变换 $\begin{cases}y_1=z_1,\\y_2=z_3,\\y_3=z_2\end{cases}$ 化为 $2z_1^2+\dfrac{1}{2}z_2^2-z_3^2$.

由式(5.8), 再作可逆线性变换

$$\begin{cases}y_i=\dfrac{1}{\sqrt{d_i}}z_i,\ i=1,2,\cdots,r,\\ y_j=z_j,\ j=r+1,\cdots,n,\end{cases} \tag{5.9}$$

则二次型 $f=\boldsymbol{x}^{\mathrm{T}}\boldsymbol{A}\boldsymbol{x}$ 化为标准形

$$z_1^2+z_2^2+\cdots+z_p^2-z_{p+1}^2-z_{p+2}^2-\cdots-z_r^2, \tag{5.10}$$

称式(5.10)为二次型 $f(x_1,x_2,\cdots,x_n)$ 的**规范形**.

> 定理 5.3 **惯性定理**
> 任何实二次型都可通过可逆线性变换化为规范形, 且规范形是唯一的.

证明 略.

这个定理说明, 规范形中系数为 1 的平方项的个数 $p$ 和系数为 $-1$ 的平方项的个数 $r-p$ 是唯一确定的, 这也说明, 尽管一个二次型的标准形不唯一, 但标准形中正平方项的个数 $p$

与负平方项的个数 $r-p$ 却是唯一确定的. 通常 $p$ 称为**正惯性指数**, $r-p$ 称为**负惯性指数**, $p-(r-p)=2p-r$ 称为**符号差**, 其中 $r$ 是二次型的秩.

由定理 5.3 可得

**定理 5.4** 任何秩为 $r$ 的 $n$ 阶实对称矩阵都合同于一个形如

$$\begin{pmatrix} \boldsymbol{E}_p & & \\ & -\boldsymbol{E}_{r-p} & \\ & & \boldsymbol{O} \end{pmatrix} \tag{5.11}$$

的对角矩阵, 其中 $p$ 是由矩阵 $\boldsymbol{A}$ 唯一确定的.

## 习　题　5.2

一、选择题 (单选题)

1. 二次型 $f(x_1,x_2,x_3)=x_1^2+2x_2^2+ax_3^2-4x_1x_2-4x_2x_3$ 经正交变换化为标准形 $f=2y_1^2+5y_2^2+by_3^2$, 则 (　　).

(A) $a=3,\ b=1$　　(B) $a=-3,\ b=1$　　(C) $a=3,\ b=-1$　　(D) $a=-3,\ b=-1$

2. 对实二次型 $f(x_1,x_2,\cdots,x_n)=\boldsymbol{x}^{\mathrm{T}}\boldsymbol{A}\boldsymbol{x}$, 下述结论正确的是 (　　).

(A) 化 $f$ 为标准形的可逆线性变换是唯一的　　(B) 化 $f$ 为规范形的可逆线性变换是唯一的

(C) $f$ 的标准形是唯一确定的　　(D) $f$ 的规范形是唯一确定的

3. 若实对称矩阵 $\boldsymbol{A}$ 与矩阵 $\boldsymbol{B}=\begin{pmatrix} 0 & 0 & 0 \\ 0 & 2 & 1 \\ 0 & 1 & 2 \end{pmatrix}$ 合同, 则二次型 $f=\boldsymbol{x}^{\mathrm{T}}\boldsymbol{A}\boldsymbol{x}$ 的规范形为 (　　).

(A) $y_1^2+y_2^2$　　(B) $y_1^2-y_2^2$　　(C) $y_1^2+y_2^2-y_3^2$　　(D) $y_1^2-y_2^2-y_3^2$

二、计算题

1. 用正交变换将下列二次型化为标准形, 并写出所用线性变换:

(1) $2x_1^2+x_2^2-4x_1x_2+4x_2x_3$;

(2) $x_1^2+x_2^2+x_3^2-2x_1x_3$;

(3) $x_1^2-2x_2^2-2x_3^2-4x_1x_2+4x_1x_3+8x_2x_3$.

2. 用配方法将下列二次型化为标准形, 并写出所用的线性变换:

(1) $x_1^2+2x_2^2+x_3^2+4x_1x_2-4x_1x_3+6x_2x_3$;

(2) $x_1x_2+x_1x_3+2x_2x_3$;

(3) $x_1^2+2x_3^2+2x_1x_3-2x_2x_3$.

*3. 用初等变换法将下列二次型化为标准形, 写出所用的可逆线性变换:

(1) $f(x_1,x_2,x_3)=4x_1x_2+2x_1x_3-2x_2x_3$;

(2) $f(x_1,x_2,x_3)=x_1^2+2x_2^2+2x_1x_2-4x_1x_3-6x_2x_3$.

4. 将下列二次型化为规范形，并指出其正惯性指数及秩:

(1) $x_1^2+5x_2^2+x_3^2+2x_1x_2+6x_1x_3+2x_2x_3$;

(2) $x_1^2+x_2^2+2x_3^2+2x_1x_3-2x_2x_3$.

5. 已知二次型 $f=2x_1^2+3x_2^2+3x_3^2+2ax_2x_3$ $(a>0)$ 通过正交变换化成标准形 $f=y_1^2+2y_2^2+5y_3^2$, 求参数 $a$ 的值及所用的正交变换矩阵.

6. 设 $n$ 元二次型 $f(x_1,x_2,\cdots,x_n)=\boldsymbol{x}^{\mathrm{T}}\boldsymbol{A}\boldsymbol{x}$, 其中 $\boldsymbol{A}$ 为实对称矩阵, $\boldsymbol{x}=(x_1,\ x_2,\ \cdots,\ x_n)^{\mathrm{T}}$. 证明: $f$ 在条件 $x_1^2+x_2^2+\cdots+x_n^2=1$ 下的最大值恰是 $\boldsymbol{A}$ 的最大特征值.

## 5.3 正定二次型与正定矩阵

**定义 5.3 矩阵的合同**

设对称矩阵 $\boldsymbol{A}$ 的二次型为 $f=\boldsymbol{x}^{\mathrm{T}}\boldsymbol{A}\boldsymbol{x}$,

1. 如果对任何非零向量 $\boldsymbol{x}$, 都有 $\boldsymbol{x}^{\mathrm{T}}\boldsymbol{A}\boldsymbol{x}>0\ (<0)$, 则称 $f$ 为**正定(负定)二次型**, 并称矩阵 $\boldsymbol{A}$ 为**正定(负定)矩阵**;

2. 如果对任何非零向量 $\boldsymbol{x}$ 都有 $\boldsymbol{x}^{\mathrm{T}}\boldsymbol{A}\boldsymbol{x}\geqslant 0\ (\leqslant 0)$, 且存在 $\boldsymbol{x}_0\neq\boldsymbol{0}$, 使 $\boldsymbol{x}^{\mathrm{T}}\boldsymbol{A}\boldsymbol{x}=0$, 则称 $f=\boldsymbol{x}^{\mathrm{T}}\boldsymbol{A}\boldsymbol{x}$ 是**半正定(半负定)二次型**, 并称 $\boldsymbol{A}$ 为**半正定(半负定)矩阵**.

二次型的正(负)定，半正定(半负定)性称为**二次型的有定性**.

例 5.6 二次型 $f(x_1,x_2,\cdots,x_n)=x_1^2+x_2^2+\cdots+x_n^2$ 是正定二次型.

二次型 $f(x_1,x_2,\cdots,x_n)=x_1^2+x_2^2+\cdots+x_{n-1}^2$ 是半正定二次型.

例 5.7 二次型 $f(x_1,x_2,x_3)=x_1^2-2x_2^2-3x_3^2$ 是不定二次型.

**定理 5.5** 设 $\boldsymbol{A}$ 为实对称矩阵, 则 $\boldsymbol{A}$ 为正定矩阵的充要条件是, 对任何可逆矩阵 $\boldsymbol{C}$, $\boldsymbol{C}^{\mathrm{T}}\boldsymbol{A}\boldsymbol{C}$ 为正定矩阵.

证明 **必要性** 对任何向量 $\boldsymbol{y}\neq\boldsymbol{0}$, 任何可逆阵 $\boldsymbol{C}$, 易知向量 $\boldsymbol{x}=\boldsymbol{C}\boldsymbol{y}\neq\boldsymbol{0}$, 则由 $\boldsymbol{A}$ 正定知 $\boldsymbol{y}^{\mathrm{T}}(\boldsymbol{C}^{\mathrm{T}}\boldsymbol{A}\boldsymbol{C})\boldsymbol{y}=\boldsymbol{x}^{\mathrm{T}}\boldsymbol{A}\boldsymbol{x}>0$, 所以 $\boldsymbol{C}^{\mathrm{T}}\boldsymbol{A}\boldsymbol{C}$ 为正定矩阵.

**充分性** 显然. □

这个定理说明, 可逆线性变换不改变二次型的正定性.

**定理 5.6 正定矩阵的判定定理**

若 $\boldsymbol{A}=(a_{ij})$ 为 $n$ 阶实对称矩阵, 则以下命题等价:

(1) $\boldsymbol{A}$ 是正定矩阵(或二次型 $f=\boldsymbol{x}^{\mathrm{T}}\boldsymbol{A}\boldsymbol{x}$ 正定);

(2) $\boldsymbol{A}$ 的所有特征值全大于零;

(3) $\boldsymbol{A}$ 的正惯性指数为 $n$;

(4) $\boldsymbol{A}$ 的标准形的 $n$ 个系数全大于零;

(5) $\boldsymbol{A}$ 与单位矩阵 $\boldsymbol{E}$ 合同;

(6) 存在可逆矩阵 $\boldsymbol{P}$, 使得 $\boldsymbol{A}=\boldsymbol{P}^{\mathrm{T}}\boldsymbol{P}$;

(7) $\boldsymbol{A}$ 的各阶顺序主子式都大于零, 即

$$|A_1| = a_{11} > 0,\ |A_2| = \begin{vmatrix} a_{11} & a_{12} \\ a_{21} & a_{22} \end{vmatrix} > 0,\ \cdots,\ |A_n| = \begin{vmatrix} a_{11} & a_{12} & \cdots & a_{1n} \\ a_{21} & a_{22} & \cdots & a_{2n} \\ \vdots & \vdots & & \vdots \\ a_{n1} & a_{n2} & \cdots & a_{nn} \end{vmatrix} > 0. \quad (5.12)$$

证明 (1) ⇒ (2) 由于 $\boldsymbol{A}$ 是实对称矩阵, 所以由 5.2 节知存在正交变换 $\boldsymbol{x} = \boldsymbol{P}\boldsymbol{y}$, 化二次型 $f = \boldsymbol{x}^{\mathrm{T}}\boldsymbol{A}\boldsymbol{x}$ 为标准形 $\boldsymbol{y}^{\mathrm{T}}(\boldsymbol{P}^{\mathrm{T}}\boldsymbol{A}\boldsymbol{P})\boldsymbol{y} = \lambda_1 y_1^2 + \lambda_2 y_2^2 + \cdots + \lambda_n y_n^2$, 其中 $\lambda_1,\ \lambda_2,\ \cdots,\ \lambda_n$ 为矩阵 $\boldsymbol{A}$ 的 $n$ 个特征值. 由 $\boldsymbol{A}$ 正定及定理 5.5 知, 分别取

$$\begin{pmatrix} y_1 \\ y_2 \\ \vdots \\ y_n \end{pmatrix} = \begin{pmatrix} 1 \\ 0 \\ \vdots \\ 0 \end{pmatrix}, \begin{pmatrix} 0 \\ 1 \\ \vdots \\ 0 \end{pmatrix}, \cdots, \begin{pmatrix} 0 \\ 0 \\ \vdots \\ 1 \end{pmatrix},$$

代入标准形得 $\lambda_i > 0,\ i = 1, 2, \cdots, n$.

(2) ⇒ (3) ⇒ (4) 显然.

(4) ⇒ (5) ⇒ (6) 由条件, 存在可逆线性变换 $\boldsymbol{x} = \boldsymbol{C}\boldsymbol{y}$, 使 $f = \boldsymbol{x}^{\mathrm{T}}\boldsymbol{A}\boldsymbol{x} = \boldsymbol{y}^{\mathrm{T}}(\boldsymbol{C}^{\mathrm{T}}\boldsymbol{A}\boldsymbol{C})\boldsymbol{y} = d_1 y_1^2 + d_2 y_2^2 + \cdots + d_n y_n^2$, 并且 $d_i > 0, i = 1, 2 \cdots, n$. 作可逆线性变换 $y_i = \dfrac{1}{\sqrt{d_i}} z_i,\ i = 1, 2, \cdots, n$, 可记为 $\boldsymbol{y} = \boldsymbol{D}\boldsymbol{z}$, 使二次型 $f = \boldsymbol{x}^{\mathrm{T}}\boldsymbol{A}\boldsymbol{x}$ 化为规范形 $z_1^2 + z_2^2 + \cdots + z_n^2$, 这说明 $(\boldsymbol{C}\boldsymbol{D})^{\mathrm{T}}\boldsymbol{A}(\boldsymbol{C}\boldsymbol{D}) = \boldsymbol{E}$, 令 $\boldsymbol{P} = (\boldsymbol{C}\boldsymbol{D})^{-1}$, 则有 $\boldsymbol{A} = \boldsymbol{P}^{\mathrm{T}}\boldsymbol{P}$.

(6) ⇒ (1) 由 $\boldsymbol{A} = \boldsymbol{P}^{\mathrm{T}}\boldsymbol{P}$, $\boldsymbol{P}$ 可逆知, 对任何 $\boldsymbol{x} \neq \boldsymbol{0}$, 向量 $\boldsymbol{P}\boldsymbol{x} \neq \boldsymbol{0}$, 所以 $f = \boldsymbol{x}^{\mathrm{T}}\boldsymbol{A}\boldsymbol{x} = (\boldsymbol{P}\boldsymbol{x})^{\mathrm{T}}(\boldsymbol{P}\boldsymbol{x}) > 0$, 这说明 $\boldsymbol{A}$ 是正定矩阵.

(7) 的证明这里略去. □

推论 5.1 若 $\boldsymbol{A}$ 为正定矩阵, 则 $|\boldsymbol{A}| > 0$.

例 5.8 判断二次型 $f(x_1, x_2, x_3) = 2x_1^2 + 3x_2^2 + 4x_3^2 - 4x_1x_2 - 2x_2x_3$ 是否正定.

解 二次型的矩阵为 $\boldsymbol{A} = \begin{pmatrix} 2 & -2 & 0 \\ -2 & 3 & -1 \\ 0 & -1 & 4 \end{pmatrix}$. 由于 $|A_1| = 2 > 0$, $|A_2| = \begin{vmatrix} 2 & -2 \\ -2 & 3 \end{vmatrix} = 2 > 0$, $|A_3| = |\boldsymbol{A}| = 6 > 0$, 由定理 5.6 的(7)知矩阵 $\boldsymbol{A}$ 正定.

例 5.9 当 $t$ 取何值时, 二次型 $f(x_1, x_2, x_3) = x_1^2 + x_2^2 + 3x_3^2 + 2tx_1x_2 - 2x_1x_3 + 2x_2x_3$ 是正定的?

解 二次型的矩阵为 $\boldsymbol{A} = \begin{pmatrix} 1 & t & -1 \\ t & 1 & 1 \\ -1 & 1 & 3 \end{pmatrix}$, 由定理 5.6 的 (6), 当 $|A_1| = 1 > 0$, $|A_2| = 1 - t^2 > 0$, $|A_3| = |\boldsymbol{A}| = -3t^2 - 2t + 1 > 0$ 成立, 即当 $-1 < t < \dfrac{1}{3}$ 时二次型正定.

例 5.10 设 $\boldsymbol{A}$ 是正定矩阵, 证明 $\boldsymbol{A}^{-1}$ 也是正定矩阵.

**证明** 由定理 5.6 的(6)及 $\boldsymbol{A}$ 正定知, 存在可逆矩阵 $\boldsymbol{P}$ 使 $\boldsymbol{A}=\boldsymbol{P}^{\mathrm{T}}\boldsymbol{P}$, 所以 $\boldsymbol{A}^{-1}=\boldsymbol{P}^{-1}(\boldsymbol{P}^{-1})^{\mathrm{T}}$, 令 $\boldsymbol{Q}=(\boldsymbol{P}^{-1})^{\mathrm{T}}$, 则 $\boldsymbol{A}^{-1}=\boldsymbol{Q}^{\mathrm{T}}\boldsymbol{Q}$. 因 $\boldsymbol{Q}$ 可逆, 由定理 5.6 的(6)知 $\boldsymbol{A}^{-1}$ 正定. □

类似于正定矩阵的判定定理:

**定理 5.7 负定矩阵的判定定理**

若 $\boldsymbol{A}=(a_{ij})$ 为 $n$ 阶实对称矩阵, 则以下命题等价:

(1) $\boldsymbol{A}$ 是负定矩阵(或二次型 $f=\boldsymbol{x}^{\mathrm{T}}\boldsymbol{A}\boldsymbol{x}$ 负定);

(2) $\boldsymbol{A}$ 的所有特征值全小于零;

(3) $\boldsymbol{A}$ 的负惯性指数为 $n$;

(4) $\boldsymbol{A}$ 的标准形的 $n$ 个系数全小于零;

(5) $\boldsymbol{A}$ 与 $-\boldsymbol{E}$ 合同;

(6) 存在可逆阵 $\boldsymbol{P}$, 使得 $\boldsymbol{A}=-\boldsymbol{P}^{\mathrm{T}}\boldsymbol{P}$;

(7) $\boldsymbol{A}$ 的奇数阶顺序主子式都小于零, 偶数阶顺序主子式都大于零, 即

$$(-1)^k|A_k|>0 \quad (k=1,2,\cdots,n).$$

**定理 5.8 半正定(半负定)矩阵的判定定理**

设 $\boldsymbol{A}$ 是 $n$ 阶实对称矩阵, 则以下命题等价:

(1) $\boldsymbol{A}$ 是半正定(半负定)矩阵(或二次型 $f=\boldsymbol{x}^{\mathrm{T}}\boldsymbol{A}\boldsymbol{x}$ 是半正(负)定的).

(2) $\boldsymbol{A}$ 的所有主子式 $\begin{vmatrix} a_{i_1i_1} & a_{i_1i_2} & \cdots & a_{i_1i_k} \\ a_{i_2i_1} & a_{i_2i_2} & \cdots & a_{i_2i_k} \\ \vdots & \vdots & & \vdots \\ a_{i_ki_1} & a_{i_ki_2} & \cdots & a_{i_ki_k} \end{vmatrix}$ $(1\leqslant i_1<i_2<\cdots<i_k\leqslant n)$ 非负(非正), 且至少有一个等于零.

(3) $\boldsymbol{A}$ 的所有特征值非负(非正), 且至少有一个等于零.

**注意**, 实对称矩阵 $\boldsymbol{A}$ 的所有顺序主子式都大于或等于零, 不能推出 $\boldsymbol{A}$ 是半正定矩阵.

## 习　题　5.3

一、选择题 (单选题)

1. 二次型 $f(x_1,x_2,x_3)=(x_1-x_2-x_3)^2+(x_2+x_3)^2+2x_3^2$ 是(　　).

(A) 正定的　(B) 半正定的　(C) 负定的　(D) 不定的

2. $n$ 阶实对称矩阵 $\boldsymbol{A}$ 正定的充要条件是(　　).

(A) $|\boldsymbol{A}|>0$　(B) 存在矩阵 $\boldsymbol{C}$, 使 $\boldsymbol{A}=\boldsymbol{C}^{\mathrm{T}}\boldsymbol{C}$

(C) 二次型 $\boldsymbol{x}^{\mathrm{T}}\boldsymbol{A}\boldsymbol{x}$ 的负惯性指数为 0　(D) $\boldsymbol{A}$ 的各阶顺序主子式为正

3. 设 $\boldsymbol{A}$ 为 $n$ 阶实对称矩阵, $\boldsymbol{A}$ 是正定矩阵的充要条件是(　　).

(A) 二次型 $\boldsymbol{x}^{\mathrm{T}}\boldsymbol{A}\boldsymbol{x}$ 的负惯性指数为 0　(B) 存在 $n$ 阶矩阵 $\boldsymbol{C}$, 使得 $\boldsymbol{A}=\boldsymbol{C}^{\mathrm{T}}\boldsymbol{C}$

(C) $\boldsymbol{A}$ 没有负特征值　(D) $\boldsymbol{A}$ 与单位矩阵 $\boldsymbol{E}$ 合同

二、计算题

1. 判断下列二次型的正定性:

(1) $f(x_1,x_2,x_3)=x_1^2+x_2^2+2x_3^2-8x_1x_2-2x_1x_3+2x_2x_3$;

(2) $f(x_1,x_2,x_3)=-2x_1^2-6x_2^2-4x_3^2+2x_1x_2+2x_1x_3$;

(3) $f(x_1,x_2,x_3)=5x_1^2+6x_2^2+4x_3^2-2x_1x_2-4x_2x_3$.

2. 确定 $t$ 的取值, 使以下二次型是正定的:

(1) $f=4x_1^2+x_2^2+tx_3^2-2x_1x_2+4x_1x_3-2x_2x_3$;

(2) $f=x_1^2+4x_2^2+3x_3^2+2tx_1x_2-2x_1x_3+4x_2x_3$.

3. 设二次型 $f=tx_1^2+tx_2^2+tx_3^2+2x_1x_2+2x_1x_3-2x_2x_3$, 问:

(1) $t$ 满足什么条件时, 二次型 $f$ 是正定的; (2) $t$ 满足什么条件时, 二次型 $f$ 是负定的.

4. 若 $\boldsymbol{A}$, $\boldsymbol{B}$ 都是 $n$ 阶正定矩阵, 证明 $\boldsymbol{A}+\boldsymbol{B}$ 也是正定矩阵.

5. 证明: 正定矩阵主对角线上的元素都是正数, 反之如何, 为什么?

6. 证明: 实对称矩阵 $\boldsymbol{A}$ 正定的充要条件是 $\boldsymbol{A}$ 与单位矩阵 $\boldsymbol{E}$ 合同.

7. 设 $\boldsymbol{A}$ 为 $m\times n$ 实矩阵, $\boldsymbol{E}$ 为 $n$ 阶单位矩阵, 试证当 $\lambda>0$ 时, 矩阵 $\boldsymbol{B}=\lambda\boldsymbol{E}+\boldsymbol{A}^{\mathrm{T}}\boldsymbol{A}$ 为正定矩阵.

## 5.4 二次型理论在极值问题中的几个应用

### 5.4.1 无约束条件下多元函数的极值问题

在 1.5 节中介绍了利用正(负)定矩阵判断二元函数无条件极值的方法, 现在把这个结果推广到 $n$ 元函数 $f(\boldsymbol{x})=f(x_1,x_2,\cdots,x_n)$ 的无条件极值的判定.

**定理 5.9 极值存在的充分条件**

设 $n$ 元函数 $f(\boldsymbol{x})$ 在点 $\boldsymbol{x}_0=(x_1^0,\, x_2^0,\,\cdots,\, x_n^0)$ 的某个领域内具有二阶连续偏导数, 且 $\boldsymbol{x}_0$ 是 $f(\boldsymbol{x})$ 的驻点(即 $f_1(\boldsymbol{x}_0)=f_2(\boldsymbol{x}_0)=\cdots=f_n(\boldsymbol{x}_0)=0$), 在 $\boldsymbol{x}_0$ 处的二阶偏导数组成的矩阵记为

$$\boldsymbol{H}(\boldsymbol{x}_0)=\begin{pmatrix} f_{11}(\boldsymbol{x}_0) & f_{12}(\boldsymbol{x}_0) & \cdots & f_{1n}(\boldsymbol{x}_0)\\ f_{21}(\boldsymbol{x}_0) & f_{22}(\boldsymbol{x}_0) & \cdots & f_{2n}(\boldsymbol{x}_0)\\ \vdots & \vdots & & \vdots\\ f_{n1}(\boldsymbol{x}_0) & f_{n2}(\boldsymbol{x}_0) & \cdots & f_{nn}(\boldsymbol{x}_0)\end{pmatrix}, \tag{5.13}$$

则有:

(1) 若 $\boldsymbol{H}(\boldsymbol{x}_0)$ 为正定矩阵, 则 $f(\boldsymbol{x}_0)$ 为 $f(\boldsymbol{x})$ 的极小值;

(2) 若 $\boldsymbol{H}(\boldsymbol{x}_0)$ 为负定矩阵, 则 $f(\boldsymbol{x}_0)$ 为 $f(\boldsymbol{x})$ 的极大值;

(3) 若 $\boldsymbol{H}(\boldsymbol{x}_0)$ 为不定矩阵, 则 $f(\boldsymbol{x}_0)$ 不是 $f(\boldsymbol{x})$ 的极值;

(4) 若无法判断 $\boldsymbol{H}(\boldsymbol{x}_0)$ 的有定性, 则 $f(\boldsymbol{x}_0)$ 是否为 $f(\boldsymbol{x})$ 的极值需进一步判定.

证明 略.

定理中的矩阵 $\boldsymbol{H}$ 称为**黑塞(Hesse)矩阵**.

例 5.11 求函数 $f(x_1,\,x_2,\,x_3)=x_1^3+x_2^2+x_3^2+2x_1x_3-x_1-2x_2$ 的极值.

解 由 $\begin{cases} f_1 = 3x_1^2 + 2x_3 - 1 = 0, \\ f_2 = 2x_2 - 2 = 0, \\ f_3 = 2x_3 + 2x_1 = 0, \end{cases}$ 得驻点 $\boldsymbol{x}^0 = (1, 1, -1)$, $\boldsymbol{x}^1 = \left(-\dfrac{1}{3}, 1, \dfrac{1}{3}\right)$. 易得 $\boldsymbol{H}(\boldsymbol{x}) = \begin{pmatrix} 6x_1 & 0 & 2 \\ 0 & 2 & 0 \\ 2 & 0 & 2 \end{pmatrix}$. 由于 $\boldsymbol{H}(\boldsymbol{x}^0)$ 正定, $\boldsymbol{H}(\boldsymbol{x}^1)$ 不定, 则 $f(\boldsymbol{x}^0) = -2$ 为极小值, $f(\boldsymbol{x}^1) = -\dfrac{22}{27}$ 非极值.

### 5.4.2 约束方程下二次型的最优化问题

**定理 5.10** 设 $\boldsymbol{A}$ 为 $n$ 阶实对称矩阵, 其特征值为 $\lambda_1, \lambda_2, \cdots, \lambda_n$. 记 $m = \min\{\lambda_1, \lambda_2, \cdots, \lambda_n\}$, $M = \max\{\lambda_1, \lambda_2, \cdots, \lambda_n\}$, 则二次型 $f = \boldsymbol{x}^{\mathrm{T}}\boldsymbol{A}\boldsymbol{x}$ 在条件 $||\boldsymbol{x}|| = 1$ 下的最小值是 $m$, 最大值是 $M$.

证明 不妨设 $\lambda_1 \leqslant \lambda_2 \leqslant \cdots \leqslant \lambda_n$, 则 $m = \lambda_1$, $M = \lambda_n$. 由于 $\boldsymbol{A}$ 为实对称矩阵, 则存在正交矩阵 $\boldsymbol{P}$, 使得 $\boldsymbol{P}^{\mathrm{T}}\boldsymbol{A}\boldsymbol{P} = \boldsymbol{\varLambda} = \mathrm{diag}(\lambda_1, \lambda_2, \cdots, \lambda_n)$, 则正交变换 $\boldsymbol{x} = \boldsymbol{P}\boldsymbol{y}$ 使得

$$\boldsymbol{x}^{\mathrm{T}}\boldsymbol{A}\boldsymbol{x} = \boldsymbol{y}^{\mathrm{T}}(\boldsymbol{P}^{\mathrm{T}}\boldsymbol{A}\boldsymbol{P})\boldsymbol{y} = \lambda_1 y_1^2 + \lambda_2 y_2^2 + \cdots + \lambda_n y_n^2,$$

则有

$$\lambda_1 ||\boldsymbol{y}||^2 \leqslant \boldsymbol{x}^{\mathrm{T}}\boldsymbol{A}\boldsymbol{x} \leqslant \lambda_n ||\boldsymbol{y}||^2.$$

由于 $||\boldsymbol{x}|| = ||\boldsymbol{y}||$, 则当 $||\boldsymbol{x}|| = 1$ 时有 $\lambda_1 \leqslant \boldsymbol{x}^{\mathrm{T}}\boldsymbol{A}\boldsymbol{x} \leqslant \lambda_n$. 另一方面, 取 $\boldsymbol{y}_1 = \varepsilon_1$, $\boldsymbol{y}_n = \varepsilon_n$($\varepsilon_i$ 为 $n$ 阶单位矩阵 $\boldsymbol{E}$ 的第 $i$ 列 $(i = 1, 2, \cdots, n)$), 则当 $\boldsymbol{x}_1 = \boldsymbol{P}\boldsymbol{y}_1$ 时, $\boldsymbol{x}_1^{\mathrm{T}}\boldsymbol{A}\boldsymbol{x}_1 = \lambda_1 = m$, 当 $\boldsymbol{x}_2 = \boldsymbol{P}\boldsymbol{y}_2$ 时, $\boldsymbol{x}_2^{\mathrm{T}}\boldsymbol{A}\boldsymbol{x}_2 = \lambda_n = M$, 显然满足条件 $||\boldsymbol{x}_1|| = ||\boldsymbol{x}_2|| = 1$. □

**注:** 从证明中易见, 二次型 $\boldsymbol{x}^{\mathrm{T}}\boldsymbol{A}\boldsymbol{x}$ 的最小(大)值是在 $\boldsymbol{A}$ 的最小(大)特征值对应的单位特征向量处取得.

**实际问题 5.1** 资产组合中的投资风险

设有 $n$ 种不同证券构成的资产组合, 第 $i$ 种证券的初始价格为 $S_i(0)$, $i = 1, 2, \cdots, n$, 则第 $i$ 种证券的权重为

$$w_i = \frac{x_i S_i(0)}{V(0)}, \quad i = 1, 2, \cdots, n,$$

其中 $x_i$ 为第 $i$ 种证券的数量, $V(0) = \sum\limits_{i=1}^{n} x_i S_i(0)$ 为初始总投入. 易得

$$w_1 + w_2 + \cdots + w_n = 1. \tag{5.14}$$

以 $K_i\,(i = 1, 2, \cdots, n)$ 表示第 $i$ 种证券的收益率, 其数学期望 $\mu_i = E(K_i)\,(i = 1, 2, \cdots, n)$. 以 $\sigma_i = \sqrt{\mathrm{var}(K_i)}\,(i = 1, 2, \cdots, n)$ 表示第 $i$ 种证券收益率的标准差(以此表示第 $i$ 种证券的投资风险), 记 $c_{ij} = \mathrm{cov}(K_i, K_j)\,(i, j = 1, 2, \cdots, n)$, 则 $\boldsymbol{C} = (c_{ij})$ 为收益率的协方差矩阵. 引入向量

$$\boldsymbol{w} = (w_1, w_2, \cdots, w_n)^{\mathrm{T}}, \quad \boldsymbol{m} = (\mu_1, \mu_2, \cdots, \mu_n)^{\mathrm{T}}. \tag{5.15}$$

由于资产组合收益率为 $K_V = w_1 K_1 + w_2 K_2 + \cdots + w_n K_n = \sum\limits_{i=1}^{n} w_i K_i$, 则资产组合收益率的数学期望为

$$\mu_V = w_1\mu_1 + w_2\mu_2 + \cdots + w_n\mu_n = \boldsymbol{w}^{\mathrm{T}}\boldsymbol{m}, \tag{5.16}$$

资产组合的方差为

$$\begin{aligned}\sigma_V^2 &= \operatorname{cov}\left(\sum_{i=1}^n w_iK_i,\ \sum_{j=1}^n w_jK_j\right)\\ &= \sum_{i=1}^n\sum_{j=1}^n \operatorname{cov}\big(w_iK_i,\ w_jK_j\big) = \sum_{i=1}^n\sum_{j=1}^n c_{ij}w_iw_j = \boldsymbol{w}^{\mathrm{T}}\boldsymbol{C}\boldsymbol{w}. \end{aligned} \tag{5.17}$$

这样, 资产组合的投资风险就可以用二次型(5.17)来表示, 其二次型的矩阵 $\boldsymbol{C}$ 是 $n$ 种证券的收益率的协方差矩阵. 利用上式可得, 协方差矩阵是半正定的. 利用拉格朗日乘数法可得, 当矩阵 $\boldsymbol{C}$ 可逆(正定)时, 使资产组合风险最小的权重为 $\boldsymbol{w}_{\text{MVP}} = \dfrac{\boldsymbol{C}^{-1}\boldsymbol{u}}{\boldsymbol{u}^{\mathrm{T}}\boldsymbol{C}^{-1}\boldsymbol{u}}$, 其中 $\boldsymbol{u} = \big(1,\ 1,\ \cdots,\ 1\big)^{\mathrm{T}}$. (推导略)

## 习　题　5.4

1. 求下列函数的极值:

(1) $f(x_1,\ x_2,\ x_3) = x_1 + x_2 - \mathrm{e}^{x_1} - \mathrm{e}^{x_2} + 2\mathrm{e}^{x_3} - \mathrm{e}^{x_3^2}$;

(2) $f(x_1,\ x_2,\ x_3) = x_1^3 + x_2^2 + x_3^2 + 3x_1x_2 - 2x_3$.

2. 某公司可通过电视和微信两种方式做销售某种商品的广告. 根据统计资料, 销售收入 $R$(万元)与电视广告费用 $x_1$(万元)及微信广告费用 $x_2$(万元)之间的关系有如下经验公式: $R = 19 + 22x_1 + 34x_2 - 6x_1x_2 - 2x_1^2 - 5x_2^2$. 在广告费用不限的情况下, 求最优广告策略, 使所获利润最大.

3. 求三元二次型 $f = x_1^2 + 2x_2^2 + 3x_3^2 - 4x_1x_2 - 4x_2x_3$ 在条件 $||\boldsymbol{x}|| = 1$ 下的最大值, 并求使 $f$ 取得最大值时的单位向量 $\boldsymbol{\xi}$.

4. 写出两种资产组合收益率的数学期望及方差所满足的方程, 并求出当 $|\boldsymbol{C}| \neq 0$ 时, 使投资风险最小的资产组合权重.

5. 证明: 协方差矩阵是半正定的.

# 5.5　典型例题

**例 5.12**　设 $f(x_1,x_2,\cdots,x_n) = \boldsymbol{x}^{\mathrm{T}}\boldsymbol{A}\boldsymbol{x}$ 为 $n$ 元实二次型, 其中 $\boldsymbol{A}$ 为对称矩阵. 证明: 如果对任意向量 $\boldsymbol{x}$ 都有 $\boldsymbol{x}^{\mathrm{T}}\boldsymbol{A}\boldsymbol{x} = 0$, 则 $\boldsymbol{A} = \boldsymbol{O}$.

**证明**　设 $\boldsymbol{A} = (a_{ij})$, 则 $a_{ij} = a_{ji},\ i,\ j = 1,\ 2,\ \cdots,\ n$, 且

$$f(x_1,x_2,\cdots,x_n) = a_{11}x_1^2 + a_{22}x_2^2 + \cdots + a_{nn}x_n^2 + 2a_{12}x_1x_2 + 2a_{13}x_1x_3 + \cdots + 2a_{n-1n}x_{n-1}x_n.$$

易知当 $i \neq j$ 时, $x_ix_j$ 的系数为 $2a_{ij}$, 则只要取 $\boldsymbol{x} = \boldsymbol{\varepsilon}_i$($\boldsymbol{\varepsilon}_i$ 为 $n$ 阶单位矩阵的第 $i$ 列), 代入二次型可得 $a_i = 0,\ i = 1,\ 2,\ \cdots,\ n$. 再取 $\boldsymbol{x} = \boldsymbol{\varepsilon}_i + \boldsymbol{\varepsilon}_j,\ i \neq j$, 代入二次型可得 $a_{ij} = 0, i \neq j,\ i,\ j = 1,\ 2,\ \cdots,\ n$, 所以 $\boldsymbol{A} = \boldsymbol{O}$. □

**例 5.13**　已知二次型 $f(x_1,x_2,x_3) = x_1^2 + x_2^2 + x_3^2 + 2ax_1x_2 + 2x_1x_3 + 2bx_2x_3$ 经正交变换化为标准形 $f = y_2^2 + 2y_3^2$, 求参数 $a,\ b$ 的值及所用的正交变换矩阵.

解 变换前后二次型的矩阵分别为

$$\boldsymbol{A}=\begin{pmatrix}1 & a & 1\\ a & 1 & b\\ 1 & b & 1\end{pmatrix},\quad \boldsymbol{\Lambda}=\begin{pmatrix}0 & 0 & 0\\ 0 & 1 & 0\\ 0 & 0 & 2\end{pmatrix},$$

它们是(正交)相似的, 于是 $|\lambda\boldsymbol{E}-\boldsymbol{A}|=|\lambda\boldsymbol{E}-\boldsymbol{\Lambda}|$, 即

$$\lambda^3-3\lambda^2-(a^2+b^2-2)\lambda+(a-b)^2=\lambda^3-3\lambda^2+2\lambda,$$

比较两边同次幂系数并求解得 $a=b=0$, 解特征方程 $|\lambda\boldsymbol{E}-\boldsymbol{A}|=0$ 可求得 $\boldsymbol{A}$ 的特征值为 $\lambda_1=0,\ \lambda_2=1,\ \lambda_3=2$, 并可求得相应的特征向量为

$$\boldsymbol{p}_1=\begin{pmatrix}-1\\ 0\\ 1\end{pmatrix},\quad \boldsymbol{p}_2=\begin{pmatrix}0\\ 1\\ 0\end{pmatrix},\quad \boldsymbol{p}_3=\begin{pmatrix}1\\ 0\\ 1\end{pmatrix},$$

单位化得所求的正交变换矩阵为

$$\begin{pmatrix}-\dfrac{1}{\sqrt{2}} & 0 & \dfrac{1}{\sqrt{2}}\\ 0 & 1 & 0\\ \dfrac{1}{\sqrt{2}} & 0 & \dfrac{1}{\sqrt{2}}\end{pmatrix}.$$

例 5.14 设 $f(x_1,x_2,\cdots,x_n)=\boldsymbol{x}^{\mathrm{T}}\boldsymbol{A}\boldsymbol{x}$ 是一实二次型, $\lambda_1,\ \lambda_2,\ \cdots,\ \lambda_n$ 是其矩阵 $\boldsymbol{A}$ 的特征值, 且 $\lambda_1\leqslant\lambda_2\leqslant\cdots\leqslant\lambda_n$. 证明: 对于任一实 $n$ 维列向量 $\boldsymbol{x}$ 有 $\lambda_1\boldsymbol{x}^{\mathrm{T}}\boldsymbol{x}\leqslant\boldsymbol{x}^{\mathrm{T}}\boldsymbol{A}\boldsymbol{x}\leqslant\lambda_n\boldsymbol{x}^{\mathrm{T}}\boldsymbol{x}$.

证明 对于实二次型 $f=\boldsymbol{x}^{\mathrm{T}}\boldsymbol{A}\boldsymbol{x}$, 存在正交变换 $\boldsymbol{x}=\boldsymbol{P}\boldsymbol{y}$ 使得 $f=\lambda_1y_1^2+\lambda_2y_2^2+\cdots+\lambda_ny_n^2$. 由假设知

$$\lambda_1\boldsymbol{y}^{\mathrm{T}}\boldsymbol{y}\leqslant\lambda_1y_1^2+\lambda_2y_2^2+\cdots+\lambda_ny_n^2\leqslant\lambda_n\boldsymbol{y}^{\mathrm{T}}\boldsymbol{y}. \tag{5.18}$$

又因 $\boldsymbol{P}$ 是正交矩阵, 于是有 $\boldsymbol{x}^{\mathrm{T}}\boldsymbol{x}=\boldsymbol{y}^{\mathrm{T}}\boldsymbol{P}^{\mathrm{T}}\boldsymbol{P}\boldsymbol{y}=\boldsymbol{y}^{\mathrm{T}}\boldsymbol{y}$, 代入式(5.14)即得 $\lambda_1\boldsymbol{x}^{\mathrm{T}}\boldsymbol{x}\leqslant\boldsymbol{x}^{\mathrm{T}}\boldsymbol{A}\boldsymbol{x}\leqslant\lambda_n\boldsymbol{x}^{\mathrm{T}}\boldsymbol{x}$. □

例 5.15 设 $\boldsymbol{A}$ 是 $n$ 阶实对称矩阵, 且 $|\boldsymbol{A}|<0$, 证明存在实 $n$ 维向量 $\boldsymbol{x}$, 使 $\boldsymbol{x}^{\mathrm{T}}\boldsymbol{A}\boldsymbol{x}<0$.

证明 **方法 1** 因为 $|\boldsymbol{A}|\neq 0$, 所以 $\mathrm{r}(\boldsymbol{A})=n$, 由 $|\boldsymbol{A}|<0$ 知, $\boldsymbol{A}$ 的正惯性指数不会是 $n$, 若不然, 则 $\boldsymbol{A}$ 合同于单位矩阵 $\boldsymbol{E}$, 即存在可逆矩阵 $\boldsymbol{P}$ 使得 $\boldsymbol{P}^{\mathrm{T}}\boldsymbol{A}\boldsymbol{P}=\boldsymbol{E}$, 于是

$$|\boldsymbol{A}|=|(\boldsymbol{P}^{\mathrm{T}})^{-1}\boldsymbol{P}^{-1}|=|(\boldsymbol{P}^{-1})^{\mathrm{T}}\boldsymbol{P}^{-1}|=\left(|\boldsymbol{P}^{-1}|\right)^2>0,$$

这与 $|\boldsymbol{A}|<0$ 矛盾. 故有可逆矩阵 $\boldsymbol{Q}$ 使 $\boldsymbol{Q}^{\mathrm{T}}\boldsymbol{A}\boldsymbol{Q}=\boldsymbol{D}=\mathrm{diag}(1,1,\cdots,-1,\cdots,-1)$, 其中至少出现一个 $-1$. 取 $y=(0,\cdots,0,1)^{\mathrm{T}}$, 令 $\boldsymbol{x}=\boldsymbol{Q}\boldsymbol{y}$, 于是可得

$$\boldsymbol{x}^{\mathrm{T}}\boldsymbol{A}\boldsymbol{x}=\boldsymbol{y}^{\mathrm{T}}\boldsymbol{Q}^{\mathrm{T}}\boldsymbol{A}\boldsymbol{Q}\boldsymbol{y}=\boldsymbol{y}^{\mathrm{T}}\boldsymbol{D}\boldsymbol{y}=-1<0.$$

**方法 2** 设正交矩阵 $\boldsymbol{P}$ 使 $\boldsymbol{P}^{\mathrm{T}}\boldsymbol{A}\boldsymbol{P}=\mathrm{diag}(\lambda_1,\lambda_2,\cdots,\lambda_n)$, 其中 $\lambda_1,\ \lambda_2,\ \cdots,\ \lambda_n$ 是矩阵 $\boldsymbol{A}$ 的特征值. 因 $|\boldsymbol{A}|=\lambda_1\lambda_2\cdots\lambda_n<0$, 则其中至少有一个 $\lambda_k<0$. 于是令 $\boldsymbol{x}=\boldsymbol{P}\boldsymbol{\varepsilon}_k$, 这里 $\varepsilon_k$ 是 $n$ 阶单位矩阵的第 $k$ 列, 则

$$\boldsymbol{x}^{\mathrm{T}}\boldsymbol{A}\boldsymbol{x}=\boldsymbol{\varepsilon}_k^{\mathrm{T}}\boldsymbol{P}^{\mathrm{T}}\boldsymbol{A}\boldsymbol{P}\boldsymbol{\varepsilon}_k=\lambda_k<0.$$ □

**注** 确定实二次型 $f=\boldsymbol{x}^{\mathrm{T}}\boldsymbol{A}\boldsymbol{x}$ 的取值范围或求其某个特殊的值时, 常利用二次型在正交变换

$\boldsymbol{x}=\boldsymbol{P}\boldsymbol{y}$ 下的标准形(其平方项系数为 $\boldsymbol{A}$ 的特征值)或在可逆线性变换 $\boldsymbol{x}=\boldsymbol{C}\boldsymbol{y}$ 下的规范形, 再适当选择向量.

例 5.16 设 $\boldsymbol{A}$ 是 $n$ 阶正定矩阵, $\boldsymbol{E}$ 是 $n$ 阶单位矩阵, 证明 $|\boldsymbol{A}+\boldsymbol{E}|>1$.

证明 **方法 1** 由于 $\boldsymbol{A}$ 是正定矩阵, 故存在正交矩阵 $\boldsymbol{P}$ 使

$$\boldsymbol{P}^{-1}\boldsymbol{A}\boldsymbol{P}=\boldsymbol{\Lambda}=\operatorname{diag}(\lambda_1,\lambda_2,\cdots,\lambda_n),$$

其中 $\lambda_i>0\ (i=1,2,\cdots,n)$ 是 $\boldsymbol{A}$ 的特征值. 因此

$$\left|\boldsymbol{A}+\boldsymbol{E}\right|=|\boldsymbol{P}\boldsymbol{\Lambda}\boldsymbol{P}^{-1}+\boldsymbol{E}|=|\boldsymbol{P}(\boldsymbol{\Lambda}+\boldsymbol{E})\boldsymbol{P}^{-1}|=|\boldsymbol{\Lambda}+\boldsymbol{E}|=(\lambda_1+1)(\lambda_2+1)\cdots(\lambda_n+1)>1.$$

**方法 2** 设 $\lambda_1,\lambda_2,\cdots,\lambda_n$ 是 $\boldsymbol{A}$ 的特征值, 由 $\boldsymbol{A}$ 正定知 $\lambda_i>0\ (i=1,2,\cdots,n)$. 又 $\boldsymbol{A}+\boldsymbol{E}$ 的特征值为 $\lambda_1+1,\lambda_2+1,\cdots,\lambda_n+1$, 于是 $\left|\boldsymbol{A}+\boldsymbol{E}\right|=(\lambda_1+1)(\lambda_2+1)\cdots(\lambda_n+1)>1$. □

例 5.17 设 $\boldsymbol{A}$ 是 $m\times n$ 矩阵, $m<n$, 证明: $\boldsymbol{A}\boldsymbol{A}^{\mathrm{T}}$ 是正定矩阵的充要条件是 $\mathrm{r}(\boldsymbol{A})=m$.

证明 **必要性** 由 $\boldsymbol{A}\boldsymbol{A}^{\mathrm{T}}$ 正定知, 对任何向量 $\boldsymbol{x}\neq\boldsymbol{0}$ 有 $\boldsymbol{x}^{\mathrm{T}}\boldsymbol{A}\boldsymbol{A}^{\mathrm{T}}\boldsymbol{x}>0$, 即 $(\boldsymbol{A}^{\mathrm{T}}\boldsymbol{x})^{\mathrm{T}}(\boldsymbol{A}^{\mathrm{T}}\boldsymbol{x})>0$, 由此得 $\boldsymbol{A}^{\mathrm{T}}\boldsymbol{x}\neq\boldsymbol{0}$, 这说明齐次线性方程组 $\boldsymbol{A}^{\mathrm{T}}\boldsymbol{x}=\boldsymbol{0}$ 仅有零解, 因此 $\mathrm{r}(\boldsymbol{A}^{\mathrm{T}})=m$, 即 $\mathrm{r}(\boldsymbol{A})=m$.

**充分性** 由 $\mathrm{r}(\boldsymbol{A})=m$ 知齐次线性方程组 $\boldsymbol{A}^{\mathrm{T}}\boldsymbol{x}=\boldsymbol{0}$ 仅有零解, 所以对任何非零向量 $\boldsymbol{x}$ 都有 $\boldsymbol{A}^{\mathrm{T}}\boldsymbol{x}\neq\boldsymbol{0}$, 从而 $\boldsymbol{x}^{\mathrm{T}}\boldsymbol{A}\boldsymbol{A}^{\mathrm{T}}\boldsymbol{x}=(\boldsymbol{A}^{\mathrm{T}}\boldsymbol{x})^{\mathrm{T}}(\boldsymbol{A}^{\mathrm{T}}\boldsymbol{x})>0$, 这说明 $\boldsymbol{A}\boldsymbol{A}^{\mathrm{T}}$ 是正定矩阵. □

例 5.18 设有 $n$ 元实二次型

$$f(x_1,x_2,\cdots,x_n)=(x_1+a_1x_2)^2+(x_2+a_2x_3)^2+\cdots+(x_{n-1}+a_{n-1}x_n)^2+(x_n+a_nx_1)^2,$$

其中 $a_i\ (i=1,2,\cdots,n)$ 均为实数. 问当 $a_1,a_2,\cdots,a_n$ 满足何条件时, $f(x_1,x_2,\cdots,x_n)$ 为正定二次型.

解 **方法 1** 当二次型 $f$ 的秩为 $n$ 时, 规范形的正惯性指数为 $n$, 此时二次型为正定的. 容易得到二次型 $f$ 的矩阵为 $\boldsymbol{A}=\boldsymbol{B}\boldsymbol{B}^{\mathrm{T}}$, 其中

$$\boldsymbol{B}=\begin{pmatrix}1&0&\cdots&0&a_n\\a_1&1&\cdots&0&0\\0&a_2&\cdots&0&0\\\vdots&\vdots&&\vdots&\vdots\\0&0&\cdots&1&0\\0&0&\cdots&a_{n-1}&1\end{pmatrix},$$

由于 $\mathrm{r}(\boldsymbol{A})=\mathrm{r}(\boldsymbol{B})$, 所以当 $\boldsymbol{B}$ 可逆 ($|\boldsymbol{B}|\neq0$), 即当 $1+(-1)^{n+1}a_1a_2\cdots a_n\neq0$ 时, 二次型 $f$ 正定.

**方法 2** 由规范形定义, 当线性变换 $y_1=x_1+a_1x_2,\ y_2=x_2+a_2x_3,\cdots,y_n=x_n+a_nx_1$ 可逆时, 二次型 $f$ 的规范形的正惯性指数为 $n$, 从而 $f$ 正定. 该线性变换可逆即其矩阵 $\boldsymbol{B}^{\mathrm{T}}$(见方法 1)可逆, 由 $|\boldsymbol{B}^{\mathrm{T}}|\neq0$ 得 $1+(-1)^{n+1}a_1a_2\cdots a_n\neq0$, 此时二次型 $f$ 正定.

## 复　习　题　5

一、填空题

1. 二次型 $f(x_1,x_2,\cdots,x_n)=\sum\limits_{1\leqslant i<j\leqslant n}x_ix_j$ 的矩阵为________.

2. 二次型 $f(x_1,x_2,x_3)=(x_1+x_2+2x_3)(x_1+2x_2+3x_3)$ 的秩为________.

3. 二次型 $f(x_1,x_2,x_3)=(x_1+ax_2-x_3)^2+(x_2+2x_3)^2+(x_1+2x_2+ax_3)^2$ 是正定二次型的充要条件是 $a$ 必须满足________.

4. 已知正、负惯性指数均为 1 的二次型 $\boldsymbol{x}^{\mathrm{T}}\boldsymbol{A}\boldsymbol{x}$ 通过合同变换 $\boldsymbol{x}=\boldsymbol{P}\boldsymbol{y}$ 化为 $\boldsymbol{y}^{\mathrm{T}}\boldsymbol{B}\boldsymbol{y}$, 其中 $\boldsymbol{B}=\begin{pmatrix}1&1&-a\\1&a&-1\\-a&-1&1\end{pmatrix}$, 则 $a=$________.

5. 如果二次型 $f(x_1,x_2,x_3)=(ax_1+2x_2+x_3)^2+(x_1+2x_2+bx_3)^2$ 的规范形为 $y_1^2$, 则 $a$, $b$ 应满足条件________; 如果二次型的规范形为 $y_1^2+y_2^2$, 则 $a$, $b$ 应满足条件________.

6. 二次型 $f(x_1,x_2,x_3)=(x_1-x_2)^2+(x_2-x_3)^2+(x_3-x_1)^2$ 的合同规范形是________.

7. $f(x_1,x_2,x_3)=(x_1+2x_2+ax_3)(x_1+5x_2+bx_3)$ 的合同规范形为________.

8. 设 $f(x_1,x_2,x_3)=x_1^2-x_2^2+2ax_1x_3+4x_2x_3$ 的负惯性指数是 1, 则 $a$ 的取值范围是________.

9. 设 $\boldsymbol{A}$ 为三阶实对称矩阵, 二次型 $\boldsymbol{x}^{\mathrm{T}}\boldsymbol{A}\boldsymbol{x}$ 在正交变换 $\boldsymbol{x}=\boldsymbol{P}\boldsymbol{y}$ 下的标准形为 $y_1^2+2y_2^2-3y_3^2$, 则二次型 $\boldsymbol{x}^{\mathrm{T}}(\boldsymbol{A}^2+2\boldsymbol{A})\boldsymbol{x}$ 在此正交变换下的标准形为________.

10. 设 $\boldsymbol{\alpha}=(1,\ 0,\ 1)^{\mathrm{T}}$, $\boldsymbol{A}=\boldsymbol{\alpha}\boldsymbol{\alpha}^{\mathrm{T}}$, 若 $\boldsymbol{B}=(k\boldsymbol{E}+\boldsymbol{A})^*$ 是正定矩阵, 则 $k$ 的取值范围是________.

二、选择题 (单选题)

1. 设 $\boldsymbol{A}$ 是三阶实矩阵, 如果对任一三维列向量 $\boldsymbol{x}$, 都有 $\boldsymbol{x}^{\mathrm{T}}\boldsymbol{A}\boldsymbol{x}=0$, 那么 (　　).

(A) $|\boldsymbol{A}|=0$　　(B) $|\boldsymbol{A}|>0$　　(C) $|\boldsymbol{A}|<0$　　(D) 以上都不对

2. 设矩阵 $\boldsymbol{A}=\begin{pmatrix}2&-1&-1\\-1&2&-1\\-1&-1&2\end{pmatrix}$, $\boldsymbol{B}=\begin{pmatrix}1&0&0\\0&1&0\\0&0&0\end{pmatrix}$, 则 $\boldsymbol{A}$ 与 $\boldsymbol{B}$(　　).

(A) 合同且相似　　(B) 合同，但不相似　　(C) 不合同，但相似　　(D) 既不合同也不相似

3. 二次型 $f(x_1,x_2,x_3)=2x_1^2+ax_2^2+ax_3^2+6x_2x_3$ $(a>3)$ 的规范形为 (　　).

(A) $y_1^2+y_2^2+y_3^2$　　(B) $y_1^2-y_2^2-y_3^2$　　(C) $y_1^2+y_2^2-y_3^2$　　(D) $y_1^2+y_2^2$

4. 与矩阵 $\boldsymbol{A}=\begin{pmatrix}-1&0&0\\0&1&2\\0&2&1\end{pmatrix}$ 合同的矩阵是 (　　).

(A) $\begin{pmatrix}1&0&0\\0&1&0\\0&0&1\end{pmatrix}$　　(B) $\begin{pmatrix}1&0&0\\0&1&0\\0&0&-1\end{pmatrix}$

(C) $\begin{pmatrix}1&0&0\\0&-1&0\\0&0&-1\end{pmatrix}$　　(D) $\begin{pmatrix}-1&0&0\\0&-1&0\\0&0&0\end{pmatrix}$

5. 设二次型 $f(x_1,x_2,x_3)$ 在正交变换 $\boldsymbol{x}=\boldsymbol{P}\boldsymbol{y}$ 下的标准形为 $2y_1^2+y_2^2-y_3^2$, 其中 $\boldsymbol{P}=(\boldsymbol{e}_1,\boldsymbol{e}_2,\boldsymbol{e}_3)$. 若 $\boldsymbol{Q}=(\boldsymbol{e}_1,-\boldsymbol{e}_3,\boldsymbol{e}_2)$, 则 $f(x_1,x_2,x_3)$ 在正交变换 $\boldsymbol{x}=\boldsymbol{Q}\boldsymbol{y}$ 下的标准形为 (　　).

(A) $2y_1^2-y_2^2+y_3^2$ (B) $2y_1^2+y_2^2-y_3^2$ (C) $2y_1^2-y_2^2-y_3^2$ (D) $2y_1^2+y_2^2+y_3^2$

6. $n$ 阶实对称矩阵 $\boldsymbol{A}$ 合同于矩阵 $\boldsymbol{B}$ 的充要条件是 ( ).

(A) $\mathrm{r}(\boldsymbol{A})=\mathrm{r}(\boldsymbol{B})$ (B) $\boldsymbol{A}$、$\boldsymbol{B}$ 的负惯性指数相等

(C) $\boldsymbol{A}$、$\boldsymbol{B}$ 均为正定矩阵 (D) $\mathrm{r}(\boldsymbol{A})=\mathrm{r}(\boldsymbol{B})$ 且 $\boldsymbol{A}$、$\boldsymbol{B}$ 的负惯性指数相等

7. 设二次型 $f(x_1,x_2,x_3)=ax_1^2+ax_2^2+x_3^2+2x_1x_2$ 的矩阵为 $\boldsymbol{A}$(对称), 如果二次型 $\boldsymbol{x}^{\mathrm{T}}(\boldsymbol{A}^2-2\boldsymbol{A})\boldsymbol{x}$ 的正、负惯性指数都是 1, 则 $a$ 的取值是 ( ).

(A) 不存在 (B) $a>3$ (C) $a<-1$ (D) $a=3$ 或 $-1$

8. 设实二次型 $f(x_1,x_2,x_3)=\sum\limits_{i=1}^{3}(a_{i1}x_1+a_{i2}x_2+a_{i3}x_3)^2$ 正定, 记 $\boldsymbol{A}=(a_{ij})$, 则 ( ).

(A) $\boldsymbol{A}$ 是正定矩阵 (B) $\boldsymbol{A}$ 是可逆矩阵 (C) $\boldsymbol{A}$ 是不可逆矩阵 (D) 以上都不对

9. 二次型 $f(x_1,x_2,x_3)=x_1^2+ax_2^2+x_3^2+2x_1x_2-2ax_1x_3-2x_2x_3$ 的正、负惯性指数都是 1, 则 $a=$( ).

(A) $-2$ (B) $-1$ (C) 1 (D) 2

10. 设二次型 $f(x_1,x_2,\cdots,x_n)=\boldsymbol{x}^{\mathrm{T}}\boldsymbol{A}\boldsymbol{x}$, 其中 $\boldsymbol{A}$ 为实对称矩阵, 则 $f$ 为正定二次型的充要条件是 ( )

(A) $f$ 的负惯性指数为 0 (B) 存在正交矩阵 $\boldsymbol{Q}$, 使 $\boldsymbol{Q}^{\mathrm{T}}\boldsymbol{A}\boldsymbol{Q}=\boldsymbol{E}$

(C) $f$ 的秩为 $n$ (D) 存在可逆矩阵 $\boldsymbol{C}$, 使 $\boldsymbol{A}=\boldsymbol{C}^{\mathrm{T}}\boldsymbol{C}$

11. 设 $\boldsymbol{A}=\boldsymbol{E}-2\boldsymbol{x}\boldsymbol{x}^{\mathrm{T}}$, 其中 $\boldsymbol{x}=(x_1,x_2,\cdots,x_n)^{\mathrm{T}}$, 且 $\boldsymbol{x}^{\mathrm{T}}\boldsymbol{x}=1$, 则不正确的是 ( ).

(A) $\boldsymbol{A}$ 是正定矩阵 (B) $\boldsymbol{A}$ 是可逆矩阵 (C) $\boldsymbol{A}$ 是正交矩阵 (D) $-1$ 是 $\boldsymbol{A}$ 的特征值

12. 下列结论中不正确的是 ( ).

(A) 若 $\boldsymbol{A}$ 是正定矩阵, $\boldsymbol{A}^{-1}$ 也是正定矩阵 (B) 若 $\boldsymbol{A}$、$\boldsymbol{B}$ 都是正定矩阵, 则 $\boldsymbol{A}+\boldsymbol{B}$ 也是正定矩阵

(C) 若二次型 $\boldsymbol{x}^{\mathrm{T}}\boldsymbol{A}\boldsymbol{x}$ 半正定, 则 $|\boldsymbol{A}|=0$ (D) 若 $\boldsymbol{A}$、$\boldsymbol{B}$ 都是正定矩阵, 则 $\boldsymbol{A}\boldsymbol{B}$ 也是正定矩阵

三、计算题

1. 设 $n$ 阶矩阵 $\boldsymbol{A}=(a_{ij})$, 其中 $a_{ii}=1\,(i=1,2,\cdots,n), a_{ii+1}=-1\,(i=1,2,\cdots,n-1)$, 其余 $a_{ij}=0$, 试写出矩阵 $\boldsymbol{A}$ 所对应的二次型.

2. (1) 设 $\boldsymbol{A}$ 为可逆矩阵, 试计算: $\begin{pmatrix}\boldsymbol{E} & -\boldsymbol{B}\boldsymbol{A}^{-1}\\ \boldsymbol{O} & \boldsymbol{E}\end{pmatrix}\begin{pmatrix}\boldsymbol{O} & \boldsymbol{B}\\ -\boldsymbol{B}^{\mathrm{T}} & \boldsymbol{A}\end{pmatrix}\begin{pmatrix}\boldsymbol{E} & \boldsymbol{O}\\ \boldsymbol{A}^{-1}\boldsymbol{B}^{\mathrm{T}} & \boldsymbol{E}\end{pmatrix}$;

(2) 利用(1)的结果求二次型 $f(x_1,x_2,x_3)=\begin{vmatrix}0 & x_1 & x_2 & x_3\\ -x_1 & 1 & 2 & 3\\ -x_2 & 4 & 5 & 6\\ -x_3 & 7 & 8 & 10\end{vmatrix}$ 的矩阵.

3. 如果二次型 $f(x_1,x_2,x_3)=\boldsymbol{x}^{\mathrm{T}}\boldsymbol{A}\boldsymbol{x}=(x_1-x_2+x_3)^2+(x_1+x_2+ax_3)^2+(x_1+x_2-ax_3)^2$ 的矩阵 $\boldsymbol{A}$ 有两个相等的特征值, 求常数 $a$ 的值, 并求正交变换 $\boldsymbol{x}=\boldsymbol{P}\boldsymbol{y}$ 使二次型化为标准形, 并写出标准形.

4. 设 $n$ 阶实对称矩阵 $\boldsymbol{A}$ 满足 $\boldsymbol{A}^2=\boldsymbol{A}$, 且 $\mathrm{r}(\boldsymbol{A})=r$. (1) 求出二次型 $\boldsymbol{x}^{\mathrm{T}}\boldsymbol{A}\boldsymbol{x}$ 的一个标准形;

(2) 求行列式 $\det(\boldsymbol{E}+\boldsymbol{A}+\boldsymbol{A}^2+\cdots+\boldsymbol{A}^n)$.

5. 设 $\boldsymbol{A}=\begin{pmatrix}1&1&a\\1&a&1\\a&1&1\end{pmatrix}$, 二次型 $\boldsymbol{x}^{\mathrm{T}}\boldsymbol{A}\boldsymbol{x}$ 的规范形中平方项不足三项, 求 $a$ 的值, 并求正交变换 $\boldsymbol{x}=\boldsymbol{P}\boldsymbol{y}$ 使二次型 $\boldsymbol{x}^{\mathrm{T}}\boldsymbol{A}^2\boldsymbol{x}$ 化为标准形, 并写出标准形.

6. 设二次型 $f(x_1,x_2,x_3)=ax_1^2+ax_2^2+(a-1)x_3^2+2x_1x_3-2x_2x_3$.

(1) 求二次型 $f$ 的矩阵的所有特征值;

(2) 若二次型 $f$ 的规范形为 $y_1^2+y_2^2$, 求 $a$ 的值.

*7. 设 $\boldsymbol{A}=\begin{pmatrix}2&1&1\\1&0&1\\1&1&0\end{pmatrix}$, $\boldsymbol{B}=\begin{pmatrix}0&1&1\\1&2&1\\1&1&0\end{pmatrix}$, 求非奇异矩阵 $\boldsymbol{C}$, 使得 $\boldsymbol{A}=\boldsymbol{C}^{\mathrm{T}}\boldsymbol{B}\boldsymbol{C}$.

8. 已知 $\boldsymbol{A}=\begin{pmatrix}1&0&1\\0&1&1\\-1&0&a\\0&a&-1\end{pmatrix}$, 二次型 $f(x_1,x_2,x_3)=\boldsymbol{x}^{\mathrm{T}}(\boldsymbol{A}^{\mathrm{T}}\boldsymbol{A})\boldsymbol{x}$ 的秩为 2,

(1) 求实数 $a$ 的值; (2) 求正交变换 $\boldsymbol{x}=\boldsymbol{Q}\boldsymbol{y}$ 使 $f$ 化为标准形.

9. 设矩阵 $\boldsymbol{A}=\begin{pmatrix}1&0&1\\0&2&0\\1&0&1\end{pmatrix}$, 矩阵 $\boldsymbol{B}=(k\boldsymbol{E}+\boldsymbol{A})^2$, 其中 $k$ 为实数, $\boldsymbol{E}$ 为单位矩阵. 求对角矩阵 $\boldsymbol{\Lambda}$, 使 $\boldsymbol{B}$ 与 $\boldsymbol{\Lambda}$ 相似, 并求 $k$ 为何值时, $\boldsymbol{B}$ 为正定矩阵.

10. 设 $\boldsymbol{D}=\begin{pmatrix}\boldsymbol{A}&\boldsymbol{C}\\\boldsymbol{C}^{\mathrm{T}}&\boldsymbol{B}\end{pmatrix}$ 为正定矩阵, 其中 $\boldsymbol{A}$, $\boldsymbol{B}$ 分别为 $m$ 阶、$n$ 阶对称矩阵, $\boldsymbol{C}$ 为 $m\times n$ 矩阵.

(1) 计算 $\boldsymbol{P}^{\mathrm{T}}\boldsymbol{D}\boldsymbol{P}$, 其中 $\boldsymbol{P}=\begin{pmatrix}\boldsymbol{E}_m&-\boldsymbol{A}^{-1}\boldsymbol{C}\\\boldsymbol{O}&\boldsymbol{E}_n\end{pmatrix}$.

(2) 利用 (1)的结果判断矩阵 $\boldsymbol{B}-\boldsymbol{C}^{\mathrm{T}}\boldsymbol{A}^{-1}\boldsymbol{C}$ 是否为正定矩阵, 并证明你的结论.

11. 设实二次型 $f(x_1,x_2,x_3)=\boldsymbol{x}^{\mathrm{T}}\boldsymbol{A}\boldsymbol{x}=(x_1-x_2+x_3)^2+(x_2+x_3)^2+(x_1+ax_3)^2$, 其中 $a$ 是参数,

(1) 求 $f(x_1,x_2,x_3)=0$ 的解; (2) 求 $f(x_1,x_2,x_3)$ 的规范形.

12. 已知齐次线性方程组 $\begin{cases}(a+3)x_1+x_2+2x_3=0,\\2ax_1+(a-1)x_2+x_3=0,\\(a-3)x_1-3x_2+ax_3=0\end{cases}$ 有非零解, 且 $\boldsymbol{A}=\begin{pmatrix}3&1&2\\1&a&-2\\2&-2&9\end{pmatrix}$ 是正定矩阵, 求 $a$ 的值, 并确定 $\boldsymbol{x}^{\mathrm{T}}\boldsymbol{x}=2$ 时, $\boldsymbol{x}^{\mathrm{T}}\boldsymbol{A}\boldsymbol{x}$ 的最大值.

13. 讨论下列二次型是否正定:

(1) $\sum\limits_{i=1}^{n}x_i^2+\sum\limits_{1\leqslant i<j\leqslant n}x_ix_j$;

(2) $\sum_{i=1}^{n} x_i^2 + \sum_{i=1}^{n-1} x_i x_{i+1}$;

(3) $n\sum_{i=1}^{n} x_i^2 - \left(\sum_{i=1}^{n} x_i\right)^2$.

14. 设实对称矩阵 $\boldsymbol{A}$ 满足 $\boldsymbol{A}^3 + 3\boldsymbol{A} + 2\boldsymbol{E} = \boldsymbol{O}$, 证明: 当 $t > 2$ 时, 矩阵 $t\boldsymbol{E} + \boldsymbol{A}$ 是正定矩阵.

15. 设 $\boldsymbol{A}$ 为 $n$ 阶实对称矩阵, 证明: $\boldsymbol{A}$ 是可逆矩阵的充分必要条件是存在 $n$ 阶矩阵 $\boldsymbol{B}$, 使 $\boldsymbol{AB}+\boldsymbol{B}^{\mathrm{T}}\boldsymbol{A}$ 是正定矩阵.

16. 设 $\boldsymbol{A}$ 为 $m$ 阶实对称矩阵, 且正定, $\boldsymbol{B}$ 为 $m \times n$ 矩阵. 证明: $\boldsymbol{B}^{\mathrm{T}}\boldsymbol{AB}$ 为正定矩阵的充分必要条件是 $\boldsymbol{B}$ 的秩 $\mathrm{r}(\boldsymbol{B}) = n$.

# 第 6 章 MATLAB 软件在线性代数中的简单应用

请扫描二维码获取该内容

# 附录　第 1 ～ 3 章补充应用题

请扫描二维码获取该内容

# 部分习题答案

## 第 1 章部分习题答案

## 第 2 章部分习题答案

## 第 3 章部分习题答案

## 第 4 章部分习题答案

## 第 5 章部分习题答案

# 参考文献


[1] 赵树嫄. 线性代数 [M]. 4 版. 北京：中国人民大学出版社，2013.

[2] 吴赣昌. 线性代数 (经管类) [M]. 4 版. 北京：中国人民大学出版社，2011.

[3] 吴传生. 线性代数 (经济数学) [M]. 3 版. 北京：高等教育出版社，2015.

[4] 喻方元. 线性代数及其应用 [M]. 上海：同济大学出版社，2014.

[5] 宋叔尼，阎家斌，陆小军. 线性代数及其应用 [M]. 北京：高等教育出版社，2014.

[6] 王坤龙. 线性代数及其应用 [M]. 北京：电子工业出版社，2014.

[7] 黄秋灵，宋浩. 应用线性代数 [M]. 北京：经济科学出版社，2014.

[8] 王建军. 线性代数及其应用 [M]. 3 版. 上海：上海交通大学出版社，2012.

[9] 杨桂元，李天胜. 数学建模入门 [M]. 合肥：中国科学技术大学出版社，2013.

[10] 刘建慧，杜晓林. 线性代数问题解析与模型分析 [M]. 北京：中国农业出版社，2010.

[11] 上海财经大学应用数学系. 线性代数 [M]. 3 版. 上海：上海财经大学出版社，2011.

[12] 赵仪娜. 经济管理数学模型 [M]. 西安：西安交通大学出版社，2014.

[13] [美]Steven J. Leon. 线性代数 [M]. 8 版. 张文博，张丽静，译. 北京：机械工业出版社，2014.

[14] [美]David C. Lay. 线性代数及其应用 [M]. 3 版. 张深泉, 洪毅, 马东魁, 等译. 北京：机械工业出版社，2005.

[15] [波]Capiński, M. and Zastawniak, T. 金融数学 [M]. 2 版. 佟孟华, 译. 北京：中国人民大学出版社，2014.

[16] 杨威，高淑萍. 线性代数机算与应用指导 (MATLAB 版) [M]. 西安: 西安电子科技大学出版社，2009.

[17] 赵国庆. 高级经济数学教程 [M]. 北京：中国人民大学出版社，2007.

[18] 张杰，邹杰涛. 线性代数及其应用 [M]. 北京：中国财政经济出版社，2010.

[19] 刘三明. 线性代数及应用 [M]. 南京：南京大学出版社，2012.

[20] 孙家乐，许品芳. 经济数学方法 [M]. 南京：东南大学出版社，2003.

[21] 何良材. 数学在经济管理中的应用实例解析 [M]. 重庆：重庆大学出版社，2007.

[22] 刘振云，周爱丽. 线性代数练习题集 [M]. 天津：天津大学出版社，2010.

[23] 陈伏兵. 应用线性代数 [M]. 北京：科学出版社，2011.

[24] 袁明生. 线性代数 [M]. 北京：中国商务出版社，2009.